U0251423

国家出版基金资助项目

现代数学中的著名定理纵横谈丛书
丛书主编　王梓坤

GAUSS DIVERGENCE THEOREM, STOKES THEOREM AND PLANAR GREEN THEOREM

Gauss散度定理、Stokes定理和平面Green定理

刘培杰数学工作室　编

内容简介

本书共四编，主要介绍了高斯定理的证明及应用，散度定理，散度与奥氏公式，散度、旋度和梯度的统一定义，关于散度、旋度和梯度及有关定理的注记等.

本书适合数学专业师生及数学爱好者参考阅读.

图书在版编目(CIP)数据

Gauss 散度定理、Stokes 定理和平面 Green 定理/刘培杰数学工作室编. —哈尔滨：哈尔滨工业大学出版社，2024.3

(现代数学中的著名定理纵横谈丛书)

ISBN 978-7-5767-0366-5

Ⅰ. ①G… Ⅱ. ①刘… Ⅲ. ①散度-定理(数学) ②斯笃克斯定理③格林函数-定理(数学) Ⅳ. ①O158 ②O186.1 ③O174.1

中国版本图书馆 CIP 数据核字(2022)第 152372 号

GAUSS SANDU DINGLI, STOKES DINGLI HE PINGMIAN GREEN DINGLI

策划编辑　刘培杰　张永芹
责任编辑　王勇钢
封面设计　孙茵艾
出版发行　哈尔滨工业大学出版社
社　　址　哈尔滨市南岗区复华四道街 10 号　邮编 150006
传　　真　0451-86414749
网　　址　http://hitpress.hit.edu.cn
印　　刷　辽宁新华印务有限公司
开　　本　787 mm×960 mm　1/16　印张 27.75　字数 298 千字
版　　次　2024 年 3 月第 1 版　2024 年 3 月第 1 次印刷
书　　号　ISBN 978-7-5767-0366-5
定　　价　178.00 元

代序

读书的乐趣

你最喜爱什么——书籍.

你经常去哪里——书店.

你最大的乐趣是什么——读书.

这是友人提出的问题和我的回答.真的,我这一辈子算是和书籍,特别是好书结下了不解之缘.有人说,读书要费那么大的劲,又发不了财,读它做什么?我却至今不悔,不仅不悔,反而情趣越来越浓.想当年,我也曾爱打球,也曾爱下棋,对操琴也有兴趣,还登台伴奏过.但后来却都一一断交,"终身不复鼓琴".那原因便是怕花费时间,玩物丧志,误了我的大事——求学.这当然过激了一些.剩下来唯有读书一事,自幼至今,无日少废,谓之书痴也可,谓之书橱也可,管它呢,人各有志,不可相强.我的一生大志,便是教书,而当教师,不多读书是不行的.

读好书是一种乐趣,一种情操;一种向全世界古往今来的伟人和名人求教的方法，一种和他们展开讨论的方式；一封出席各种活动、体验各种生活、结识各种人物的邀请信；一张迈进科学宫殿和未知世界的入场券；一股改造自己、丰富自己的强大力量．书籍是全人类有史以来共同创造的财富，是永不枯竭的智慧的源泉．失意时读书，可以使人重整旗鼓；得意时读书，可以使人头脑清醒；疑难时读书，可以得到解答或启示；年轻人读书，可明奋进之道；年老人读书，能知健神之理．浩浩乎！洋洋乎！如临大海，或波涛汹涌，或清风微拂，取之不尽，用之不竭．吾于读书，无疑义矣，三日不读，则头脑麻木，心摇摇无主．

潜能需要激发

我和书籍结缘，开始于一次非常偶然的机会．大概是八九岁吧，家里穷得揭不开锅，我每天从早到晚都要去田园里帮工．一天，偶然从旧木柜阴湿的角落里，找到一本蜡光纸的小书，自然很破了．屋内光线暗淡，又是黄昏时分，只好拿到大门外去看．封面已经脱落，扉页上写的是《薛仁贵征东》．管它呢，且往下看．第一回的标题已忘记，只是那首开卷诗不知为什么至今仍记忆犹新：

日出遥遥一点红，飘飘四海影无踪．

三岁孩童千两价，保主跨海去征东．

第一句指山东，二、三两句分别点出薛仁贵（雪、人贵）．那时识字很少，半看半猜，居然引起了我极大的兴趣，同时也教我认识了许多生字．这是我有生以来独立看的第一本书．尝到甜头以后，我便千方百计去找书，向小朋友借，到亲友家找，居然断断续续看了《薛丁山征西》《彭公案》《二度梅》等，樊梨花便成了我心中的女英雄.我真入迷了.从此,放牛也罢,车水也罢,我总要带一本书,还练出了边走田间小路边读书的本领,读得津津有味,不知人间别有他事.

当我们安静下来回想往事时,往往会发现一些偶然的小事却影响了自己的一生.如果不是找到那本《薛仁贵征东》,我的好学心也许激发不起来.我这一生,也许会走另一条路.人的潜能,好比一座汽油库,星星之火,可以使它雷声隆隆、光照天地;但若少了这粒火星,它便会成为一潭死水,永归沉寂.

抄,总抄得起

好不容易上了中学,做完功课还有点时间,便常光顾图书馆.好书借了实在舍不得还,但买不到也买不起,便下决心动手抄书.抄,总抄得起.我抄过林语堂写的《高级英文法》,抄过英文的《英文典大全》,还抄过《孙子兵法》,这本书实在爱得狠了,竟一口气抄了两份.人们虽知抄书之苦,未知抄书之益,抄完毫末俱见,一览无余,胜读十遍.

始于精于一,返于精于博

关于康有为的教学法,他的弟子梁启超说:"康先生之教,专标专精、涉猎二条,无专精则不能成,无涉猎则不能通也."可见康有为强烈要求学生把专精和广博(即"涉猎")相结合.

在先后次序上,我认为要从精于一开始.首先应集中精力学好专业,并在专业的科研中做出成绩,然后逐步扩大领域,力求多方面的精.年轻时,我曾精读杜布(J. L. Doob)的《随机过程论》,哈尔莫斯(P. R. Halmos)的《测度论》等世界数学名著,使我终身受益.简言之,即"始于精于一,返于精于博".正如中国革命一样，必须先有一块根据地，站稳后再开创几块，最后连成一片.

丰富我文采，澡雪我精神

辛苦了一周，人相当疲劳了，每到星期六，我便到旧书店走走，这已成为生活中的一部分，多年如此.一次，偶然看到一套《纲鉴易知录》，编者之一便是选编《古文观止》的吴楚材.这部书提纲挈领地讲中国历史，上自盘古氏，直到明末，记事简明，文字古雅，又富于故事性，便把这部书从头到尾读了一遍.从此启发了我读史书的兴趣.

我爱读中国的古典小说，例如《三国演义》和《东周列国志》.我常对人说，这两部书简直是世界上政治阴谋诡计大全.即以近年来极时髦的人质问题（伊朗人质、劫机人质等），这些书中早就有了，秦始皇的父亲便是受害者，堪称"人质之父".

《庄子》超尘绝俗，不屑于名利.其中"秋水""解牛"诸篇，诚绝唱也.《论语》束身严谨，勇于面世，"己所不欲，勿施于人"，有长者之风.司马迁的《报任少卿书》，读之我心两伤，既伤少卿，又伤司马；我不知道少卿是否收到这封信，希望有人做点研究.我也爱读鲁迅的杂文，果戈理、梅里美的小说.我非常敬重文天祥、秋瑾的人品，常记他们的诗句："人生自古谁无死，留取丹心照汗青""休言女子非英物，夜夜龙泉壁上鸣".唐诗、宋词、《西厢记》《牡丹亭》，丰富我文采，澡雪我精神，其中精粹，实是人间神品.

读了邓拓的《燕山夜话》，既叹服其广博，也使我动了写《科学发现纵横谈》的心.不料这本小册子竟给我招来了上千封鼓励信.以后人们便写出了许许多多的“纵横谈”.

从学生时代起,我就喜读方法论方面的论著.我想,做什么事情都要讲究方法,追求效率、效果和效益,方法好能事半而功倍.我很留心一些著名科学家、文学家写的心得体会和经验.我曾惊讶为什么巴尔扎克在51年短短的一生中能写出上百本书,并从他的传记中去寻找答案.文史哲和科学的海洋无边无际,先哲们的明智之光沐浴着人们的心灵,我衷心感谢他们的恩惠.

读书的另一面

以上我谈了读书的好处,现在要回过头来说说事情的另一面.

读书要选择.世上有各种各样的书:有的不值一看,有的只值看20分钟,有的可看5年,有的可保存一辈子,有的将永远不朽.即使是不朽的超级名著,由于我们的精力与时间有限,也必须加以选择.决不要看坏书,对一般书,要学会速读.

读书要多思考.应该想想,作者说得对吗?完全吗?适合今天的情况吗?从书本中迅速获得效果的好办法是有的放矢地读书,带着问题去读,或偏重某一方面去读.这时我们的思维处于主动寻找的地位,就像猎人追找猎物一样主动,很快就能找到答案,或者发现书中的问题.

有的书浏览即止,有的要读出声来,有的要心头记住,有的要笔头记录.对重要的专业书或名著,要勤做笔记,“不动笔墨不读书”.动脑加动手,手脑并用,既可加深理解,又可避忘备查,特别是自己的灵感,更要及时抓住.清代章学诚在《文史通义》中说:“札记之功必不可少,如不札记,则无穷妙绪如雨珠落大海矣.”

许多大事业、大作品，都是长期积累和短期突击相结合的产物.涓涓不息，将成江河；无此涓涓，何来江河？

爱好读书是许多伟人的共同特性，不仅学者专家如此，一些大政治家、大军事家也如此.曹操、康熙、拿破仑、毛泽东都是手不释卷，嗜书如命的人.他们的巨大成就与毕生刻苦自学密切相关.

王梓坤

目录

第一编　高斯散度定理

第二编　斯托克斯定理

第三编　平面格林定理

第四编　高斯散度定理、斯托克斯定理和平面格林定理关系漫谈

附录　散度定理、斯托克斯定理和有关的积分定理

第一编

高斯散度定理

高斯定理的证明及应用

第1章

§1 从一道美国大学生数学竞赛试题的解法谈起

A－7[①] (1)证明:一个薄的均匀的球壳对一个在球外的点产生的引力,相当于这个球壳的质量全部集中于它的中心时所产生的引力.

(2)确定在曲面 $z=xy$ 上的所有直线,并将结果图示.

(第1届美国大学生数学竞赛)

证 (1)由高斯(Gauss)定理,如果闭曲面 S 在它的内部包含质量 M,并且 $\boldsymbol{F}$ 是质量 M 生成的引力场,则通过 S 的全流量

$$\iint\limits_{S}\boldsymbol{F}\cdot\boldsymbol{n}\mathrm{d}A=-4G\pi M$$

① A表示上午试题.

$\boldsymbol{n}$ 是对于 S 向外的单位法向量，$\mathrm{d}A$ 是曲面元.

设 S 是一个半径为 R 的球，外面的壳与它同心. 由对称性，在 S 上 $\boldsymbol{F}=-F(R)\boldsymbol{n}$，其中 $F=F(R)$ 是常量，故由

$$\begin{aligned}-4G\pi M &= \iint_S -F(R)\boldsymbol{n}\cdot\boldsymbol{n}\mathrm{d}A\\ &= -F(R)\iint_S \mathrm{d}A\\ &= -4\pi R^2F(R)\end{aligned}$$

得 $F(R)=GM/R^2$，作为向量

$$\boldsymbol{F}=-(GM/R^2)\boldsymbol{n}$$

(2) 设 L 是通过 (x_0,y_0,z_0) 的一条直线，它在曲面 $z=xy$ 上. L 的参数方程为

$$x=x_0+\alpha t, y=y_0+\beta t, z=z_0+\gamma t$$

这里 α,β,γ 不全为零，L 在已知曲面上的充要条件是，对于所有的 t，有

$$z_0+\gamma t=(x_0+\alpha t)(y_0+\beta t)=x_0y_0+(\alpha y_0+\beta x_0)t+\alpha\beta t^2$$

t^2 的系数 $\alpha\beta$ 为零，故或者 $\alpha=0$ 或者 $\beta=0$.

若 $\alpha=0$，则 $\gamma=\beta x_0$；若 $\beta=0$，则 $\gamma=\alpha y_0$. α,β 不能同时为零，否则 $\gamma=0$. 不妨设参数为 1，L 的方程或者为

$$x=x_0, y=y_0+t, z=z_0+x_0t$$

或者为

$$x=x_0+t, y=y_0, z=z_0+y_0t$$

对应的非参数形式为

$$x=x_0, z=x_0y$$

或者

$$y = y_0, z = y_0 x$$

反之,这样的直线都在曲面上.

§2　高斯公式的一种证法[①]

现行高等数学教材给出了高斯公式的几种证明方法.陕西工学院(今陕西理工大学)基础课部的曹吉利,汉中师范学院(今陕西理工大学)数学系的邓方安两位教授1999年根据对坐标的曲面积分的向量形式的定义及其计算给出其另一种简捷的证明方法.

定理1　设空间闭区域Ω由分片光滑的曲面S所围成,函数$P(x,y,z),Q(x,y,z),R(x,y,z)$在$\Omega$上具有一阶连续偏导数,则

$$\iiint_{\Omega}\left(\frac{\partial P}{\partial x}+\frac{\partial Q}{\partial y}+\frac{\partial R}{\partial z}\right)\mathrm{d}v=\oiint_{S}P\mathrm{d}y\mathrm{d}z+Q\mathrm{d}z\mathrm{d}x+R\mathrm{d}x\mathrm{d}y \tag{1}$$

或

$$\iiint_{\Omega}\left(\frac{\partial P}{\partial x}+\frac{\partial Q}{\partial y}+\frac{\partial R}{\partial z}\right)\mathrm{d}v = \oiint_{S}(P\cos\alpha+Q\cos\beta+R\cos\gamma)\mathrm{d}S \tag{1'}$$

---

① 本节摘自《陕西工学院学报》,1999年,第15卷,第2期.

这里 S 是 Ω 的整个边界曲面的外侧，$\cos\alpha,\cos\beta,\cos\gamma$ 是 S 上点(x,y,z)处的外法线向量的方向余弦.

证 现证明公式(1).

设闭区域 Ω 在 xOy 面上的投影区域为 D_{xy}，假定穿过 Ω 的内部且平行于 z 轴的直线与 Ω 的边界曲面的交点恰好是两个，不妨设 S 是由 S_1,S_2 和 S_3 所组成的(图 1).

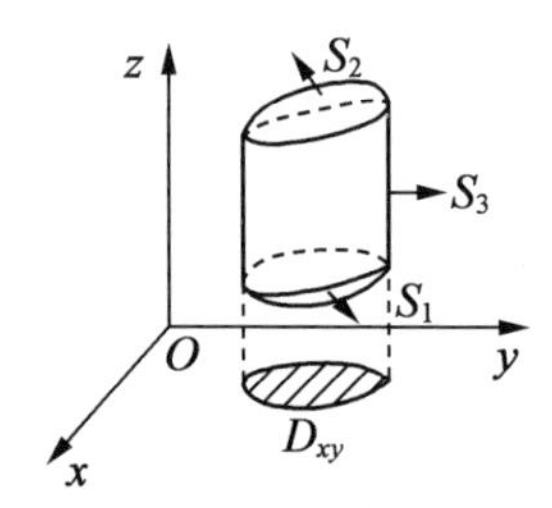

图 1 分片光滑的有向曲面 S

曲面 S_1 的方程为 $z=z_1(x,y)$，取下侧；

曲面 S_2 的方程为 $z=z_2(x,y)$，取上侧，这里 $z_1(x,y)\leqslant z_2(x,y)$；

曲面 S_3 是以 D_{xy} 的边界曲线为准线，母线平行于 z 轴的柱面的一部分，取外侧.

先证

$$\iiint_{\Omega}\frac{\partial R}{\partial z}\mathrm{d}v = \oint\!\!\!\oint_{S} R\mathrm{d}x\mathrm{d}y$$

由于

$$\oint\!\!\!\oint_{S} R\mathrm{d}x\mathrm{d}y = \iint_{S_1} + \iint_{S_2} + \iint_{S_3} R\mathrm{d}x\mathrm{d}y$$

$$= -\iint_{D_{xy}}(0,0,R)\cdot(-z_{1x},\ -z_{1y},1)\mathrm{d}x\mathrm{d}y +$$

$$\iint_{D_{xy}}(0,0,R)\cdot(-z_{2x},-z_{2y},1)\,\mathrm{d}x\mathrm{d}y+0$$

$$=\iint_{D_{xy}}[R(x,y,z_2(x,y))-R(x,y,z_1(x,y))]\,\mathrm{d}x\mathrm{d}y$$

（由第二类曲面积分的计算法）

又

$$\iiint_{\Omega}\frac{\partial R}{\partial z}\mathrm{d}v=\iint_{D}\left(\int_{z_1(x,y)}^{z_2(x,y)}\frac{\partial R}{\partial z}\mathrm{d}z\right)\mathrm{d}x\mathrm{d}y$$

$$=\iint_{D}[R(x,y,z_2(x,y))-R(x,y,z_1(x,y))]\,\mathrm{d}x\mathrm{d}y$$

（由重积分的计算法）

则证得

$$\iiint_{\Omega}\frac{\partial R}{\partial z}\mathrm{d}v=\oint\!\!\!\oint_{S}R\,\mathrm{d}x\mathrm{d}y$$

如果穿过 Ω 内部且平行于 x 轴的直线及平行于 y 轴的直线与 Ω 的边界曲面 S 的交点也都恰好是两个，那么类似地可证得

$$\iiint_{\Omega}\frac{\partial P}{\partial x}\mathrm{d}v=\oint\!\!\!\oint_{S}P\,\mathrm{d}y\mathrm{d}z,\iiint_{\Omega}\frac{\partial Q}{\partial y}\mathrm{d}v=\oint\!\!\!\oint_{S}Q\,\mathrm{d}z\mathrm{d}x$$

把以上三式两端分别相加，即可得高斯公式(1).

在上式证明中，我们对空间闭区域 Ω 作了限制，如果穿过 Ω 内部且平行于坐标轴的直线与 Ω 的边界的交点多于两个，则可以引进几张辅助曲面把 Ω 分成有限个闭区域，且使得在每个闭区域上满足条件，并注意到沿辅助曲面相反两侧的两个曲面积分的值正好抵消，因此公式(1)对于这样的闭区域仍然是正确的.

根据两类曲面积分之间的关系,公式(1)与公式(1′)的右端相等. 故公式(1′)成立.

定理证毕.

例 1 利用高斯公式计算

$$\oiint_S (x-y)\mathrm{d}x\mathrm{d}y + x(y-z)\mathrm{d}y\mathrm{d}z$$

其中 S 为 $x^2+y^2=1$ 及 $z=0, z=3$ 所围成的空间区域整个边界曲面的外侧(图 2).

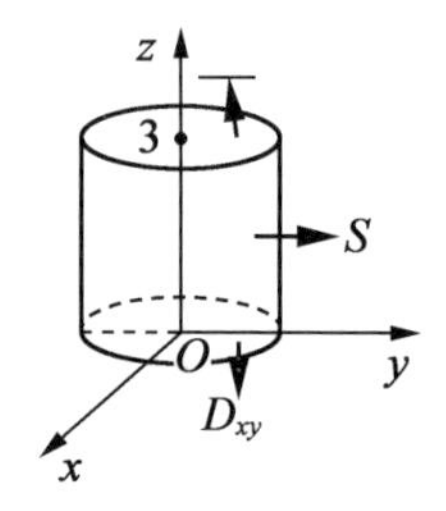

图 2 分片光滑的有向曲面 S 所围成的空间区域 Ω

解 这里

$$P=x(y-z), Q=0, R=x-y$$

$$\frac{\partial P}{\partial x}=y-z, \frac{\partial Q}{\partial y}=0, \frac{\partial R}{\partial z}=0$$

由高斯公式

$$\oiint_S (x-y)\mathrm{d}x\mathrm{d}y + x(y-z)\mathrm{d}y\mathrm{d}z$$

$$=\iiint_\Omega (y-z)\mathrm{d}x\mathrm{d}y\mathrm{d}z$$

$$=\iiint_\Omega y\mathrm{d}x\mathrm{d}y\mathrm{d}z - \iiint_\Omega z\mathrm{d}x\mathrm{d}y\mathrm{d}z$$

$$= \int_0^3 \mathrm{d}z \iint_{D_{xy}} y\mathrm{d}x\mathrm{d}y - \iint_{D_{xy}} \mathrm{d}x\mathrm{d}y \int_0^3 z\mathrm{d}z$$

$$= 0 - \frac{9\pi}{2}$$

$$= -\frac{9\pi}{2}$$

这里也可用柱面坐标计算三重积分.

例2　计算 $I = \iint_S x^3\mathrm{d}y\mathrm{d}z + y^3\mathrm{d}z\mathrm{d}x + z^3\mathrm{d}x\mathrm{d}y$，其中 S 为球面 $x^2+y^2+z^2=R^2$ 的内侧.

解　由曲面积分的性质

$$I = -\iint_{-S} x^3\mathrm{d}y\mathrm{d}z + y^3\mathrm{d}z\mathrm{d}x + z^3\mathrm{d}x\mathrm{d}y$$

这里 $P=-x^3, Q=-y^3, R=-z^3$，从而

$$\frac{\partial P}{\partial x} + \frac{\partial Q}{\partial y} + \frac{\partial R}{\partial z} = -3(x^2+y^2+z^2)$$

应用高斯公式，则

$$I = -3\iiint_{\Omega}(x^2+y^2+z^2)\mathrm{d}v$$

$$= -3\int_0^{2\pi}\mathrm{d}\theta\int_0^{\pi}\mathrm{d}\varphi\int_0^R r^4\sin\varphi\mathrm{d}r$$

$$= -\frac{12}{5}\pi R^5$$

例3　计算 $I = \iint_S (x^2\cos\alpha + y^2\cos\beta + z^2\cos\gamma)\mathrm{d}S$，其中 S 为锥面 $x^2+y^2=z^2$ 介于 $z=0$ 及 $z=h(h>0)$ 之间的部分，$\cos\alpha, \cos\beta, \cos\gamma$ 是 S 上点 (x,y,z) 处的外法线向量的方向余弦(图3).

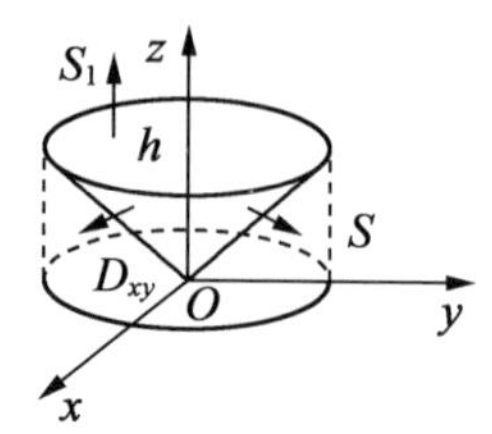

图 3　有向曲面 S

解　由于 S 不封闭,不能用高斯公式. 补一面 S_1:$z=h(x^2+y^2\leqslant h^2)$,取上侧,则构成一封闭曲面,记其围成的空间区域为 Ω,根据高斯公式

$$
\begin{aligned}
I &= \oiint_{S+S_1}(x^2\cos\alpha+y^2\cos\beta+z^2\cos\gamma)\mathrm{d}S - \\
&\quad \iint_{S_1}(x^2\cos\alpha+y^2\cos\beta+z^2\cos\gamma)\mathrm{d}S \\
&= 2\iiint_{\Omega}(x+y+z)\mathrm{d}v - \iint_{S_1}x^2\mathrm{d}y\mathrm{d}z+y^2\mathrm{d}z\mathrm{d}x+z^2\mathrm{d}x\mathrm{d}y \\
&= 2\iint_{D_{xy}}(x+y)\mathrm{d}v + 2\iint_{D_{xy}}\mathrm{d}x\mathrm{d}y\int_{\sqrt{x^2+y^2}}^{h}z\mathrm{d}z - \\
&\quad \iint_{D_{xy}}(x^2,y^2,h^2)\cdot(0,0,1)\mathrm{d}x\mathrm{d}y \\
&= 0+\iint_{D_{xy}}(h^2-x^2-y^2)\mathrm{d}x\mathrm{d}y - \iint_{D_{xy}}h^2\mathrm{d}x\mathrm{d}y \\
&= \frac{1}{2}\pi h^4 - \pi h^4 \\
&= -\frac{1}{2}\pi h^4
\end{aligned}
$$

其中 $D_{xy}:x^2+y^2\leqslant h^2$.

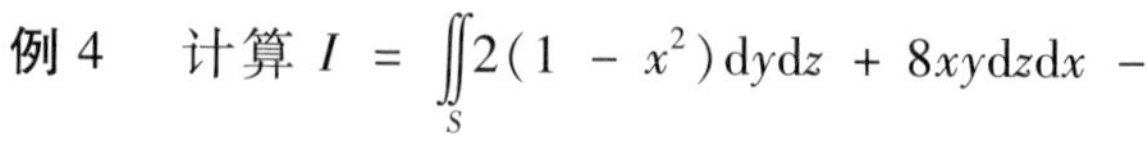

例 4　计算 $I=\iint_S 2(1-x^2)\mathrm{d}y\mathrm{d}z+8xy\mathrm{d}z\mathrm{d}x-$

$4xz\mathrm{d}x\mathrm{d}y$,其中 S 为曲线 $x = \mathrm{e}^y(0 \leqslant y \leqslant a)$ 绕 x 轴旋转而成的旋转曲面的外侧(图 4).

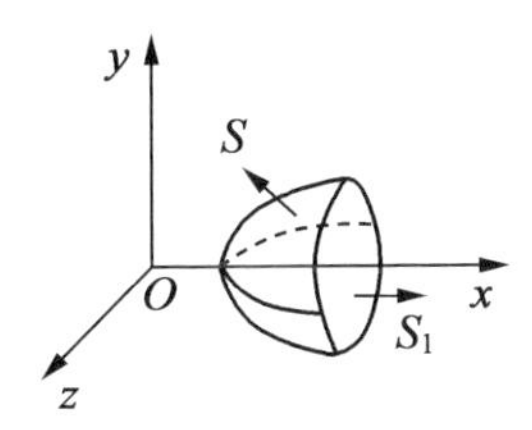

图 4　有向曲面 S

解　由于 S 不封闭,补一平面 $S_1: x = \mathrm{e}^a(y^2 + z^2 \leqslant a^2)$,取其右侧,使 S 与 S_1 围成一封闭曲面,记其围成的闭区域为 Ω,这里 $P = 2(1 - x^2), Q = 8xy, R = -4xz$,于是

$$\frac{\partial P}{\partial x} + \frac{\partial Q}{\partial y} + \frac{\partial R}{\partial z} = -4x + 8x - 4x = 0$$

应用高斯公式得

$$\begin{aligned}
I &= \oiint\limits_{S+S_1} - \iint\limits_{S_1} 2(1 - x^2)\mathrm{d}y\mathrm{d}z + 8xy\mathrm{d}z\mathrm{d}x - 4xz\mathrm{d}x\mathrm{d}y \\
&= 0 - \iint\limits_{D_{yz}} (2(1 - \mathrm{e}^{2a}), 8\mathrm{e}^a y, -4\mathrm{e}^a z) \cdot \\
&\quad (1, -x_y, -x_z)\mathrm{d}y\mathrm{d}z \\
&= -\iint\limits_{D_{yz}} (2(1 - \mathrm{e}^{2a}), 8\mathrm{e}^a y, -4\mathrm{e}^a z) \cdot (1,0,0)\mathrm{d}y\mathrm{d}z \\
&= -\iint\limits_{D_{yz}} 2(1 - \mathrm{e}^{2a})\mathrm{d}y\mathrm{d}z \\
&= -2(1 - \mathrm{e}^{2a}) \iint\limits_{D_{yz}} \mathrm{d}y\mathrm{d}z \\
&= 2(\mathrm{e}^{2a} - 1)\pi a^2
\end{aligned}$$

其中 $D_{yz}: y^2+z^2 \leqslant a^2$.

注:应用对坐标的曲面积分的向量形式定义及其计算使得高斯公式的证明大为简捷,计算更为方便实用,突出了其物理意义.

§3 高斯公式的一种物理证法[①]

关于高斯公式,数学上有多种证法,陕西财经学院的符世斌教授 1999 年从力学的角度入手给出高斯公式的一种物理证明.

在三维空间的稳定流动的不可压缩流体(假定密度为 1)中,设速度场为

$$\boldsymbol{V}=(P(x,y,z),Q(x,y,z),R(x,y,z))$$

其中 $P(x,y,z),Q(x,y,z),R(x,y,z)$ 都有连续的一阶偏导数. 由物理意义,速度场 $\boldsymbol{V}$ 单位时间在点 M_0 的单位体积内所散发的流量定义为该点的散度,记作 $\operatorname{div}\boldsymbol{V}\big|_{M_0}$. 点 $M_0(x_0,y_0,z_0)$ 的散度 $\operatorname{div}\boldsymbol{V}\big|_{M_0}$ 可用下面的极限求出.

在点 M_0 给 x,y,z 分别取增量 $\Delta x,\Delta y,\Delta z$,得到点 M_1,封闭曲面 Σ_0 及所围空间长方体域 ΔG,其体积 $\Delta V=\Delta x\Delta y\Delta z$,取 $\rho=\sqrt{(\Delta x)^2+(\Delta y)^2+(\Delta z)^2}$,则单位时间内由 ΔG 散发的流量 ΔL 近似为

$$\Delta L\approx\left(P+\frac{\partial P}{\partial x}\Delta x\right)\Delta y\Delta z+\left(Q+\frac{\partial Q}{\partial y}\Delta y\right)\Delta x\Delta z+$$

① 本节摘自《高等数学研究》,1999 年 3 月.

$$\left(R+\frac{\partial R}{\partial z}\Delta z\right)\Delta x\Delta y-P\Delta y\Delta z-Q\Delta z\Delta x-R\Delta x\Delta y$$

$$=\left(\frac{\partial P}{\partial x}+\frac{\partial Q}{\partial y}+\frac{\partial R}{\partial z}\right)\Delta x\Delta y\Delta z$$

于是

$$\begin{aligned}\operatorname{div}\boldsymbol{V}\mid_{M_0}&=\lim_{\rho\to 0}\frac{1}{\Delta V}\Delta L\\&=\lim_{\rho\to 0}\frac{1}{\Delta x\Delta y\Delta z}\left(\frac{\partial P}{\partial x}+\frac{\partial Q}{\partial y}+\frac{\partial R}{\partial z}\right)\Delta x\Delta y\Delta z\\&=\left(\frac{\partial P}{\partial x}+\frac{\partial Q}{\partial y}+\frac{\partial R}{\partial z}\right)\Bigg|_{M_0}\end{aligned}$$

一方面，根据散度的物理意义，按块光滑的封闭曲面 $\Sigma_{外}$ 所围成的空间区域 G 单位时间内散发的流量为

$$\iiint_G \operatorname{div}\boldsymbol{V}\mathrm{d}x\mathrm{d}y\mathrm{d}z=\iiint_G\left(\frac{\partial P}{\partial x}+\frac{\partial Q}{\partial y}+\frac{\partial R}{\partial z}\right)\mathrm{d}x\mathrm{d}y\mathrm{d}z$$

另一方面，$\boldsymbol{V}$ 在流动场中单位时间内通过任一按块光滑的封闭曲面 $\Sigma_{外}$ 的流量为

$$\oint\!\!\!\oint_{\Sigma_{外}} P\mathrm{d}y\mathrm{d}z+Q\mathrm{d}z\mathrm{d}x+R\mathrm{d}x\mathrm{d}y$$

由于我们假定流体是不可压缩的，且流动是稳定的，所以单位时间内流出 $\Sigma_{外}$ 的流量与该 $\Sigma_{外}$ 所围空间域 G 散发的流量相等，所以

$$\begin{aligned}&\oint\!\!\!\oint_{\Sigma_{外}} P\mathrm{d}y\mathrm{d}z+Q\mathrm{d}z\mathrm{d}x+R\mathrm{d}x\mathrm{d}y\\&=\iiint_G\left(\frac{\partial P}{\partial x}+\frac{\partial Q}{\partial y}+\frac{\partial R}{\partial z}\right)\mathrm{d}x\mathrm{d}y\mathrm{d}z\end{aligned}$$

这正是高斯公式.

§4 散度定理在 $\mathbf{R}^n$ 空间的推广[①]

1. 引言

散度定理是曲线与曲面积分理论中最重要的定理之一,但现行数学分析和高等数学教材中一般只是介绍了三维空间中的散度定理,而对 $\mathbf{R}^n$ 空间的情形没有介绍. 其实散度定理在 $\mathbf{R}^n$ 空间中也是成立的,在偏微分方程中还经常应用这些结论. 由于 $\mathbf{R}^n$ 空间中面积和体积的定义和 $\mathbf{R}^3$ 空间中不同,证明过程也有很大差异. 河北建筑工程学院的赵书银、李鸿强、张洪亮和石家庄经济学院(今河北地质大学)的陈敏江四位教授 2010 年证明了 $\mathbf{R}^n$ 空间中的散度定理.

2. 定理及证明

为了证明该定理,先引入 $\mathbf{R}^n$ 空间中曲面的几个相关的定义和预备定理.

定义 1 如果曲面 Σ 可以表示为

$$\{(x_1,x_2,\cdots,x_n)\mid x_i=g(x_1,\cdots,x_{i-1},x_{i+1},\cdots,x_n),\\ (x_1,\cdots,x_{i-1},x_{i+1},\cdots,x_n)\in\Omega_1\}$$

则称 Σ 为第 i 类区域.

定理 2 设曲面 $\Sigma: x_n=f(x_1,x_2,\cdots,x_{n-1})\in C^1(\Omega_1)$, $\Omega_1\subset\mathbf{R}^{n-1}$ 为有界闭区域,则曲面 Σ 的面积为

---

① 本节摘自《河北建筑工程学院学报》,2010 年,第 28 卷,第 3 期.

$$\int_{\Omega_1} \sqrt{1 + f_{x_1}^2 + f_{x_2}^2 + \cdots + f_{x_{n-1}}^2}\, \mathrm{d}x_1 \mathrm{d}x_2 \cdots \mathrm{d}x_{n-1}$$

曲面 $\boldsymbol{\Sigma}$ 的面积微元

$$\mathrm{d}s = \sqrt{1 + f_{x_1}^2 + f_{x_2}^2 + \cdots + f_{x_{n-1}}^2}\, \mathrm{d}x_1 \mathrm{d}x_2 \cdots \mathrm{d}x_{n-1}$$

这个结论其实是 $\mathbf{R}^3$ 中曲面面积的推广.

定理 3　设曲面 $\Sigma: f(x_1, x_2, \cdots, x_n) = 0, f \in C^1(\Omega), \nabla f \neq 0, \Omega \subset \mathbf{R}^n$，则在 Σ 上任一点 $(x_1^0, x_2^0, \cdots, x_n^0)$ 处曲面的法方向为

$$\boldsymbol{n} = \pm \frac{\nabla f(x_1^0, x_2^0, \cdots, x_n^0)}{\| \nabla f(x_1^0, x_2^0, \cdots, x_n^0) \|}$$

$$= \frac{\pm 1}{\sqrt{f_{x_1}^2 + f_{x_2}^2 + \cdots + f_{x_n}^2}} (f_{x_1}, f_{x_2}, \cdots, f_{x_n}) \Big|_{\boldsymbol{x} = (x_1^0, x_2^0, \cdots, x_n^0)}$$

这里的法方向其实是曲面上一点处切平面的法线方向，法方向有两个，它们相差一个正负号.

散度定理　设 Ω 为 $\mathbf{R}^n$ 中边界逐段光滑的有界闭区域，它同时可以拆分为有限个第 $i(i = 1, 2, \cdots, n)$ 类区域的并，同类中任何两个公共区域至多只有公共的边界，若 $f_i(\boldsymbol{x}) \in C^1(\Omega)(i = 1, 2, \cdots, n)$，并且有 $\boldsymbol{f}(\boldsymbol{x}) = (f_1(\boldsymbol{x}), f_2(\boldsymbol{x}), \cdots, f_n(\boldsymbol{x}))$，则有

$$\int_{\Omega} \nabla \cdot \boldsymbol{f}(\boldsymbol{x}) \mathrm{d}\boldsymbol{x} = \int_{\partial\Omega} \boldsymbol{f}(\boldsymbol{x}) \cdot \boldsymbol{n} \mathrm{d}S$$

这里，$\nabla = \left(\frac{\partial}{\partial x_1}, \frac{\partial}{\partial x_2}, \cdots, \frac{\partial}{\partial x_n}\right)$，$\partial\Omega$ 表示 Ω 的边界，$\boldsymbol{n}$ 表示 $\partial\Omega$ 的单位外法向量.

证　首先考虑 $\boldsymbol{f}(\boldsymbol{x}) = (0, 0, \cdots, f_n(\boldsymbol{x}))$，设空间区域 Ω 为 $\{(x_1, x_2, \cdots, x_n) \mid g_1(x_1, x_2, \cdots, x_{n-1}) \leqslant x_n \leqslant$

$g_2(x_1,x_2,\cdots,x_{n-1}),(x_1,x_2,\cdots,x_{n-1})\in\Omega_1\}$，其中 Ω_1 的边界光滑，则 $\partial\Omega$ 在 $x_n=g_1(x_1,x_2,\cdots,x_{n-1})$ 上的单位外法向量可以表示为

$$\boldsymbol{n}=\pm\frac{(g_{1x_1},g_{1x_2},\cdots,g_{1x_{n-1}},-1)}{\sqrt{g_{1x_1}^2+g_{1x_2}^2+\cdots+g_{1x_{n-1}}^2+1}}$$

的形式，由于在边界向外的方向数和 $(0,0,\cdots,1)$ 的内积不大于 0，可得其最后一个分量不小于 0，所以 $\partial\Omega$ 在 $x_n=g_1(x_1,x_2,\cdots,x_{n-1})$ 上的单位外法向量为

$$\boldsymbol{n}=\frac{(g_{1x_1},g_{1x_2},\cdots,g_{1x_{n-1}},-1)}{\sqrt{g_{1x_1}^2+g_{1x_2}^2+\cdots+g_{1x_{n-1}}^2+1}}$$

于是 $\partial\Omega$ 被分成了三部分

$$\Sigma_1:\{(x_1,x_2,\cdots,x_n)\mid x_n=g_1(x_1,x_2,\cdots,x_{n-1}),\\(x_1,x_2,\cdots,x_{n-1})\in\Omega_1\}$$

$$\Sigma_2:\{(x_1,x_2,\cdots,x_n)\mid x_n=g_2(x_1,x_2,\cdots,x_{n-1}),\\(x_1,x_2,\cdots,x_{n-1})\in\Omega_1\}$$

$$\Sigma_3:\{(x_1,x_2,\cdots,x_n)\mid g_1(x_1,x_2,\cdots,x_{n-1})\leqslant x_n\leqslant\\g_2(x_1,x_2,\cdots,x_{n-1}),(x_1,x_2,\cdots,x_{n-1})\in\partial\Omega_1\}$$

所以

$$\begin{aligned}&\int_{\Sigma_1}\boldsymbol{f}(\boldsymbol{x})\cdot\boldsymbol{n}\mathrm{d}S\\&=\int_{\Sigma_1}f_n(\boldsymbol{x})\frac{-1}{\sqrt{g_{1x_1}^2+g_{1x_2}^2+\cdots+g_{1x_{n-1}}^2+1}}\mathrm{d}S\\&=\int\cdots\int_{\Omega_1}f_n(x_1,x_2,\cdots,x_{n-1},g_1(x_1,x_2,\cdots,x_{n-1}))\cdot\\&\quad\frac{-1}{\sqrt{g_{1x_1}^2+g_{1x_2}^2+\cdots+g_{1x_{n-1}}^2+1}}\cdot\end{aligned}$$

$$\sqrt{g_{1x_1}^2 + g_{1x_2}^2 + \cdots + g_{1x_{n-1}}^2 + 1}\,\mathrm{d}x_1\mathrm{d}x_2\cdots\mathrm{d}x_{n-1}$$

$$= -x\int\cdots\int_{\Omega_1} f_n(x_1,x_2,\cdots,x_{n-1},$$

$$g_1(x_1,x_2,\cdots,x_{n-1}))\mathrm{d}x_1\mathrm{d}x_2\cdots\mathrm{d}x_{n-1}$$

同理可以得到

$$\int_{\Sigma_2}\boldsymbol{f}(\boldsymbol{x})\cdot\boldsymbol{n}\mathrm{d}S$$

$$= \int\cdots\int_{\Omega_1} f_n(x_1,x_2,\cdots,x_{n-1},g_2(x_1,x_2,\cdots,x_{n-1}))\mathrm{d}x_1\mathrm{d}x_2\cdots\mathrm{d}x_{n-1}$$

而在 Σ_3 上，由于 $\partial\Omega_1$ 和 x_n 的取值无关，设 $\partial\Omega_1 : h(x_1, x_2,\cdots,x_{n-1}) = 0$，则 $\forall x \in \Sigma_3$ 有

$$\boldsymbol{n} = (h_{x_1},h_{x_2},\cdots,h_{x_{n-1}},0)$$

所以

$$\int_{\Sigma_3}\boldsymbol{f}(\boldsymbol{x})\cdot\boldsymbol{n}\mathrm{d}S$$

$$= \int_{\Sigma_3}(0,0,\cdots,f_n(\boldsymbol{x}))\cdot(h_{x_1},h_{x_2},\cdots,h_{x_{n-1}},0)\mathrm{d}S$$

$$= 0$$

从而得到

$$\int_{\Omega} f_{nx_n}(\boldsymbol{x})\mathrm{d}x$$

$$= \int\cdots\int_{\Omega_1}\left(\int_{g_1(x_1,x_2,\cdots,x_{n-1})}^{g_2(x_1,x_2,\cdots,x_{n-1})} f_{nx_n}(x_1,x_2,\cdots,x_n)\mathrm{d}x_n\right)\mathrm{d}x_1\cdots\mathrm{d}x_{n-1}$$

$$= \int\cdots\int_{\Omega_1}(f_n(x_1,x_2,\cdots,g_2(x_1,x_2,\cdots,x_{n-1})) -$$

$$f_n(x_1,x_2,\cdots,g_1(x_1,x_2,\cdots,x_{n-1})))\mathrm{d}x_1\cdots\mathrm{d}x_{n-1}$$

$$= \int\cdots\int_{\Omega_1} f_n(x_1,x_2,\cdots,g_2(x_1,x_2,\cdots,x_{n-1}))\mathrm{d}x_1\cdots\mathrm{d}x_{n-1} -$$

$$\int_{\Omega_1}\cdots\int f_n(x_1,x_2,\cdots,g_1(x_1,x_2,\cdots,x_{n-1}))\,\mathrm{d}x_1\cdots\mathrm{d}x_{n-1}$$

$$=\int_{\Sigma_1}\boldsymbol{f}(\boldsymbol{x})\cdot\boldsymbol{n}\,\mathrm{d}S+\int_{\Sigma_2}\boldsymbol{f}(\boldsymbol{x})\cdot\boldsymbol{n}\,\mathrm{d}S+\int_{\Sigma_3}\boldsymbol{f}(\boldsymbol{x})\cdot\boldsymbol{n}\,\mathrm{d}S$$

$$=\int_{\partial\Omega}\boldsymbol{f}(\boldsymbol{x})\cdot\boldsymbol{n}\,\mathrm{d}S$$

Ω 可以表示为有限个第 n 类区域的并，在相邻的两个区域的公共边界上的曲面积分相互抵消以后仍然得到

$$\int_{\Omega} f_{nx_n}(\boldsymbol{x})\,\mathrm{d}\boldsymbol{x}=\int_{\partial\Omega}\boldsymbol{f}(\boldsymbol{x})\cdot\boldsymbol{n}\,\mathrm{d}S$$

因为 Ω 可以表示为有限个第 i 类区域的并，设 $\boldsymbol{f}(\boldsymbol{x})=(0,\cdots,0,f_i(\boldsymbol{x}),0,\cdots,0)$，同理可得

$$\int_{\Omega} f_{ix_i}(\boldsymbol{x})\,\mathrm{d}\boldsymbol{x}=\int_{\partial\Omega}\boldsymbol{f}(\boldsymbol{x})\cdot\boldsymbol{n}\,\mathrm{d}S$$

对于

$$\boldsymbol{f}(\boldsymbol{x})=(f_1(\boldsymbol{x}),f_2(\boldsymbol{x}),\cdots,f_n(\boldsymbol{x}))$$

设

$$\boldsymbol{f}_i(\boldsymbol{x})=(0,\cdots,0,f_i(\boldsymbol{x}),0,\cdots,0)$$

则 $\boldsymbol{f}(\boldsymbol{x})=\sum_{i=1}^{n}\boldsymbol{f}_i(\boldsymbol{x})$，所以

$$\begin{aligned}\int_{\Omega}\nabla\cdot\boldsymbol{f}(\boldsymbol{x})\,\mathrm{d}\boldsymbol{x}&=\int_{\Omega}\sum_{i=1}^{n}\nabla\cdot\boldsymbol{f}_i(\boldsymbol{x})\,\mathrm{d}\boldsymbol{x}\\&=\int_{\Omega}\sum_{i=1}^{n}\frac{\partial f_i(\boldsymbol{x})}{\partial \boldsymbol{x}_i}\mathrm{d}\boldsymbol{x}\\&=\sum_{i=1}^{n}\int_{\Omega}\frac{\partial f_i(\boldsymbol{x})}{\partial \boldsymbol{x}_i}\mathrm{d}\boldsymbol{x}\end{aligned}$$

$$= \sum_{i=1}^{n} \int_{\partial\Omega} \boldsymbol{f}_i(\boldsymbol{x}) \cdot \boldsymbol{n} \mathrm{d}S$$

$$= \int_{\partial\Omega} \sum_{i=1}^{n} \boldsymbol{f}_i(\boldsymbol{x}) \cdot \boldsymbol{n} \mathrm{d}S$$

$$= \boldsymbol{f} \cdot \boldsymbol{n} \mathrm{d}S$$

证毕.

注:如果记 $\mathrm{d}\boldsymbol{S} = \boldsymbol{n}\mathrm{d}S$,则散度定理也可以写成

$$\int_{\Omega} \nabla \cdot \boldsymbol{f}(\boldsymbol{x}) \mathrm{d}\boldsymbol{x} = \int_{\partial\Omega} \boldsymbol{f} \cdot \boldsymbol{n} \mathrm{d}S$$

§5　从流体通过曲面的流量看高斯公式[①]

高斯公式是第二型曲面积分中非常重要的一个公式,从理论与应用上讲,在学科体系中占有重要地位. 但学生普遍反映该公式抽象,难于理解. 究其原因,常见教材大多是采用传统的编排模式:“给出定理—证明定理—应用定理”. 这种模式,本身很严密,逻辑性很强,但是缺少了发现问题,提出问题,发展问题的过程,学生解决问题的能力没有得到充分的锻炼,教学效果不是很理想.

赵彦辉[②]从变力沿曲线做功引出格林(Green)公

---

① 本节摘自《高等数学研究》,2016 年,第 19 卷,第 2 期.

② 赵彦晖,从变力沿平面曲线做功看格林公式,《高等数学研究》,2004,7(2):19-20.

式. 西安思源学院数学系的吴静、严峰军两位教授2016 年采用元素法的思想,通过流体流过曲面的流量来推测高斯公式的形成过程,一步一步地引导学生,让学生自然地理解公式的由来,在引入公式的过程中同步提高学生分析问题和解决问题的能力.

首先引导学生回顾微积分基本公式——牛顿-莱布尼茨(Newton-Leibniz)公式

$$\int_a^b \frac{\mathrm{d}}{\mathrm{d}x}F(x)\mathrm{d}x = F(b) - F(a) \qquad (1)$$

该公式最重要的理论价值是:建立了函数在区间内部取值规律(即积分)与函数在边界(或端点)上取值的一种数量关系. 由牛顿-莱布尼茨公式引出格林公式

$$\iint_D \left(\frac{\partial Q}{\partial x} - \frac{\partial P}{\partial y}\right)\mathrm{d}x\mathrm{d}y = \oint_c P(x,y)\mathrm{d}x + Q(x,y)\mathrm{d}y \qquad (2)$$

建立了平面区域 D 上的二重积分与曲线积分的联系. 那么我们自然猜想在空间区域 V 上是否也存在类似的数量关系呢? 如果有的话,它的表现形式又是什么呢? 通过类比,不难发现:与式(1)(2)的左边对应的应该是某空间区域 V 上函数的某种积累(这种积累就是三重积分),与式(1)(2)的右边对应的应该是围成空间区域 V 的曲面上函数的某种积累(这种积累只能是曲面积分),因此自然想到在空间区域 V 上与式(1)(2)类似的关系

$$\iint_V (?)\mathrm{d}x\mathrm{d}y\mathrm{d}z$$

$$= \oiint_S P\mathrm{d}y\mathrm{d}z + Q\mathrm{d}z\mathrm{d}x + R\mathrm{d}x\mathrm{d}y \tag{3}$$

其中 S 为 V 的界面,有向闭曲面(取外侧).

式(3)虽给出了所找关系的形式,但式(3)左边的被积函数是什么仍不知道. 为了找出这个被积函数的形式,我们从式(3)的右边出发进行分析,由第二型曲面积分的定义知

$$E = \oiint_S P\mathrm{d}y\mathrm{d}z + Q\mathrm{d}z\mathrm{d}x + R\mathrm{d}x\mathrm{d}y \tag{4}$$

表示在流速场 $\boldsymbol{v}(x,y,z) = P(x,y,z)\boldsymbol{i} + Q(x,y,z)\boldsymbol{j} + R(x,y,z)\boldsymbol{k}$ 的作用下,流体流过空间闭区域 V 的边界曲面 S 时的流量 E,于是式(3)的意义便是把流量 E 在数量上表示成一个在空间区域 V 上的三重积分. 为此我们要把流量 E 理解成空间区域的函数. 当然要这样理解流量的话,流量应具有元素法的两个必备条件:

①流量在数量上对区域 V 具有可加性.

设空间区域 V 由两个区域 V_1, V_2 组成;V 的边界曲面为 S;V_1, V_2 的边界曲面分别是 S_1, S_2,则

$$\oiint_{S_1} \boldsymbol{a} \cdot \mathrm{d}\boldsymbol{s} + \oiint_{S_2} \boldsymbol{a} \cdot \mathrm{d}\boldsymbol{s} = \oiint_S \boldsymbol{a} \cdot \mathrm{d}\boldsymbol{s}$$

其中方向都是外法线方向. 从图5容易看出,因为 S_1 和 S_2 有公共的边界曲面 S_0,因此在 S_1 上的积分中和在 S_2 的积分中都有一个沿 S_0 的积分,但在 S_0 上两个积分所取的法向相反,因此这两个积分相互抵消,于是在 $\oiint_{S_1} \boldsymbol{a} \cdot \mathrm{d}\boldsymbol{s} + \oiint_{S_2} \boldsymbol{a} \cdot \mathrm{d}\boldsymbol{s}$ 中除上述相抵消的积分外,剩下来的正好

是在 V 的边界面 S 的积分.

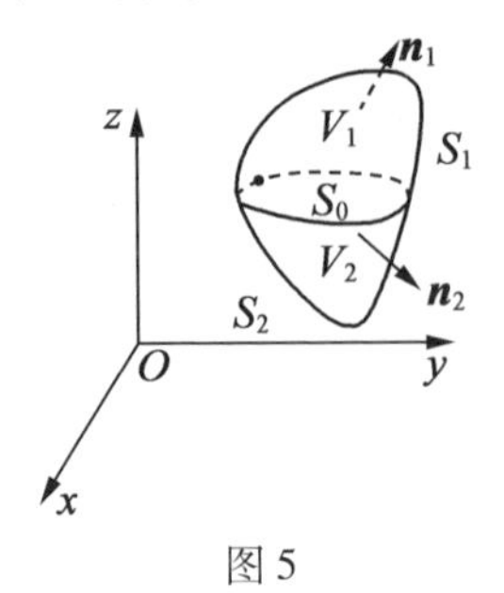

图 5

②元素 $\mathrm{d}E$ 可表示为

$$\mathrm{d}E=(\ \cdot\ )\mathrm{d}x\mathrm{d}y\mathrm{d}z$$

在空间闭区域 V 内任取一点 (ξ,η,ζ)，分别以 $\Delta x,\Delta y,\Delta z$ 为长、宽、高画一个小长方体 ΔV，如图 6. 易见，在后侧面，流出量约为 $-P(\xi,\eta,\zeta)\Delta y\Delta z$；在前侧面，流出量约为

$$\begin{aligned}&P(\xi+\Delta x,\eta,\zeta)\Delta y\Delta z\\&\approx\left[P(\xi,\eta,\zeta)+\frac{\partial P}{\partial x}\Delta x\right]\Delta y\Delta z\end{aligned}$$

两者之和约为 $\frac{\partial P}{\partial x}\Delta x\Delta y\Delta z$. 类似可得左右侧面流出量的和约为 $\frac{\partial Q}{\partial y}\Delta x\Delta y\Delta z$，上下侧面的流出量之和约为 $\frac{\partial R}{\partial z}\Delta x\Delta y\Delta z$. 因此在 ΔV 上流出量总和

$$\Delta E\approx\left[\frac{\partial P}{\partial x}+\frac{\partial Q}{\partial y}+\frac{\partial R}{\partial z}\right]\Delta x\Delta y\Delta z$$

即在空间区域微元 $\mathrm{d}V=\mathrm{d}x\mathrm{d}y\mathrm{d}z$ 上流出量的微元为

$$\mathrm{d}E=\left[\frac{\partial P}{\partial x}+\frac{\partial Q}{\partial y}+\frac{\partial R}{\partial z}\right]\mathrm{d}x\mathrm{d}y\mathrm{d}z$$

结合式(4),可得公式的具体形式为

$$\iiint_V\left(\frac{\partial P}{\partial x}+\frac{\partial Q}{\partial y}+\frac{\partial R}{\partial z}\right)\mathrm{d}x\mathrm{d}y\mathrm{d}z$$

$$=\oiint_S P\mathrm{d}y\mathrm{d}z+Q\mathrm{d}z\mathrm{d}x+R\mathrm{d}x\mathrm{d}y$$

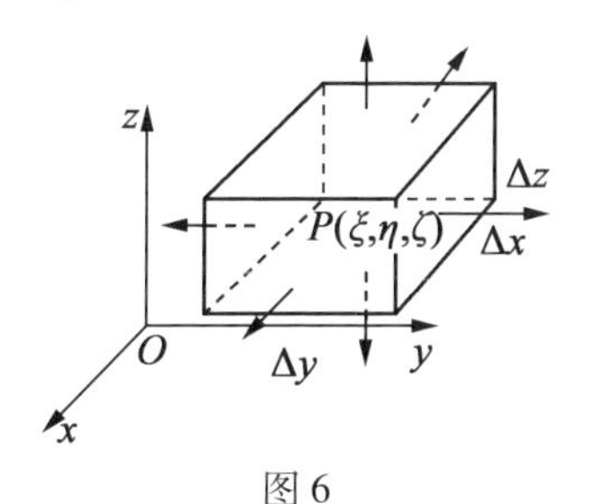

图 6

这个公式是我们在流体通过曲面的流量这个物理背景下,根据元素法的思想引出的. 事实上,右端的被积函数就是流速场的散度,这就是说,通过闭曲面的流量等于该闭曲面所围立体域上各点散度的积分. 我们的导出过程是合理的,所得结论是合情的. 那么在纯数学意义的一般情形下,公式(3)是否还成立呢? 回答是肯定的,这就是下面的定理 4.

定理 4　设有界空间闭区域 V 是由分片光滑的有向曲面 S 所围成的,函数 $P(x,y,z)$, $Q(x,y,z)$, $R(x,y,z)$ 在 V 上具有连续的一阶偏导数,则有

$$\iiint_V\left(\frac{\partial P}{\partial x}+\frac{\partial Q}{\partial y}+\frac{\partial R}{\partial z}\right)\mathrm{d}x\mathrm{d}y\mathrm{d}z$$

$$=\oiint_S P\mathrm{d}y\mathrm{d}z+Q\mathrm{d}z\mathrm{d}x+R\mathrm{d}x\mathrm{d}y$$

这个公式称为高斯公式.

例 1 求流速场 $\boldsymbol{a}=y(x-z)\boldsymbol{i}+x^2\boldsymbol{j}+(y^2+xa)\boldsymbol{k}$ 通过有向曲面 S 的流量

$$\Phi=\iint_S y(x-z)\mathrm{d}y\mathrm{d}z+x^2\mathrm{d}z\mathrm{d}x+(y^2+xz)\mathrm{d}x\mathrm{d}y$$

其中 S 是立方体 Ω:$0\leqslant x\leqslant a,0\leqslant y\leqslant a,0\leqslant z\leqslant a$ 表面的外侧.

解 积分曲面 S 由六个有向平面 S_1,S_2,S_3,S_4,S_5,S_6 组成(图 7),其中 S_1 和 S_2 在 xOy 面及 zOx 面上的投影面积均为零;S_3 和 S_4 在 xOy 面和 yOz 面上的投影面积均为零;S_5 和 S_6 在 yOz 面和 zOx 面上的投影面积均为零,所以

$$\begin{aligned}&\iint_S y(x-z)\mathrm{d}y\mathrm{d}z\\=&\iint_{S_1} y(x-z)\mathrm{d}y\mathrm{d}z+\iint_{S_2} y(x-z)\mathrm{d}y\mathrm{d}z\\=&\frac{a^4}{2}\end{aligned}$$

$$\iint_S x^2\mathrm{d}x\mathrm{d}z=\iint_{S_3} x^2\mathrm{d}x\mathrm{d}z+\iint_{S_4} x^2\mathrm{d}x\mathrm{d}z=0$$

$$\begin{aligned}&\iint_S (y^2+xz)\mathrm{d}x\mathrm{d}y\\=&\iint_{S_5}(y^2+xz)\mathrm{d}x\mathrm{d}y+\iint_{S_6}(y^2+xz)\mathrm{d}x\mathrm{d}y\\=&\frac{a^4}{2}\end{aligned}$$

所以流量 $\Phi=a^4$.

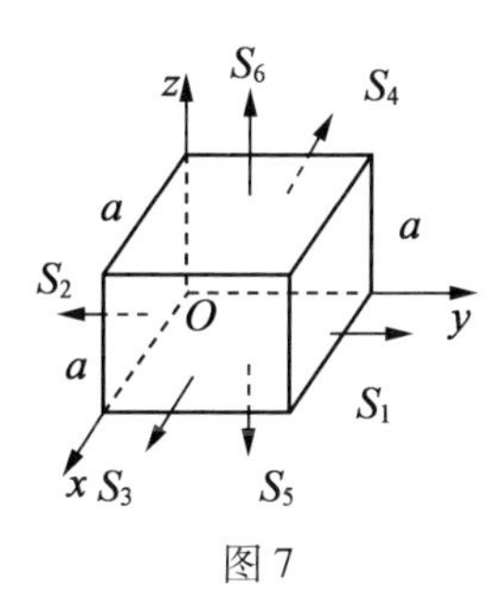

图 7

根据题意,我们得知此题满足高斯公式的条件,所以也可以用高斯公式计算如下:

设

$$P(x,y,z) = y(x-z)$$

$$Q(x,y,z) = x^2$$

$$R(x,y,z) = y^2 + xz$$

$$\frac{\partial P}{\partial x} = y, \frac{\partial Q}{\partial y} = 0, \frac{\partial R}{\partial z} = x$$

$$\iiint\limits_{\Omega}\left(\frac{\partial P}{\partial x} + \frac{\partial Q}{\partial y} + \frac{\partial R}{\partial z}\right)\mathrm{d}x\mathrm{d}y\mathrm{d}z$$

$$= \iiint\limits_{\Omega}(x+y)\mathrm{d}x\mathrm{d}y\mathrm{d}z = a^4$$

其中 Ω 是立方体. 通过两种方式计算同一个题,得到的结果是一样的,显然用后一种方式更加简捷、容易,可见高斯公式在第二型曲面积分中的重要性.

这样,我们通过元素法的方式推出了高斯公式. 至于证明可以参考一般的教科书. 我们多用了一些时间讲公式的推测,给了学生一个完整的、合乎逻辑的发现过程,给出分析问题,解决问题的实例. 在这个过程中,提高了学生学习数学的兴趣,使他们体会到了数学的魅力,也达到了素质教育的目的.

§6 流体的体胀速度、散度及高斯公式的物理意义①

在高斯公式

$$\iiint_K\left(\frac{\partial P}{\partial x}+\frac{\partial Q}{\partial y}+\frac{\partial R}{\partial z}\right)\mathrm{d}v$$
$$=\oiint_\Sigma P\mathrm{d}y\mathrm{d}z+Q\mathrm{d}z\mathrm{d}x+R\mathrm{d}x\mathrm{d}y \qquad (1)$$

中,Σ 是空间区域 K 的边界面,P,Q,R 是在 K 上有定义且具有连续偏导数的函数,公式右端的曲面积分沿闭曲面 Σ 的外侧进行. 在该公式中,若视

$$\boldsymbol{v}=\left(\frac{\mathrm{d}x}{\mathrm{d}t},\frac{\mathrm{d}y}{\mathrm{d}t},\frac{\mathrm{d}z}{\mathrm{d}t}\right)=(P,Q,R)$$

为一稳定流动的不可压缩流体(假定密度为1)的速度场,这里,“稳定流动”是指流体的流速与时间 t 无关,“不可压缩”是指流体的密度为常数. 在一般教材中,都已对公式右端的曲面积分做出了物理解释,即“单位时间内经闭曲面 Σ 流出的流体的质量”,或流量,但却未能对整个公式的物理意义做出完整的说明. 西安建筑科技大学理学院的曲小钢教授 2003 年直接由流体力学推导出高斯公式,并对其物理意义做出解释. 这需先了解流体力学中的一个基本概念 —— 体胀

① 本节摘自《高等数学研究》,2003 年,第 6 卷,第 1 期.

速度.

在流场中取一体积为 V 的微元(称作流点). 当该流点流动时,其单位体积的体积变化率(相对于时间 t) 称作体胀速度(the relative time rate of expansion),记作 X,即

$$X = \lim_{V\to 0} \frac{1}{V} \frac{\mathrm{d}V}{\mathrm{d}t} \tag{2}$$

体胀速度是流点体积膨胀或收缩的速度,$X > 0$ 表示该点有流体产生,犹如泉水的源头,故在流体力学中称作源(source);反之,$X < 0$ 时称作汇(或沟,sink). 按照这一意义,如果在流体内取有限大小的流体块 K,并将 X 沿 K 积分,那么

$$\iiint_K X \mathrm{d}v \tag{3}$$

就是 K 内的源在单位时间内产生的流体的质量.

由于我们假定流体是不可压缩的,且流动是稳定的,因此,按照质量守恒定律,这一流体质量必然等于单位时间内经 K 的表面 Σ 流出的流量,即有

$$\iiint_K X \mathrm{d}v = \oint\!\!\oint_\Sigma P\mathrm{d}y\mathrm{d}z + Q\mathrm{d}z\mathrm{d}x + R\mathrm{d}x\mathrm{d}y \tag{4}$$

下面给出体胀速度 X 的计算公式并说明等式(4)其实就是高斯公式.

在式(2) 中将流点取为边长为 Δx,Δy 和 Δz 的长方体(图 8),则

$$V = \Delta x \Delta y \Delta z$$

$$\frac{1}{V} \frac{\mathrm{d}V}{\mathrm{d}t} = \frac{1}{\Delta x \Delta y \Delta z} \frac{\mathrm{d}(\Delta x \Delta y \Delta z)}{\mathrm{d}t}$$

$$= \frac{1}{\Delta x}\frac{\mathrm{d}(\Delta x)}{\mathrm{d}t} + \frac{1}{\Delta y}\frac{\mathrm{d}(\Delta y)}{\mathrm{d}t} + \frac{1}{\Delta z}\frac{\mathrm{d}(\Delta z)}{\mathrm{d}t}$$

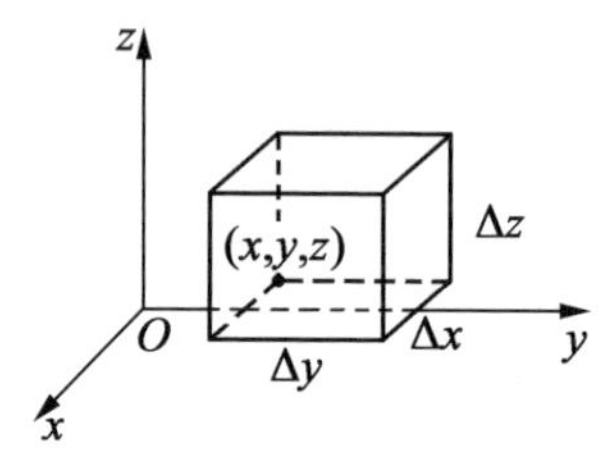

图 8　流体微元

在上式中，导数运算 $\frac{\mathrm{d}}{\mathrm{d}t}$ 是关于时间变量的，而差分 Δ 运算则是关于空间变量的，二者的运算顺序可以交换. 交换导数运算与差分运算的运算顺序并注意到

$$\frac{\mathrm{d}x}{\mathrm{d}t} = P, \frac{\mathrm{d}y}{\mathrm{d}t} = Q, \frac{\mathrm{d}z}{\mathrm{d}t} = R$$

就有

$$\frac{1}{V}\frac{\mathrm{d}V}{\mathrm{d}t} = \frac{\Delta P}{\Delta x} + \frac{\Delta Q}{\Delta y} + \frac{\Delta R}{\Delta z}$$

令 $\Delta x \to 0, \Delta y \to 0, \Delta z \to 0$（即 $V \to 0$），就得到体胀速度的计算公式

$$X = \lim_{V \to 0}\frac{1}{V}\frac{\mathrm{d}V}{\mathrm{d}t} = \lim_{\substack{\Delta x \to 0 \\ \Delta y \to 0 \\ \Delta z \to 0}}\left(\frac{\Delta P}{\Delta x} + \frac{\Delta Q}{\Delta y} + \frac{\Delta R}{\Delta z}\right)$$

即

$$X = \frac{\partial P}{\partial x} + \frac{\partial Q}{\partial y} + \frac{\partial R}{\partial z} \tag{5}$$

将所得计算公式(5)代入式(4)，即是高斯公式(1)，所以高斯公式的物理意义为：流体块内的源在单位时间内产生的流体质量等于单位时间内经流体块

的表面流出的流体质量.

体胀速度 X 的计算公式(5)也可按下述方法推导.

设一质点当 $t=t_0$ 时位于流体内 (x_0,y_0,z_0) 处,随流体流动,该质点的运动轨迹可以用方程组

$$\begin{cases}x=x(x_0,y_0,z_0,t)\\y=y(x_0,y_0,z_0,t)\\z=z(x_0,y_0,z_0,t)\end{cases}\tag{6}$$

描述. 式(6)称为点 (x,y,z) 的拉格朗日坐标.

如果一流体块在 $t=t_0$ 时占据的区域为 K_0, t 时刻占据的区域为 K,体积为 V,那么

$$V=\iiint_K \mathrm{d}x\mathrm{d}y\mathrm{d}z\tag{7}$$

因为区域 K 随时间 t 变化,而 K_0 不变,所以,为计算 $\frac{\mathrm{d}V}{\mathrm{d}t}$,需将上式右端的积分区域变换为 K_0. 由于 K 中每一点 (x,y,z) 都对应于 K_0 中一点 (x_0,y_0,z_0),所以,在式(7)的积分中作变量代换(6). 由重积分的换元公式,得

$$V=\iiint_K \mathrm{d}x\mathrm{d}y\mathrm{d}z=\iiint_{K_0} J(x_0,y_0,z_0,t)\,\mathrm{d}x_0\mathrm{d}y_0\mathrm{d}z_0\tag{8}$$

其中 J 是变换(6)的雅可比行列式

$$J(x_0,y_0,z_0,t)=\frac{\partial(x,y,z)}{\partial(x_0,y_0,z_0)}=\begin{vmatrix}\frac{\partial x}{\partial x_0} & \frac{\partial x}{\partial y_0} & \frac{\partial x}{\partial z_0}\\ \frac{\partial y}{\partial x_0} & \frac{\partial y}{\partial y_0} & \frac{\partial y}{\partial z_0}\\ \frac{\partial z}{\partial x_0} & \frac{\partial z}{\partial y_0} & \frac{\partial z}{\partial z_0}\end{vmatrix}$$

在式(8)两端对 t 求导数,得

$$\frac{\mathrm{d}V}{\mathrm{d}t}=\frac{\mathrm{d}}{\mathrm{d}t}\iiint_{K_0}J(x_0,y_0,z_0,t)\,\mathrm{d}x_0\mathrm{d}y_0\mathrm{d}z_0$$
$$=\iiint_{K_0}\frac{\partial J(x_0,y_0,z_0,t)}{\partial t}\mathrm{d}x_0\mathrm{d}y_0\mathrm{d}z_0 \tag{9}$$

上式中的偏导数可按行列式的微分运算法则求得

$$\frac{\partial J}{\partial t}=\begin{vmatrix}\frac{\partial^2 x}{\partial x_0\partial t} & \frac{\partial^2 x}{\partial y_0\partial t} & \frac{\partial^2 x}{\partial z_0\partial t}\\ \frac{\partial y}{\partial x_0} & \frac{\partial y}{\partial y_0} & \frac{\partial y}{\partial z_0}\\ \frac{\partial z}{\partial x_0} & \frac{\partial z}{\partial y_0} & \frac{\partial z}{\partial z_0}\end{vmatrix}+\begin{vmatrix}\frac{\partial x}{\partial x_0} & \frac{\partial x}{\partial y_0} & \frac{\partial x}{\partial z_0}\\ \frac{\partial^2 y}{\partial x_0\partial t} & \frac{\partial^2 y}{\partial y_0\partial t} & \frac{\partial^2 y}{\partial z_0\partial t}\\ \frac{\partial z}{\partial x_0} & \frac{\partial z}{\partial y_0} & \frac{\partial z}{\partial z_0}\end{vmatrix}+$$
$$\begin{vmatrix}\frac{\partial x}{\partial x_0} & \frac{\partial x}{\partial y_0} & \frac{\partial x}{\partial z_0}\\ \frac{\partial y}{\partial x_0} & \frac{\partial y}{\partial y_0} & \frac{\partial y}{\partial z_0}\\ \frac{\partial^2 z}{\partial x_0\partial t} & \frac{\partial^2 z}{\partial y_0\partial t} & \frac{\partial^2 z}{\partial z_0\partial t}\end{vmatrix}$$

以 $t=t_0$ 代入并注意到当 $t=t_0$ 时

$$\frac{\partial x}{\partial x_0}=\frac{\partial y}{\partial y_0}=\frac{\partial z}{\partial z_0}=1$$

$$\frac{\partial x}{\partial y_0}=\frac{\partial x}{\partial z_0}=\frac{\partial y}{\partial z_0}=\frac{\partial y}{\partial x_0}=\frac{\partial z}{\partial x_0}=\frac{\partial z}{\partial y_0}=0$$

$$\frac{\partial^2 x}{\partial x_0\partial t}=\frac{\partial}{\partial x_0}\left(\frac{\partial x}{\partial t}\right)=\frac{\partial P}{\partial x_0},\frac{\partial^2 y}{\partial y_0\partial t}=\frac{\partial}{\partial y_0}\left(\frac{\partial y}{\partial t}\right)=\frac{\partial Q}{\partial y_0}$$

$$\frac{\partial^2 z}{\partial z_0\partial t}=\frac{\partial}{\partial z_0}\left(\frac{\partial z}{\partial t}\right)=\frac{\partial R}{\partial z_0}$$

就有

$$\left.\frac{\partial J}{\partial t}\right|_{t=t_0}$$
$$=\left[\begin{vmatrix}\frac{\partial P}{\partial x_0} & 0 & 0\\ 0 & 1 & 0\\ 0 & 0 & 1\end{vmatrix}+\begin{vmatrix}1 & 0 & 0\\ 0 & \frac{\partial Q}{\partial y_0} & 0\\ 0 & 0 & 1\end{vmatrix}+\begin{vmatrix}1 & 0 & 0\\ 0 & 1 & 0\\ 0 & 0 & \frac{\partial R}{\partial z_0}\end{vmatrix}\right]_{t=t_0}$$

即

$$\left.\frac{\partial J}{\partial t}\right|_{t=t_0}=\left[\frac{\partial P}{\partial x_0}+\frac{\partial Q}{\partial y_0}+\frac{\partial R}{\partial z_0}\right]_{t=t_0}$$

代入式(9)并将其中的 t_0 换为 t；x_0,y_0,z_0 换为 x,y,z；K_0 换为 K，就得到任一瞬时 t 流体内任一占据区域为 K 的流体块的体积变化率

$$\frac{\mathrm{d}V}{\mathrm{d}t}=\iiint_K\left(\frac{\partial P}{\partial x}+\frac{\partial Q}{\partial y}+\frac{\partial R}{\partial z}\right)\mathrm{d}v$$

将积分中值定理用于上式右端的积分并将结果代入式(2)，我们就将再次推导出体胀速度的计算公式(5)

$$\begin{aligned}X&=\lim_{V\to 0}\frac{1}{V}\frac{\mathrm{d}V}{\mathrm{d}t}=\lim_{V\to 0}\frac{1}{V}\iiint_K\left(\frac{\partial P}{\partial x}+\frac{\partial Q}{\partial y}+\frac{\partial R}{\partial z}\right)\mathrm{d}v\\&=\lim_{V\to 0}\frac{1}{V}\left[\frac{\partial P}{\partial x}+\frac{\partial Q}{\partial y}+\frac{\partial R}{\partial z}\right]_{(a,Z,Y)}\cdot V\\&=\frac{\partial P}{\partial x}+\frac{\partial Q}{\partial y}+\frac{\partial R}{\partial z}\end{aligned}$$

其中，(a,Z,Y) 是 K 内某一点.

顺便指出，体胀速度也称作体形变，其三个组成部分 $\frac{\partial P}{\partial x},\frac{\partial Q}{\partial y},\frac{\partial R}{\partial z}$ 分别相应于沿三个坐标轴伸长或缩短的形变率，称作轴形变或法形变.

此外，由式(5) 可以看出，散度 div $\boldsymbol{v}$ 的计算公式与体胀速度的计算公式相同，即

$$\operatorname{div} \boldsymbol{v} = \frac{\partial P}{\partial x} + \frac{\partial Q}{\partial y} + \frac{\partial R}{\partial z} \tag{10}$$

但二者在流体力学中的定义却是不同的. 散度是单位体积的流体通量. 流体内一点 M 处的散度定义为

$$\operatorname{div} \boldsymbol{v} = \lim_{\Sigma \to M} \frac{1}{V} \oiint_{\Sigma} v \cdot \mathrm{d}\boldsymbol{S} \tag{11}$$

其中 Σ 为流体内一包围点 M 的封闭曲面，V 为 Σ 包围的体积，d$\boldsymbol{S}$ 是 Σ 的指向外侧的有向曲面元. 当 Σ 为几何曲面时，div $\boldsymbol{v} > 0$ 表示该点有外流的流体通量，而当 Σ 为由质点组成的物质曲面时，div $\boldsymbol{v} > 0$ 表示的外流的流体通量相当于闭曲面 Σ 的外向膨胀. 可见，散度也是一个表示流点体积膨胀或收缩的物理量，它与体胀速度具有相同的计算公式便不是偶然的了.

在有些地方，为简化概念，也采用式(10)作为散度的定义. 这样定义的优点是便于计算，而缺点则是要依赖于坐标系的选取，但按式(11)定义则不依赖于坐标系的选取. 也有称式(2)定义的体胀速度为散度的，它同样不依赖于坐标系的选取.

另外，需注意的是，体胀速度的计算公式(5)是独立于高斯公式而推导出来的，而散度的计算公式(10)则是利用高斯公式而推导出来的. 因此，在涉及高斯公式的物理意义这一问题时，二者存在一定差异. 固然可以反过来用散度概念解释高斯公式，然而，欲直接引出高斯公式，则仍然以使用体胀速度的概念更为恰当.

§7 关于应用高斯公式的几点注记[1]

同济大学数学教研室主编的《高等数学》教材中出现了这样一道习题:求曲面积分

$$I=\iint_{\Sigma}\frac{x\mathrm{d}y\mathrm{d}z+y\mathrm{d}z\mathrm{d}x+z\mathrm{d}x\mathrm{d}y}{(\sqrt{x^2+y^2+z^2})^3}$$

其中Σ为曲面$1-\frac{z}{5}=\frac{(x-2)^2}{16}+\frac{(y-1)^2}{9}(z\geqslant 0)$的上侧. 教材给出的错误结果为0,安徽大学数学与计算科学学院的叶仁玉、安庆师范学院数学系的张海两位教授2004年在教学中也发现了学生的错误解答:

设

$$P=\frac{x}{(\sqrt{x^2+y^2+z^2})^3}$$

$$Q=\frac{y}{(\sqrt{x^2+y^2+z^2})^3}$$

$$R=\frac{z}{(\sqrt{x^2+y^2+z^2})^3}$$

Σ所围区域为V,由高斯公式有

$$I=\iiint_V\left(\frac{\partial P}{\partial x}+\frac{\partial Q}{\partial y}+\frac{\partial R}{\partial z}\right)\mathrm{d}x\mathrm{d}y\mathrm{d}z$$

---

① 本节摘自《安庆师范学院学报(自然科学版)》,2004年,第10卷,第2期.

$$=\iiint_V\left[\frac{y^2+z^2-2x^2}{(\sqrt{x^2+y^2+z^2})^5}+\frac{x^2+z^2-2y^2}{(\sqrt{x^2+y^2+z^2})^5}+\frac{x^2+y^2-2z^2}{(\sqrt{x^2+y^2+z^2})^5}\right]\mathrm{d}x\mathrm{d}y\mathrm{d}z$$

$$=\iiint_V 0\mathrm{d}x\mathrm{d}y\mathrm{d}z=0$$

他们认为教材结果和学生解答都是错误的，这是由于在应用高斯公式求曲面积分时忽略了两个重要条件：(1) P,Q,R 在 V 上具有连续的偏导数；(2) Σ 为封闭曲面. 显然原题不满足高斯公式的条件，不能直接利用，但可采用“挖补法”. 正确的解法为：设 S 表示以原点为中心，R 为半径的上半球面 $x^2+y^2+z^2=R^2\ (z\geqslant 0)$，$S_{内}$ 表示 S 的内侧，取充分小的 R 使 S 在 Σ 的内部，记 Γ 为 $z=0$ 平面上 $x^2+y^2\geqslant R^2$，$\frac{(x-2)^2}{16}+\frac{(y-1)^2}{9}\leqslant 1$ 的部分，$\Gamma_{下}$ 表示 Γ 的下侧，V 表示 S 和 Σ 所围的区域. 由高斯公式有

$$I=\iint_{\Sigma_{上}}\frac{x\mathrm{d}y\mathrm{d}z+y\mathrm{d}z\mathrm{d}x+z\mathrm{d}x\mathrm{d}y}{(\sqrt{x^2+y^2+z^2})^3}$$

$$=\iint_{(\Sigma_{上}+S_{内}+\Gamma_{下})-(S_{内}+\Gamma_{下})}\frac{x\mathrm{d}y\mathrm{d}z+y\mathrm{d}z\mathrm{d}x+z\mathrm{d}x\mathrm{d}y}{(\sqrt{x^2+y^2+z^2})^3}$$

$$=\iiint_V\left(\frac{\partial P}{\partial x}+\frac{\partial Q}{\partial y}+\frac{\partial R}{\partial z}\right)\mathrm{d}x\mathrm{d}y\mathrm{d}z-$$

$$\iint_{\Gamma_{下}}\frac{x\mathrm{d}y\mathrm{d}z+y\mathrm{d}z\mathrm{d}x+z\mathrm{d}x\mathrm{d}y}{(\sqrt{x^2+y^2+z^2})^3}+$$

$$\iint_{S_{外}} \frac{x\mathrm{d}y\mathrm{d}z + y\mathrm{d}z\mathrm{d}x + z\mathrm{d}x\mathrm{d}y}{(\sqrt{x^2 + y^2 + z^2})^3}$$

因为 Γ 在 yOz 及 zOx 平面上的投影面积为零,所以在 $\Gamma_{下}$ 上的积分为 0 且 $Z \equiv 0$,从而

$$\begin{aligned}
I &= \iint_{S_{外}} \frac{x\mathrm{d}y\mathrm{d}z + y\mathrm{d}z\mathrm{d}x + z\mathrm{d}x\mathrm{d}y}{(\sqrt{x^2 + y^2 + z^2})^3} \\
&= \frac{1}{R^3}\iint_{S_{外}} x\mathrm{d}y\mathrm{d}z + y\mathrm{d}z\mathrm{d}x + z\mathrm{d}x\mathrm{d}y \\
&= \frac{3}{R^3}\iint_{S_{外}} z\mathrm{d}x\mathrm{d}y \\
&= \frac{3}{R^3}\iint_{D_{xy}} \sqrt{R^2 - x^2 - y^2}\,\mathrm{d}x\mathrm{d}y \\
&= \frac{3}{R^3}\int_0^{2\pi}\mathrm{d}\theta\int_0^R r\sqrt{R^2 - r^2}\,\mathrm{d}r \\
&= \frac{6\pi}{R^3}\int_0^R \sqrt{R^2 - r^2}\,\mathrm{d}r \\
&= \frac{6\pi}{R^3}\cdot\left(-\frac{1}{3}\right)\cdot\left(\sqrt{R^2 - r^2}\right)^3\Big|_0^R \\
&= 2\pi
\end{aligned}$$

此题可以推广至更一般的结果:

定理 5　设 S 为光滑封闭曲面,则

$$I = \oint\!\!\!\oint_S \frac{x\mathrm{d}y\mathrm{d}z + y\mathrm{d}z\mathrm{d}x + z\mathrm{d}x\mathrm{d}y}{(\sqrt{x^2 + y^2 + z^2})^3} = \begin{cases} 0 & (\text{原点位于 } S \text{ 外部}) \\ 4\pi & (\text{原点位于 } S \text{ 内部}) \end{cases}$$

证　设

$$P = \frac{x}{(\sqrt{x^2 + y^2 + z^2})^3}$$

$$Q = \frac{y}{(\sqrt{x^2 + y^2 + z^2})^3}$$

$$R = \frac{z}{(\sqrt{x^2 + y^2 + z^2})^3}$$

则

$$\frac{\partial P}{\partial x} = \frac{1}{(\sqrt{x^2 + y^2 + z^2})^3} - \frac{3x^2}{(\sqrt{x^2 + y^2 + z^2})^5}$$

$$\frac{\partial Q}{\partial y} = \frac{1}{(\sqrt{x^2 + y^2 + z^2})^3} - \frac{3y^2}{(\sqrt{x^2 + y^2 + z^2})^5}$$

$$\frac{\partial R}{\partial z} = \frac{1}{(\sqrt{x^2 + y^2 + z^2})^3} - \frac{3z^2}{(\sqrt{x^2 + y^2 + z^2})^5}$$

(1) 当原点位于 S 外部区域时，满足高斯公式条件

$$\begin{aligned} I &= \iiint_V \left(\frac{\partial P}{\partial x} + \frac{\partial Q}{\partial y} + \frac{\partial R}{\partial z}\right) \mathrm{d}x\mathrm{d}y\mathrm{d}z \\ &= \iiint_V \left[\frac{1}{(\sqrt{x^2 + y^2 + z^2})^3} - \frac{3x^2}{(\sqrt{x^2 + y^2 + z^2})^5} + \right. \\ &\quad \frac{1}{(\sqrt{x^2 + y^2 + z^2})^3} - \frac{3y^2}{(\sqrt{x^2 + y^2 + z^2})^5} + \\ &\quad \left. \frac{1}{(\sqrt{x^2 + y^2 + z^2})^3} - \frac{3z^2}{(\sqrt{x^2 + y^2 + z^2})^5}\right] \mathrm{d}x\mathrm{d}y\mathrm{d}z \\ &= \iiint_V 0\mathrm{d}x\mathrm{d}y\mathrm{d}z = 0 \end{aligned}$$

(2) 当原点位于 S 外部区域时，P,Q,R 在原点不连续，不能直接利用高斯公式. 作球面 $\Gamma: x^2 + y^2 +$

$z^2=R^2$,取充分小的 R 使 Γ 在 S 的内部区域,V 表示 S 和 Γ 所围的区域,由(1)知

$$I=\iint\limits_{\Gamma_{内}+S_{外}}\frac{x\mathrm{d}y\mathrm{d}z+y\mathrm{d}z\mathrm{d}x+z\mathrm{d}x\mathrm{d}y}{(\sqrt{x^2+y^2+z^2})^3}-\iint\limits_{\Gamma_{内}}\frac{x\mathrm{d}y\mathrm{d}z+y\mathrm{d}z\mathrm{d}x+z\mathrm{d}x\mathrm{d}y}{(\sqrt{x^2+y^2+z^2})^3}$$

又 Γ 的外法线方向余弦分别为

$$\frac{x}{(\sqrt{x^2+y^2+z^2})^3},\frac{y}{(\sqrt{x^2+y^2+z^2})^3},\frac{z}{(\sqrt{x^2+y^2+z^2})^3}$$

所以

$$\begin{aligned}I&=\iiint\limits_V 0\mathrm{d}x\mathrm{d}y\mathrm{d}z-\iint\limits_{\Gamma_{内}}\frac{x\mathrm{d}y\mathrm{d}z+y\mathrm{d}z\mathrm{d}x+z\mathrm{d}x\mathrm{d}y}{(\sqrt{x^2+y^2+z^2})^3}\\&=\frac{1}{R^2}\iint\limits_{\Gamma_{外}}\mathrm{d}S=4\pi\end{aligned}$$

散度定理

第2章

§1 一个简单的小问题

问题 1 计算:向量场

$$\boldsymbol{F}(x,y,z)=x(\mathrm{e}^{xy}-\mathrm{e}^{zx})\boldsymbol{i}+y(\mathrm{e}^{yz}-\mathrm{e}^{xy})\boldsymbol{j}+z(\mathrm{e}^{zx}-\mathrm{e}^{yz})\boldsymbol{k}$$

通过单位球上半球的流量.

解 可以检验 $\operatorname{div}\boldsymbol{F}=0$(事实上,$\boldsymbol{F}$ 是向量场 $\mathrm{e}^{yz}\boldsymbol{i}+\mathrm{e}^{zx}\boldsymbol{j}+\mathrm{e}^{xy}\boldsymbol{k}$ 的旋度). 若 S 是上半球面与 xOy 平面上的单位圆盘的并集,则由散度定理,$\iint\limits_S \boldsymbol{F}\cdot\boldsymbol{n}\mathrm{d}s=0$. 在单位圆盘上 $\boldsymbol{F}\cdot\boldsymbol{n}=0$,这表示通过单位圆盘上的流量是 0. 可见通过上半球面上的流量也是 0.

§2　场的概念、数量场的等位面与梯度

许多实际问题中,经常需要研究物理量在空间区域中的分布及其随时间变化的规律.如在天气预报工作中,需要知道气压、温度、密度、气流速度在空间区域中的分布,及其随时间变化的规律;在石油开采中,需要知道地下各点的压力、石油流动的速度在地下的分布,及其随时间的变化规律;在卫星通信中,需要知道电磁场在空间的分布,及其随时间的变化规律.像这种物理量在空间或空间一部分中的分布就称为"场".

上面提到的物理量可分为两类:一类是数量,如压力、温度、密度等,它们在空间或空间一部分中的分布就称为压力场、温度场、密度场,这些都统称为数量场,给定一个数量场就相当于给定一个四元函数,记作

$$u=u(x,y,z,t)$$

另一类是向量,如速度、电场强度、磁场强度等,它们在空间或空间一部分中的分布就称为速度场、电场、磁场,这些场统称为向量场,给定一个向量,就相当于在空间给定一个四元向量函数

$$\boldsymbol{F}=\boldsymbol{F}(x,y,z,t)$$

从数学上来说,数量场和向量场不是什么新的概念,就是把多元函数概念具体化,现在自变量是位置 x,y,z 和时间 t,因变量为一数量或向量,给定向量场 $\boldsymbol{F}$

相当于给定三个分量

$$\begin{cases} P = P(x,y,z,t) \\ Q = Q(x,y,z,t) \\ R = R(x,y,z,t) \end{cases}$$

$$\boldsymbol{F} = P\boldsymbol{i} + Q\boldsymbol{j} + R\boldsymbol{k}$$

所以给定向量场也就是给定三个四元函数.

若场明显地依赖于时间 t,而且随时间的变化而变化,则这种场称为不定常场;若场不依赖于时间 t,不随时间的变化而变化,则这种场称为定常场.

还要指出的是:物理中的量除数量和向量外,还有其他的量,如应力既不是数量也不是向量,我们称它为张量.

第一型曲线、曲面积分,都可看成是对数量场的讨论. 下面还要补充一个等位面(等位线)的概念.

设平面数量场

$$u = u(x,y)$$

中的 u 表示山的高度,(x,y) 的变化范围就是这座山所占的区域. 要表示这个数量场,一种办法是塑造山的立体模型,这种做法的好处是明显的,因为看起来一目了然,但缺点是制作太麻烦,而且不便携带. 另一种表示数量场的办法,是画地图时常用的办法,就是在自变量变化的区域上画出一系列等高线. 如图 1 我们画出了山的 100 m,200 m,300 m,400 m 的四条等高线. 通过等高线,我们可以想象出山的大致形状. 比如说这座山有两个高峰,每个峰高都超过 400 m,两峰之间有一谷,山的一边等高线较密,说明山的坡度较陡,

山的另一边等高线较疏,说明山的坡度较小,容易攀登. 如果每隔 10 m 画一条等高线,则山的轮廓就显示得更清楚. 这种用等高线的办法表示数量场的优点是:能在一个二维平面上刻画出一个立体形象.

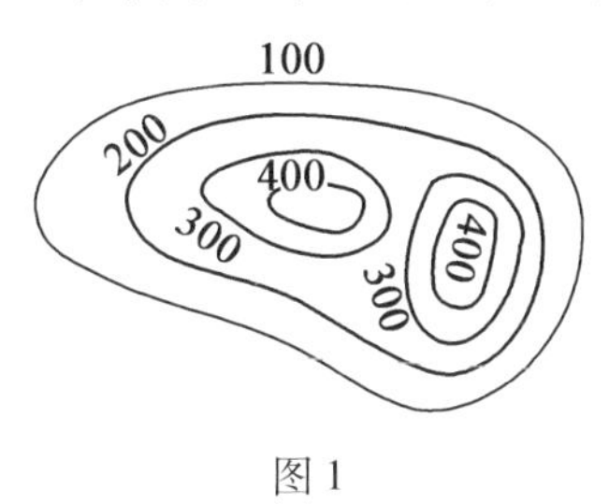

图 1

对空间数量场

$$u = u(x, y, z)$$

来说,造模型的办法已经是不可能了,但用等位面的办法仍能表示数量场在空间的分布.

定义 1　在自变量变化的区域中,使函数值 u 等于 C 的点的全体所组成的曲面,称为等位面. 它的方程是

$$u(x, y, z) = C$$

过定义域中任意一点 (x_0, y_0, z_0),总可作一等位面,这个等位面的方程是

$$u(x, y, z) = u(x_0, y_0, z_0)$$

任意两个等位面不会相交,如果两个等位面相交的话,交点处就有两个不同的函数值,这与每点只有一个函数值相矛盾.

我们引入数量场

$$u = u(x, y, z)$$

在每一点 $A(x,y,z)$ 的梯度向量，记为

$$\text{grad}\ u=\left(\frac{\partial u}{\partial x},\frac{\partial u}{\partial y},\frac{\partial u}{\partial z}\right)=\frac{\partial u}{\partial x}\boldsymbol{i}+\frac{\partial u}{\partial y}\boldsymbol{j}+\frac{\partial u}{\partial z}\boldsymbol{k}$$

它告诉我们数量场在点 A 沿上述方向增加最快，所以当动点沿梯度方向移动时，数量场增加最快；而过点 A 的等位面告诉我们，当动点在等位面上移动时，数量场不起变化，既不增也不减. 那么点 A 的梯度与过点 A 的等位面究竟有什么关系呢？

设数量场在点 A 的值为 C，过点 A 的等位面方程为

$$u(x,y,z)=C$$

这个曲面在点 A 的法向量为

$$\left(\frac{\partial u}{\partial x},\frac{\partial u}{\partial y},\frac{\partial u}{\partial z}\right)$$

形式上与点 A 梯度一样，所以点 A 的梯度与过点 A 的等位面垂直(图 2).

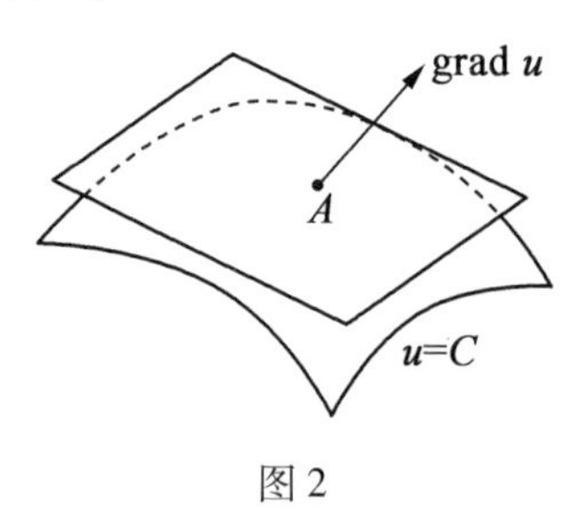

图 2

给定数量场 $u=u(x,y,z)$，在每一点可以求出它的梯度向量，这些梯度向量就是一个向量场. 所以给定一个数量场，可以产生一个向量场. 我们引进算符向量(也叫哈密顿算子)

$$\nabla=\left(\frac{\partial}{\partial x},\frac{\partial}{\partial y},\frac{\partial}{\partial z}\right)$$

它是算符概念的扩充,算符是把一个函数变成一个函数,而它是把一个函数变成一个向量函数. 如算符向量∇作用在函数 $u=u(x,y,z)$ 上,就得到向量函数

$$\nabla u=\left(\frac{\partial u}{\partial x},\frac{\partial u}{\partial y},\frac{\partial u}{\partial z}\right)=\text{grad }u$$

例 1　设 $u=f(r)$, $r=\sqrt{x^2+y^2+z^2}$,求$\nabla f(r)$.

解　可得

$$\begin{aligned}\nabla f(r)&=\left(f'(r)\frac{\partial r}{\partial x},f'(r)\frac{\partial r}{\partial y},f'(r)\frac{\partial r}{\partial z}\right)\\&=\left(f'(r)\frac{x}{r},f'(r)\frac{y}{r},f'(r)\frac{z}{r}\right)\\&=f'(r)\frac{\boldsymbol{r}}{r}\end{aligned}$$

其中 $\boldsymbol{r}=x\boldsymbol{i}+y\boldsymbol{j}+z\boldsymbol{k}$.

§3　保守场与势函数

设在空间直角坐标系原点处,放置一电量为 q 的电荷,则在周围空间产生一静电场,静电场在每一点的电场强度,按定义即为该点单位正电荷所受到的力,根据库仑定律可求出点电荷产生的静电场在每点的电场强度 $\boldsymbol{E}$ 为

$$\boldsymbol{E}=\frac{q}{4\pi\varepsilon}\frac{\boldsymbol{r}}{r^3}$$

其中 ε 为介电常数,$\boldsymbol{r}=x\boldsymbol{i}+y\boldsymbol{j}+z\boldsymbol{k}$,$r=|\boldsymbol{r}|$.

电场强度 $\boldsymbol{E}$ 是一个向量场,这个向量场在空间的分布很有规律. 上节例 1 的这个向量场就是数量场

$$u=\frac{q}{4\pi\varepsilon}\frac{1}{r}\quad (\text{其中 } r=\sqrt{x^2+y^2+z^2})$$

的负梯度场,即

$$\boldsymbol{E}=-\operatorname{grad} u=-\nabla u$$

当然,不是任意给定一个向量场 $\boldsymbol{F}(x,y,z)$,都存在一数量场 u,使向量场恰好是数量场 u 的梯度场(或负梯度场). 这样,我们就可把向量场分成两类:一类向量场,都存在一数量场,使向量场恰好是数量场的梯度场,这类向量场应该期望有较好的性质;一类向量场是不存在一数量场,使它恰好是数量场的梯度场. 所以对这两类场有分别加以讨论的必要.

定义 2 设在空间某一区域中给定向量场 $\boldsymbol{F}(x,y,z)$,若在该区域上存在一函数或数量场 $u(x,y,z)$,使得

$$\boldsymbol{F}=\operatorname{grad} u\ (=\nabla u)$$

则称向量场 $\boldsymbol{F}$ 为保守场,函数 u 为向量场 $\boldsymbol{F}$ 的势函数或位函数.

这一定义与物理中的向量场、势函数定义略有差别. 那里要求存在一函数 $u(x,y,z)$,使得

$$\boldsymbol{F}=-\operatorname{grad} u$$

则称 $\boldsymbol{F}$ 为保守场,u 是势函数. 物理中势函数的定义多了一个“$-$”号,这主要是从物理意义考虑,从数学角度来看,这个差别是无关紧要的.

在保守场的定义中，要求区域上存在数量场 $u(x,y,z)$，这个函数必须是区域上的单值函数，如果存在多值函数满足定义中的条件，$\boldsymbol{F}$ 就不是保守场. 例如在除去原点的平面区域上给定向量场

$$\boldsymbol{F}=-\frac{y}{x^2+y^2}\boldsymbol{i}+\frac{x}{x^2+y^2}\boldsymbol{j}$$

容易验证函数

$$\theta=\arctan\frac{y}{x}$$

的梯度等于 $\boldsymbol{F}$. 这是因为

$$\mathrm{d}\theta=\frac{1}{1+\left(\frac{y}{x}\right)^2}\cdot\frac{x\mathrm{d}y-y\mathrm{d}x}{x^2}=\frac{-y\mathrm{d}x+x\mathrm{d}y}{x^2+y^2}$$

所以

$$\frac{\partial\theta}{\partial x}=-\frac{y}{x^2+y^2},\frac{\partial\theta}{\partial y}=\frac{x}{x^2+y^2}$$

即

$$\boldsymbol{F}=\mathrm{grad}\ \theta$$

那么能否说在除去原点的平面上 $\boldsymbol{F}$ 是保守场呢？不能，因为函数 θ 是点 (x,y) 的极角，当动点沿以原点为心的圆周转圈时，θ 的值不断增加，每转一圈，θ 的值增加 2π. 可见 θ 是一无穷多值函数，所以 $\boldsymbol{F}$ 在除去原点的平面区域上不是保守场.

若限制区域为上半平面，即 $y>0$，这时 θ 取值为 $0<\theta<\pi$，它是一个单值函数，按定义 $\boldsymbol{F}$ 在上半平面区域上是保守场，它的势函数为

$$\theta=\arctan\frac{y}{x}$$

由此可见,$\boldsymbol{F}$ 是否是保守场,不仅与 $\boldsymbol{F}$ 本身有关,也与区域有关. $\boldsymbol{F}$ 在大的区域上不是保守场,在一个较小的区域上可以是保守场.

还要指出的是:若 u 是 $\boldsymbol{F}$ 的势函数,则对任意常数 C,$u+C$ 也是 $\boldsymbol{F}$ 的势函数;反之,若 u,v 都是 $\boldsymbol{F}$ 的势函数,即

$$\operatorname{grad} u=\boldsymbol{F},\operatorname{grad} v=\boldsymbol{F}$$

则

$$\operatorname{grad}(u-v)=\mathbf{0}$$

我们就有

$$\frac{\partial(u-v)}{\partial x}=0,\frac{\partial(u-v)}{\partial y}=0,\frac{\partial(u-v)}{\partial z}=0$$

函数 $u-v$ 在区域上的三个偏导数恒为零,这个函数必为常数,即有

$$u-v=C \text{ 或 } u=v+C$$

所以,若差一常数项可以不计外,向量场 $\boldsymbol{F}$ 的势函数是唯一的.

§4 保守场的性质

上面保守场的定义,与一元函数的原函数定义非常相似. 当时我们说:在区间 $[a,b]$ 上给定函数 $f(x)$,若存在一函数 $u(x)$,使得

$$u'(x)=f(x)$$

则称 $u(x)$ 为 $f(x)$ 的原函数,这时有

$$\int_a^b f(x)\mathrm{d}x = u(x)\Big|_a^b = u(b) - u(a)$$

这说明知道原函数，对求 $f(x)$ 的积分非常方便. 那么对保守场是否也有类似性质呢？有的，这就是线积分与路径无关.

设向量场 $\boldsymbol{F}$ 在区域 D 上是保守场，它的势函数为 $u(x,y)$，$L = \overset{\frown}{AB}$ 是 D 中任意一条有向曲线，则有

$$\int_{AB} \boldsymbol{F} \cdot \mathrm{d}\boldsymbol{l} = u\Big|_A^B$$

若 $\boldsymbol{F}(x,y) = P(x,y)\boldsymbol{i} + Q(x,y)\boldsymbol{j}$，$A$ 的坐标是 (x_0,y_0)，B 的坐标是 (x_1,y_1)，上式具体写出来便为

$$\int_{AB} P(x,y)\mathrm{d}x + Q(x,y)\mathrm{d}y = u(x_1,y_1) - u(x_0,y_0)$$

我们发现，向量场 $\boldsymbol{F}$ 的线积分等于势函数在终点的值减去势函数在起点的值，这个结果中只与起点和终点的坐标有关，而与如何联结起点和终点的路径无关. 这是一个非常好的性质，在证明这个有趣的性质以前，我们先给出一个定义.

定义 3　在区域 D 中给定向量场 $\boldsymbol{F}(x,y)$，于 D 内任意两点，以及以 A 为起点，以 B 为终点的 D 内任意两条曲线 L_1，L_2（图 3），若恒有

$$\int_{L_1} \boldsymbol{F} \cdot \mathrm{d}\boldsymbol{l} = \int_{L_2} \boldsymbol{F} \cdot \mathrm{d}\boldsymbol{l}$$

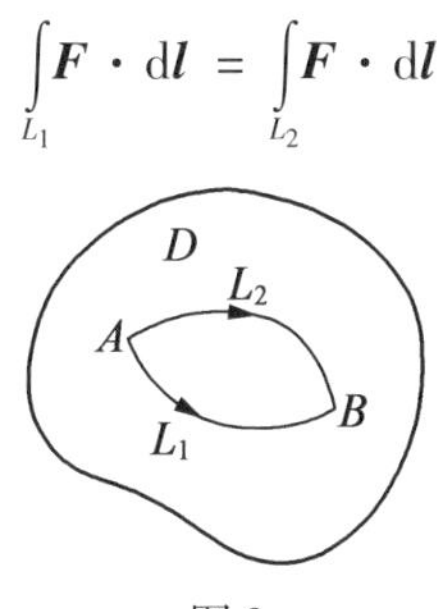

图 3

则称向量场 $\boldsymbol{F}$ 的线积分与路径无关.

定理 1 在区域 D(不要求是平面单连通区域)上给定向量场 $\boldsymbol{F}(x,y)=P(x,y)\boldsymbol{i}+Q(x,y)\boldsymbol{j}$,则 $\boldsymbol{F}$ 是保守场的充分必要条件是 $\boldsymbol{F}$ 的线积分与路径无关.

证 先证必要性.

若 $\boldsymbol{F}$ 是保守场,由保守场的定义,则存在一函数 $u=u(x,y)$,使得

$$\mathrm{grad}\ u=\boldsymbol{F}$$

即

$$\frac{\partial u}{\partial x}=P(x,y),\frac{\partial u}{\partial y}=Q(x,y)$$

要证 $\boldsymbol{F}$ 的线积分与路径无关,只要证明对 D 中任取的起点 $A(x_0,y_0)$,终点 $B(x_1,y_1)$,及任意一条联结 A,B 的曲线 L,$\boldsymbol{F}$ 沿 L 的线积分只依赖于 A,B 而与 L 无关即可. 设曲线 L 的方程为

$$\begin{cases}x=x(t)\\y=y(t)\end{cases}\quad(\alpha\leqslant t\leqslant\beta)$$

参数 $t=\alpha$ 对应于起点 A,$t=\beta$ 对应于终点 B,即

$$\begin{cases}x_0=x(\alpha)\\y_0=y(\alpha)\end{cases},\begin{cases}x_1=x(\beta)\\y_1=y(\beta)\end{cases}$$

由曲线积分的计算公式

$$\begin{aligned}\int_L P\mathrm{d}x+Q\mathrm{d}y&=\int_{AB}\frac{\partial u}{\partial x}\mathrm{d}x+\frac{\partial u}{\partial y}\mathrm{d}y\\&=\int_\alpha^\beta[u'_x(x(t),y(t))x'(t)+\end{aligned}$$

$$u'_y(x(t),y(t))y'(t)]\mathrm{d}t$$

$$=\int_\alpha^\beta \frac{\mathrm{d}u(x(t),y(t))}{\mathrm{d}t}\mathrm{d}t$$

$$=u(x(t),y(t))\Big|_\alpha^\beta$$

$$=u(x(\beta),y(\beta))-u(x(\alpha),y(\alpha))$$

$$=u(x_1,y_1)-u(x_0,y_0)$$

所得结果表明,$\boldsymbol{F}$ 的线积分的确只与 A,B 两点有关,而与联结 A,B 的曲线 L 无关,故必要性得证.

再证充分性.

要证 $\boldsymbol{F}$ 是保守场,按定义要去找出一个函数 $u=u(x,y)$,使得 $\mathrm{grad}\ u=\boldsymbol{F}$. 这个函数怎么找呢?由假设条件,$\boldsymbol{F}$ 的线积分与路径无关,我们固定起点 $A(x_0,y_0)$,终点 $B(x,y)$ 为 D 内任意一点,考虑线积分

$$\int_{AB} P(\xi,\eta)\mathrm{d}\xi+Q(\xi,\eta)\mathrm{d}\eta$$

因为线积分与路径无关,所以积分值被点 $B(x,y)$ 唯一地确定,对不同的终点 $B(x,y)$,积分值可以不同,根据函数的定义,这个线积分的值就是点 B 的坐标 (x,y) 的函数,记为

$$u(x,y)=\int_{(x_0,y_0)}^{(x,y)} P(\xi,\eta)\mathrm{d}\xi+Q(\xi,\eta)\mathrm{d}\eta$$

(注意:这种把起点放在下限,终点放在上限的记号,适用于线积分与路径无关情形.)这样我们找到了函数 $u=u(x,y)$,下面证明它的梯度等于 $\boldsymbol{F}$,即要证

$$\frac{\partial u}{\partial x}=P(x,y),\frac{\partial u}{\partial y}=Q(x,y)$$

为此再考虑一点 $C(x+\Delta x, y)$，则有

$$u(x+\Delta x, y)-u(x, y)$$
$$=\int_A^C P\mathrm{d}\xi+Q\mathrm{d}\eta-\int_A^B P\mathrm{d}\xi+Q\mathrm{d}\eta$$

由于线积分与路径无关，曲线 AC 可以取成 $AB+BC$，且让 BC 平行于 x 轴（图 4），因此

$$u(x+\Delta x, y)-u(x, y)$$
$$=\int_A^B P\mathrm{d}\xi+Q\mathrm{d}\eta+\int_B^C P\mathrm{d}\xi+Q\mathrm{d}\eta-\int_A^B P\mathrm{d}\xi+Q\mathrm{d}\eta$$
$$=\int_B^C P\mathrm{d}\xi+Q\mathrm{d}\eta$$

BC 段的参数方程为

$$\begin{cases}\xi=t\\ \eta=y\end{cases}\quad(x\leqslant t\leqslant x+\Delta x)$$

由第二型曲线积分计算公式，得

$$u(x+\Delta x, y)-u(x, y)=\int_x^{x+\Delta x}P(t, y)\mathrm{d}t$$

应用定积分中值定理，得

$$u(x+\Delta x, y)-u(x, y)=P(x^*, y)\Delta x$$

其中 x^* 满足

$$x\leqslant x^*\leqslant x+\Delta x$$

于是有

$$\frac{u(x+\Delta x, y)-u(x, y)}{\Delta x}=P(x^*, y)$$

令 $\Delta x\to 0$，这时由 $x^*\to x$ 及函数 $P(x, y)$ 的连续性，得到

$$\frac{\partial u}{\partial x}=\lim_{\Delta x\to 0}\frac{u(x+\Delta x,y)-u(x,y)}{\Delta x}$$
$$=P(x,y)$$

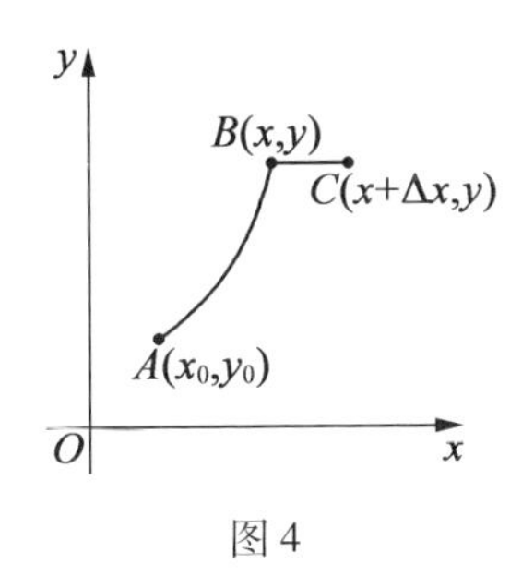

图 4

同理可证

$$\frac{\partial u}{\partial y}=Q(x,y)$$

充分性证毕.

由定理 1 必要性的证明,并注意到 grad $u=\boldsymbol{F}$ 与 $\mathrm{d}u=P\mathrm{d}x+Q\mathrm{d}y$ 的等价性,我们有

$$\int_{AB}P\mathrm{d}x+Q\mathrm{d}y=\int_{AB}\mathrm{d}u=u\Big|_A^B$$

这个公式是微积分基本定理的推广. 利用这个公式可以得到一类线积分的简便算法:如果积分的被积表达式是某一函数 u 的全微分,则线积分的值等于函数 u 在终点的值减去函数 u 在起点的值.

例 1　计算曲线积分

$$\int_{AB}x\mathrm{d}x+y\mathrm{d}y$$

其中 AB 为联结 $A(1,1)$,$B(4,3)$ 的直线段(图 5).

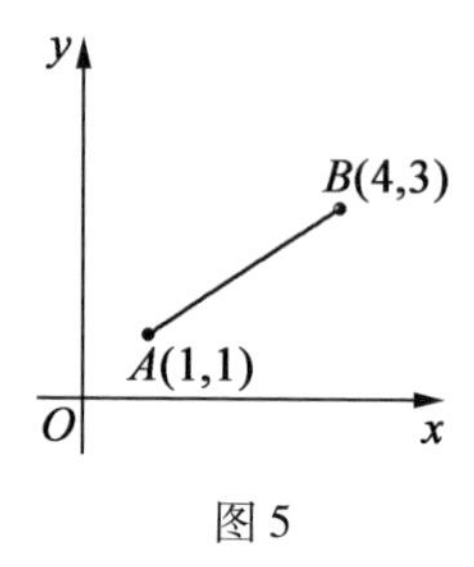

图 5

解 可得

$$\int_{AB} x\mathrm{d}x + y\mathrm{d}y = \int_{AB} \frac{1}{2}\mathrm{d}(x^2 + y^2)$$

$$= \frac{1}{2}(x^2 + y^2)\Big|_{(1,1)}^{(4,3)}$$

$$= \frac{1}{2}(16 + 9) - \frac{1}{2}(1 + 1)$$

$$= \frac{23}{2}$$

例 2 计算曲线积分

$$\int_{AB} \frac{x\mathrm{d}y - y\mathrm{d}x}{x^2}$$

其中 AB 同上题.

解 可得

$$\int_{AB} \frac{x\mathrm{d}y - y\mathrm{d}x}{x^2} = \int_{AB} \mathrm{d}\,\frac{y}{x}$$

$$= \frac{y}{x}\Big|_{(1,1)}^{(4,3)}$$

$$= \frac{3}{4} - 1$$

$$= -\frac{1}{4}$$

例3　求单位正电荷由$A(x_0,y_0,z_0)$移动到$B(x_1,y_1,z_1)$时,电场$\boldsymbol{F}=\frac{q}{4\pi\varepsilon}\frac{\boldsymbol{r}}{r^3}$对它所做的功.

解　电场所做的功W为

$$\begin{aligned}W&=\int_{AB}\boldsymbol{F}\cdot \mathrm{d}\boldsymbol{l}=\int_{AB}\frac{q}{4\pi\varepsilon}\left(\frac{x}{r^3}\mathrm{d}x+\frac{y}{r^3}\mathrm{d}y+\frac{z}{r^3}\mathrm{d}z\right)\\&=\int_{AB}\frac{q}{4\pi\varepsilon}\cdot\frac{1}{2}\cdot\frac{1}{r^3}\mathrm{d}(x^2+y^2+z^2)\\&=\int_{AB}\frac{q}{4\pi\varepsilon}\cdot\frac{1}{2}\cdot\frac{\mathrm{d}r^2}{r^3}\\&=\int_{AB}\frac{q}{4\pi\varepsilon}\frac{\mathrm{d}r}{r^2}\\&=\int_{AB}\frac{q}{4\pi\varepsilon}\mathrm{d}\left(-\frac{1}{r}\right)\\&=\left[-\frac{q}{4\pi\varepsilon}\cdot\frac{1}{r}\right]_A^B\end{aligned}$$

记$r_B=\sqrt{x_1^2+y_1^2+z_1^2}$,$r_A=\sqrt{x_0^2+y_0^2+z_0^2}$,则

$$W=\left[-\frac{q}{4\pi\varepsilon}\cdot\frac{1}{r}\right]_A^B=\frac{q}{4\pi\varepsilon}\left[\frac{1}{r_A}-\frac{1}{r_B}\right]$$

本例说明,如果$\boldsymbol{F}$是保守场,则做功与路径无关.若起点与终点重合,则保守场做功为零.一般来说,我们有下面的定理:

定理2　在区域D上给定向量场$\boldsymbol{F}(x,y)$,则$\boldsymbol{F}$是保守场的充分必要条件是:$\boldsymbol{F}$沿着任一闭曲线的线积分为零.

证　先证必要性.

在 D 上任取一闭路 L,要证 $\boldsymbol{F}$ 沿 L 的线积分为零,我们在 L 上任取两点 A,B(图 6),根据定理 2,知保守场 $\boldsymbol{F}$ 的线积分与路径无关,得

$$\int_{ACB} \boldsymbol{F} \cdot \mathrm{d}\boldsymbol{l} = \int_{AEB} \boldsymbol{F} \cdot \mathrm{d}\boldsymbol{l}$$

由线积分的方向性,得

$$\int_{ACB} \boldsymbol{F} \cdot \mathrm{d}\boldsymbol{l} = -\int_{BEA} \boldsymbol{F} \cdot \mathrm{d}\boldsymbol{l}$$

$$\int_{ACB} \boldsymbol{F} \cdot \mathrm{d}\boldsymbol{l} + \int_{BEA} \boldsymbol{F} \cdot \mathrm{d}\boldsymbol{l} = 0$$

即有

$$\int_{L} \boldsymbol{F} \cdot \mathrm{d}\boldsymbol{l} = 0$$

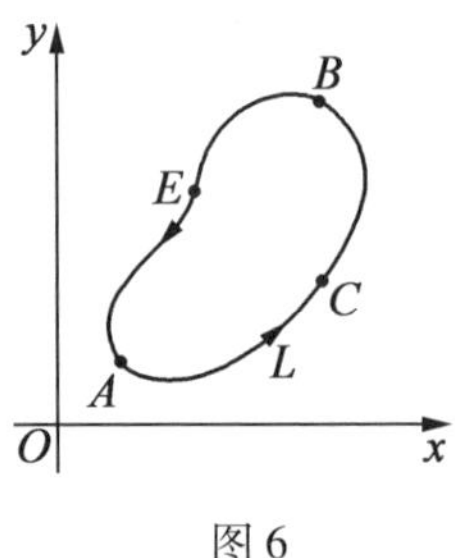

图 6

再证充分性.

要证 $\boldsymbol{F}$ 是保守场,由定理 2,只要证 $\boldsymbol{F}$ 的线积分与路径无关. 在 D 内任取两点 A,B,任作两条联结 A,B 的路径 L_1 与 L_2(图 7),考虑由 L_1 与 L_2^- 组成的闭路 $L = L_1 + L_2^-$,根据定理 2 的条件有

$$\int_{L_1^+ L_2^-} \boldsymbol{F} \cdot \mathrm{d}\boldsymbol{l} = 0$$

得

$$\int_{L_1} \boldsymbol{F} \cdot \mathrm{d}\boldsymbol{l} + \int_{L_2^-} \boldsymbol{F} \cdot \mathrm{d}\boldsymbol{l} = 0$$

$$\int_{L_1} \boldsymbol{F} \cdot \mathrm{d}\boldsymbol{l} - \int_{L_2} \boldsymbol{F} \cdot \mathrm{d}\boldsymbol{l} = 0$$

即得

$$\int_{L_1} \boldsymbol{F} \cdot \mathrm{d}\boldsymbol{l} = \int_{L_2} \boldsymbol{F} \cdot \mathrm{d}\boldsymbol{l}$$

这说明线积分与路径无关,所以 $\boldsymbol{F}$ 是保守场.

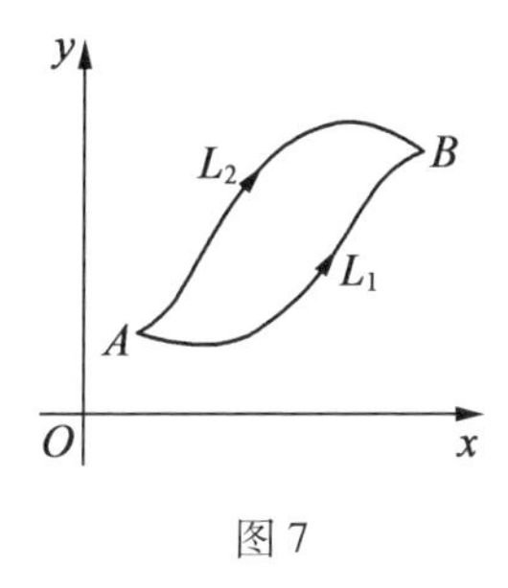

图 7

§5　保守场的判别法

根据保守场的定义,要判断 $\boldsymbol{F}(x,y)$ 是否是保守场,需要寻找势函数 $u(x,y)$. 若势函数不存在,则 $\boldsymbol{F}$ 不是保守场;若势函数存在,则 $\boldsymbol{F}$ 是保守场. 当 $\boldsymbol{F}$ 的形式比较简单时,我们可以通过观察法,直接找出 $\boldsymbol{F}$ 的势

函数 u,当 $\boldsymbol{F}$ 形式稍为复杂时,凭观察法就不能解决问题. 但给定向量场 $\boldsymbol{F}=P\boldsymbol{i}+Q\boldsymbol{j}$ 后,它是否是保守场应该是客观存在的事实,由函数 $P(x,y)$,$Q(x,y)$ 的性质应能判断它是否是保守场. 下面我们就来寻找 P,Q 应满足的性质.

假设 $\boldsymbol{F}$ 是保守场,即存在势函数 $u(x,y)$,使得 $\mathrm{grad}\ u=\boldsymbol{F}$,即

$$\frac{\partial u}{\partial x}=P,\frac{\partial u}{\partial y}=Q$$

上面第一式对 y 求偏导数,第二式对 x 求偏导数后得

$$\frac{\partial^2 u}{\partial y\partial x}=\frac{\partial P}{\partial y},\frac{\partial^2 u}{\partial x\partial y}=\frac{\partial Q}{\partial x}$$

由混合偏导数与求导的次序无关定理,即得

$$\frac{\partial Q}{\partial x}=\frac{\partial P}{\partial y}$$

所以 $\boldsymbol{F}$ 是保守场,必有上式成立.

但上式成立时,$\boldsymbol{F}$ 是否是保守场呢? 设 L 为 D 内任一闭路,且设 L 所围的区域 D_1 完全被包含在 D 内,则由格林公式

$$\int_L P\mathrm{d}x+Q\mathrm{d}y=\iint_{D_1}\left(\frac{\partial Q}{\partial x}-\frac{\partial P}{\partial y}\right)\mathrm{d}x\mathrm{d}y$$

所以当$\dfrac{\partial Q}{\partial x}=\dfrac{\partial P}{\partial y}$时,重积分为零,即 $\boldsymbol{F}$ 沿闭路 L 的线积分为零,根据定理 2,知 $\boldsymbol{F}$ 在 D 上为保守场. 在上面讨论中,我们要求 D 内任一闭路 L 所围的区域 D_1 均在 D 内,这个条件是不可缺的,只有区域 D 是单连通区域

时,D 才具有这个条件. 若 D 是复连通区域,则总可找出一闭路,使它所围的区域 D_1 不全在 D 内. 这样,我们就证明了下面的定理.

定理 3　设在单连通区域 D 上给定向量场 $\boldsymbol{F}=P\boldsymbol{i}+Q\boldsymbol{j}$,则 $\boldsymbol{F}$ 是保守场的充分必要条件是在 D 上有

$$\frac{\partial Q}{\partial x}=\frac{\partial P}{\partial y}$$

前面我们讨论了平面保守场,由平面推广到空间时,对于定理 1 与定理 2 来说,从叙述到证明都没有什么差别,而对定理 3 来说,现在定理的叙述和证明只适用于平面情形.

有了定理 3,判别平面保守场变得非常容易,只要验证两个偏导数是否相等,但对区域提出了较苛刻的要求.

例 1　设 $\boldsymbol{F}(x,y)=(x+y+1)\mathrm{e}^x\boldsymbol{i}+\mathrm{e}^x\boldsymbol{j}$,问 $\boldsymbol{F}$ 在全平面是否是保守场.

解　因

$$P(x,y)=(x+y+1)\mathrm{e}^x,Q(x,y)=\mathrm{e}^x$$

$$\frac{\partial Q}{\partial x}=\mathrm{e}^x=\frac{\partial P}{\partial y}$$

所以由定理 3,知 $\boldsymbol{F}$ 在全平面上为一保守场.

例 2　设在平面坐标原点处有一质量为 m 的物体 M,在点 (x,y) 处放一单位质量的物体 N,则 N 被 M 以一力 $\boldsymbol{F}$ 向中心吸引

$$\boldsymbol{F}=-k\frac{m}{r^3}\boldsymbol{r}$$

其中 k 为比例常数,$\boldsymbol{r}=x\boldsymbol{i}+y\boldsymbol{j}$,$r=|\boldsymbol{r}|$,问 $\boldsymbol{F}$ 在除去原点的平面上是否为保守场.

解 $\boldsymbol{F}(x,y)$ 在 x,y 轴上的分量分别为

$$P(x,y)=-\frac{kmx}{(x^2+y^2)^{3/2}}$$

$$Q(x,y)=-\frac{kmy}{(x^2+y^2)^{3/2}}$$

求偏导数得

$$\frac{\partial Q}{\partial x}=\frac{3kmxy}{(x^2+y^2)^{5/2}}=\frac{\partial P}{\partial y}$$

由定理 3 只能得出在不含原点的单连通区域上 $\boldsymbol{F}$ 是保守场,而现在除去原点的平面不是单连通区域,所以由定理 3 得不出 $\boldsymbol{F}$ 是否是保守场. 但经观察发现有单值函数

$$u(x,y)=\frac{km}{r}=\frac{km}{\sqrt{x^2+y^2}}$$

存在,它的偏导数为

$$\frac{\partial u}{\partial x}=\frac{\mathrm{d}u}{\mathrm{d}r}\frac{\partial r}{\partial x}=-\frac{km}{r^2}\cdot\frac{x}{r}=-\frac{kmx}{r^3}$$

$$\frac{\partial u}{\partial y}=\frac{\mathrm{d}u}{\mathrm{d}r}\frac{\partial r}{\partial y}=-\frac{km}{r^2}\cdot\frac{y}{r}=-\frac{kmy}{r^3}$$

直接根据定义,我们可以说 $\boldsymbol{F}$ 在除去原点的平面上是保守场.

最后我们介绍一个求势函数的方法. 若在单连通区域 D 上给定向量场 $\boldsymbol{F}=P\boldsymbol{i}+Q\boldsymbol{j}$,满足条件

$$\frac{\partial Q}{\partial x}=\frac{\partial P}{\partial y}$$

则由定理3知 $\boldsymbol{F}$ 是保守场,因此有势函数 $u(x,y)$ 存在,使得

$$\frac{\partial u}{\partial x}=P,\frac{\partial u}{\partial y}=Q$$

那么怎样求出这个势函数呢?我们用"偏积分"的办法,即固定一个变量对另一变量求积分的方法来求$u(x,y)$.

因$\frac{\partial u}{\partial x}=P$,固定 y 与 x 求不定积分,注意这时积分常数 C 不是绝对常数,而是依赖于固定的 y,确切地说,附加的常数项应改成 y 的函数,即

$$u(x,y)=\int P(x,y)\mathrm{d}x+\varphi(y)$$

只要定出函数 $\varphi(y)$,势函数 $u(x,y)$ 也就求出来了.为了求 $\varphi(y)$,上式对 y 求导得

$$\frac{\partial u}{\partial y}=\frac{\partial}{\partial y}\int P\mathrm{d}x+\varphi'(y)$$

由$\frac{\partial u}{\partial y}=Q$,可得

$$Q=\frac{\partial}{\partial y}\int P\mathrm{d}x+\varphi'(y)$$

我们虽没有求出 $\varphi(y)$,但求出了 $\varphi'(y)$,所以再对 y 求积分,得

$$\varphi(y)=\int\left[Q-\frac{\partial}{\partial y}\int P\mathrm{d}x\right]\mathrm{d}y+C$$

这样就求出了势函数 $u(x,y)$ 为

$$u(x,y)=\int P\mathrm{d}x+\int\left[Q-\frac{\partial}{\partial y}\int P\mathrm{d}x\right]\mathrm{d}y+C$$

需要说明的是$\left[Q-\frac{\partial}{\partial y}\int P\mathrm{d}x\right]$确实只是 y 的函数，因此对 y 求不定积分时，只须加常数项就行了. 而要说明$\left[Q-\frac{\partial}{\partial y}\int P\mathrm{d}x\right]$只是 y 的函数，只要看它对 x 的偏导数是否恒为零. 我们把它对 x 求偏导数得

$$\frac{\partial}{\partial x}\left[Q-\frac{\partial}{\partial y}\int P\mathrm{d}x\right]=\frac{\partial Q}{\partial x}-\frac{\partial^2}{\partial x\partial y}\int P\mathrm{d}x$$

根据混合偏导数可交换求导次序的定理及保守场条件得

$$\frac{\partial}{\partial x}\left[Q-\frac{\partial}{\partial y}\int P\mathrm{d}x\right]=\frac{\partial Q}{\partial x}-\frac{\partial^2}{\partial y\partial x}\int P\mathrm{d}x$$

$$=\frac{\partial Q}{\partial x}-\frac{\partial P}{\partial y}=0$$

这样就证明了我们的结论.

例 3　求函数 u，使

$$\mathrm{d}u=(3x^2-3y^2+5)\mathrm{d}x-6xy\mathrm{d}y$$

解　这里

$$P(x,y)=3x^2-3y^2+5$$

$$Q(x,y)=-6xy$$

$$\frac{\partial Q}{\partial x}=-6y=\frac{\partial P}{\partial y}$$

所以由定理 3 知函数 $u(x,y)$ 是存在的.

由$\frac{\partial u}{\partial x}=P$，得

$$u(x,y)=\int(3x^2-3y^2+5)\mathrm{d}x+\varphi(y)$$

$$= x^3 - 3xy^2 + 5x + \varphi(y)$$

上式对 y 求偏导数并利用$\frac{\partial u}{\partial y} = Q$,得

$$-6xy = -6xy + \varphi'(y)$$

$$\varphi'(y) = 0$$

所以

$$\varphi(y) = C$$

因此

$$u(x,y) = x^3 - 3xy^2 + 5x + C$$

具体做题时不要套公式,可采用上题的办法直接求函数 $u(x,y)$.

散度与奥氏公式

第3章

§1 法拉第感应定律与麦克斯韦方程

问题1 令

$$F:\mathbf{R}^2\to\mathbf{R}^2$$

$$F(x,y)=(F_1(x,y),F_2(x,y))$$

是向量场,令 $G:\mathbf{R}^3\to\mathbf{R}$ 是光滑函数,它的前两个变量是 x,y,第3个变量 t 是时间. 设对以曲线 C 为边界的任何矩形表面 D,有

$$\frac{\mathrm{d}}{\mathrm{d}t}\iint_D G(x,y,t)\,\mathrm{d}x\mathrm{d}y=-\oint_C \boldsymbol{F}\cdot\mathrm{d}\mathbf{R}$$

证明

$$\frac{\partial G}{\partial t}+\frac{\partial F_2}{\partial x}+\frac{\partial F_1}{\partial y}=0$$

证 令 $D=[a_1,b_1]\times[a_2,b_2]$是平面上的矩形,$a,b\in\mathbf{R},a<b$. 考虑三维平行六面体 $V=D\times[a,b]$. 以 $\boldsymbol{n}$ 表示 V 的边界 ∂V 上的向

上的法向量场(除棱外,这是处处确定的).

由微积分的牛顿-莱布尼茨基本公式

$$\int_a^b \frac{\mathrm{d}}{\mathrm{d}t}\iint_D G(x,y,t)\,\mathrm{d}x\mathrm{d}y\mathrm{d}t$$

$$=\int_a^b \iint_D \frac{\partial}{\partial t}G(x,y,t)\,\mathrm{d}x\mathrm{d}y\mathrm{d}t$$

$$=\iint_D \int_a^b \frac{\partial}{\partial t}G(x,y,t)\,\mathrm{d}t\mathrm{d}x\mathrm{d}y$$

$$=\iint_D G(x,y,b)\,\mathrm{d}x\mathrm{d}y-\iint_D G(x,y,a)\,\mathrm{d}x\mathrm{d}y$$

$$=\int_{D\times\{b\}} G(x,y,t)\boldsymbol{k}\cdot\mathrm{d}\boldsymbol{n}+\int_{D\times\{a\}} G(x,y,t)\boldsymbol{k}\cdot\mathrm{d}\boldsymbol{n}$$

其中 $\boldsymbol{k}$ 表示 z 方向上的单位向量,记住这一点,计算

$$0=\int_a^b\left(\frac{\mathrm{d}}{\mathrm{d}t}\iint_D G(x,y,t)\,\mathrm{d}x\mathrm{d}y+\oint_C \boldsymbol{F}\cdot\mathrm{d}\boldsymbol{R}\right)\mathrm{d}t$$

$$=\int_{D\times\{b\}} G(x,y,t)\boldsymbol{k}\cdot\mathrm{d}\boldsymbol{n}+\int_{D\times\{a\}} G(x,y,t)\boldsymbol{k}\cdot\mathrm{d}\boldsymbol{n}+$$

$$\int_a^b\int_{a_1}^{b_1}F_1(x,a_2)\,\mathrm{d}x-\int_a^b\int_{b_1}^{a_1}F_1(x,b_2)\,\mathrm{d}x+$$

$$\int_a^b\int_{a_2}^{b_2}F_2(b_1,y)\,\mathrm{d}y-\int_a^b\int_{b_2}^{a_2}F_2(a_1,y)\,\mathrm{d}y$$

若引入向量场 $\boldsymbol{H}=F_2\boldsymbol{i}+F_1\boldsymbol{j}+G\boldsymbol{k}$,则这个方程可简写为

$$\iint_{\partial V}\boldsymbol{H}\cdot\boldsymbol{n}\,\mathrm{d}S=0$$

由散度定理

$$\iiint_V \mathrm{div}\,\boldsymbol{H}\,\mathrm{d}V=\iint_{\partial V}\boldsymbol{H}\cdot\boldsymbol{n}\,\mathrm{d}S=0$$

因这在所有六面体上出现,故一定有 $\mathrm{div}\,\boldsymbol{H}\equiv 0$. 因此

$$\operatorname{div} \boldsymbol{H} = \frac{\partial F_2}{\partial x} + \frac{\partial F_1}{\partial y} + \frac{\partial G}{\partial t} = 0$$

证明了关系式.

评注 一种有趣的情形出现在 $\boldsymbol{F}$ 与 G 依赖于空间变量(空间维数) 时. 于是 G 变为向量场 $\boldsymbol{B}$,或更好地变为第 2 形式,称为磁通量,而 F 变为电场强度. 关系式

$$\frac{\mathrm{d}}{\mathrm{d}t}\int_S \boldsymbol{B} = -\int_{\partial S} E$$

称为法拉第(Faraday)感应定律. 引入第 4 维 C 时间,并做必要修正后,以上计算产生了第 1 组麦克斯韦(Maxwell)方程

$$\operatorname{div} \boldsymbol{B} = 0, \frac{\partial \boldsymbol{B}}{\partial t} = \operatorname{curl} E$$

§2 散度概念

梯度是刻画数量场在一点的变化状态,而散度是刻画向量场在一点的变化状态. 它同梯度一样属于局部性的概念.

设空间有一部分气体受热膨胀,从而发生扩散现象. 气体由温度高的地方向温度低的地方流动,气体流动的速度在空间不同的点处,它的大小和方向可以是不同的,固定一点来看,由于时间的推延,气体的速度也是在不断地变化. 所以气体流动的速度应该是位置和时间的函数,记为 $\boldsymbol{V} = \boldsymbol{V}(x, y, z, t)$. 同样,气体的

密度也是随着位置和时间的变化而变化，它也是位置和时间的函数，记为$\rho=\rho(x,y,z,t)$. 我们设想在这部分空间中有一封闭曲面S，S所围的区域记作Ω(同时也用这个记号表示区域的体积)，现在要求流过这一封闭曲面S的气体流量.

现在的气体流速$\boldsymbol{V}$和密度ρ都是时间t的函数，所以只能求t瞬时气体流过曲面的流量. t瞬时没有时间间隔可言，所谓t瞬时气体流过曲面S的流量是什么意思呢？我们想象从t瞬时开始，突然速度和密度都保持不变，然后考查单位时间内流过S的流量，这个流量就叫作t瞬时流过S的流量.

求t瞬时流过S的流量，先取一微元$\mathrm{d}S$，则t瞬时流过$\mathrm{d}S$的流量$\mathrm{d}q$为

$$\begin{aligned}\mathrm{d}q &= 密度\times 高\times 底\\ &=\rho\times(\boldsymbol{V}\cdot\boldsymbol{n})\times\mathrm{d}S\end{aligned}$$

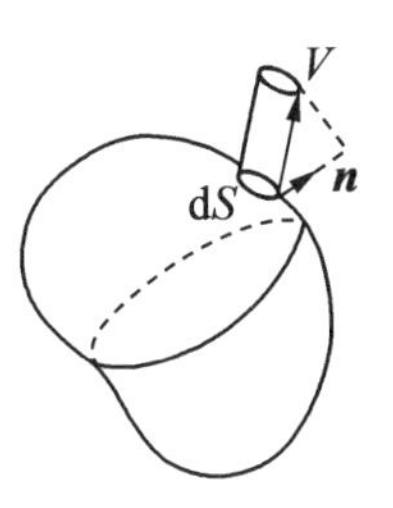

图 1

其中$\boldsymbol{n}$为$\mathrm{d}S$上的外侧单位法向量(图1). 所以t瞬时流过曲面S的流量可表示为第二型曲面积分

$$q=\iint_S\rho(\boldsymbol{V}\cdot\boldsymbol{n})\mathrm{d}S$$

流量q的正负号，表示气体是由S内部向外流还是由S外部向内流；$|q|$的大小，表示气体在区域Ω内扩散得快还是扩散得慢. 若$|q|$大，则表示气体在Ω内扩散得快；若$|q|$小，则表示气体在Ω内扩散得慢. 但仔细想一想，容易发现用q来刻画气体在Ω内扩散快

慢是不充分的. 若有两个曲面 S_1, S_2，它们所围的区域记为 Ω_1, Ω_2，区域 Ω_1 的体积比区域 Ω_2 的体积大，当气体流过曲面 S_1, S_2 的流量一样时，能否说气体在区域 Ω_1 与 Ω_2 内扩散的快慢一样呢？回答一样显然是不合理的，在流量相等前提下，区域大的扩散得慢，区域小的扩散得快. 为了确切地反映扩散快慢程度，我们用下面这个量

$$\frac{\iint\limits_{S} \rho \boldsymbol{V} \cdot \boldsymbol{n} \mathrm{d}S}{\Omega}$$

来刻画气体在 Ω 内扩散快慢的程度. 事实上气体在 Ω 内各点扩散快慢仍不一样，要更好地刻画气体扩散快慢的程度，就要引入一点处散度的概念.

设 A 是向量场中的一点，取一小区域 Ω 包含点 A，用 S 表示小区域 Ω 的边界，曲面 S 的定向取外法线方向，流过 S 的流量除以体积 Ω 得

$$\frac{\iint\limits_{S} \rho \boldsymbol{V} \cdot \boldsymbol{n} \mathrm{d}S}{\Omega}$$

这个量近似反映气体在点 A 扩散快慢的程度，若区域 Ω 越小，则越能近似反映气体在点 A 扩散快慢的程度. 令区域 Ω 收缩成点 A 时，若上式的极限存在，而且与 Ω 的形状无关，则称极限值为向量场 $\rho \boldsymbol{V}$ 在点 A 的散度，记作

$$\operatorname{div}(\rho \boldsymbol{V})_A = \lim_{\Omega \to A} \frac{\iint\limits_{S} \rho \boldsymbol{V} \cdot \boldsymbol{n} \mathrm{d}S}{\Omega}$$

从特殊向量场 $\rho\boldsymbol{V}$ 的散度定义中,可以看出变量 t 是作为常量看待的,真正变量是 x,y,z. 因此对一般向量场定义散度时,不妨只考虑稳定场.

设 $\boldsymbol{F}=\boldsymbol{F}(x,y,z)$ 为一向量场,A 为向量场中的一点,向量场 $\boldsymbol{F}$ 在点 A 的散度定义为

$$\operatorname{div}\boldsymbol{F}(A)=\lim_{\Omega\to A}\frac{\iint\limits_{S}\boldsymbol{F}\cdot\boldsymbol{n}\mathrm{d}S}{\Omega}$$

所以,向量场 $\boldsymbol{F}$ 在一点的散度,是向量场 $\boldsymbol{F}$ 流过封闭曲面 S 的"流量"与封闭曲面 S 所围体积之比,当区域缩向一点时比式的极限. 简单地说,散度就是向量场的"流量"对体积的变化率.

由定义可以看出,向量场在一点的散度为一数量,对于场中不同的点这个数量可以不同. 通过求向量场在每一点的散度,我们就可得到一个散度场,它是一个数量场. 所以给定一个向量场,就伴随着一个数量场 $\operatorname{div}\boldsymbol{F}$. 若 $\operatorname{div}\boldsymbol{F}\neq 0$,我们称向量场 $\boldsymbol{F}$ 为有源场;若 $\operatorname{div}\boldsymbol{F}\equiv 0$,我们称向量场 $\boldsymbol{F}$ 为无源场.

§3　散度的计算

在散度的定义中,向量场通过曲面的"流量"与区域的体积,都是客观存在的量,与坐标的选取无关,所以散度的定义也与坐标的选取无关. 正如两向量的数量积定义(两向量的长度相乘,再乘以两向量间的夹

角的余弦)与坐标无关,但为了计算方便起见,我们推出了直角坐标系中的数量积公式一样,我们也要讨论散度在直角坐标系中的计算公式.

给定向量场 $\boldsymbol{F}$

$$\boldsymbol{F}=P(x,y,z)\boldsymbol{i}+Q(x,y,z)\boldsymbol{j}+R(x,y,z)\boldsymbol{k}$$

为了求 $\boldsymbol{F}$ 在点 $A(x,y,z)$ 的散度,我们取一以 A 为一顶点的、边长为 $\mathrm{d}x,\mathrm{d}y,\mathrm{d}z$ 的微元,这个长方体微元的边界面平行于坐标面(图 2),$\Omega=\mathrm{d}x\mathrm{d}y\mathrm{d}z$,边界面 S 由六个平面组成,注意求极限

$$\lim_{\Omega\to A}\frac{\iint\limits_S \boldsymbol{F}\cdot\boldsymbol{n}\mathrm{d}S}{\Omega}$$

就是求 $\iint\limits_S \boldsymbol{F}\cdot\boldsymbol{n}\mathrm{d}S$ 中关于 $\Omega=\mathrm{d}x\mathrm{d}y\mathrm{d}z$ 的主要部分的系数,而把关于 $\mathrm{d}x\mathrm{d}y\mathrm{d}z$ 的高阶无穷小项抹去. 为了简单起见,我们直接求 $\iint\limits_S \boldsymbol{F}\cdot\boldsymbol{n}\mathrm{d}S$ 中关于 $\mathrm{d}x\mathrm{d}y\mathrm{d}z$ 的主要部分,最后也用不到再取极限,这也就是微元法的思想.

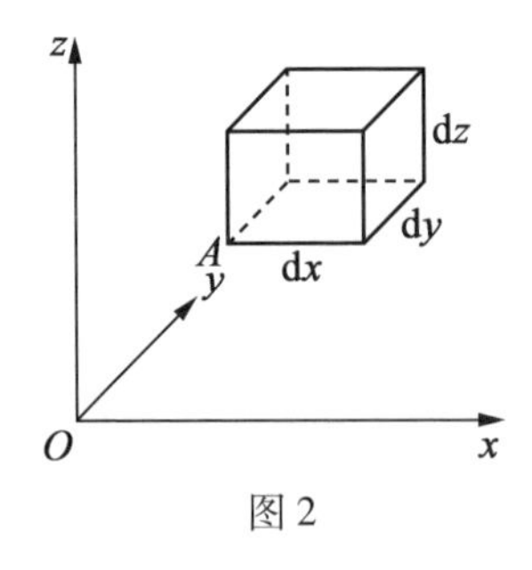

图 2

要求 $\iint\limits_S \boldsymbol{F}\cdot\boldsymbol{n}\mathrm{d}S$ 的主要部分,我们分成六个平面分

别考虑,按图 2 称之为上、下、左、右、前、后六个面.

注意到左面的外法线方向为 $-\boldsymbol{i}$,所以流出左面的流量为

$$\boldsymbol{F}\cdot(-\boldsymbol{i})\mathrm{d}y\mathrm{d}z=-P(x,y,z)\mathrm{d}y\mathrm{d}z$$

注意到右面的外法线方向为 $\boldsymbol{i}$,所以流出右面的流量为

$$\begin{aligned}\boldsymbol{F}\cdot\boldsymbol{i}\mathrm{d}y\mathrm{d}z&=P(x+\mathrm{d}x,y,z)\mathrm{d}y\mathrm{d}z\\&=\left[P(x,y,z)+\frac{\partial P}{\partial x}\mathrm{d}x\right]\mathrm{d}y\mathrm{d}z\end{aligned}$$

注意到前面的外法线方向为 $-\boldsymbol{j}$,所以流出前面的流量为

$$\boldsymbol{F}\cdot(-\boldsymbol{j})\mathrm{d}x\mathrm{d}z=-Q(x,y,z)\mathrm{d}x\mathrm{d}z$$

注意到后面的外法线方向为 $\boldsymbol{j}$,所以流出后面的流量为

$$\begin{aligned}\boldsymbol{F}\cdot\boldsymbol{j}\mathrm{d}x\mathrm{d}z&=Q(x,y+\mathrm{d}y,z)\mathrm{d}x\mathrm{d}z\\&=\left[Q(x,y,z)+\frac{\partial Q}{\partial y}\mathrm{d}y\right]\mathrm{d}x\mathrm{d}z\end{aligned}$$

注意到下面的外法线方向为 $-\boldsymbol{k}$,所以流出下面的流量为

$$\boldsymbol{F}\cdot(-\boldsymbol{k})\mathrm{d}x\mathrm{d}y=-R(x,y,z)\mathrm{d}x\mathrm{d}y$$

再注意到上面的外法线方向为 $\boldsymbol{k}$,所以流出上面的流量为

$$\begin{aligned}\boldsymbol{F}\cdot\boldsymbol{k}\mathrm{d}x\mathrm{d}y&=R(x,y,z+\mathrm{d}z)\mathrm{d}x\mathrm{d}y\\&=\left[R(x,y,z)+\frac{\partial R}{\partial z}\mathrm{d}z\right]\mathrm{d}x\mathrm{d}y\end{aligned}$$

把上面六个平面的流量相加得

$$\left(\frac{\partial P}{\partial x}+\frac{\partial Q}{\partial y}+\frac{\partial R}{\partial z}\right)\mathrm{d}x\mathrm{d}y\mathrm{d}z$$

即为$\iint_S \boldsymbol{F}\cdot\boldsymbol{n}\mathrm{d}S$ 的主要部分,所以点 A 的散度为

$$\begin{aligned}\operatorname{div}\boldsymbol{F}(A) &= \lim_{\Omega\to A}\frac{\iint_S \boldsymbol{F}\cdot\boldsymbol{n}\mathrm{d}S}{\Omega}\\ &= \lim_{\Omega\to A}\frac{\left(\frac{\partial P}{\partial x}+\frac{\partial Q}{\partial y}+\frac{\partial R}{\partial z}\right)\mathrm{d}x\mathrm{d}y\mathrm{d}z+o(\mathrm{d}x\mathrm{d}y\mathrm{d}z)}{\mathrm{d}x\mathrm{d}y\mathrm{d}z}\\ &= \frac{\partial P}{\partial x}+\frac{\partial Q}{\partial y}+\frac{\partial R}{\partial z}\end{aligned}$$

可见,求向量场 $\boldsymbol{F}$ 的散度非常容易,它等于 $\boldsymbol{F}$ 的 x 分量对 x 求偏导数,加上 $\boldsymbol{F}$ 的 y 分量对 y 求偏导数,再加上 $\boldsymbol{F}$ 的 z 分量对 z 求偏导数.

利用前面引入的算符向量

$$\nabla=\left(\frac{\partial}{\partial x},\frac{\partial}{\partial y},\frac{\partial}{\partial z}\right)$$

散度可以记为

$$\operatorname{div}\boldsymbol{F}=\nabla\cdot\boldsymbol{F}$$

这里算符向量与通常向量的数量积,定义为∇的分量分别作用到 $\boldsymbol{F}$ 的相应分量上,然后相加. 定义虽然与通常向量的数量积定义一致,但其运算规则需要按新定义重新建立,如算符向量∇与通常向量 $\boldsymbol{F}$ 的数量积为一函数;反之,通常向量 $\boldsymbol{F}$ 与算符向量∇的数量积 $\boldsymbol{F}\cdot\nabla$就不再是函数,而是一个新的算符

$$P\frac{\partial}{\partial x}+Q\frac{\partial}{\partial y}+R\frac{\partial}{\partial z}$$

这说明它们没有交换律，所以不能把通常向量的数量积规则不加证明地搬到有算符向量参与的数量积运算上去.

§4　奥氏公式

回到气体扩散的例子. 设封闭曲面 S 围成的区域为 Ω，已知 t 瞬时流过封闭曲面 S 的流量为

$$\iint_S \rho \boldsymbol{V} \cdot \boldsymbol{n} \mathrm{d}S$$

其中 $\boldsymbol{n}$ 为 S 的外法线方向，$\boldsymbol{V}$ 是速度，ρ 为密度. 现在来算一算区域 Ω 上在 t 瞬时扩散出来的气体总量. 在 Ω 上取一微元 $\mathrm{d}\Omega$，该微元上的散度为 $\mathrm{div}(\rho \boldsymbol{V})$，所以该微元上气体扩散出来的量 $\mathrm{d}q$ 为

$$\mathrm{d}q = \mathrm{div}(\rho \boldsymbol{V}) \mathrm{d}\Omega$$

因此区域 Ω 上扩散出来的气体总量 q 为

$$q = \iiint_\Omega \mathrm{div}(\rho \boldsymbol{V}) \mathrm{d}\Omega$$

根据质量守恒定律：在 t 瞬时

区域内扩散出来的量 = 流过边界面的流量

即得

$$\iiint_\Omega \mathrm{div}(\rho \boldsymbol{V}) \mathrm{d}\Omega = \iint_S \rho \boldsymbol{V} \cdot \boldsymbol{n} \mathrm{d}S$$

对一般的向量场 $\boldsymbol{F} = P\boldsymbol{i} + Q\boldsymbol{j} + R\boldsymbol{k}$，也有类似的公式

$$\iiint_{\Omega} \operatorname{div} \boldsymbol{F} \mathrm{d}\Omega = \iint_{S} \boldsymbol{F} \cdot \boldsymbol{n} \mathrm{d}S$$

其中 $\boldsymbol{n}$ 是 S 的外法线方向，这个公式称为奥氏公式，我们将其写成定理 1.

定理 1 设函数 $P(x,y,z)$，$Q(x,y,z)$，$R(x,y,z)$ 在区域 $\Omega+S$ 上具有连续的偏导数，取 S 的外法线方向为曲面的正向，则有

$$\begin{aligned}&\iiint_{\Omega}\left(\frac{\partial P}{\partial x}+\frac{\partial Q}{\partial y}+\frac{\partial R}{\partial z}\right)\mathrm{d}x\mathrm{d}y\mathrm{d}z\\&=\iint_{S}(P\cos\alpha+Q\cos\beta+R\cos\gamma)\mathrm{d}S\end{aligned}$$

其中 $\cos\alpha,\cos\beta,\cos\gamma$ 为 $\boldsymbol{n}$ 的方向余弦. 上面的公式还可写成

$$\begin{aligned}&\iiint_{\Omega}\left(\frac{\partial P}{\partial x}+\frac{\partial Q}{\partial y}+\frac{\partial R}{\partial z}\right)\mathrm{d}x\mathrm{d}y\mathrm{d}z\\&=\iint_{S}(P\mathrm{d}y\mathrm{d}z+Q\mathrm{d}z\mathrm{d}x+R\mathrm{d}x\mathrm{d}y)\end{aligned}$$

证 我们对特殊区域加以证明. 设区域既可看成由上、下两个曲面围成，又可看成由左、右两个曲面围成，还可看成由前、后两个曲面围成. 如球、椭球等区域就属于此种区域.

证明奥氏公式相当于分别证明下面三个公式成立

$$\iiint_{\Omega}\frac{\partial P}{\partial x}\mathrm{d}x\mathrm{d}y\mathrm{d}z=\iint_{S}P\cos\alpha\mathrm{d}S$$

$$\iiint_{\Omega}\frac{\partial Q}{\partial y}\mathrm{d}x\mathrm{d}y\mathrm{d}z=\iint_{S}Q\cos\beta\mathrm{d}S$$

$$\iiint_{\Omega}\frac{\partial R}{\partial z}\mathrm{d}x\mathrm{d}y\mathrm{d}z=\iint_{S}R\cos\gamma\mathrm{d}S$$

这三个公式的证明方法一样,我们以第三个公式为例加以证明.

设区域 Ω 在 xOy 平面上的投影区域为 D_{xy},它由上、下两个曲面及侧面为柱面所围成的区域(图3),并设上面的曲面为 S_2,其方程为

$$z = z_2(x,y)$$

下面的曲面为 S_1,其方程为

$$z = z_1(x,y)$$

侧面记作 S_3. 现在分别来算三重积分与第二型曲面积分.

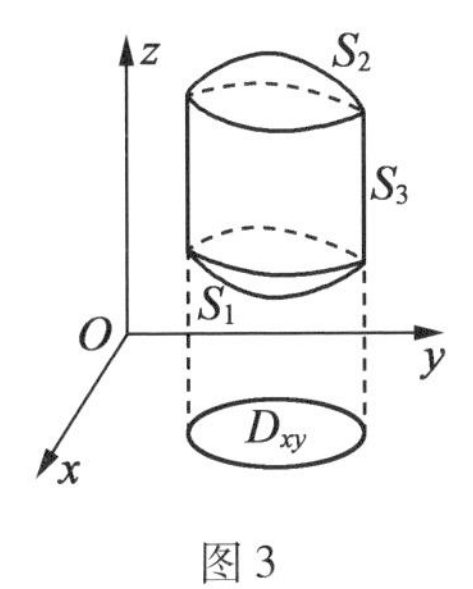

图3

由三重积分计算公式得

$$\begin{aligned}\iiint_{\Omega} \frac{\partial R}{\partial z}\mathrm{d}x\mathrm{d}y\mathrm{d}z &= \iint_{D_{xy}}\mathrm{d}x\mathrm{d}y\int_{z_1(x,y)}^{z_2(x,y)}\frac{\partial R}{\partial z}\mathrm{d}z \\ &= \iint_{D_{xy}}[R(x,y,z)]_{z_1(x,y)}^{z_2(x,y)}\mathrm{d}x\mathrm{d}y \\ &= \iint_{D_{xy}}R(x,y,z_2(x,y))\mathrm{d}x\mathrm{d}y - \\ &\quad \iint_{D_{xy}}R(x,y,z_1(x,y))\mathrm{d}x\mathrm{d}y\end{aligned}$$

又由第二型曲面积分计算公式，并注意在 S_3 上 $\cos\gamma = 0$；在为 S_2 的上侧法向量为

$$\boldsymbol{N} = \left(-\frac{\partial z_2}{\partial x}, -\frac{\partial z_2}{\partial y}, 1\right)$$

在 S_1 的下侧法向量为

$$\boldsymbol{N} = \left(\frac{\partial z_1}{\partial x}, \frac{\partial z_1}{\partial y}, -1\right)$$

这样可得

$$\begin{aligned}
&\iint_S R(x,y,z)\cos\gamma \mathrm{d}S \\
&= \iint_{S_1} R\cos\gamma \mathrm{d}S + \iint_{S_2} R\cos\gamma \mathrm{d}S + \iint_{S_3} R\cos\gamma \mathrm{d}S \\
&= \iint_{S_1} R\cos\gamma \mathrm{d}S + \iint_{S_2} R\cos\gamma \mathrm{d}S \\
&= -\iint_{D_{xy}} R(x,y,z_1(x,y))\mathrm{d}x\mathrm{d}y + \iint_{D_{xy}} R(x,y,z_2(x,y))\mathrm{d}x\mathrm{d}y
\end{aligned}$$

比较三重积分和曲面积分的计算结果，即得

$$\iiint_\Omega \frac{\partial R}{\partial z}\mathrm{d}x\mathrm{d}y\mathrm{d}z = \iint_S R\cos\gamma \mathrm{d}S$$

同理可证

$$\iiint_\Omega \frac{\partial P}{\partial x}\mathrm{d}x\mathrm{d}y\mathrm{d}z = \iint_S P\cos\alpha \mathrm{d}S$$

$$\iiint_\Omega \frac{\partial Q}{\partial y}\mathrm{d}x\mathrm{d}y\mathrm{d}z = \iint_S Q\cos\beta \mathrm{d}S$$

三式相加即得奥氏公式.

证明的实质是用到微积分基本定理

$$\int_{z_1(x,y)}^{z_2(x,y)} \frac{\partial R}{\partial z}\mathrm{d}z = R\Big|_{z_1(x,y)}^{z_2(x,y)}$$

然后再在等号两边对区域 D_{xy} 取重积分. 左边取重积分即为区域 Ω 上的三重积分；右边取重积分即为边界曲面 S 上的第二型曲面积分. 所以奥氏公式是微积分基本定理的推广.

最后我们要指出，虽然我们只对特殊区域证明奥氏公式成立，事实上对一般区域奥氏公式也成立. 如图 4 所示，区域 Ω 为单连通区域，但不能看成由上、下两个曲面所围成. 这时我们可用辅助面 S_3 把区域 Ω 分成两个区域 Ω_1 与 Ω_2，相应的边界曲面也分成 S_1 与 S_2. 对于 Ω_1 与 Ω_2 来讲属于定理证明中所述的特殊区域，因此奥氏公式成立，有

$$\iiint_{\Omega_1}\left(\frac{\partial P}{\partial x}+\frac{\partial Q}{\partial y}+\frac{\partial R}{\partial z}\right)\mathrm{d}x\mathrm{d}y\mathrm{d}z$$
$$=\iint_{S_1+S_2}(P\cos\alpha+Q\cos\beta+R\cos\gamma)\mathrm{d}S$$

其中 S_3 的方向向下

$$\iiint_{\Omega_2}\left(\frac{\partial P}{\partial x}+\frac{\partial Q}{\partial y}+\frac{\partial R}{\partial z}\right)\mathrm{d}x\mathrm{d}y\mathrm{d}z$$
$$=\iint_{S_2+S_3}(P\cos\alpha+Q\cos\beta+R\cos\gamma)\mathrm{d}S$$

其中 S_3 的方向向上.

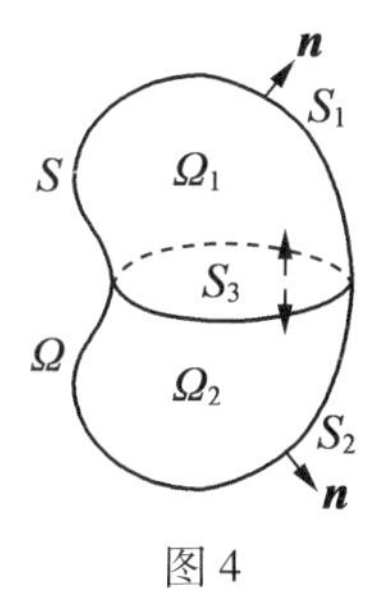

图 4

上面两式相加时,左边的和即为区域 Ω 上的三重积分;右边出现两个在曲面 S_3 上的曲面积分,由于这两个曲面积分方向相反,其值差一符号,相加时正好抵消,剩下的是 S_1 与 S_2 上的曲面积分,也就是整个边界面 S 上的曲面积分. 所以对这种单连通区域奥氏公式仍成立.

对任意单连通区域和多连通区域奥氏公式都成立. 如 Ω 为圆环形区域,它的边界面如游泳圈的表面(图 5),这是一个空间闭区域. 又如 Ω 为两个同心球面所围成的区域(图 6),边界面 S 现在由两个球面组成,曲面的正向对区域 Ω 而言是外侧,所以外球面的正向应向外,内球面的正向应指向球中心,奥氏公式中的曲面积分理解成两个曲面积分相加.

奥氏公式揭示三重积分与边界曲面积分之间的联系,利用这个联系我们可以通过求三重积分来求曲面积分.

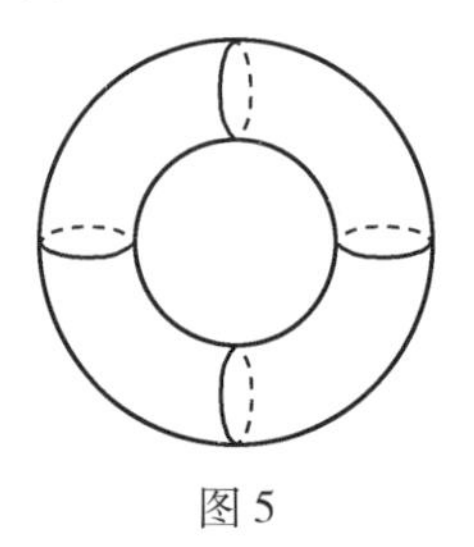

图 5

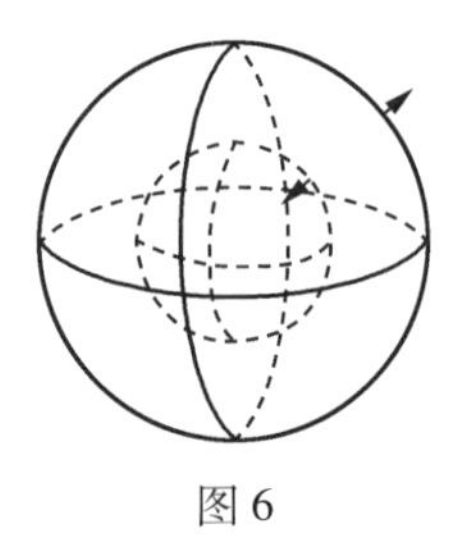

图 6

§5 高斯 – 奥斯特罗格拉德斯基定理的一个应用

证明高斯定律:它说明重力场通过闭曲面的总流

量等于曲面包围的质量的 $-4\pi G$ 倍,其中 G 是引力常数. 这个定律的数学公式是

$$\iint_S \boldsymbol{F}\cdot\boldsymbol{n}\mathrm{d}S = -4\pi MG$$

因 $\boldsymbol{F}$ 是作为分布在球面上质量的点质量基值积分而得出的,故只要对集中于一点(例如原点)上的质量 M 证明等式即可.

牛顿定律指出,两个距离为 r 的质量 m_1 与 m_2 之间的引力等于$\frac{m_1m_2G}{r^2}$. 由牛顿定律,位于原点上的质量 M 产生引力场

$$\boldsymbol{F}(x,y,z) = MG\frac{1}{x^2+y^2+z^2}\cdot\frac{x\boldsymbol{i}+y\boldsymbol{j}+z\boldsymbol{k}}{\sqrt{x^2+y^2+z^2}}$$

$$= -MG\frac{x\boldsymbol{i}+y\boldsymbol{j}+z\boldsymbol{k}}{(x^2+y^2+z^2)^{3/2}}$$

容易检验这个场的散度为0. 考虑半径为 r,球心在原点上的小球 S_0,令 V 是在 S_0 与 S 之间的立体. 由高斯-奥斯特罗格拉德斯基(Ostrogradsky)散度定理

$$\iint_S \boldsymbol{F}\cdot\boldsymbol{n}\mathrm{d}S - \iint_{S_0}\boldsymbol{F}\cdot\boldsymbol{n}\mathrm{d}S = \iiint_V \mathrm{div}\,\boldsymbol{F}\mathrm{d}V = 0$$

因此只要对球 S_0 证明高斯定律即可. 在这个球上,流量 $\boldsymbol{F}\cdot\boldsymbol{n}\equiv -\frac{GM}{r^2}$. 在球上求积分给出 $-4\pi MG$,这就证明了这个定律.

散度、旋度和梯度的统一定义①

第4章

美国密西根大学电机工程和计算机科学系的戴振铎教授 1986 年根据下述定义导出在某一正交坐标系中散度、旋度和梯度的微分表达式. 所有这些定义，都是建立在一个共同的模式上的，在讨论这些定义之前，我们将探讨微分长度、微分面积和微分容积的概念. 同时，我们将首先导出单位矢量在有关度规系数加权下的某些导数关系式.

在任一正交坐标系中，空间某一微段曲线的微分长度可以写成下式

$$\mathrm{d}\boldsymbol{l} = h_1 \mathrm{d}x_1 \boldsymbol{x}_1 + h_2 \mathrm{d}x_2 \boldsymbol{x}_2 + h_3 \mathrm{d}x_3 \boldsymbol{x}_3 \quad (*)$$

其中，x_1, x_2, x_3 为坐标系的坐标变量；h_1, h_2, h_3 为有关度规系数；$\boldsymbol{x}_1, \boldsymbol{x}_2, \boldsymbol{x}_3$ 为任一正交坐标系中相互垂交的单位矢量，而且这些单位矢量按 $\boldsymbol{x}_1 \times \boldsymbol{x}_2 = \boldsymbol{x}_3$ 这样的次序组

① 本章摘自《应用数学和力学》，1986 年，第 7 卷，第 1 期.

成右手坐标系.

微分面积给出

$$\begin{cases}\mathrm{d}\boldsymbol{A}_1=(h_2\mathrm{d}x_2\boldsymbol{x}_2)\times(h_3\mathrm{d}x_3\boldsymbol{x}_3)=h_2h_3\mathrm{d}x_2\mathrm{d}x_3\boldsymbol{x}_1\\ \mathrm{d}\boldsymbol{A}_2=(h_3\mathrm{d}x_3\boldsymbol{x}_3)\times(h_1\mathrm{d}x_1\boldsymbol{x}_1)=h_3h_1\mathrm{d}x_3\mathrm{d}x_1\boldsymbol{x}_2\\ \mathrm{d}\boldsymbol{A}_3=(h_1\mathrm{d}x_1\boldsymbol{x}_1)\times(h_2\mathrm{d}x_2\boldsymbol{x}_2)=h_1h_2\mathrm{d}x_1\mathrm{d}x_2\boldsymbol{x}_3\end{cases}$$

而微分容积则可表达如下

$$\mathrm{d}v=h_1h_2h_3\mathrm{d}x_1\mathrm{d}x_2\mathrm{d}x_3$$

从式(*),我们求得

$$\frac{\partial\boldsymbol{l}}{\partial x_1}=h_1\boldsymbol{x}_1,\frac{\partial\boldsymbol{l}}{\partial x_2}=h_2\boldsymbol{x}_2,\frac{\partial\boldsymbol{l}}{\partial x_3}=h_3\boldsymbol{x}_3$$

于是

$$\begin{cases}\dfrac{\partial(h_1\boldsymbol{x}_1)}{\partial x_2}=\dfrac{\partial(h_2\boldsymbol{x}_2)}{\partial x_1}\\ \dfrac{\partial(h_2\boldsymbol{x}_2)}{\partial x_3}=\dfrac{\partial(h_3\boldsymbol{x}_3)}{\partial x_2}\\ \dfrac{\partial(h_3\boldsymbol{x}_3)}{\partial x_1}=\dfrac{\partial(h_1\boldsymbol{x}_1)}{\partial x_3}\end{cases}\qquad(**)$$

下面列出三种常用坐标系的坐标变量和它们的度规系数

坐标系	x_1	x_2	x_3	h_1	h_2	h_3
卡氏坐标	x	y	z	1	1	1
圆柱坐标	ρ	ϕ	z	1	ρ	1
球坐标	r	θ	ϕ	1	r	$r\sin\theta$

不难证明,式(**)在这些坐标系中是适用的.当然,它们对任何正交坐标系都是适用的.

1. 某一矢量函数的散度

某一矢量函数的散度是用$\nabla \cdot \boldsymbol{F}$表示的，其定义为

$$\nabla \cdot \boldsymbol{F} = \lim_{\Delta V \to 0} \frac{\sum_i \boldsymbol{F} \cdot \Delta \boldsymbol{A}_i}{\Delta V} \tag{1}$$

其中$\Delta \boldsymbol{A}_i$表示微分容积ΔV的某一典型微分表面积，而$\Delta \boldsymbol{A}_i$的方向指向容积外部. 设ΔV为正交坐标系中以六个坐标面为界的微分容积（图 1），则式(1) 分子中的项值可以写成

$$\begin{aligned}\sum_i \boldsymbol{F} \cdot \Delta \boldsymbol{A} = & [(h_2 h_3 F_1)_{x_1+\Delta x_1} - (h_2 h_3 F_1)_{x_1}]\Delta x_2 \Delta x_3 + \\ & [(h_1 h_3 F_2)_{x_2+\Delta x_2} - (h_1 h_3 F_2)_{x_2}]\Delta x_1 \Delta x_3 + \\ & [(h_1 h_2 F_3)_{x_3+\Delta x_3} - (h_1 h_2 F_3)_{x_3}]\Delta x_1 \Delta x_2\end{aligned}$$

由于$\Delta V = h_1 h_2 h_3 \Delta x_1 \Delta x_2 \Delta x_3$，我们得

$$\nabla \cdot \boldsymbol{F} = \frac{1}{h_1 h_2 h_3}\left[\frac{\partial(h_2 h_3 F_1)}{\partial x_1} + \frac{\partial(h_1 h_3 F_2)}{\partial x_2} + \frac{\partial(h_1 h_2 F_3)}{\partial x_3}\right]$$

或

$$\nabla \cdot \boldsymbol{F} = \frac{1}{\Omega}\sum_{i=1}^{3} \frac{\partial}{\partial x_i}\left(\frac{\Omega F_i}{h_i}\right) \tag{2}$$

其中$\Omega = h_1 h_2 h_3$.

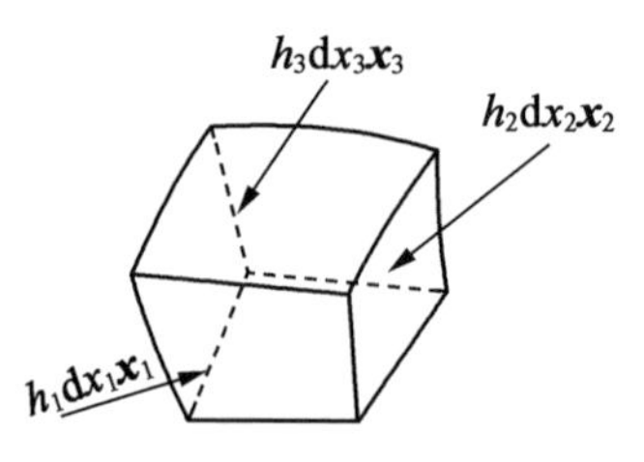

图 1　某一正交坐标系中的微分容积

2. 某一矢量函数的旋度

某一矢量函数的旋度,用$\nabla\times\boldsymbol{F}$表示,其定义为

$$\nabla\times\boldsymbol{F}=\lim_{\Delta V\to 0}\frac{\sum_i \Delta\boldsymbol{A}_i\times\boldsymbol{F}}{\Delta V}\qquad(3)$$

其中$\Delta\boldsymbol{A}_i$和ΔV的含义和式(1)中用在散度上的相同. 让我们采用图1表示的ΔV形式. 于是式(3)中的六项分子式可以写成

$$\begin{aligned}\sum_i \Delta\boldsymbol{A}_i\times\boldsymbol{F}=&(h_2h_3F_2\boldsymbol{x}_3-h_2h_3F_3\boldsymbol{x}_2)_{x_1}^{x_1+\Delta x_1}\Delta x_2\Delta x_3+\\&(h_1h_3F_3\boldsymbol{x}_1-h_1h_3F_1\boldsymbol{x}_3)_{x_2}^{x_2+\Delta x_2}\Delta x_1\Delta x_3+\\&(h_1h_2F_1\boldsymbol{x}_2-h_1h_2F_2\boldsymbol{x}_1)_{x_3}^{x_3+\Delta x_3}\Delta x_1\Delta x_2\end{aligned}$$

这里我们使用了符号

$$(h_2h_3F_2\boldsymbol{x}_3)_{x_1}^{x_1+\Delta x_1}=(h_2h_3F_2\boldsymbol{x}_3)_{x_1+\Delta x_1}-(h_2h_3F_2\boldsymbol{x}_3)_{x_1}$$

还有其他各项也类似. 于是,我们得

$$\begin{aligned}\nabla\times\boldsymbol{F}=\frac{1}{h_1h_2h_3}\Big[&\frac{\partial}{\partial x_1}(h_2h_3F_2\boldsymbol{x}_3-h_2h_3F_3\boldsymbol{x}_2)+\\&\frac{\partial}{\partial x_2}(h_1h_3F_3\boldsymbol{x}_1-h_1h_3F_1\boldsymbol{x}_3)+\\&\frac{\partial}{\partial x_3}(h_1h_2F_1\boldsymbol{x}_2-h_1h_2F_2\boldsymbol{x}_1)\Big]\end{aligned}\qquad(4)$$

上式可以展开为

$$\begin{aligned}\nabla\times\boldsymbol{F}=\frac{1}{h_1h_2h_3}\Big[&h_3\boldsymbol{x}_3\frac{\partial}{\partial x_1}(h_2F_2)+h_2F_2\frac{\partial}{\partial x_1}(h_3\boldsymbol{x}_3)-\\&h_2\boldsymbol{x}_2\frac{\partial}{\partial x_1}(h_3F_3)-h_3F_3\frac{\partial}{\partial x_1}(h_2\boldsymbol{x}_2)+\\&h_1\boldsymbol{x}_1\frac{\partial}{\partial x_2}(h_3F_3)+h_3F_3\frac{\partial}{\partial x_2}(h_1\boldsymbol{x}_1)-\end{aligned}$$

$$h_3\boldsymbol{x}_3\frac{\partial}{\partial x_2}(h_1F_1)-h_1F_1\frac{\partial}{\partial x_2}(h_3\boldsymbol{x}_3)+$$

$$h_2\boldsymbol{x}_2\frac{\partial}{\partial x_3}(h_1F_1)+h_1F_1\frac{\partial}{\partial x_3}(h_2\boldsymbol{x}_2)-$$

$$h_1\boldsymbol{x}_1\frac{\partial}{\partial x_3}(h_2F_2)-h_2F_2\frac{\partial}{\partial x_3}(h_1\boldsymbol{x}_1)\Big] \tag{5}$$

根据式(* *),上式中有关单位矢量在度规系数加权下的导数项正负相消. 于是,我们得

$$\nabla\times\boldsymbol{F}=\frac{1}{h_1h_2h_3}\Big\{h_1\boldsymbol{x}_1\Big[\frac{\partial(h_3F_3)}{\partial x_2}-\frac{\partial(h_2F_2)}{\partial x_3}\Big]+h_2\boldsymbol{x}_2\Big[\frac{\partial(h_1F_1)}{\partial x_3}-\frac{\partial(h_3F_3)}{\partial x_1}\Big]+h_3\boldsymbol{x}_3\Big[\frac{\partial(h_2F_2)}{\partial x_1}-\frac{\partial(h_1F_1)}{\partial x_2}\Big]\Big\} \tag{6}$$

式(6) 也可以写成行列式的形式如下

$$\nabla\times\boldsymbol{F}=\frac{1}{h_1h_2h_3}\begin{vmatrix} h_1\boldsymbol{x}_1 & h_2\boldsymbol{x}_2 & h_3\boldsymbol{x}_3 \\ \dfrac{\partial}{\partial x_1} & \dfrac{\partial}{\partial x_2} & \dfrac{\partial}{\partial x_3} \\ h_1F_1 & h_2F_2 & h_3F_3 \end{vmatrix} \tag{7}$$

3. 标量函数的梯度

某一标量函数的梯度,用∇f 表示,其定义为

$$\nabla f=\lim_{\Delta V\to 0}\frac{\sum_i f\,\Delta\boldsymbol{A}_i}{\Delta V} \tag{8}$$

用上述相同的模型,我们得到

$$\nabla f=\lim_{\Delta V\to 0}\Big[(h_2h_3f\boldsymbol{x}_1)_{x_1}^{x_1+\Delta x_1}\Delta x_2\Delta x_3+(h_1h_3f\boldsymbol{x}_2)_{x_2}^{x_2+\Delta x_2}\Delta x_1\Delta x_3+$$

$$(h_1h_2f\boldsymbol{x}_3)_{x_3}^{x_3+\Delta x_3}\Delta x_1\Delta x_2]/h_1h_2h_3\Delta x_1\Delta x_2\Delta x_3$$

$$=\frac{1}{h_1h_2h_3}\Big[\frac{\partial}{\partial x_1}(h_2h_3f\boldsymbol{x}_1)+\frac{\partial}{\partial x_2}(h_1h_3f\boldsymbol{x}_2)+\frac{\partial}{\partial x_3}(h_1h_2f\boldsymbol{x}_3)\Big] \tag{9}$$

上式可以如下分解

$$\frac{\partial}{\partial x_1}(h_2h_3f\boldsymbol{x}_1)=h_2h_3\boldsymbol{x}_1\frac{\partial f}{\partial x_1}+f\frac{\partial}{\partial x_1}(h_2h_3\boldsymbol{x}_1)$$

而且

$$\frac{\partial}{\partial x_1}(h_2h_3\boldsymbol{x}_1)=\frac{\partial}{\partial x_1}(h_2h_3\boldsymbol{x}_2\times\boldsymbol{x}_3)$$

$$=h_2\boldsymbol{x}_2\times\frac{\partial(h_3\boldsymbol{x}_3)}{\partial x_1}-h_3\boldsymbol{x}_3\times\frac{\partial(h_2\boldsymbol{x}_2)}{\partial x_1}$$

同样，式(9)中还有相类似的两项. 于是式(9)可以写成

$$\nabla f=\frac{1}{h_1h_2h_3}\Big[h_2h_3\boldsymbol{x}_1\frac{\partial f}{\partial x_1}+fh_2\boldsymbol{x}_2\times\frac{\partial(h_3\boldsymbol{x}_3)}{\partial x_1}-fh_3\boldsymbol{x}_3\times\frac{\partial(h_2\boldsymbol{x}_2)}{\partial x_1}+h_1h_2\boldsymbol{x}_2\frac{\partial f}{\partial x_2}+fh_3\boldsymbol{x}_3\times\frac{\partial(h_1\boldsymbol{x}_1)}{\partial x_2}-fh_1\boldsymbol{x}_1\times\frac{\partial(h_3\boldsymbol{x}_3)}{\partial x_2}+h_2h_3\boldsymbol{x}_3\frac{\partial f}{\partial x_3}+fh_1\boldsymbol{x}_1\times\frac{\partial(h_2\boldsymbol{x}_2)}{\partial x_3}-fh_2\boldsymbol{x}_2\times\frac{\partial(h_1\boldsymbol{x}_1)}{\partial x_3}\Big] \tag{10}$$

根据式(* *)，上式中有关单位矢量在度规系数加权下的导数项正负相消. 于是得

$$\nabla f = \frac{1}{h_1}\frac{\partial f}{\partial x_1}\boldsymbol{x}_1 + \frac{1}{h_2}\frac{\partial f}{\partial x_2}\boldsymbol{x}_2 + \frac{1}{h_3}\frac{\partial f}{\partial x_3}\boldsymbol{x}_3$$

或

$$\nabla f = \sum_{i=1}^{3}\frac{1}{h_i}\frac{\partial f}{\partial x_i}\boldsymbol{x}_i \tag{11}$$

4. $\nabla\times\boldsymbol{F}$ 和 ∇f 的分量的另一定义

设我们选用厚度(均匀)为 Δt 的一块片状容积作为 ΔV,片的表面法线指向 $\boldsymbol{s}$,如图 2. 取式(3)和 $\boldsymbol{s}$ 的标积,我们得

$$\begin{aligned}\boldsymbol{s}\cdot\nabla\times\boldsymbol{F} &= \lim_{\Delta V\to 0}\frac{\boldsymbol{s}\cdot\sum_i \Delta\boldsymbol{A}_i\times\boldsymbol{F}}{\Delta V}\\ &= \lim_{\substack{\Delta A\to 0\\ \Delta t\to 0}}\frac{\sum_i \boldsymbol{F}\cdot(\boldsymbol{s}\times\Delta\boldsymbol{A}_i)}{\Delta A\Delta t}\end{aligned} \tag{12}$$

$\boldsymbol{s}\times\Delta\boldsymbol{A}_i$ 的矢积由于 $\Delta\boldsymbol{A}_i$ 和 $\boldsymbol{s}$ 在片表面上平行,应该等于零,在片的侧边上

$$\boldsymbol{s}\times\Delta\boldsymbol{A}_i = \Delta\boldsymbol{l}\Delta t \tag{13}$$

于是

$$\boldsymbol{s}\cdot\nabla\times\boldsymbol{F} = \lim_{\Delta A\to 0}\frac{\sum \boldsymbol{F}\cdot\Delta l}{\Delta A} \tag{14}$$

式(14)为 $\nabla\times\boldsymbol{F}$ 在 $\boldsymbol{s}$ 方向的分量的定义. 取 $\boldsymbol{s}=\boldsymbol{x}_1$,则 $\Delta A = h_2h_3\Delta x_2\Delta x_3$ 和

$$\sum \boldsymbol{F}\cdot\Delta\boldsymbol{l} = -(h_2F_2)_{x_3}^{x_3+\Delta x_3}\Delta x_2 + (h_3F_3)_{x_2}^{x_2+\Delta x_2}\Delta x_2$$

于是

$$\boldsymbol{x}_1\cdot\nabla\times\boldsymbol{F} = \frac{1}{h_2h_3}\left[\frac{\partial}{\partial x_2}(h_3F_3) - \frac{\partial}{\partial x_3}(h_2F_2)\right] \tag{15}$$

这和式(6) 或式(7) 是一致的.

∇f的分量也可以依相同的办法讨论. 取式(8) 和$\boldsymbol{s}$的标积,我们得

$$\boldsymbol{s}\cdot\Delta f=\lim_{\Delta V\to 0}\frac{\sum f\boldsymbol{s}\cdot\Delta\boldsymbol{A}_i}{\Delta V}$$

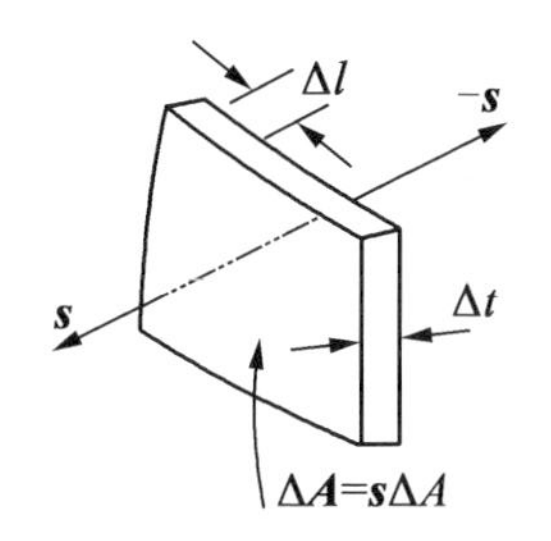

图2　$\nabla\times\boldsymbol{F}$ 和∇f的分量的另一定义的模式

这个标积$\boldsymbol{s}\cdot\Delta f$在片块的侧面(图2) 的值等于零. 在两个片表面上

$$\sum f\boldsymbol{s}\cdot\Delta\boldsymbol{A}_i=(f)_t^{t+\Delta t}\Delta A$$

而且 $\Delta V=\Delta A\Delta t$,于是

$$\boldsymbol{s}\cdot\nabla f=\lim_{\Delta t\to 0}\frac{\Delta f}{\Delta t}\tag{16}$$

如果我们取 $\boldsymbol{x}_1$ 为 $\boldsymbol{s}$,则 $\Delta t=h_1\Delta x_1$,于是

$$\boldsymbol{x}_1\cdot\nabla f=\frac{1}{h_1}\frac{\partial f}{\partial x_1}\tag{17}$$

这和式(11)相符. 相同地取 $\boldsymbol{x}_3$ 或 $\boldsymbol{x}_2$ 为 $\boldsymbol{s}$,我们可以求任一正交坐标系的其他两个分量. 所以,我们可以把式(16)看作∇f的某一典型分量的另一定义. 这个定义给出了∇f的方向导数,即

$$\boldsymbol{s} \cdot \nabla f = \frac{\partial f}{\partial t} \tag{18}$$

这里,我们把 t 认作 $\boldsymbol{s}$ 方向的弧长. 在式(17)中它只是 x_1 那样的一个变量.

第5章　关于散度、旋度和梯度及有关定理的注记[①]

戴振铎[②]用统一的模式导出了散度、旋度和梯度的一般表达式，实际上给出了引入外微分形式的一个自然途径. 这显然是很有意义的工作.

我们知道，在应用数学和力学中，常用的描述方法有标量法、张量矩阵法、矢量并矢法以及外形式法等. 标量法公式冗繁，难于记忆，容易掩盖问题的实质；张量矩阵法可以在一定条件下混合使用，互相转化（参见李国平，郭友中的《一般相对性量子场论（二）》（湖北人民出版社，1981）），强调了描述的坐标不变性，突出了问题的概念和本质，简化了公式，但却使用了大量角标以致书写和排印尚嫌累赘；矢量并矢法（或双点张量法）使得公式

① 本章摘自《应用数学和力学》，1987年，第8卷，第7期.

② 戴振铎，散度、旋度和梯度的统一定义，《应用数学和力学》，1986，7(1)：1-6.

高度浓缩,外形异常简洁(参见郭仲衡的《非线性弹性理论》(科学出版社,1981)),然而在反称运算中手续仍然繁复;外微分形式集外积与外微分这两种运算于一身,克服了上述缺点,但却引入了许多新的运算法则,失掉了矢量等简洁的形式(参见 H. Handers 的 *Differential forms*(修订版)(Academia Press,1983)),一直未能为物理学和工程技术界广大学者所接受. 中国科学院武汉数学物理研究所的郭友中研究员和美国密西根大学电机工程和计算机科学系的戴振铎教授 1987 年采用由李国平①教授首先提出的方法,保持了更多的优点.

下面着重在三维欧几里得空间 E^3 中进行讨论,高维情况下也有类似的表写方法.

1. 外微分

在右旋笛卡儿(Descartes)坐标系 $O-x_1x_2x_3$ 中,沿坐标架取 $\mathrm{d}\boldsymbol{x}_i\,(i=1,2,3)$ 为基矢量. 矢量 $\boldsymbol{A}$ 与 $\boldsymbol{B}$ 的叉积表示的有向面积可沿有向面积 $\mathrm{d}\boldsymbol{x}_i\times\mathrm{d}\boldsymbol{x}_j\equiv\mathrm{d}\boldsymbol{S}_k\,(i\to j\to k\to i)$ 做成的基矢量分解为

$$\boldsymbol{A}\times\boldsymbol{B}=\begin{vmatrix}\mathrm{d}\boldsymbol{S}_1 & \mathrm{d}\boldsymbol{S}_2 & \mathrm{d}\boldsymbol{S}_3\\ A_1 & A_2 & A_3\\ B_1 & B_2 & B_3\end{vmatrix}$$

① 郭友中,陈银通,外微分及其应用,《现代工程数学手册》(第三卷,第 47 章),1986.

$$=\begin{vmatrix}A_2 & A_3\\B_2 & B_3\end{vmatrix}\mathrm{d}\boldsymbol{x}_2\times\mathrm{d}\boldsymbol{x}_3+\begin{vmatrix}A_3 & A_1\\B_3 & B_1\end{vmatrix}\mathrm{d}\boldsymbol{x}_3\times\mathrm{d}\boldsymbol{x}_1+\begin{vmatrix}A_1 & A_2\\B_1 & B_2\end{vmatrix}\mathrm{d}\boldsymbol{x}_1\times\mathrm{d}\boldsymbol{x}_2 \tag{1}$$

有向体积$(\boldsymbol{A}\times\boldsymbol{B})\cdot\boldsymbol{C}$可用有向体积基矢量$(\mathrm{d}\boldsymbol{x}_1\times\mathrm{d}\boldsymbol{x}_2)\cdot\mathrm{d}\boldsymbol{x}_3$来表示

$$(\boldsymbol{A}\times\boldsymbol{B})\cdot\boldsymbol{C}=\begin{vmatrix}A_1 & A_2 & A_3\\B_1 & B_2 & B_3\\C_1 & C_2 & C_3\end{vmatrix}(\mathrm{d}\boldsymbol{x}_1\times\mathrm{d}\boldsymbol{x}_2)\cdot\mathrm{d}\boldsymbol{x}_3 \tag{2}$$

$\boldsymbol{A}\times\boldsymbol{B}$的面积为

$$|\boldsymbol{A}\times\boldsymbol{B}|=\left[\begin{vmatrix}A_2 & A_3\\B_2 & B_3\end{vmatrix}^2+\begin{vmatrix}A_3 & A_1\\B_3 & B_1\end{vmatrix}^2+\begin{vmatrix}A_1 & A_2\\B_1 & B_2\end{vmatrix}^2\right]^{\frac{1}{2}} \tag{3}$$

$(\boldsymbol{A}\times\boldsymbol{B})\cdot\boldsymbol{C}$的体积为

$$|(\boldsymbol{A}\times\boldsymbol{B})\cdot\boldsymbol{C}|=\begin{vmatrix}A_1 & A_2 & A_3\\B_1 & B_2 & B_3\\C_1 & C_2 & C_3\end{vmatrix} \tag{4}$$

推广式(1)(2)中的点积(·)和叉积(×)为外积(∧),使之满足:

(1)数乘:$f(\boldsymbol{A}\wedge\boldsymbol{B})\equiv f\boldsymbol{A}\wedge\boldsymbol{B}(f\in\mathbf{R})$;

(2)分配律:$\boldsymbol{A}\wedge(\boldsymbol{B}+\boldsymbol{C})\equiv\boldsymbol{A}\wedge\boldsymbol{B}+\boldsymbol{A}\wedge\boldsymbol{C}$;

(3)反称律:$\boldsymbol{A}\wedge\boldsymbol{B}\equiv-\boldsymbol{B}\wedge\boldsymbol{A}$;

(4)结合律:$\boldsymbol{A}\wedge\boldsymbol{B}\wedge\boldsymbol{C}\equiv\boldsymbol{A}\wedge(\boldsymbol{B}\wedge\boldsymbol{C})\equiv(\boldsymbol{A}\wedge$

$\boldsymbol{B})\wedge\boldsymbol{C})$.

这里的外积及其关系应理解为有向线段、有向面积、有向体积及其间的外积关系;结合律中说的即是有向体积(参见式(2)).

有向微分线段、有向微分面积及有向微分体积分别简记为

$$\mathrm{d}\boldsymbol{l}\equiv(\mathrm{d}x_1,\mathrm{d}x_2,\mathrm{d}x_3)=\mathrm{d}\boldsymbol{x}_1+\mathrm{d}\boldsymbol{x}_2+\mathrm{d}\boldsymbol{x}_3$$

$$\begin{aligned}\mathrm{d}\boldsymbol{S}&\equiv(\mathrm{d}x_2\mathrm{d}x_3,\mathrm{d}x_3\mathrm{d}x_1,\mathrm{d}x_1\mathrm{d}x_2)\\&=\mathrm{d}\boldsymbol{x}_2\wedge\mathrm{d}\boldsymbol{x}_3+\mathrm{d}\boldsymbol{x}_3\wedge\mathrm{d}\boldsymbol{x}_1+\mathrm{d}\boldsymbol{x}_1\wedge\mathrm{d}\boldsymbol{x}_3\end{aligned}$$

$$\mathrm{d}\boldsymbol{V}\equiv\mathrm{d}x_1\mathrm{d}x_2\mathrm{d}x_3=\mathrm{d}\boldsymbol{x}_1\wedge\mathrm{d}\boldsymbol{x}_2\wedge\mathrm{d}\boldsymbol{x}_3$$

我们看到,在线积分

$$\int_L[A_1(\boldsymbol{x})\mathrm{d}x_1+A_2(\boldsymbol{x})\mathrm{d}x_2+A_3(\boldsymbol{x})\mathrm{d}x_3]$$

中出现的是一级外微分形式

$$\begin{aligned}\alpha(\boldsymbol{x})&\equiv A_1(\boldsymbol{x})\mathrm{d}x_1+A_2(\boldsymbol{x})\mathrm{d}x_2+A_3(\boldsymbol{x})\mathrm{d}x_3\\&\equiv\left\langle\begin{matrix}\mathrm{d}\boldsymbol{l}\\\boldsymbol{A}(\boldsymbol{x})\end{matrix}\right\rangle\end{aligned}$$

面积分

$$\int_B[B_1(\boldsymbol{x})\mathrm{d}x_2\mathrm{d}x_3+B_2(\boldsymbol{x})\mathrm{d}x_3\mathrm{d}x_1+B_3(\boldsymbol{x})\mathrm{d}x_1\mathrm{d}x_2]$$

中出现的是二级外微分形式

$$\begin{aligned}\beta(\boldsymbol{x})&\equiv B_1(\boldsymbol{x})\mathrm{d}x_2\mathrm{d}x_3+B_2(\boldsymbol{x})\mathrm{d}x_3\mathrm{d}x_1+B_3(\boldsymbol{x})\mathrm{d}x_1\mathrm{d}x_2\\&\equiv\left\langle\begin{matrix}\mathrm{d}\boldsymbol{S}\\\boldsymbol{B}(\boldsymbol{x})\end{matrix}\right\rangle\end{aligned}$$

体积分

$$\int_V C(\boldsymbol{x})\mathrm{d}x_1\mathrm{d}x_2\mathrm{d}x_3$$

中出现的是三级外微分形式

$$\gamma(\boldsymbol{x}) \equiv C(\boldsymbol{x})\mathrm{d}x_1\mathrm{d}x_2\mathrm{d}x_3 \equiv \left\langle \begin{matrix} \mathrm{d}\boldsymbol{V} \\ \boldsymbol{C}(\boldsymbol{x}) \end{matrix} \right\rangle$$

注意:上述微分矢量的乘积的确满足外积的定义,例如反称律

$$\mathrm{d}x_i\mathrm{d}x_j = (\delta_{ij} - 1)\mathrm{d}x_j\mathrm{d}x_i = \mathrm{d}\boldsymbol{x}_i \wedge \mathrm{d}\boldsymbol{x}_j$$

式中 δ_{ij} 是克罗内克(Kronecker) 符号. 所以微分形式可以不再重写成黑体字母.

通过简单计算,我们有

$$\begin{aligned} \left\langle \begin{matrix} \mathrm{d}\boldsymbol{l} \\ \boldsymbol{E}(\boldsymbol{x}) \end{matrix} \right\rangle \left\langle \begin{matrix} \mathrm{d}\boldsymbol{l} \\ \boldsymbol{F}(\boldsymbol{x}) \end{matrix} \right\rangle &= (E_2F_3 - E_3F_2)\mathrm{d}x_2\mathrm{d}x_3 + \\ &\quad (E_3F_1 - E_1F_3)\mathrm{d}x_3\mathrm{d}x_1 + \\ &\quad (E_1F_2 - E_2F_1)\mathrm{d}x_1\mathrm{d}x_2 \\ &= \left\langle \begin{matrix} \mathrm{d}\boldsymbol{S} \\ \boldsymbol{E}(\boldsymbol{x}) \times \boldsymbol{F}(\boldsymbol{x}) \end{matrix} \right\rangle \end{aligned} \tag{5}$$

这就是矢量代数中的叉积,又

$$\begin{aligned} \left\langle \begin{matrix} \mathrm{d}\boldsymbol{l} \\ \boldsymbol{E}(\boldsymbol{x}) \end{matrix} \right\rangle \left\langle \begin{matrix} \mathrm{d}\boldsymbol{S} \\ \boldsymbol{F}(\boldsymbol{x}) \end{matrix} \right\rangle &= \left\langle \begin{matrix} \mathrm{d}\boldsymbol{S} \\ \boldsymbol{E}(\boldsymbol{x}) \end{matrix} \right\rangle \left\langle \begin{matrix} \mathrm{d}\boldsymbol{l} \\ \boldsymbol{F}(\boldsymbol{x}) \end{matrix} \right\rangle \\ &= (E_1F_1 + E_2F_2 + E_3F_3)\mathrm{d}x_1\mathrm{d}x_2\mathrm{d}x_3 \\ &= \left\langle \begin{matrix} \mathrm{d}\boldsymbol{V} \\ \boldsymbol{E}(\boldsymbol{x}) \cdot \boldsymbol{F}(\boldsymbol{x}) \end{matrix} \right\rangle \end{aligned} \tag{6}$$

这就是矢量代数中的点积;混合积的表达式是

$$\begin{aligned} \left\langle \begin{matrix} \mathrm{d}\boldsymbol{l} \\ \boldsymbol{E}(\boldsymbol{x}) \end{matrix} \right\rangle \left\langle \begin{matrix} \mathrm{d}\boldsymbol{l} \\ \boldsymbol{F}(\boldsymbol{x}) \end{matrix} \right\rangle \left\langle \begin{matrix} \mathrm{d}\boldsymbol{l} \\ \boldsymbol{G}(\boldsymbol{x}) \end{matrix} \right\rangle &= \left\langle \begin{matrix} \mathrm{d}\boldsymbol{S} \\ \boldsymbol{E}(\boldsymbol{x}) \times \boldsymbol{F}(\boldsymbol{x}) \end{matrix} \right\rangle \left\langle \begin{matrix} \mathrm{d}\boldsymbol{l} \\ \boldsymbol{G}(\boldsymbol{x}) \end{matrix} \right\rangle \\ &= \left\langle \begin{matrix} \mathrm{d}\boldsymbol{V} \\ [\boldsymbol{E}(\boldsymbol{x}), \boldsymbol{F}(\boldsymbol{x}), \boldsymbol{G}(\boldsymbol{x})] \end{matrix} \right\rangle \end{aligned} \tag{7}$$

一种外积统一了矢量代数中的两种乘积.

坐标变换也变得十分简便. 试以笛卡儿坐标变到球极坐标为例,有

$$\boldsymbol{x} \equiv (r\sin\phi\cos\theta, r\sin\phi\sin\theta, r\cos\phi)$$

其中,$r \geqslant 0, 0 \leqslant \theta \leqslant 2\pi, 0 \leqslant \phi \leqslant \pi$

$$\begin{aligned} \mathrm{d}\boldsymbol{x} &= (\sin\phi\cos\theta, \sin\phi\sin\theta, \cos\phi)\mathrm{d}r + \\ &\quad (\cos\phi\cos\theta, \cos\phi\sin\theta, -\sin\phi)r\mathrm{d}\phi + \\ &\quad (-\sin\theta, \cos\theta, 0)r\sin\phi\mathrm{d}\theta \\ &\equiv (\mathrm{d}r)\boldsymbol{e}_1 + (r\mathrm{d}\phi)\boldsymbol{e}_2 + (r\sin\phi\mathrm{d}\theta)\boldsymbol{e}_3 \end{aligned} \qquad (8)$$

戴振铎的文章"散度、旋度和梯度的统一定义"中的几个极限过程相当于这里的外微分运算(d),它们满足下面的性质:

(1) 线性

$$\mathrm{d}(\alpha+\beta) \equiv \mathrm{d}\alpha + \mathrm{d}\beta, \mathrm{d}(f\gamma) \equiv f\mathrm{d}\gamma$$

(2) 莱布尼茨法则

$$\mathrm{d}(\alpha \wedge \beta) = \mathrm{d}\alpha \wedge \beta + (-1)^p \alpha \wedge \mathrm{d}\beta$$

(3) 幂零性

$$\mathrm{dd}\omega = 0$$

(4) 全微性

$$\mathrm{d}H = \partial_1 H\mathrm{d}x_1 + \partial_2 H\mathrm{d}x_2 + \partial_3 H\mathrm{d}x_3$$

这里 $\partial_i \equiv \partial/\partial x_i$,$p$ 是外微分形式的级.

外微分形式进行外微分后,一般级别提升一级. 例如关于性质(2) 有

$$\begin{aligned} \mathrm{d}\langle H(\boldsymbol{x})\rangle &= \partial_1 H\mathrm{d}x_1 + \partial_2 H\mathrm{d}x_2 + \partial_3 H\mathrm{d}x_3 \\ &= \left\langle \begin{matrix} \mathrm{d}\boldsymbol{l} \\ \nabla H(\boldsymbol{x}) \end{matrix} \right\rangle = \left\langle \begin{matrix} \mathrm{d}\boldsymbol{l} \\ \mathrm{grad}\ H(\boldsymbol{x}) \end{matrix} \right\rangle \end{aligned} \qquad (9)$$

$\nabla \equiv (\partial_1, \partial_2, \partial_3)$ 是汉密尔顿(Hamilton)算符，$H(\boldsymbol{x})$ 为梯度场

$$
\begin{aligned}
\mathrm{d}\left\langle \begin{matrix} \mathrm{d}\boldsymbol{l} \\ \boldsymbol{G}(\boldsymbol{x}) \end{matrix} \right\rangle &= (\partial_2 G_3(\boldsymbol{x}) - \partial_3 G_2(\boldsymbol{x}))\mathrm{d}x_2\mathrm{d}x_3 + \\
&\quad (\partial_3 G_1(\boldsymbol{x}) - \partial_1 G_3(\boldsymbol{x}))\mathrm{d}x_3\mathrm{d}x_1 + \\
&\quad (\partial_1 G_2(\boldsymbol{x}) - \partial_2 G_1(\boldsymbol{x}))\mathrm{d}x_1\mathrm{d}x_2 \\
&= \left\langle \begin{matrix} \mathrm{d}\boldsymbol{S} \\ \nabla\times \boldsymbol{G}(\boldsymbol{x}) \end{matrix} \right\rangle = \left\langle \begin{matrix} \mathrm{d}\boldsymbol{S} \\ \mathrm{rot}\ \boldsymbol{G}(\boldsymbol{x}) \end{matrix} \right\rangle \qquad (10)
\end{aligned}
$$

$\boldsymbol{G}(\boldsymbol{x})$ 为旋量场

$$
\begin{aligned}
\mathrm{d}\left\langle \begin{matrix} \mathrm{d}\boldsymbol{S} \\ \boldsymbol{F}(\boldsymbol{x}) \end{matrix} \right\rangle &= (\partial_1 F_1(\boldsymbol{x}) + \partial_2 F_2(\boldsymbol{x}) + \\
&\quad \partial_3 F_3(\boldsymbol{x}))\mathrm{d}x_1\mathrm{d}x_2\mathrm{d}x_3 \\
&= \left\langle \begin{matrix} \mathrm{d}\boldsymbol{V} \\ \nabla\boldsymbol{F}(\boldsymbol{x}) \end{matrix} \right\rangle = \left\langle \begin{matrix} \mathrm{d}\boldsymbol{V} \\ \mathrm{div}\ \boldsymbol{F}(\boldsymbol{x}) \end{matrix} \right\rangle \quad (11)
\end{aligned}
$$

$\boldsymbol{F}(\boldsymbol{x})$ 为散度场. 它们都提升了一级.

一种外微分统一了矢量分析中的三种运算.

2. 庞加莱定理与逆定理

对关系式(9)和(10)再进行一次外微分运算，由性质(3)有

$$
\begin{aligned}
\mathrm{dd}\langle H(\boldsymbol{x})\rangle &= \mathrm{d}\left\langle \begin{matrix} \mathrm{d}\boldsymbol{l} \\ \nabla H(\boldsymbol{x}) \end{matrix} \right\rangle = \mathrm{d}\left\langle \begin{matrix} \mathrm{d}\boldsymbol{l} \\ \mathrm{grad}\ H(\boldsymbol{x}) \end{matrix} \right\rangle \\
&= \left\langle \begin{matrix} \mathrm{d}\boldsymbol{S} \\ \nabla\times\nabla H(\boldsymbol{x}) \end{matrix} \right\rangle = \left\langle \begin{matrix} \mathrm{d}\boldsymbol{S} \\ \mathrm{rot}\cdot\mathrm{grad}\ H(\boldsymbol{x}) \end{matrix} \right\rangle = 0
\end{aligned} \tag{12}
$$

$$
\begin{aligned}
\mathrm{dd}\left\langle \begin{matrix} \mathrm{d}\boldsymbol{l} \\ \boldsymbol{G}(\boldsymbol{x}) \end{matrix} \right\rangle &= \mathrm{d}\left\langle \begin{matrix} \mathrm{d}\boldsymbol{S} \\ \nabla\times \boldsymbol{G}(\boldsymbol{x}) \end{matrix} \right\rangle = \mathrm{d}\left\langle \begin{matrix} \mathrm{d}\boldsymbol{S} \\ \mathrm{rot}\ \boldsymbol{G}(\boldsymbol{x}) \end{matrix} \right\rangle \\
&= \left\langle \begin{matrix} \mathrm{d}\boldsymbol{S} \\ \nabla\cdot\nabla\times \boldsymbol{G}(\boldsymbol{x}) \end{matrix} \right\rangle = \left\langle \begin{matrix} \mathrm{d}\boldsymbol{V} \\ \mathrm{div}\cdot\mathrm{rot}\ \boldsymbol{G}(\boldsymbol{x}) \end{matrix} \right\rangle = 0
\end{aligned}
$$

(13)

幂零性即庞加莱(Poincaré) 定理,它统一了矢量分析中的著名公式

$$\mathrm{rot}\cdot\mathrm{grad}\,H(\boldsymbol{x}) = 0,\mathrm{div}\cdot\mathrm{rot}\,\boldsymbol{G}(\boldsymbol{x}) = 0 \quad (14)$$

因此,高斯定理和斯托克斯(Stokes) 定理可以分别写成

$$\begin{cases}\int_L \left\langle \begin{matrix} \mathrm{d}\boldsymbol{l} \\ \boldsymbol{G}(\boldsymbol{x}) \end{matrix} \right\rangle = \int_S \mathrm{d}\left\langle \begin{matrix} \mathrm{d}\boldsymbol{l} \\ \boldsymbol{G}(\boldsymbol{x}) \end{matrix} \right\rangle \\ \int_S \left\langle \begin{matrix} \mathrm{d}\boldsymbol{S} \\ \boldsymbol{G}(\boldsymbol{x}) \end{matrix} \right\rangle = \int_V \mathrm{d}\left\langle \begin{matrix} \mathrm{d}\boldsymbol{S} \\ \boldsymbol{G}(\boldsymbol{x}) \end{matrix} \right\rangle \end{cases} \quad (15)$$

第一式中 L 是定向曲面 S 的边界,第二式中 S 是三维区域 V 的边界. 对于一般的区域 Ω 及其边界 $\partial\Omega$,式(15)可以统一写成

$$\int_{\partial\Omega}\omega(\boldsymbol{x}) = \int_{\Omega}\mathrm{d}\omega(\boldsymbol{x}) \quad (16)$$

或

$$\langle\partial\Omega,\omega\rangle = \langle\Omega,\mathrm{d}\omega\rangle \quad (17)$$

后一种形式强调了算符 ∂ 与 d 的对偶性,揭示了整体性与局部性之间的内在联系.

上述内容推广到高维及流形上就有更多的乘积和性质. 使用这一工具,场论的很多篇幅得以大大简化.

庞加莱定理指出:外微分形式的二阶混合偏导数相等. 这是微分方程和微分几何中许多可积性条件的概括. 使 $\mathrm{d}\omega = 0$ 成立的形式 ω 称为闭形式;存在形式 η,使 $\mathrm{d}\eta = \omega$ 成立的形式 ω 称为正合形式. 庞加莱逆定

理则是说:正合形式是闭形式. 它在物理和力学中保证了位势的存在性. 它是一个局部性质,一般只适用于单连通区域.

由式(8)知道,每个标量场$H(\boldsymbol{x})$对应一个矢量场$\nabla H(\boldsymbol{x})$;反过来,任一矢量场$\boldsymbol{G}(\boldsymbol{x})$就不一定是某个标量场$H(\boldsymbol{x})$的梯度. 如果回答是肯定的,则

$$\mathrm{d}\langle H(\boldsymbol{x})\rangle=\left\langle\begin{matrix}\mathrm{d}\boldsymbol{l}\\ \nabla H(\boldsymbol{x})\end{matrix}\right\rangle=\left\langle\begin{matrix}\mathrm{d}\boldsymbol{l}\\ \boldsymbol{G}(\boldsymbol{x})\end{matrix}\right\rangle$$

的充要条件是

$$\mathrm{dd}\langle H(\boldsymbol{x})\rangle=\mathrm{d}\left\langle\begin{matrix}\mathrm{d}\boldsymbol{l}\\ \boldsymbol{G}(\boldsymbol{x})\end{matrix}\right\rangle=\left\langle\begin{matrix}\mathrm{d}\boldsymbol{S}\\ \nabla\times\boldsymbol{G}(\boldsymbol{x})\end{matrix}\right\rangle=0 \tag{18}$$

又如由式(9)知道,每一矢量场$\boldsymbol{G}(\boldsymbol{x})$必对应另一矢量场$\nabla\times\boldsymbol{G}(\boldsymbol{x})$;反过来,对任一矢量场$\boldsymbol{F}(\boldsymbol{x})$,存在另一矢量场$\boldsymbol{G}(\boldsymbol{x})$,使

$$\mathrm{d}\left\langle\begin{matrix}\mathrm{d}\boldsymbol{l}\\ \boldsymbol{G}(\boldsymbol{x})\end{matrix}\right\rangle=\left\langle\begin{matrix}\mathrm{d}\boldsymbol{S}\\ \nabla\times\boldsymbol{G}(\boldsymbol{x})\end{matrix}\right\rangle=\left\langle\begin{matrix}\mathrm{d}\boldsymbol{S}\\ \boldsymbol{F}(\boldsymbol{x})\end{matrix}\right\rangle$$

成立的充要条件是

$$\mathrm{dd}\left\langle\begin{matrix}\mathrm{d}\boldsymbol{l}\\ \boldsymbol{G}(\boldsymbol{x})\end{matrix}\right\rangle=\mathrm{d}\left\langle\begin{matrix}\mathrm{d}\boldsymbol{S}\\ \boldsymbol{F}(\boldsymbol{x})\end{matrix}\right\rangle=\left\langle\begin{matrix}\mathrm{d}\boldsymbol{V}\\ \nabla\boldsymbol{F}(\boldsymbol{x})\end{matrix}\right\rangle=0 \tag{19}$$

再如弹性理论中的协调条件实际上也是庞加莱逆定理[①]. 热力学中的勒让德(Legendre)变换说明其中的微分是外微分,因而系统的内能、亥姆霍兹(Helmhotz)能量、吉布斯(Gibbs)自由能以及焓都是

① 郭友中,弹塑性理论中的互补变分原理,《科学通报》,1983(23):1435-1439.

一级外微分形式. 麦克斯韦关系保持了形式的闭性，即保证了庞加莱逆定理成立. 线(弹)性边值问题可用线性算子 $A:U\to U^*$ 表示，U 是实希尔伯特(Hilbert)空间，U^* 是它的对偶空间. 位移 $\boldsymbol{u}\in U$，则力 $\boldsymbol{f}\in U^*$. 线弹性力学问题可写成

$$\mathcal{L}(\boldsymbol{u})\equiv A\boldsymbol{u}-\boldsymbol{f}=\boldsymbol{0} \tag{20}$$

记 d 为弱微分(变分)算子，如果线性算子 $\mathcal{L}'(\boldsymbol{u})=A$，$A$ 是对称的，即

$$\langle A\boldsymbol{u}_1,\boldsymbol{u}_2\rangle-\langle A\boldsymbol{u}_2,\boldsymbol{u}_1\rangle=0 \tag{21}$$

则 $\mathcal{L}(\boldsymbol{u})$ 是势算子. 此时，变分逆问题有解，即存在泛函

$$J(\boldsymbol{u})=2\int\langle At\boldsymbol{u}-\boldsymbol{f},\boldsymbol{u}\rangle\mathrm{d}t=\langle A\boldsymbol{u}-2\boldsymbol{f},\boldsymbol{u}\rangle \tag{22}$$

这里 $\langle\ldots\rangle$ 是对偶积.

引入希尔伯特空间(或子空间) H_1 与 H_2 的外积空间 $H\equiv H_1\wedge H_2$，$H_1\perp H_2$，则任一 $\mathrm{d}\boldsymbol{v}\in H$ 必有 $\mathrm{d}\boldsymbol{u}_i\in H_i$，$i=1,2$，使 $\mathrm{d}\boldsymbol{v}=\mathrm{d}\boldsymbol{u}_1+\mathrm{d}\boldsymbol{u}_2$；令 $\mathrm{d}\boldsymbol{u}_1\mathrm{d}\boldsymbol{u}_2\equiv\mathrm{d}\boldsymbol{u}_1\wedge\mathrm{d}\boldsymbol{u}_2\equiv-\mathrm{d}\boldsymbol{u}_2\wedge\mathrm{d}\boldsymbol{u}_1\equiv-\mathrm{d}\boldsymbol{u}_2\cdot\mathrm{d}\boldsymbol{u}_1$. 因此，条件(21)实际上就是希尔伯特空间中的庞加莱定理，事实上，用我们已经熟悉的记法，易得

$$\begin{aligned}\mathrm{dd}\langle J(\boldsymbol{u})\rangle&=\mathrm{d}\left\langle\begin{matrix}\mathrm{d}\boldsymbol{v}\\\nabla J(\boldsymbol{u})\end{matrix}\right\rangle=\left\langle\begin{matrix}\mathrm{d}\boldsymbol{u}_1\ \mathrm{d}\boldsymbol{u}_2\\\nabla\times\nabla J(\boldsymbol{u})\end{matrix}\right\rangle\\&=[\langle A\boldsymbol{u}_1,\boldsymbol{u}_2\rangle-\langle A\boldsymbol{u}_2,\boldsymbol{u}_1\rangle]\mathrm{d}\boldsymbol{u}_1\mathrm{d}\boldsymbol{u}_2\\&=0\end{aligned}$$

这时，如果 $J(\boldsymbol{u})$ 是部分已知(或灰色)的，则另一部分(例如约束条件)可以用拉格朗日(Lagrange)乘子法

来进行识别[①].

式(21)是泛函(22)存在的充要条件，称为 Vainberg 定理[②]. 此时

$$\mathrm{d}J(\boldsymbol{u}) = J(\boldsymbol{u}+\mathrm{d}\boldsymbol{u}) - J(\boldsymbol{u}) = \langle J'(\boldsymbol{u}),\mathrm{d}\boldsymbol{u}\rangle \equiv \left\langle \begin{matrix} \mathrm{d}\boldsymbol{u} \\ A\boldsymbol{u}-\boldsymbol{f} \end{matrix} \right\rangle \tag{23}$$

将解空间投影到由基$\{L_1,\cdots,L_n\}$张成的有限维子空间上，令$\boldsymbol{e}\equiv A\boldsymbol{u}-\boldsymbol{f}$称为残量，于是有近似式

$$\begin{cases} \boldsymbol{u}^n \equiv N_1L_1+\cdots+N_nL_n \equiv \boldsymbol{NL} \\ \boldsymbol{f}^n \equiv M_1L_1+\cdots+M_nL_n \equiv \boldsymbol{ML} \end{cases} \tag{24}$$

在有限元分析中，N_i 称为节点 i 的形函数. 由式(23)，有

$$\mathrm{d}J(\boldsymbol{u}^n) = \langle \boldsymbol{e}^n, \boldsymbol{N}\mathrm{d}\boldsymbol{L}\rangle \tag{25}$$

式中$\mathrm{d}\boldsymbol{L}\equiv(\mathrm{d}L_1,\cdots,\mathrm{d}L_n)$，$\boldsymbol{e}^n\equiv A\boldsymbol{u}^n-\boldsymbol{f}^n$. 式(25)左端是由变分泛函得到的有限元方程，右端则是直接由算子 A 得到的加权残量法有限元方程. 前者称为 Ritz 法，后者称为 Galerkin 法，在式(24)成立时，它们是等价的[③].

---

① 钱伟长，高阶拉氏乘子法和弹性理论中更一般的广义变分原理，《应用数学与力学》，1983，4(2)：137-150.

② M. M. Vainberg, *Variational Method and Method of Monotone Operators in the Theory of Nonlinear Equations*. New York: Wiley, 1973.

③ O. C. Zienkiewicz, *The Finite Element Method*. New York: McGraw - Hill Book Company, 1977.

3. 星运算与上微分

星运算或 Hodge 运算，算符用“ * ”表示，在 E^3 中可用简单方法定义

$$\begin{cases} *\,\mathrm{d}\boldsymbol{x}_i \equiv \epsilon_{ijk}\mathrm{d}\boldsymbol{x}_j\mathrm{d}\boldsymbol{x}_k,\ *\,(\mathrm{d}\boldsymbol{x}_j\mathrm{d}\boldsymbol{x}_k) \equiv \epsilon_{ijk}\mathrm{d}\boldsymbol{x}_i \\ *\,(\mathrm{d}\boldsymbol{x}_i\mathrm{d}\boldsymbol{x}_j\mathrm{d}\boldsymbol{x}_k) \equiv \epsilon_{ijk},\ *\,\epsilon_{ijk} \equiv \mathrm{d}\boldsymbol{x}_i\mathrm{d}\boldsymbol{x}_j\mathrm{d}\boldsymbol{x}_k \end{cases} \tag{26}$$

本章中的指标重复不求和，ϵ_{ijk} 为 Eddington 符号.

由此

$$\begin{aligned} \mathrm{d}*\mathrm{d}[H(\boldsymbol{x})] &= \mathrm{d}\left\langle \frac{\mathrm{d}\boldsymbol{S}}{\nabla H(\boldsymbol{x})} \right\rangle = \left\langle \frac{\mathrm{d}\boldsymbol{S}}{\nabla\nabla H(\boldsymbol{x})} \right\rangle \\ &= \left\langle \frac{\mathrm{d}\boldsymbol{V}}{\mathrm{div}\cdot\mathrm{grad}\ H(\boldsymbol{x})} \right\rangle = \left\langle \frac{\mathrm{d}\boldsymbol{V}}{\Delta H(\boldsymbol{x})} \right\rangle \end{aligned} \tag{27}$$

其中 $\Delta \equiv \partial_1^2 + \partial_2^2 + \partial_3^2$ 称为拉普拉斯(Laplace)算子. 又如

$$\begin{aligned} &\mathrm{d}\langle F(\boldsymbol{x})\rangle * \mathrm{d}\langle G(\boldsymbol{x})\rangle \\ &= \left\langle \frac{\mathrm{d}\boldsymbol{l}}{\nabla F(\boldsymbol{x})} \right\rangle \left\langle \frac{\mathrm{d}\boldsymbol{S}}{\nabla G(\boldsymbol{x})} \right\rangle \\ &= \left\langle \frac{\mathrm{d}\boldsymbol{V}}{\mathrm{grad}\ F(\boldsymbol{x})\cdot\mathrm{grad}\ G(\boldsymbol{x})} \right\rangle \\ &= \left\langle \frac{\mathrm{d}\boldsymbol{V}}{\partial_1 F(\boldsymbol{x})\cdot\partial_1 G(\boldsymbol{x}) + \partial_2 F(\boldsymbol{x})\cdot\partial_2 G(\boldsymbol{x}) + \partial_3 F(\boldsymbol{x})\cdot\partial_3 G(\boldsymbol{x})} \right\rangle \end{aligned} \tag{28}$$

这是一个很有用的结果，特别是当 $F(\boldsymbol{x}) = G(\boldsymbol{x})$ 时，有

$$\begin{aligned} &\mathrm{d}\langle F(\boldsymbol{x})\rangle * \mathrm{d}\langle F(\boldsymbol{x})\rangle \\ &= \left\langle \frac{\mathrm{d}\boldsymbol{V}}{\nabla F(\boldsymbol{x})\cdot\nabla F(\boldsymbol{x})} \right\rangle = \left\langle \frac{\mathrm{d}\boldsymbol{V}}{\mathrm{grad}^2\ F(\boldsymbol{x})} \right\rangle \end{aligned}$$

$$= \left\langle \frac{\mathrm{d}\boldsymbol{V}}{(\partial_1 F(\boldsymbol{x}))^2 + (\partial_2 F(\boldsymbol{x}))^2 + (\partial_3 F(\boldsymbol{x}))^2} \right\rangle \tag{29}$$

在四维洛伦兹(Lorentz)空时 M^4 中,取 $\mathrm{d}\boldsymbol{x}_1,\mathrm{d}\boldsymbol{x}_2,\mathrm{d}\boldsymbol{x}_3,\mathrm{d}\boldsymbol{t}$ 为正交基,规取三正一负,则

$$\begin{cases} *(\mathrm{d}\boldsymbol{x}_i\mathrm{d}\boldsymbol{t}) \equiv \epsilon_{ijk}\mathrm{d}\boldsymbol{x}_j\mathrm{d}\boldsymbol{x}_k \\ *(\mathrm{d}\boldsymbol{x}_j\mathrm{d}\boldsymbol{x}_k) \equiv \epsilon_{ijk}\mathrm{d}\boldsymbol{t}\mathrm{d}\boldsymbol{x}_i \end{cases} \tag{30}$$

令 $c \equiv 1$,$\boldsymbol{E}(\boldsymbol{x},\boldsymbol{t})$ 是电场强度,$\boldsymbol{H}(\boldsymbol{x},\boldsymbol{t})$ 是磁场强度. 对二级外微分形式

$$\omega(\boldsymbol{x},\boldsymbol{t}) \equiv \left\langle \frac{\mathrm{d}\boldsymbol{t}}{\boldsymbol{E}(\boldsymbol{x},\boldsymbol{t})} \right\rangle \mathrm{d}\boldsymbol{t} + \left\langle \frac{\mathrm{d}\boldsymbol{S}}{\boldsymbol{H}(\boldsymbol{x},\boldsymbol{t})} \right\rangle$$

进行星运算,有

$$*\omega(\boldsymbol{x},\boldsymbol{t}) = -\left\langle \frac{\mathrm{d}\boldsymbol{l}}{\boldsymbol{H}(\boldsymbol{x},\boldsymbol{t})} \right\rangle \mathrm{d}\boldsymbol{t} + \left\langle \frac{\mathrm{d}\boldsymbol{S}}{\boldsymbol{E}(\boldsymbol{x},\boldsymbol{t})} \right\rangle \tag{31}$$

于是,麦克斯韦方程组成为

$$\mathrm{d}\omega(\boldsymbol{x},\boldsymbol{t}) = 0, \mathrm{d}*\omega(\boldsymbol{x},\boldsymbol{t}) = \left\langle \frac{\mathrm{d}\boldsymbol{t}}{\rho(\boldsymbol{x},\boldsymbol{t})} \right\rangle + \left\langle \frac{\mathrm{d}\boldsymbol{l}}{j(x,\boldsymbol{t})} \right\rangle \tag{32}$$

式中 ρ 是电荷密度,j 是电流密度;在真空中成为

$$\mathrm{d}\omega(\boldsymbol{x},\boldsymbol{t}) = 0, \mathrm{d}*\omega(\boldsymbol{x},\boldsymbol{t}) = 0 \tag{33}$$

对 p 级形式,算子

$$\delta \equiv *^{-1}\mathrm{d}*(-1)^p \tag{34}$$

称为上微分,算子

$$\Delta \equiv \mathrm{d}\delta - \delta\mathrm{d} \tag{35}$$

称为 de Rham 算子.

在 E^3 中,$*^2 = 1$(或 $*^{-1} = *$),所以

$$\begin{aligned}\Delta\left\langle \begin{matrix} \mathrm{d}\boldsymbol{S} \\ \boldsymbol{G}(\boldsymbol{x}) \end{matrix} \right\rangle &= \mathrm{d}*\mathrm{d}*(-1)^2\left\langle \begin{matrix} \mathrm{d}\boldsymbol{S} \\ \boldsymbol{G}(\boldsymbol{x}) \end{matrix} \right\rangle - \\ &\quad *\mathrm{d}*(-1)^2\mathrm{d}\left\langle \begin{matrix} \mathrm{d}\boldsymbol{S} \\ \boldsymbol{G}(\boldsymbol{x}) \end{matrix} \right\rangle \\ &= \mathrm{d}*\left\langle \begin{matrix} \mathrm{d}\boldsymbol{S} \\ \nabla\times\boldsymbol{G}(\boldsymbol{x}) \end{matrix} \right\rangle - *\mathrm{d}*\left\langle \begin{matrix} \mathrm{d}\boldsymbol{V} \\ \nabla\boldsymbol{G}(\boldsymbol{x}) \end{matrix} \right\rangle \\ &= \left\langle \begin{matrix} \mathrm{d}\boldsymbol{S} \\ \nabla\times\nabla\times\boldsymbol{G}(\boldsymbol{x}) \end{matrix} \right\rangle - \left\langle \begin{matrix} \mathrm{d}\boldsymbol{S} \\ \nabla\nabla\boldsymbol{G}(\boldsymbol{x}) \end{matrix} \right\rangle \\ &\equiv \left\langle \begin{matrix} \mathrm{d}\boldsymbol{S} \\ \Delta\boldsymbol{G}(\boldsymbol{x}) \end{matrix} \right\rangle \end{aligned} \tag{36}$$

$$\begin{aligned}\Delta\left\langle \begin{matrix} \mathrm{d}\boldsymbol{l} \\ \boldsymbol{G}(\boldsymbol{x}) \end{matrix} \right\rangle &= \mathrm{d}*\mathrm{d}*(-1)\left\langle \begin{matrix} \mathrm{d}\boldsymbol{l} \\ \boldsymbol{G}(\boldsymbol{x}) \end{matrix} \right\rangle - \\ &\quad *\mathrm{d}*(-1)\mathrm{d}\left\langle \begin{matrix} \mathrm{d}\boldsymbol{l} \\ \boldsymbol{G}(\boldsymbol{x}) \end{matrix} \right\rangle \\ &= -\mathrm{d}*\left\langle \begin{matrix} \mathrm{d}\boldsymbol{V} \\ \nabla\boldsymbol{G}(\boldsymbol{x}) \end{matrix} \right\rangle + *\mathrm{d}*\left\langle \begin{matrix} \mathrm{d}\boldsymbol{S} \\ \nabla\times\boldsymbol{G}(\boldsymbol{x}) \end{matrix} \right\rangle \\ &= -\left\langle \begin{matrix} \mathrm{d}\boldsymbol{l} \\ \nabla\nabla\boldsymbol{G}(\boldsymbol{x}) \end{matrix} \right\rangle + \left\langle \begin{matrix} \mathrm{d}\boldsymbol{l} \\ \nabla\times\nabla\times\boldsymbol{G}(\boldsymbol{x}) \end{matrix} \right\rangle \\ &\equiv -\left\langle \begin{matrix} \mathrm{d}\boldsymbol{l} \\ \Delta\boldsymbol{G}(\boldsymbol{x}) \end{matrix} \right\rangle \end{aligned} \tag{37}$$

由此可见,在 E^3 中除一个与 p 有关的符号外,算子 Δ 是拉普拉斯算子 Δ 的自然推广.

4. 变分原理与守恒定律

试以一个动力系统为例,$\boldsymbol{q}$ 为它的局部坐标矢量,$\boldsymbol{p}$ 为广义动量,$L(\boldsymbol{q}(t),\boldsymbol{p}(t),t)$ 是系统的拉格朗日函数,设曲线 $\Gamma(0)\equiv\{\boldsymbol{q}(t)\mid t\in[t_1,t_2]\}$ 和曲线 $\Gamma(\lambda)\equiv\{\boldsymbol{q}(t,\lambda)\equiv\boldsymbol{q}(t)+\lambda\zeta(t)\mid t\in[t_1,t_2],\zeta(t_1)=\zeta(t_2)=0\}$. 记 $\partial\Omega\equiv\Gamma(1)-\Gamma(\lambda)$,$\Omega$ 是曲线 $\Gamma(\lambda)$ 由 $\lambda=1$ 至 λ 作微小变形时所扫过的曲面. 根据斯托克斯定理

(17)及作用量原理或变分原理,有

$$\begin{aligned}&\langle \Gamma(0),L(\boldsymbol{q}(t),\boldsymbol{p}(t),t)\rangle -\\&\langle \Gamma(\lambda),L(\boldsymbol{q}(t,\lambda),\boldsymbol{p}(t,\lambda),t)\rangle\\=&\langle \partial\Omega,L\rangle=\langle \Omega,\mathrm{d}L\rangle=0\end{aligned}\tag{38}$$

由此,得拉格朗日矢量 $\boldsymbol{E}(L)$ 所应满足的条件

$$\mathrm{d}L=\sum\left[\frac{\mathrm{d}}{\mathrm{d}t}\left(\frac{\partial L}{\partial \dot{q}_j}\right)-\frac{\partial L}{\partial q_j}\right]\dot{q}_j\mathrm{d}t\equiv\sum E_j(L)\dot{q}_j\mathrm{d}t=0\tag{39}$$

这就简洁地证明了分析力学中的一个重要定理.

作用量原理要求积分$\langle\Gamma,L\rangle$对所采用的坐标变换是不变的. 一般说来,变换

$$\bar{\boldsymbol{q}}\equiv\bar{\boldsymbol{q}}(\boldsymbol{q},t,\boldsymbol{w}),\bar{t}\equiv\bar{t}(\boldsymbol{q},t,\boldsymbol{w})\tag{40}$$

组成一个 r 参数变换群;$\boldsymbol{q}$ 与 $\boldsymbol{w}$ 都是 r 维矢量,且

$$\boldsymbol{q}=\bar{\boldsymbol{q}}(\boldsymbol{q},t,\boldsymbol{0}),t=\bar{t}(\boldsymbol{q},t,\boldsymbol{0})\tag{41}$$

它们将一条路径 Γ 变为另一条$\bar{\Gamma}$,L 必须满足一定条件才能使积分$\langle\Gamma,L\rangle$保持不变. 这些条件是物理和力学中许多守恒定律的统一描述,数学上称为诺特(Noether)定理:积分$\langle\Gamma,L\rangle$在 r 参数变换群(40)(41)作用下,存在 r 个 $E_j(L)$ 的不同 1 - 形式,它们沿极值路径 Γ 都是闭形式.

在一般情况下,定理的证明很繁复,用这里介绍的方法只要在参数空间 $\boldsymbol{w}=\boldsymbol{0}$ 处,用式(38)计算 $\mathrm{d}L$,即得所求.

5. 并矢与格林定理的推广

非线性物理采用的描述工具各家不同,国际上采用两点张量法或并矢法越来越多. 这一方法特别适用于描写非线性弹性理论的有限变形,克服了有些方法

容易引起混乱的缺点.

讨论两个 E^3 空间 $\bar{E}$ 与 $\underline{E}$ 的张量积 $\bar{\boldsymbol{E}} \times \underline{\boldsymbol{E}}$,它们的坐标系分别取为 $O-x^1x^2x^3$ 与 $O-x_1x_2x_3$,相应地引入下面的记法

$$\mathrm{d}\bar{\boldsymbol{l}} \equiv (\mathrm{d}x^i), \mathrm{d}\underline{\boldsymbol{l}} \equiv (\mathrm{d}x_i)$$

$$\mathrm{d}\bar{\boldsymbol{S}} \equiv (\epsilon^i_{jk}\mathrm{d}x^j\mathrm{d}x^k), \mathrm{d}\underline{\boldsymbol{S}} \equiv (\epsilon^{jk}_i\mathrm{d}x_j\mathrm{d}x_k)$$

$$\mathrm{d}\bar{\boldsymbol{V}} \equiv \mathrm{d}x^1\mathrm{d}x^2\mathrm{d}x^3, \mathrm{d}\underline{\boldsymbol{V}} \equiv \mathrm{d}x_1\mathrm{d}x_2\mathrm{d}x_3$$

$$\mathrm{d}\overset{*}{\bar{\boldsymbol{l}}} \equiv * \mathrm{d}\bar{\boldsymbol{l}}, \mathrm{d}\underset{*}{\underline{\boldsymbol{l}}} \equiv * \mathrm{d}\underline{\boldsymbol{l}}$$

$$\mathrm{d}\overset{*}{\bar{\boldsymbol{S}}} \equiv * \mathrm{d}\bar{\boldsymbol{S}}, \mathrm{d}\underset{*}{\underline{\boldsymbol{S}}} \equiv * \mathrm{d}\underline{\boldsymbol{S}}$$

$$\left\langle \begin{matrix} \mathrm{d}\underline{\boldsymbol{l}} & \mathrm{d}\bar{\boldsymbol{l}} \\ & \bar{\boldsymbol{A}} & \end{matrix} \right\rangle \equiv A^i_j\mathrm{d}x_i\mathrm{d}x^j, \cdots$$

其中 ϵ^{ijk} 与 ϵ_{ijk} 以及 ϵ^{jk}_i 与 ϵ^i_{jk} 等同义,$\bar{\boldsymbol{A}}$ 是二阶张量. 我们知道,对它可以用矩阵或矢量来表示

$$\begin{aligned} \bar{\boldsymbol{A}} &\equiv [\boldsymbol{A}^1, \boldsymbol{A}^2, \boldsymbol{A}^3] \equiv [\boldsymbol{A}^j] \\ &\equiv [\boldsymbol{A}_i] \equiv [A^j_i] \quad (i, j = 1, 2, 3) \end{aligned}$$

张量 $\bar{\boldsymbol{A}}$ 与 $\bar{\boldsymbol{B}}$ 的乘积理解为

$$\bar{\boldsymbol{A}}\bar{\boldsymbol{B}} \equiv [A^i_k \ B^k_j]$$

为了方便起见,本节采用了爱因斯坦(Einstein)求和约定:同一项中两个指标相同时,须对这一指标由 1 ~ 3 求和,如上面的指标 k.

矢量代数中的点积与叉积,在二阶张量中将有四种乘积,称为双点叉积,它们的符号是:$:$, $\underset{\cdot}{\times}$, $\overset{\cdot}{\times}$, $\overset{\times}{\times}$. 利

用外积运算,也可将之统一进行处理,例如

$$
\begin{aligned}
&\left\langle \begin{matrix} \mathrm{d}\underline{\boldsymbol{S}} & \mathrm{d}\bar{\boldsymbol{l}} \\ & \bar{\boldsymbol{A}} & \end{matrix} \right\rangle \left\langle \begin{matrix} \mathrm{d}\underline{\boldsymbol{l}} & \mathrm{d}\bar{\boldsymbol{S}} \\ & \bar{\boldsymbol{B}} & \end{matrix} \right\rangle \\
&= (\epsilon_i^{k} A_h^i \mathrm{d}x_j \mathrm{d}x_k \mathrm{d}x^h)(\epsilon_{mn}^{l} B_l^i \mathrm{d}x_h \mathrm{d}x^m \mathrm{d}x^n) \\
&= A_h^i B_l^h \mathrm{d}\underline{\boldsymbol{V}}\, \mathrm{d}\bar{\boldsymbol{V}} \\
&\equiv \left\langle \begin{matrix} \mathrm{d}\underline{\boldsymbol{V}} & \mathrm{d}\bar{\boldsymbol{V}} \\ \bar{\boldsymbol{A}} : \bar{\boldsymbol{B}} \end{matrix} \right\rangle
\end{aligned}
\tag{42}
$$

$$
\begin{aligned}
\left\langle \begin{matrix} \mathrm{d}\underline{\boldsymbol{l}} & \mathrm{d}\bar{\boldsymbol{l}} \\ & \bar{\boldsymbol{A}} & \end{matrix} \right\rangle \left\langle \begin{matrix} \mathrm{d}\underline{\boldsymbol{S}} & \mathrm{d}\bar{\boldsymbol{l}} \\ & \bar{\boldsymbol{B}} & \end{matrix} \right\rangle &= (A_l^i \mathrm{d}x_i \mathrm{d}x^l)(\epsilon_i^{jk} B_m^i \mathrm{d}x_j \mathrm{d}x_k \mathrm{d}x^m) \\
&= A_l^i B_m^i \mathrm{d}\underline{\boldsymbol{V}} \mathrm{d}x^l \mathrm{d}x^m \\
&\equiv \left\langle \begin{matrix} \mathrm{d}\underline{\boldsymbol{V}} & \mathrm{d}\bar{\boldsymbol{S}} \\ \bar{\boldsymbol{A}} \underset{\cdot}{\times} \bar{\boldsymbol{B}} \end{matrix} \right\rangle
\end{aligned}
\tag{43}
$$

$$
\begin{aligned}
\left\langle \begin{matrix} \mathrm{d}\underline{\boldsymbol{l}} & \mathrm{d}\bar{\boldsymbol{l}} \\ & \bar{\boldsymbol{A}} & \end{matrix} \right\rangle \left\langle \begin{matrix} \mathrm{d}\underline{\boldsymbol{l}} & \mathrm{d}\bar{\boldsymbol{S}} \\ & \bar{\boldsymbol{B}} & \end{matrix} \right\rangle &= (A_i^l \mathrm{d}x_l \mathrm{d}x^i)(\epsilon_i^{jk} B_m^i \mathrm{d}x_m \mathrm{d}x^j \mathrm{d}x^k) \\
&= A_i^l B_m^i \mathrm{d}x_l \mathrm{d}x_m \mathrm{d}\bar{\boldsymbol{V}} \\
&= \left\langle \begin{matrix} \mathrm{d}\underline{\boldsymbol{S}} & \mathrm{d}\bar{\boldsymbol{V}} \\ \bar{\boldsymbol{A}} \dot{\times} \bar{\boldsymbol{B}} \end{matrix} \right\rangle
\end{aligned}
\tag{44}
$$

$$
\begin{aligned}
\left\langle \begin{matrix} \mathrm{d}\underline{\boldsymbol{l}} & \mathrm{d}\bar{\boldsymbol{l}} \\ & \bar{\boldsymbol{A}} & \end{matrix} \right\rangle \left\langle \begin{matrix} \mathrm{d}\underline{\boldsymbol{l}} & \mathrm{d}\bar{\boldsymbol{l}} \\ & \bar{\boldsymbol{B}} & \end{matrix} \right\rangle &= (A_l^i \mathrm{d}x_i \mathrm{d}x^l)(B_m^j \mathrm{d}x_j \mathrm{d}x^m) \\
&= A_l^i B_m^j \mathrm{d}x_i \mathrm{d}x_j \mathrm{d}x^l \mathrm{d}x^m \\
&\equiv \left\langle \begin{matrix} \mathrm{d}\underline{\boldsymbol{S}} & \mathrm{d}\bar{\boldsymbol{S}} \\ \bar{\boldsymbol{A}} \overset{\times}{\underset{\times}{}} \bar{\boldsymbol{B}} \end{matrix} \right\rangle
\end{aligned}
\tag{45}
$$

如果$\bar{\boldsymbol{A}}$,$\bar{\boldsymbol{B}}$都是对称张量,则

$$\bar{\boldsymbol{A}} \underset{\cdot}{\times} \bar{\boldsymbol{B}} = \bar{\boldsymbol{A}} \overset{\cdot}{\times} \bar{\boldsymbol{B}} = -\bar{\boldsymbol{B}} \underset{\cdot}{\times} \bar{\boldsymbol{A}} = -\bar{\boldsymbol{B}} \overset{\cdot}{\times} \bar{\boldsymbol{A}}$$

$$\bar{\boldsymbol{A}} \overset{\times}{\underset{\times}{}} \bar{\boldsymbol{B}} = \bar{\boldsymbol{B}} \overset{\times}{\underset{\times}{}} \bar{\boldsymbol{A}}$$

$$\bar{\boldsymbol{A}} : \bar{\boldsymbol{B}} = \bar{\boldsymbol{B}} : \bar{\boldsymbol{A}}$$

对于式(9)~(11)与(12)和(13)有多种多样的推广.

令

$$\left\langle \begin{matrix} \mathrm{d}\underline{\boldsymbol{S}} \\ \boldsymbol{G}(\boldsymbol{x}) \end{matrix} \right\rangle \equiv * \,\underline{\mathrm{d}}\left[\left\langle \begin{matrix} \mathrm{d}\underline{\boldsymbol{l}} \\ \boldsymbol{P}(\boldsymbol{x}) \end{matrix} \right\rangle \left\langle \begin{matrix} \mathrm{d}\underline{\boldsymbol{l}} \\ \boldsymbol{Q}(\boldsymbol{x}) \end{matrix} \right\rangle \right]$$

$$= \left\langle \begin{matrix} \mathrm{d}\underline{\boldsymbol{S}} \\ \boldsymbol{P}(\boldsymbol{x}) \times \nabla\times \boldsymbol{Q}(\boldsymbol{x}) \end{matrix} \right\rangle - \left\langle \begin{matrix} \mathrm{d}\underline{\boldsymbol{S}} \\ \boldsymbol{Q}(\boldsymbol{x}) \times \nabla\times \boldsymbol{P}(\boldsymbol{x}) \end{matrix} \right\rangle$$

则

$$\underline{\mathrm{d}}\left\langle \begin{matrix} \mathrm{d}\underline{\boldsymbol{S}} \\ \boldsymbol{G}(\boldsymbol{x}) \end{matrix} \right\rangle = \left\langle \begin{matrix} \mathrm{d}\underline{\boldsymbol{V}} \\ \boldsymbol{Q}(\boldsymbol{x}) \cdot \nabla\times \boldsymbol{P}(\boldsymbol{x}) \end{matrix} \right\rangle - \left\langle \begin{matrix} \mathrm{d}\underline{\boldsymbol{V}} \\ \boldsymbol{P}(\boldsymbol{x}) \cdot \nabla\times \nabla\times \boldsymbol{Q}(\boldsymbol{x}) \end{matrix} \right\rangle$$

由式(15),得斯特拉顿(Stratton)的矢量格林定理

$$\int_S \left\langle \begin{matrix} \mathrm{d}\underline{\boldsymbol{S}} \\ \boldsymbol{G}(\boldsymbol{x}) \end{matrix} \right\rangle$$

$$= \int_S \left\langle \begin{matrix} \mathrm{d}\underline{\boldsymbol{S}} \\ \boldsymbol{P}(\boldsymbol{x}) \times \nabla\times \boldsymbol{Q}(\boldsymbol{x}) - \boldsymbol{Q}(\boldsymbol{x}) \times \nabla\times \boldsymbol{P}(\boldsymbol{x}) \end{matrix} \right\rangle$$

$$= \int_V \left\langle \begin{matrix} \mathrm{d}V \\ \boldsymbol{Q}(\boldsymbol{x}) \cdot \nabla\times \nabla\times \boldsymbol{P}(\boldsymbol{x}) - \boldsymbol{P}(\boldsymbol{x}) \cdot \nabla\times \nabla\times \boldsymbol{Q}(\boldsymbol{x}) \end{matrix} \right\rangle$$

$$= \int_V \underline{\mathrm{d}} \left\langle \begin{matrix} \mathrm{d}\underline{\boldsymbol{S}} \\ \boldsymbol{G}(\boldsymbol{x}) \end{matrix} \right\rangle \tag{46}$$

又如令

$$\begin{aligned} -\left\langle \begin{matrix} \mathrm{d}\underline{\boldsymbol{S}} \\ \boldsymbol{G}(\boldsymbol{x}) \end{matrix} \right\rangle &\equiv \left\langle \begin{matrix} \mathrm{d}\bar{\boldsymbol{l}} \\ 1 \end{matrix} \right\rangle * \underline{\mathrm{d}}\left[\left\langle \begin{matrix} \mathrm{d}\underline{\boldsymbol{l}} \\ \boldsymbol{P}(\boldsymbol{x}) \end{matrix} \right\rangle \left\langle \begin{matrix} \mathrm{d}\underline{\boldsymbol{l}} \quad \mathrm{d}\bar{\boldsymbol{l}} \\ \boldsymbol{Q}(\boldsymbol{x}) \end{matrix} \right\rangle \right] \\ &= \left\langle \begin{matrix} \mathrm{d}\bar{\boldsymbol{l}} \\ 1 \end{matrix} \right\rangle * \left[\left\langle \begin{matrix} \mathrm{d}\underline{\boldsymbol{S}} \\ \nabla\times \boldsymbol{P}(\boldsymbol{x}) \end{matrix} \right\rangle \left\langle \begin{matrix} \mathrm{d}\underline{\boldsymbol{l}} \quad \mathrm{d}\bar{\boldsymbol{l}} \\ \boldsymbol{Q}(\boldsymbol{x}) \end{matrix} \right\rangle + \right. \\ &\qquad \left. \left\langle \begin{matrix} \mathrm{d}\underline{\boldsymbol{l}} \\ \boldsymbol{P}(\boldsymbol{x}) \end{matrix} \right\rangle \left\langle \begin{matrix} \mathrm{d}\underline{\boldsymbol{S}} \quad \mathrm{d}\bar{\boldsymbol{l}} \\ \nabla\times \boldsymbol{Q}(\boldsymbol{x}) \end{matrix} \right\rangle \right] \\ &= \left\langle \begin{matrix} \mathrm{d}\bar{\boldsymbol{l}} \\ 1 \end{matrix} \right\rangle \left[\left\langle \begin{matrix} \mathrm{d}\bar{\boldsymbol{l}} \\ \boldsymbol{P}(\boldsymbol{x}) \cdot \nabla\times \boldsymbol{Q}(\boldsymbol{x}) \end{matrix} \right\rangle - \right. \\ &\qquad \left. \left\langle \begin{matrix} \mathrm{d}\bar{\boldsymbol{l}} \\ \bar{\boldsymbol{Q}}(\boldsymbol{x}) \cdot \nabla\times \boldsymbol{P}(\boldsymbol{x}) \end{matrix} \right\rangle \right] \end{aligned}$$

则

$$\begin{aligned} \bar{\mathrm{d}}\left\langle \begin{matrix} \mathrm{d}\bar{\boldsymbol{S}} \\ \boldsymbol{G}(\boldsymbol{x}) \end{matrix} \right\rangle &= \left\langle \begin{matrix} \mathrm{d}\bar{\boldsymbol{l}} \\ 1 \end{matrix} \right\rangle \left[\left\langle \begin{matrix} \mathrm{d}\bar{\boldsymbol{S}} \\ \boldsymbol{P}(\boldsymbol{x}) \cdot \nabla\times\nabla\times \boldsymbol{Q}(\boldsymbol{x}) \end{matrix} \right\rangle - \right. \\ &\qquad \left. \left\langle \begin{matrix} \mathrm{d}\bar{\boldsymbol{S}} \\ \boldsymbol{Q}(\boldsymbol{x}) \cdot \nabla\times\nabla\times \boldsymbol{P}(\boldsymbol{x}) \end{matrix} \right\rangle \right] \end{aligned}$$

$$\begin{aligned} &\int_S \left\langle \begin{matrix} \mathrm{d}\bar{\boldsymbol{S}} \\ \boldsymbol{G}(\boldsymbol{x}) \end{matrix} \right\rangle \\ &= \int_S \left\langle \begin{matrix} \mathrm{d}\bar{\boldsymbol{S}} \\ \boldsymbol{Q}(\boldsymbol{x}) \cdot \nabla\times \boldsymbol{P}(\boldsymbol{x}) - \boldsymbol{P}(\boldsymbol{x}) \cdot \nabla\times \boldsymbol{Q}(\boldsymbol{x}) \end{matrix} \right\rangle \\ &= \int_V \left\langle \begin{matrix} \mathrm{d}\bar{\boldsymbol{V}} \\ \boldsymbol{P}(\boldsymbol{x}) \cdot \nabla\times\nabla\times \boldsymbol{Q}(\boldsymbol{x}) - \boldsymbol{Q}(\boldsymbol{x}) \cdot \nabla\times\nabla\times \boldsymbol{P}(\boldsymbol{x}) \end{matrix} \right\rangle \\ &= \int_V \bar{\mathrm{d}}\left\langle \begin{matrix} \mathrm{d}\bar{\boldsymbol{S}} \\ \boldsymbol{G}(\boldsymbol{x}) \end{matrix} \right\rangle \end{aligned} \tag{47}$$

这是定理(22)的推广，称为矢量 - 并矢格林定理.

进一步可以推广为并矢 - 并矢格林定理

$$\int_S \left\langle \begin{matrix} \mathrm{d}\bar{\boldsymbol{S}} \\ \boldsymbol{G}(\boldsymbol{x}) \end{matrix} \right\rangle \equiv -\int_S * \ \underline{\mathrm{d}}\left[\left\langle \begin{matrix} \mathrm{d}\underline{\boldsymbol{l}} & \mathrm{d}\bar{\boldsymbol{l}} \\ \boldsymbol{Q}(\boldsymbol{x}) \end{matrix} \right\rangle \left\langle \begin{matrix} \mathrm{d}\underline{\boldsymbol{l}} & \mathrm{d}\bar{\boldsymbol{l}} \\ \boldsymbol{P}(\boldsymbol{x}) \end{matrix} \right\rangle \right] \left\langle \begin{matrix} \mathrm{d}\bar{\boldsymbol{l}} \\ 1 \end{matrix} \right\rangle$$

$$= -\iint_S \left[\left\langle \begin{matrix} \mathrm{d}\bar{\boldsymbol{S}} \\ \boldsymbol{Q}(\boldsymbol{x}) \cdot \nabla\times \boldsymbol{P}(\boldsymbol{x}) \end{matrix} \right\rangle - \left\langle \begin{matrix} \mathrm{d}\bar{\boldsymbol{S}} \\ \boldsymbol{P}(\boldsymbol{x}) \cdot \nabla\times \boldsymbol{Q}(\boldsymbol{x}) \end{matrix} \right\rangle \right]$$

$$= -\iint_V \left[\left\langle \begin{matrix} \mathrm{d}\bar{\boldsymbol{V}} \\ \boldsymbol{Q}(\boldsymbol{x}) \cdot \nabla\times\nabla\times \boldsymbol{P}(\boldsymbol{x}) \end{matrix} \right\rangle - \left\langle \begin{matrix} \mathrm{d}\bar{\boldsymbol{V}} \\ \boldsymbol{P}(\boldsymbol{x}) \cdot \nabla\times\nabla\times \boldsymbol{Q}(\boldsymbol{x}) \end{matrix} \right\rangle \right]$$

$$= -\int_V \bar{\mathrm{d}} \left\langle \begin{matrix} \mathrm{d}\bar{\boldsymbol{S}} \\ \boldsymbol{G}(\boldsymbol{x}) \end{matrix} \right\rangle \tag{48}$$

这三个方程在电磁学中有重要的意义.

6. 实复转化

复数 $z\equiv x+\mathrm{i}y$ 的共轭记作 $\bar{z}\equiv x-\mathrm{i}y$，则双实变量的复值函数可以写成复变量的形式：

由 $x=(z+\bar{z})/2, y=(z-\bar{z})/(2\mathrm{i})$，则

$$\begin{aligned} f(x,y) &\equiv u(x,y)+\mathrm{i}v(x,y) \\ &= u((z+\bar{z})/2,(z-\bar{z})/(2\mathrm{i})) + \\ &\quad \mathrm{i}v((z+\bar{z})/2,(z-\bar{z})/(2\mathrm{i})) \\ &\equiv F(z,\bar{z}) \end{aligned} \tag{49}$$

设 S 是复平面上的有限单连通区域，边界 ∂S 是简单连续曲线，u 与 v 在 S 中对 x,y 的偏导数存在且连

续,则可进行实复转化

$$\begin{aligned}\partial f(x,y)/\partial x &= [\partial F(z,\bar{z})/\partial z](\partial z/\partial x) + \\ &\quad [\partial F(z,\bar{z})/\partial \bar{z}](\partial \bar{z}/\partial x) \\ &= \partial F(z,\bar{z})/\partial z + \partial F(z,\bar{z})/\partial \bar{z} \\ \partial f(x,y)/\partial y &= [\partial F(z,\bar{z})/\partial z](\partial z/\partial y) + \\ &\quad [\partial F(z,\bar{z})/\partial \bar{z}](\partial \bar{z}/\partial y) \\ &= \mathrm{i}\partial F(z,\bar{z})/\partial z - \mathrm{i}\partial F(z,\bar{z})/\partial \bar{z}\end{aligned}$$

由此可得两个新的偏微分算子

$$\begin{cases}\partial_z \equiv \partial/\partial z = (\partial/\partial x - \mathrm{i}\partial/\partial y)/2 \\ \partial_{\bar{z}} \equiv \partial/\partial \bar{z} = (\partial/\partial x + \mathrm{i}\partial/\partial y)/2\end{cases} \tag{50}$$

下面将以 $\mathbf{R}^2$ 中的 1 - 形式为例转化为复变量的形式

$$\begin{aligned}\left\langle \begin{matrix}\mathrm{d}\boldsymbol{l} \\ \boldsymbol{e}(x,y)\end{matrix}\right\rangle &\equiv e_x(x,y)\mathrm{d}x + e_y(x,y)\mathrm{d}y \\ &= E_x(z,\bar{z})(\mathrm{d}z + \mathrm{d}\bar{z})/2 + \\ &\quad E_y(z,\bar{z})(\mathrm{d}z - \mathrm{d}\bar{z})/(2i) \\ &= [E_x(z,\bar{z}) - \mathrm{i}E_y(z,\bar{z})]\mathrm{d}z/2 + \\ &\quad [E_z(z,\bar{z}) + \mathrm{i}E_y(z,\bar{z})]\mathrm{d}\bar{z}/2 \\ &\equiv E_z(z,\bar{z})\mathrm{d}z + E_{\bar{z}}(z,\bar{z})\mathrm{d}\bar{z} \\ &\equiv \left\langle \begin{matrix}\mathrm{d}\mathbf{L} \\ \boldsymbol{E}(z,\bar{z})\end{matrix}\right\rangle\end{aligned} \tag{51}$$

且

$$\begin{aligned}\mathrm{d}\left\langle \begin{matrix}\mathrm{d}\mathbf{L} \\ \boldsymbol{E}(z,\bar{z})\end{matrix}\right\rangle &= [\partial_z E_{\bar{z}}(z,\bar{z}) - \partial_{\bar{z}} E_z(z,\bar{z})]\mathrm{d}z\mathrm{d}\bar{z} \\ &= \left\langle \begin{matrix}\mathrm{d}\boldsymbol{S} \\ \nabla\times \boldsymbol{E}(z,\bar{z})\end{matrix}\right\rangle = \left\langle \begin{matrix}\mathrm{d}\boldsymbol{S} \\ \mathrm{rot}\ \boldsymbol{E}(z,\bar{z})\end{matrix}\right\rangle\end{aligned} \tag{52}$$

因此，又有复格林定理

$$\int_{\partial S}\left\langle\frac{\mathrm{d}\boldsymbol{L}}{\boldsymbol{E}(z,\bar{z})}\right\rangle=\int_{S}\mathrm{d}\left\langle\frac{\mathrm{d}\boldsymbol{L}}{\boldsymbol{E}(z,\bar{z})}\right\rangle \tag{53}$$

一般微积分学由实变量向复变量的转化还是 20 世纪的事，因而尚有大量工作要做，尽管解析函数的研究早在 18 世纪就已进行了.

如果在 S 中

$$\partial_{\bar{z}}\boldsymbol{E}(z,\bar{z})=0 \tag{54}$$

则由复格林定理(53)

$$\begin{aligned}\int_{\partial S}\boldsymbol{E}(z,\bar{z})\,\mathrm{d}z&=\int_{S}\mathrm{d}\boldsymbol{E}(z,\bar{z})\,\mathrm{d}z\\&=\int_{S}\partial_{\bar{z}}\boldsymbol{E}(z,\bar{z})\,\mathrm{d}\bar{z}\mathrm{d}z=0\end{aligned} \tag{55}$$

这就是解析函数理论中著名的柯西(Cauchy)定理，其中

$$\mathrm{d}\bar{z}\mathrm{d}z=(\mathrm{d}x-\mathrm{i}\mathrm{d}y)(\mathrm{d}x+\mathrm{i}\mathrm{d}y)=2\mathrm{i}\mathrm{d}x\mathrm{d}y$$

所以条件(54)即是柯西 – 黎曼条件

$$\begin{aligned}&\frac{1}{2}(\partial_x+\mathrm{i}\partial_y)(u+\mathrm{i}v)\\&=\frac{1}{2}[(\partial_x u-\partial_y v)+\mathrm{i}(\partial_x v+\partial_y u)]=0\end{aligned}$$

或

$$\partial_x u=\partial_y v,\partial_x v=-\partial_y u \tag{56}$$

解析函数在弹性理论中有很多应用.

将条件(54)略加推广，成为

$$\partial_{\bar{z}}\boldsymbol{E}(z,\bar{z})=a(z)\boldsymbol{E}(z,\bar{z})+b(z) \tag{57}$$

则柯西定理应推广为

$$\int_{\partial S} \boldsymbol{E}(z,\bar{z})\,\mathrm{d}z = \int_{S} \{a(z)\boldsymbol{E}(z,\bar{z}) + b(z)\}\,\mathrm{d}\bar{z}\mathrm{d}z \tag{58}$$

这里 $a(z)$ 与 $b(z)$ 都是解析函数. 这种函数称为广义解析函数,在连续介质力学,特别是弹性薄壳的无矩理论中为用甚多.

第二编

斯托克斯定理

第6章　一个重要公式

§1　从一道全国大学生数学竞赛试题的解法谈起[①]

以下是第九届全国大学生数学竞赛预赛第三题:

设曲线Γ为在$x^2+y^2+z^2=1, x+z=1, x\geqslant 0, y\geqslant 0, z\geqslant 0$上从点$A(1,0,0)$到点$B(0,0,1)$的一段.求曲线积分

$$I=\int_{\Gamma} y\mathrm{d}x+z\mathrm{d}y+x\mathrm{d}z$$

除了竞赛组委会给出的解答方法外,同济大学数学科学学院的周朝晖、张华隆两位教授2018年还给出了多种解法,大致可以归纳成下列三类.

① 本节摘自《高等数学研究》,2018年,第21卷,第2期.

1. 第一类:斯托克斯公式法

解题思路 利用斯托克斯公式(有两种形式),将该题的有向曲线上的曲线积分转化成曲面积分,再根据后者的积分区域是一个特殊的平面区域,可简化曲线积分的计算.

(1) 赛题的参考解答:记 Γ_1 为从 B 到 A 的直线段,则 $\Gamma_1: x = t, y = 0, z = 1 - t$, t 由 0 变到 1. 设 Γ 和 Γ_1 围成的平面区域为 Σ, Σ 的侧与 Γ 和 Γ_1 组成的闭曲线的方向符合右手规则(图 1). 由斯托克斯公式,可将有向闭曲线上的曲线积分转化成曲面积分,即

$$I = \oint_{\Gamma+\Gamma_1} y\mathrm{d}x + z\mathrm{d}y + x\mathrm{d}z - \int_{\Gamma_1} y\mathrm{d}x + z\mathrm{d}y + x\mathrm{d}z$$

$$= \iint_{\Sigma} \begin{vmatrix} \mathrm{d}y\mathrm{d}z & \mathrm{d}z\mathrm{d}x & \mathrm{d}x\mathrm{d}y \\ \dfrac{\partial}{\partial x} & \dfrac{\partial}{\partial y} & \dfrac{\partial}{\partial z} \\ y & z & x \end{vmatrix} - \int_0^1 t\mathrm{d}(1-t)$$

$$= -\iint_{\Sigma} \mathrm{d}y\mathrm{d}z + \mathrm{d}z\mathrm{d}x + \mathrm{d}x\mathrm{d}y + \frac{1}{2}$$

此时的被积表达式较简单,且积分区域 Σ 是垂直于 zOx 面的半圆域,因此其值不难计算. 首先有

$$\iint_{\Sigma} \mathrm{d}z\mathrm{d}x = 0$$

又曲线 Γ 在 xOy 面上的投影方程为

$$\frac{(x-1/2)^2}{(1/2)^2} + \frac{y^2}{(\sqrt{2}/2)^2} = 1 \quad (y \geqslant 0)$$

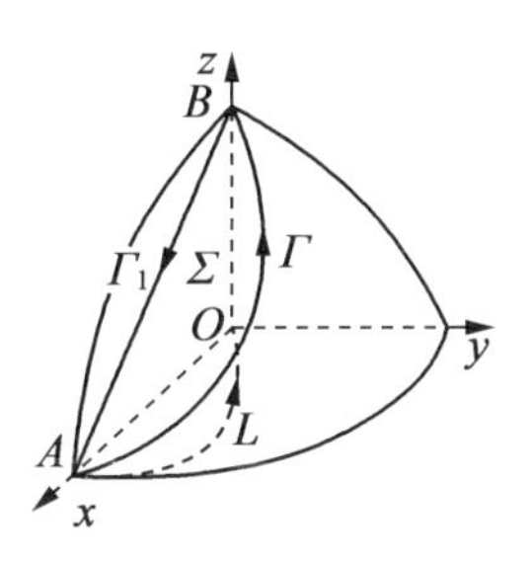

图 1

因而 Σ 在 xOy 面上的投影区域为半个椭圆,故

$$\iint_{\Sigma} \mathrm{d}x\mathrm{d}y = \frac{1}{2} \cdot \pi \cdot \frac{1}{2} \cdot \frac{\sqrt{2}}{2} = \frac{\sqrt{2}\pi}{8}$$

同理

$$\iint_{\Sigma} \mathrm{d}y\mathrm{d}z = \frac{\sqrt{2}\pi}{8}$$

这样就有

$$I = \frac{1}{2} - \frac{\sqrt{2}\pi}{4}$$

(2) 此题也可用斯托克斯公式的另一形式计算:

Γ_1 及 Σ 如同(1) 所确定,则 Σ 的单位法向量为 $\boldsymbol{n} = \left(\frac{\sqrt{2}}{2}, 0, \frac{\sqrt{2}}{2}\right)$,所以

$$I = \iint_{\Sigma} \begin{vmatrix} \frac{\sqrt{2}}{2} & 0 & \frac{\sqrt{2}}{2} \\ \frac{\partial}{\partial x} & \frac{\partial}{\partial y} & \frac{\partial}{\partial z} \\ y & z & x \end{vmatrix} \mathrm{d}S - \int_0^1 t\mathrm{d}(1-t)$$

$$= -\sqrt{2} \iint_{\Sigma} \mathrm{d}S + \frac{1}{2}$$

又因为平面区域 Σ 是圆心为 $\left(\frac{1}{2},0,\frac{1}{2}\right)$，半径为 $\frac{\sqrt{2}}{2}$ 的半圆，所以 $\iint\limits_{\Sigma}\mathrm{d}S=\frac{1}{2}\pi\left(\frac{\sqrt{2}}{2}\right)^2=\frac{\pi}{4}$，故

$$I=\frac{1}{2}-\frac{\sqrt{2}\pi}{4}$$

注 1 比较上述两种方法，显然后者更为简便些，但是后者需要先得到 Σ 的法向量.

2. **第二类：参数方程法**

解题思路 积分路径是一个空间半圆弧，容易将积分路径化为多种形式的参数方程.

(1) $\Gamma:\begin{cases}x=\frac{1}{2}+\frac{1}{2}\cos t\\ y=\frac{\sqrt{2}}{2}\sin t\\ z=\frac{1}{2}-\frac{1}{2}\cos t\end{cases}$，$t$ 由 0 变到 π，此时

$$\begin{aligned}I&=\int_0^{\pi}\left[\frac{\sqrt{2}}{2}\sin t\cdot\left(-\frac{1}{2}\sin t\right)+\left(\frac{1}{2}-\frac{1}{2}\cos t\right)\cdot\right.\\&\qquad\left.\frac{\sqrt{2}}{2}\cos t+\left(\frac{1}{2}+\frac{1}{2}\cos t\right)\cdot\frac{1}{2}\sin t\right]\mathrm{d}t\\&=\int_0^{\pi}\left(-\frac{\sqrt{2}}{4}+\frac{\sqrt{2}}{4}\cos t+\frac{1}{4}\sin t+\frac{1}{4}\sin t\cos t\right)\mathrm{d}t\\&=\frac{1}{2}-\frac{\sqrt{2}\pi}{4}\end{aligned}$$

(2) $\Gamma:\begin{cases}x=\cos^2 t\\ z=\sin^2 t\\ y=\sqrt{2}\sin t\cos t\end{cases}$，$t$ 由 0 变到 $\frac{\pi}{2}$，此时

$$I=\int_0^{\frac{\pi}{2}}[-\sqrt{2}\sin t\cos t\cdot 2\cos t\sin t+$$
$$\sin^2 t\cdot\sqrt{2}(\cos^2 t-\sin^2 t)+$$
$$\cos^2 t\cdot 2\sin t\cos t]\mathrm{d}t$$
$$=\int_0^{\frac{\pi}{2}}(-\sqrt{2}\sin^2 t+2\sin t\cos^3 t)\mathrm{d}t$$
$$=\frac{1}{2}-\frac{\sqrt{2}\pi}{4}$$

(3) 以 x 为参变量,则

$$\Gamma: y=\sqrt{2x-2x^2}, z=1-x$$

x 由 1 变到 0,此时

$$I=\int_1^0\left[\sqrt{2x-2x^2}+(1-x)\frac{1-2x}{\sqrt{2x-2x^2}}-x\right]\mathrm{d}x$$
$$=-\frac{\sqrt{2}}{2}\int_0^1\sqrt{\frac{1-x}{x}}\mathrm{d}x+\int_0^1 x\mathrm{d}x$$

计算最后一个表达式中的瑕积分时,可令 $x=\sin^2 t$,$0\leqslant t\leqslant\frac{\pi}{2}$,则

$$I=-\frac{\sqrt{2}}{2}\int_0^{\frac{\pi}{2}}\frac{\cos t}{\sin t}\cdot 2\sin t\cos t\mathrm{d}t+\frac{1}{2}$$
$$=-\sqrt{2}\int_0^{\frac{\pi}{2}}\cos^2 t\mathrm{d}t+\frac{1}{2}$$
$$=\frac{1}{2}-\frac{\sqrt{2}\pi}{4}$$

注 2 由于原积分中被积表达式与积分路径关于字母 x 与 z 为对称的,故类似于以 x 为参变量,也可选用 z 为参变量做类似的计算. 但是若选用 y 为参变量,

则 Γ 在 y 轴上的投影有重叠,需要分段计算,较烦琐.

3. 第三类:投影法

(1) 坐标轴投影法

解题思路 若将各积分变量及其微分转换成其中一个变量表示,即相当于将积分投影到坐标轴上进行计算. 考虑将曲线 Γ 投影到 x 轴上,即将 y 与 z 及其微分分别用 x 表示.

对曲线 Γ 的方程 $\begin{cases} x^2+y^2+z^2=1 \\ x+z=1 \end{cases}$ 求微分,可解得

$$\begin{cases} \mathrm{d}y = \dfrac{z-x}{y}\mathrm{d}x \\ \mathrm{d}z = -\mathrm{d}x \end{cases}$$

所以原曲线积分可以表示为

$$I = \int_{\Gamma}\left(\frac{y^2+z^2-xz}{y} - x\right)\mathrm{d}x$$

依照 $\Gamma: y=\sqrt{2x-2x^2}, z=1-x, x$ 由 1 变到 0 计算上述曲线积分,得

$$I = \int_1^0\left(\sqrt{\frac{1-x}{2x}} - x\right)\mathrm{d}x = \frac{1}{2} - \frac{\sqrt{2}\pi}{4}$$

注 3 由于 x 与 z 的对称性,也可投影到 z 轴上进行类似的计算. 其实,此方法本质与上述“参数方程法”中的(3)是一样的. 但是若将曲线 Γ 投影到 y 轴上来计算此曲线积分,则计算量较大.

(2) 坐标面投影法

解题思路 将空间曲线积分转化为某坐标平面

上的曲线积分(例如将曲线 Γ 投影到坐标面 xOy 上),然后考虑用格林公式进行计算.

在叙述这种方法之前,我们先介绍一个有用的命题.

命题 1(刘三阳,于力,李广民的《数学分析选讲》(科学出版社,2007)中的定理9.1.1)　设

$$\Gamma:\begin{cases}F(x,y,z)=0\\z=\varphi(x,y)\end{cases}$$

且 P,Q,R,F,φ 都具有一阶连续的偏导数,则

$$\begin{aligned}&\int_\Gamma P(x,y,z)\,\mathrm{d}x+Q(x,y,z)\,\mathrm{d}y+R(x,y,z)\,\mathrm{d}z\\=&\int_L[P(x,y,\varphi(x,y))+\\&R(x,y,\varphi(x,y))\varphi_x(x,y)]\,\mathrm{d}x+\\&[Q(x,y,\varphi(x,y))+\\&R(x,y,\varphi(x,y))\varphi_y(x,y)]\,\mathrm{d}y\end{aligned}$$

其中 L 是 Γ 在 xOy 平面上的投影曲线,其方向与 Γ 的方向一致.

由此命题,可以得到赛题的如下解法.

曲线 Γ 的方程为

$$\begin{cases}x^2+y^2+z^2=1\\x+z=1\end{cases}$$

它在 xOy 平面上的投影曲线为 L,L 是椭圆

$$\frac{(x-1/2)^2}{(1/2)^2}+\frac{y^2}{(\sqrt{2}/2)^2}=1\quad(y\geqslant0)$$

上从点 $A(1,0,0)$ 到原点 O 的一段弧. 由命题可得

$$
\begin{aligned}
I &= \int_{\Gamma} y\mathrm{d}x + z\mathrm{d}y + x\mathrm{d}z \\
&= \int_{L} (y - x)\mathrm{d}x + (1 - x)\mathrm{d}y
\end{aligned}
$$

这样就将原空间曲线上的曲线积分转换成为 xOy 坐标面上的曲线积分，因此可用格林公式计算此曲线积分. 为此记 L_1 为 x 轴上从原点 O 到点 A 的线段，即 L_1：$y=0$，x 由 0 变到 1，这时 L 和 L_1 组成的闭曲线是逆时针方向. 由格林公式可得

$$
\begin{aligned}
I &= \oint_{L+L_1} (y - x)\mathrm{d}x + (1 - x)\mathrm{d}y - \\
&\quad \int_{L_1} (y - x)\mathrm{d}x + (1 - x)\mathrm{d}y \\
&= \iint_{D} (-2)\mathrm{d}x\mathrm{d}y - \int_0^1 (-x)\mathrm{d}x \\
&= \frac{1}{2} - \frac{\sqrt{2}\pi}{4}
\end{aligned}
$$

注 4 这道竞赛试题的几类求解方法各有千秋，对第二类曲线积分的计算都有借鉴作用. 其中第一类斯托克斯公式法、第二类参数方程法较常用，而第三类借助投影的求解方法则有较大的灵巧性，尤其是投影法中的方法(2)，将空间曲线投影到坐标面上去处理是很自然的想法，但如何转化则需要一定的条件和技巧.

§2　一道普特南试题

下面再举一道竞赛试题为例：

试题1　令

$$\boldsymbol{G}(x,y)=\left(\frac{-y}{x^2+4y^2},\frac{x}{x^2+4y^2},0\right)$$

证明或反驳：有向量场

$$\boldsymbol{F}:\mathbf{R}^3\to\mathbf{R}$$

$$\boldsymbol{F}(x,y,z)=(M(x,y,z),N(x,y,z),P(x,y,z))$$

具有以下性质：

①对所有的$(x,y,z)\neq(0,0,0)$，M,N,P有连续偏导数；

②对所有的$(x,y,z)\neq(0,0,0)$，旋度$\boldsymbol{F}=\mathbf{0}$；

③$\boldsymbol{F}(x,y,0)=\boldsymbol{G}(x,y)$.

证　条件 Curl $\boldsymbol{F}=0$ 要求利用斯托克斯定理

$$\iint_S \mathrm{Curl}\ \boldsymbol{F}\cdot\boldsymbol{n}\mathrm{d}S=\oint_{\partial C}\boldsymbol{F}\cdot\mathrm{d}\boldsymbol{R}$$

我们希望本题答案是否定的. 需要求出曲面S，使它的边界在xOy平面上，且使$\boldsymbol{G}(x,y)$在∂S上的积分不为0.

回忆起简单例子是椭圆$x^2+4y^2=4$的内部S，把椭圆化为参数方程$x=2\cos\theta,y=\sin\theta,\theta\in[0,2\pi)$，则

$$\oint_{\partial S}\boldsymbol{G}\cdot\mathrm{d}\boldsymbol{R}=\int_0^{2\pi}\left(\frac{-\sin\theta}{4},\frac{2\cos\theta}{4},0\right)\cdot$$

$$(-2\sin\theta, \cos\theta, 0)\,d\theta$$
$$= \int_0^{2\pi} \frac{1}{2} d\theta$$
$$= \pi$$

由斯托克斯定理,这将等于 $\boldsymbol{F}$ 在椭圆内的旋度积分.除在原点外,$\boldsymbol{F}$ 的旋度是 0,但是可以把对原点的平稳向上很小的冲击力相加,来固定 $\boldsymbol{F}$,这并没有太多改变以上计算. 积分一方面接近 0,另一方面接近 π,这不可能. 这证明了向量场 $\boldsymbol{F}$ 不可能存在.

(1987 年,第 48 届普特南数学竞赛,解答选自 K. Kedlaya, B. Poonen, R. Vakil, *The William Lowell Putnam Mathematical Competition*, 1985 – 2000, MAA, 2002.)

§3 一个与维维安尼曲线相关的问题

问题 1 计算

$$\oint_C y^2 dx + z^2 dy + x^2 dz$$

其中 C 是维维安尼(Viviani) 曲线,它定义为球面 $x^2 + y^2 + z^2 = a^2$ 与柱面 $x^2 + y^2 = ax$ 的交线.

解 利用斯托克斯定理简化计算

$$\oint_C y^2 dx + z^2 dy + x^2 dz = -2\iint_S y dx dy + z dy dz + x dz dx$$

其中 S 是球面上以维维安尼曲线为边界的部分.

我们有

$$-2\iint_S y\mathrm{d}x\mathrm{d}y + z\mathrm{d}y\mathrm{d}z + x\mathrm{d}z\mathrm{d}x = -2\iint_S (z,x,y)\cdot \boldsymbol{n}\mathrm{d}\sigma$$

其中(z,y,x)表示坐标为z,x,y的三维向量,而$\boldsymbol{n}$表示球面在点(x,y,z)上的单位法向量. 以坐标(x,y)给所讨论球面部分作参数化,(x,y)在圆$x^2+y^2-ax=0$内取值. 这个圆是维维安尼曲线在xOy平面上的投影.

球面的单位法向量是

$$\boldsymbol{n} = \left(\frac{x}{a},\frac{y}{a},\frac{z}{a}\right) = \left(\frac{x}{a},\frac{y}{a},\frac{\sqrt{a^2-x^2-y^2}}{a}\right)$$

面积元素是

$$\mathrm{d}\sigma = \frac{1}{\cos\alpha}\mathrm{d}x\mathrm{d}y$$

α是球面法向量与xOy平面所成的角. 易见

$$\cos\alpha = \frac{z}{a} = \frac{\sqrt{a^2-x^2-y^2}}{a}$$

因此积分等于

$$-2\iint_D\left(z\frac{x}{a}+x\frac{y}{a}+y\frac{z}{a}\right)\frac{a}{z}\mathrm{d}x\mathrm{d}y$$

$$=-2\iint_D\left(x+y+\frac{xy}{\sqrt{a^2-x^2-y^2}}\right)\mathrm{d}x\mathrm{d}y$$

积分域D是圆盘$x^2+y^2-ax\leqslant 0$. 把积分分为

$$-2\iint_D(x+y)\mathrm{d}x\mathrm{d}y - 2\iint_D\frac{xy}{\sqrt{a^2-x^2-y^2}}\mathrm{d}x\mathrm{d}y$$

因积分域关于y轴对称,故第2个积分的2倍为0. 第1个积分的2倍可用极坐标计算:$x=\frac{a}{2}+r\cos\theta, y=r\sin\theta, 0\leqslant r\leqslant\frac{a}{2}, 0\leqslant\theta\leqslant 2\pi$. 它的值是$-\frac{\pi a^3}{4}$,这是

本题答案.

(D. Flondor, N. Donciu, *Algebră şi Analiză Matematică*, Editura Didactică şi Pedagogică, Bucharest, 1965.)

§4　一个更深入的问题

问题 2　设 S 是以闭曲线 Γ 为边界的定向的曲面区域；设 α,β,γ 表示 S 的正法线方向的方向余弦.

(1) 把曲面积分

$$I = \iint_S [\alpha x(z^2 - y^2) + \beta y(x^2 - z^2) + \gamma z(y^2 - x^2)]\,\mathrm{d}S$$

化为线积分.

(2) 当 S 是平面 $x = 1$ 上由

$$y^2 + z^2 \leqslant 1, x + y \geqslant 0, z - y \geqslant 0$$

所确定的部分时，计算 I.

解　(1) 我们已知

$$I = \iint_S [\alpha x(z^2 - y^2) + \beta y(x^2 - z^2) + \gamma z(y^2 - x^2)]\,\mathrm{d}S$$

是在以闭曲线 Γ 为边界的一个定向的曲面区域 S 上取的，这里 α,β,γ 是 S 的正法线方向的方向余弦.

我们还可以写为

$$I = \iint_S \overline{\omega}$$

这里

$$\omega = x(z^2 - y^2)\mathrm{d}y \wedge \mathrm{d}z + y(x^2 - z^2)\mathrm{d}z \wedge \mathrm{d}x + z(y^2 - x^2)\mathrm{d}x \wedge \mathrm{d}y$$

是二阶的外微分形式.

可以验证 ω 的外微分是零，也就是向量 $(x(z^2-y^2),y(x^2-z^2),z(y^2-x^2))$ 的散度为零. 因此，存在一个线性形式

$$\overline{\omega}=X\mathrm{d}x+Y\mathrm{d}y+Z\mathrm{d}z$$

它的外微分是 ω. 我们有

$$\iint_S \mathrm{d}\omega=\int_\Gamma \overline{\omega}$$

换言之，存在一个向量 (X,Y,Z)，它的旋度等于给定的向量

$$\frac{\partial Z}{\partial y}-\frac{\partial Y}{\partial z}=x(z^2-y^2)=xz^2-xy^2$$

$$\frac{\partial X}{\partial z}-\frac{\partial Z}{\partial x}=y(x^2-z^2)=yx^2-yz^2$$

$$\frac{\partial Y}{\partial x}-\frac{\partial X}{\partial y}=z(y^2-x^2)=zy^2-zx^2$$

为了计算 X,Y,Z，可以找一个特解，使 $Z=0$. 但是我们看出一组显然的解

$$\frac{\partial Z}{\partial y}=xz^2,\frac{\partial Y}{\partial z}=xy^2$$

$$\frac{\partial X}{\partial z}=yx^2,\frac{\partial Z}{\partial x}=yz^2$$

$$\frac{\partial Y}{\partial x}=zy^2,\frac{\partial X}{\partial y}=zx^2$$

从而我们找到

$$X=x^2yz,Y=y^2zx,Z=z^2xy$$

所以

$$I = \int_{\Gamma} xyz(x\mathrm{d}x + y\mathrm{d}y + z\mathrm{d}z)$$

$$= \int_{\Gamma} xyz \frac{\mathrm{d}\rho^2}{2} \quad (\rho^2 = x^2 + y^2 + z^2)$$

（2）我们把 S 的法方向规定为 x 值增加的方向. 从而 S 的边界曲线 Γ 的正方向如图 2 所示. 于是有

$$\alpha = 1, \beta = 0, \gamma = 0$$

所以

$$I = \iint_S (z^2 - y^2)\mathrm{d}S$$

这个积分容易化成极坐标来计算

$$y = r\cos\theta, z = r\sin\theta$$

$$I = \iint_S r^2(\sin^2\theta - \cos^2\theta) r\mathrm{d}r\mathrm{d}\theta$$

$$= \int_0^1 r^3 \mathrm{d}r \int_{\pi/4}^{3\pi/4} (-\cos 2\theta)\mathrm{d}\theta$$

$$= \left(\frac{r^4}{4}\right)\Bigg|_0^1 \left(-\frac{\sin 2\theta}{2}\right)\Bigg|_{\pi/4}^{3\pi/4}$$

$$= \frac{1}{4}$$

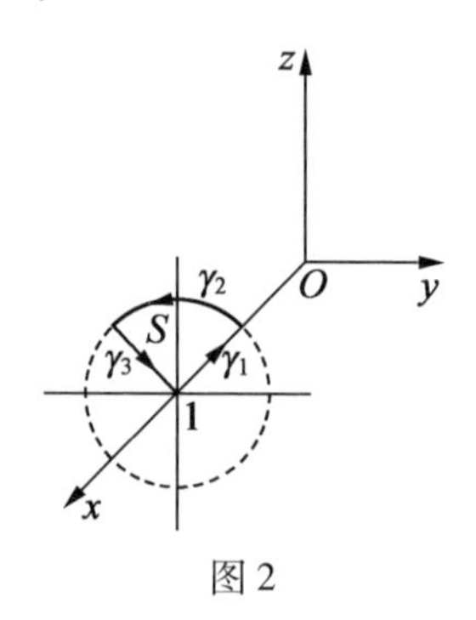

图 2

若用线积分计算,我们需要依次算三个积分

$$\int_{\Gamma} = \int_{\gamma_1} + \int_{\gamma_2} + \int_{\gamma_3}$$

在弧 γ_2 上

$$\mathrm{d}r^2 = 0$$

从而

$$\int_{\gamma_2} = 0$$

在半径 γ_1 上,有 $y = z$,所以

$$\int_{\gamma_1} 2y^3 \mathrm{d}y = \int_0^{1/\sqrt{2}} 2y^3 \mathrm{d}y = 2\left(\frac{y^4}{4}\right)\Big|_0^{1/\sqrt{2}} = \frac{1}{8}$$

类似的,在半径 γ_3 上

$$y = -z$$

及

$$\int_{\gamma_3} -2y^2 \mathrm{d}y = -\int_{-1/\sqrt{2}}^{0} 2y^3 \mathrm{d}y = \frac{1}{8}$$

这样一来,我们又求出了 $I = 1/4$.

旋度与斯托克斯公式

第7章

§1　从一道苏联大学生数学竞赛试题的解法谈起

试题1　令 $\phi(x,y,z)$ 与 $\psi(x,y,z)$ 是在区域 $\{(x,y,z)\mid\frac{1}{2}<\sqrt{x^2+y^2+z^2}<2\}$ 上的二次连续可微函数.

证明

$$\iint\limits_S(\nabla\phi\times\nabla\psi)\cdot\boldsymbol{n}\mathrm{d}s=0$$

其中 S 是球心在原点上的单位球，$\boldsymbol{n}$ 是这个球的单位法向量，$\nabla\phi$ 表示梯度

$$\frac{\partial\phi}{\partial x}\boldsymbol{i}+\frac{\partial\phi}{\partial y}\boldsymbol{j}+\frac{\partial\phi}{\partial z}\boldsymbol{k}$$

(1976 年苏联大学生数学竞赛)

证　应用斯托克斯定理，从下式开始

$$\frac{\partial \phi}{\partial y}\frac{\partial \psi}{\partial z}-\frac{\partial \phi}{\partial z}\frac{\partial \psi}{\partial y}=\frac{\partial \phi}{\partial y}\frac{\partial \psi}{\partial z}+\phi\frac{\partial^2 \psi}{\partial y\partial z}-\frac{\partial \phi}{\partial z}\frac{\partial \psi}{\partial y}-\phi\frac{\partial^2 \psi}{\partial z\partial y}$$

$$=\frac{\partial}{\partial y}\left(\phi\frac{\partial \psi}{\partial z}\right)-\frac{\partial}{\partial z}\left(\phi\frac{\partial \psi}{\partial y}\right)$$

把这与两个其他类似计算联立起来，给出

$$\nabla\phi\times\nabla\psi=\mathrm{curl}(\phi\nabla\psi)$$

由斯托克斯定理，无边界曲面上向量场的旋度积分为0.

§2　旋度与斯托克斯公式

1. 旋度概念

在讲旋度之前，我们先要引入方向旋量的概念.

以一桶水为例（图 1），图中表示从上面看下去的水桶图. 桶里的水已被搅动过了，图中向量表示水流速度 $\boldsymbol{V}$. 桶旁画了一个小翼轮，假设这翼轮安置在一个没有摩擦的轴承上. 然后把小翼轮水平地放入水桶的中心，翼轮就会沿逆时针方向旋转起来. 无论把翼轮水平地放在桶内哪一点，由于翼轮一边的水流速度较大，它都会被水推动而旋转起来. 这时我们就说，桶内每一点都有绕轴承方向的方向旋量存在.

又如图 2 表示河道里的水流图，在接近水面处水的流速快，沿河床处水的流速较慢，虽然每一水质点做直线运动，若把翼轮垂直地放入河中，由于上面的水流速度比下面的快，所以翼轮就会顺时针方向旋转起来,我们就说翼轮所在的点,有绕轴承方向的方向旋量存在;若把翼轮水平地放入河中,则翼轮不会旋转,我们就说翼轮所在这点,绕现在的轴承方向的方向旋量为零.

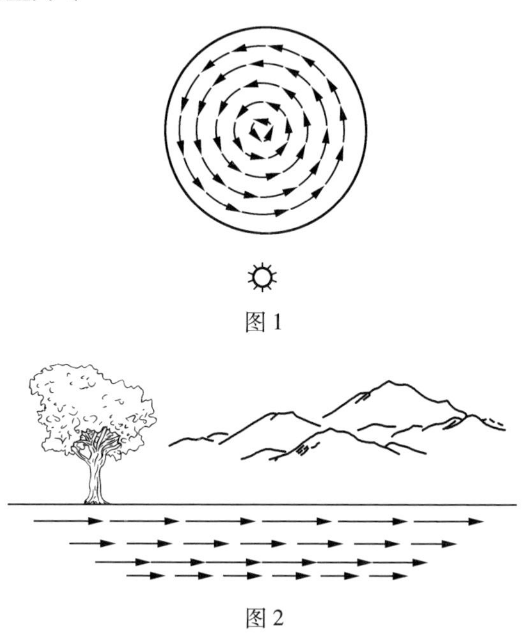

图 1

图 2

这个例子说明若向量场在每一点的方向相同,可以有不为零的方向旋量存在;还说明在同一点,由于方向不同,方向旋量可以不同.

怎么定量地来描述方向旋量呢? 我们知道翼轮是否旋转,由翼轮边界所受作用力的力矩总和来决定. 为简化起见,把翼轮理想化后,看成是一个半径为 r 的圆周,翼轮刚放入时其速度为零,经 $\Delta\tau$ 时间后,在 Δl 那一小段上受流速 $\boldsymbol{V}$ 的作用,$\boldsymbol{V}$ 的垂直分量对翼轮

旋转不起作用,所以我们只考虑它的切向分量 $\boldsymbol{V}\cdot\boldsymbol{t}$,这里 $\boldsymbol{t}$ 表示 Δl 上一点的单位切向量. 并设 Δl 那一小段获得速度 $\boldsymbol{V}\cdot\boldsymbol{t}$,根据"动量的改变等于冲量"定律,我们来求翼轮所受的力矩.

设 ρ 是翼轮的线密度,$\rho\Delta l$ 为 Δl 那一小段翼轮的质量,$\rho\Delta l(\boldsymbol{V}\cdot\boldsymbol{t})$ 即 Δl 小段切线方向的动量改变,F 表示 Δl 那一小段所受到的切向力,$F\cdot\Delta\tau$ 即为切线方向的冲量,因此

$$\rho\Delta l(\boldsymbol{V}\cdot\boldsymbol{t})=F\cdot\Delta\tau$$

由此可知 Δl 那一小段在 $\Delta\tau$ 时间内受到的力矩为

$$F\cdot r=\frac{\rho(\boldsymbol{V}\cdot\boldsymbol{t})\Delta lr}{\Delta\tau}$$

对每一小段上的力矩加起来,取极限,即得到作用在翼轮上的总力矩

$$\text{总力矩}=\frac{\rho r}{\Delta\tau}\int_L(\boldsymbol{V}\cdot\boldsymbol{t})\mathrm{d}l$$

这里翼轮 L 的方向与翼轮轴承选定的方向 $\boldsymbol{n}$ 成右手系.

因线密度 ρ,半径 r 及考查时间 $\Delta\tau$ 不为零,所以若总力矩为零,即 $\int_L\boldsymbol{V}\cdot\boldsymbol{t}\mathrm{d}l=0$,则翼轮不旋转,我们就说翼轮所在点绕 $\boldsymbol{n}$ 方向的方向旋量为零. 若力矩不为零,即 $\int_L\boldsymbol{V}\cdot\boldsymbol{t}\mathrm{d}l\neq0$,则翼轮旋转,我们就说翼轮所在点绕 $\boldsymbol{n}$ 方向的方向旋量存在,当 $\int_L\boldsymbol{V}\cdot\boldsymbol{t}\mathrm{d}l>0$ 时,旋转方向与 $\boldsymbol{n}$

成右手系；当$\int_L \boldsymbol{V}\cdot\boldsymbol{t}\mathrm{d}l<0$时，旋转方向与$\boldsymbol{n}$成左手系.

翼轮旋转的快慢，不仅与$\int_L \boldsymbol{V}\cdot\boldsymbol{t}\mathrm{d}l$有关，还与翼轮的半径有关. 我们知道

总力矩 × 时间 = 转动惯量 × 角速度的改变量

翼轮刚放入时，角速度为零，经时间$\Delta\tau$后，角速度为ω，又知圆周的转动惯量为

$$质量\times距离^2=2\pi r\rho\cdot r^2$$

所以有

$$\frac{\rho r}{\Delta\tau}\int_L \boldsymbol{V}\cdot\boldsymbol{t}\mathrm{d}l\cdot\Delta\tau=2\pi r\rho\cdot r^2\cdot\omega$$

化简得

$$\frac{\int_L \boldsymbol{V}\cdot\boldsymbol{t}\mathrm{d}l}{\pi r^2}=2\omega$$

这个式子表明线积分除以L所围的面积，恰好是角速度的两倍，而角速度完全刻画翼轮绕轴承方向的旋转. 这样，我们就可以引入向量场在点A绕$\boldsymbol{n}$方向的方向旋量的概念.

定义 1　给定向量场$\boldsymbol{F}$及场中一点A，由点A任意引一方向$\boldsymbol{n}$，以$\boldsymbol{n}$为法向量作一小平面S(同时S也表示水平面的面积)，它的边界记作L，按L与$\boldsymbol{n}$成右手螺旋法则确定L的正向(图 3)，当S收缩成一点A时，如果下式极限

$$\lim_{S\to A}\frac{\int_L \boldsymbol{F}\cdot\boldsymbol{t}\mathrm{d}l}{S}$$

存在，且与S形状无关，则称极限值为$\boldsymbol{F}$在点A绕$\boldsymbol{n}$方向的方向旋量，记作h_n，定义中的线积分称为$\boldsymbol{F}$沿闭路L的“环量”，h_n也称作$\boldsymbol{F}$在点A绕$\boldsymbol{n}$方向的“环量面密度”.

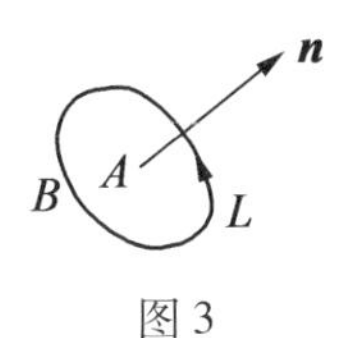

图 3

有了方向旋量的定义，我们即可引出旋度的概念. 因为过点A可以引无数个方向，就可以在点A求出无数个方向旋量，比较这些方向旋量的大小，就能获得旋度的定义.

定义 2　向量场$\boldsymbol{F}$在点A的旋度是一个向量，它的方向是使方向旋量达到最大的那个方向，它的大小就是绕该方向的方向旋量.

要使定义有意义，必须说明在点A的无数个方向旋量中，确实存在最大的方向旋量. 下面就来说明这一点.

设给定一点A，及一个方向$\boldsymbol{n}$，以点A为顶点作一四面体，三面平行于坐标面，一面BCD使它的法向量恰好为$\boldsymbol{n}$. 三角形BCD的面积记为S（图 4），三角形ACD，ADB，ABC的面积分别记为S_x，S_y，S_z，根据投影关系有

$$S = \frac{S_x}{\cos(\boldsymbol{n},x)} = \frac{S_y}{\cos(\boldsymbol{n},y)} = \frac{S_z}{\cos(\boldsymbol{n},z)}$$

这里我们先假设向量 $\boldsymbol{n}$ 的三个方向余弦均大于零的情形，至于有一个或几个方向余弦小于零时一样可以讨论.

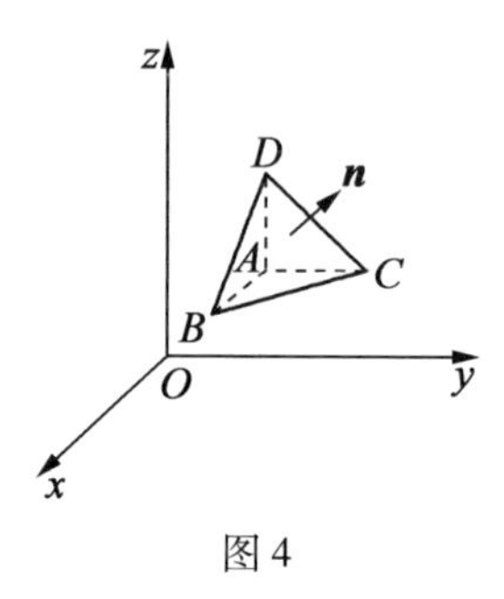

图 4

现在 S 就取作方向旋量定义中的 S，当 S 收缩到点 A 的过程中，它的法向量永远保持为 $\boldsymbol{n}$. 所以由方向旋量的定义

$$h_{\boldsymbol{n}} = \lim_{S\to A}\frac{\int_{BCDB}\boldsymbol{F}\cdot\boldsymbol{t}\mathrm{d}l}{S}$$

上式分子中的线积分可以拆成三个闭路上线积分之和

$$\int_{BCDB}\boldsymbol{F}\cdot\boldsymbol{t}\mathrm{d}l = \int_{ACDA}\boldsymbol{F}\cdot\boldsymbol{t}\mathrm{d}l + \int_{ADBA}\boldsymbol{F}\cdot\boldsymbol{t}\mathrm{d}l + \int_{ABCA}\boldsymbol{F}\cdot\boldsymbol{t}\mathrm{d}l$$

这是因为把上式右端每个分解成三个直线段上积分时，在直线段 AB，AC，AD 上的线积分出现两次，这两次

中的线积分方向相反，正好抵消，剩下的加起来恰好是闭路 $BCDB$ 上的线积分. 因此

$$h_{\boldsymbol{n}}=\lim_{S\to A}\frac{\int\limits_{ACDA}\boldsymbol{F}\cdot\boldsymbol{t}\mathrm{d}l+\int\limits_{ADBA}\boldsymbol{F}\cdot\boldsymbol{t}\mathrm{d}l+\int\limits_{ABCA}\boldsymbol{F}\cdot\boldsymbol{t}\mathrm{d}l}{S}$$

$$=\lim_{S\to A}\left[\frac{\int\limits_{ACDA}\boldsymbol{F}\cdot\boldsymbol{t}\mathrm{d}l}{S_x}\cos(\boldsymbol{n},x)+\frac{\int\limits_{ADBA}\boldsymbol{F}\cdot\boldsymbol{t}\mathrm{d}l}{S_y}\cos(\boldsymbol{n},y)+\frac{\int\limits_{ABCA}\boldsymbol{F}\cdot\boldsymbol{t}\mathrm{d}l}{S_z}\cos(\boldsymbol{n},z)\right]$$

当 S 收缩到点 A 时，要求其他三个面 S_x,S_y,S_z 永远与坐标面平行，且也收缩到点 A，根据方向旋量的定义，即得

$$h_{\boldsymbol{n}}=h_x\cos(\boldsymbol{n},x)+h_y\cos(\boldsymbol{n},y)+h_z\cos(\boldsymbol{n},z)$$

上式表明，只要知道绕三个坐标轴方向的方向旋量，即可求出绕任一方向的方向旋量. 我们引入向量 $\boldsymbol{h}$

$$\boldsymbol{h}=(h_x,h_y,h_z)$$

则上式可写成

$$h_{\boldsymbol{n}}=\boldsymbol{h}\cdot\boldsymbol{n}=|\boldsymbol{h}|\cos(\boldsymbol{h},\boldsymbol{n})$$

式中因子 $|\boldsymbol{h}|$ 仅与点 A 有关，与 $\boldsymbol{n}$ 无关；而后一因子当 $\boldsymbol{n}$ 与 $\boldsymbol{h}$ 方向一致时，有最大值 1. 所以当 $\boldsymbol{n}$ 取 $\boldsymbol{h}$ 方向时，方向旋量达到最大值，且最大值为 $|\boldsymbol{h}|$. 这也证明了向量场 $\boldsymbol{F}$ 在点 A 的旋度即为向量 $\boldsymbol{h}$，记作

$$\mathrm{rot}\,\boldsymbol{F}=\boldsymbol{h}=(h_x,h_y,h_z)$$

绕 $\boldsymbol{n}$ 方向的方向旋量就等于旋度在 $\boldsymbol{n}$ 方向的投影

$$h_{\boldsymbol{n}} = (\mathrm{rot}\,\boldsymbol{F}) \cdot \boldsymbol{n}$$

向量场 $\boldsymbol{F}$ 中每一点都可以求它的旋度，不同的点旋度可以不同. 这样，给定向量场 $\boldsymbol{F}$，伴随着一个新的向量场 $\mathrm{rot}\,\boldsymbol{F}$. 若 $\mathrm{rot}\,\boldsymbol{F} \neq 0$，称向量场 $\boldsymbol{F}$ 为有旋场；若 $\mathrm{rot}\,\boldsymbol{F} = 0$，称向量场 $\boldsymbol{F}$ 为无旋场.

2. 旋度的计算

怎么求点 A 的旋度呢？由上述可知，只要求出绕三个坐标轴正向的方向旋量即成. 为了求点 A 绕 x 轴正向的方向旋量 h_x，我们以 $A(x,y,z)$ 为顶点作一小矩形，使它平行于 yOz 平面，边长分别为 $\mathrm{d}y$，$\mathrm{d}z$. 小矩形边界记为 L，方向与 x 轴正向成右手螺旋规则（图 5），那么对于向量场

$$\boldsymbol{F} = P(x,y,z)\boldsymbol{i} + Q(x,y,z)\boldsymbol{j} + R(x,y,z)\boldsymbol{k}$$

我们来求线积分

$$\int_L \boldsymbol{F} \cdot \boldsymbol{t}\mathrm{d}l$$

的主要部分.

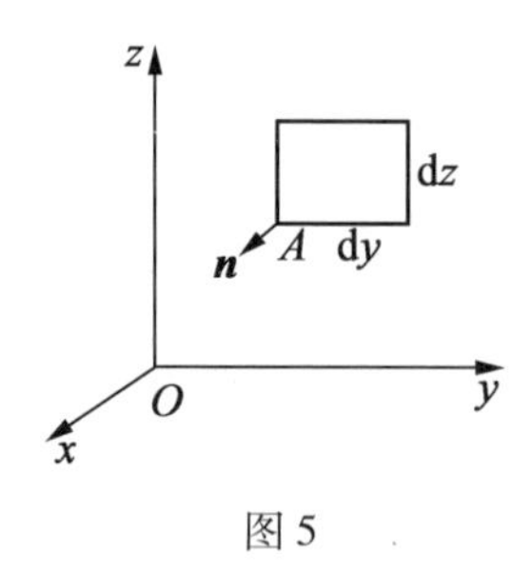

图 5

把小矩形边界分成左、右、上、下四条线段，注意到左边线段的切线方向为 $-\boldsymbol{k}$，所以

$$\boldsymbol{F}\cdot(-\boldsymbol{k})\mathrm{d}z=-R(x,y,z)\mathrm{d}z$$

注意到右边线段的切线方向为 $\boldsymbol{k}$,所以

$$\boldsymbol{F}\cdot\boldsymbol{k}\mathrm{d}z=R(x,y+\mathrm{d}y,z)\mathrm{d}z=\left[R(x,y,z)+\frac{\partial R}{\partial y}\mathrm{d}y\right]\mathrm{d}z$$

注意到下面线段的切线方向为 $\boldsymbol{j}$,所以

$$\boldsymbol{F}\cdot\boldsymbol{j}\mathrm{d}y=Q(x,y,z)\mathrm{d}y$$

再注意到上面线段的切线方向为 $-\boldsymbol{j}$,所以

$$\begin{aligned}\boldsymbol{F}\cdot(-\boldsymbol{j})\mathrm{d}y&=-Q(x,y,z+\mathrm{d}z)\mathrm{d}y\\&=-\left[Q(x,y,z)+\frac{\partial Q}{\partial z}\mathrm{d}z\right]\mathrm{d}y\end{aligned}$$

把上面四个结果相加,即得“环量” $\int_L\boldsymbol{F}\cdot\boldsymbol{t}\mathrm{d}l$ 的主要部分为

$$\left(\frac{\partial R}{\partial y}-\frac{\partial Q}{\partial z}\right)\mathrm{d}y\mathrm{d}z$$

L 所围面积 $S=\mathrm{d}y\mathrm{d}z$,因此

$$h_x=\frac{\partial R}{\partial y}-\frac{\partial Q}{\partial z}$$

同理可以求出

$$h_y=\left(\frac{\partial P}{\partial z}-\frac{\partial R}{\partial x}\right)$$

$$h_z=\left(\frac{\partial Q}{\partial x}-\frac{\partial P}{\partial y}\right)$$

所以对于点 A 的旋度向量为

$$\mathrm{rot}\ \boldsymbol{F}=\left(\frac{\partial R}{\partial y}-\frac{\partial Q}{\partial z}\right)\boldsymbol{i}+\left(\frac{\partial P}{\partial z}-\frac{\partial R}{\partial x}\right)\boldsymbol{j}+\left(\frac{\partial Q}{\partial x}-\frac{\partial P}{\partial y}\right)\boldsymbol{k}$$

为了便于记忆,我们采用算符写法

$$\operatorname{rot}\boldsymbol{F}=\begin{vmatrix}\boldsymbol{i} & \boldsymbol{j} & \boldsymbol{k}\\ \dfrac{\partial}{\partial x} & \dfrac{\partial}{\partial y} & \dfrac{\partial}{\partial z}\\ P & Q & R\end{vmatrix}=\nabla\times\boldsymbol{F}$$

这说明 $\boldsymbol{F}$ 的旋度就是算符向量 ∇ 与向量 $\boldsymbol{F}$ 的向量积所得的向量.

3. **斯托克斯公式**

已知向量场 $\boldsymbol{F}$ 在点 A 绕 $\boldsymbol{n}$ 方向的方向旋量就是点 A 的旋度在 $\boldsymbol{n}$ 方向上的投影,即

$$h_{\boldsymbol{n}}=\lim_{S\to A}\frac{\int_L\boldsymbol{F}\cdot\boldsymbol{t}\mathrm{d}l}{S}=(\operatorname{rot}\boldsymbol{F})\cdot\boldsymbol{n}$$

根据这一局部关系式,我们来建立整体的关系式. 设 S 为一空间曲面,它的边界为 L. L 的方向与 S 取定的法线方向成右手系. 用一些曲线网把 S 分成 m 个小块 $\Delta S_i(i=1,2,\cdots,m)$,$\Delta S_i$ 的边界记为 $\Delta L_i(i=1,2,\cdots,m)$(图 6). 当分割充分细时,每个 ΔS_i 可近似看成平面,设 A_i 为 ΔS_i 上任意一点,该点的旋度记为 $\operatorname{rot}\boldsymbol{F}_i$,法向量记为 $\boldsymbol{n}_i$,则由上式得近似等式

$$\int_{\Delta L_i}\boldsymbol{F}\cdot\boldsymbol{t}\mathrm{d}l\approx\operatorname{rot}\boldsymbol{F}_i\cdot\boldsymbol{n}_i\Delta S_i$$

对 i 求和时,注意若 ΔS_i 与 ΔS_{i+1} 为相邻的两小块,相加时,这两小块的公共边界上的线积分正好出现两次,但这两公共边界上的线积分方向相反,故恰好抵消. 这样对 i 求和时,所有公共边界上的线积分都两两抵消,剩下的是 L 上的线积分,所以

$$\int_L \boldsymbol{F} \cdot \boldsymbol{t} \mathrm{d}l \approx \sum_{i=1}^{m} \operatorname{rot} \boldsymbol{F}_i \cdot \boldsymbol{n}_i \Delta S_i$$

令 $\|\Delta S\| \to 0$,就得到斯托克斯公式

$$\int_L \boldsymbol{F} \cdot \boldsymbol{t} \mathrm{d}l = \iint_S \operatorname{rot} \boldsymbol{F} \cdot \boldsymbol{n} \mathrm{d}S$$

设 $\boldsymbol{F} = P\boldsymbol{i} + Q\boldsymbol{j} + R\boldsymbol{k}, \boldsymbol{n} = \cos\alpha \boldsymbol{i} + \cos\beta \boldsymbol{j} + \cos\gamma \boldsymbol{k}$,则公式可写成分量形式($\boldsymbol{t}\mathrm{d}l = (\mathrm{d}x, \mathrm{d}y, \mathrm{d}z)$)

$$\begin{aligned}
&\int_L P\mathrm{d}x + Q\mathrm{d}y + R\mathrm{d}z \\
&= \iint_S \left[\left(\frac{\partial R}{\partial y} - \frac{\partial Q}{\partial z}\right)\cos\alpha + \left(\frac{\partial P}{\partial z} - \frac{\partial R}{\partial x}\right)\cos\beta + \right. \\
&\left.\left(\frac{\partial Q}{\partial x} - \frac{\partial P}{\partial y}\right)\cos\gamma\right]\mathrm{d}S
\end{aligned}$$

或

$$\int_L P\mathrm{d}x + Q\mathrm{d}y + R\mathrm{d}z = \iint_S \begin{vmatrix} \cos\alpha & \cos\beta & \cos\gamma \\ \dfrac{\partial}{\partial x} & \dfrac{\partial}{\partial y} & \dfrac{\partial}{\partial z} \\ P & Q & R \end{vmatrix} \mathrm{d}S$$

这样,我们就有下面的定理.

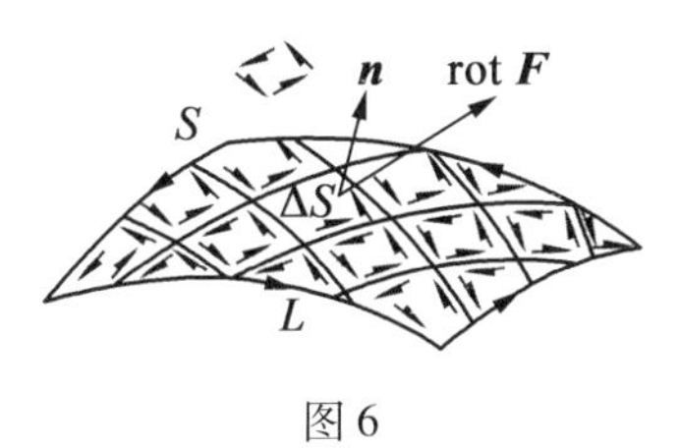

图 6

定理 1　设 $P(x,y,z), Q(x,y,z), R(x,y,z)$ 在包含曲面 S 的区域上具有连续偏导数,S 的边界为 L,L 的方向与 S 的法线方向组成右手系,则有

$$\int_L P\mathrm{d}x + Q\mathrm{d}y + R\mathrm{d}z = \iint_S \left[\left(\frac{\partial R}{\partial y} - \frac{\partial Q}{\partial z}\right)\cos\alpha + \left(\frac{\partial P}{\partial z} - \frac{\partial R}{\partial x}\right)\cos\beta + \left(\frac{\partial Q}{\partial x} - \frac{\partial P}{\partial y}\right)\cos\gamma\right]\mathrm{d}S$$

证 我们对特殊曲面 S 加以证明. 设曲面 S 既可以用 $z = z(x,y)$ 表示,又可以用 $x = x(y,z)$ 表示,还可以用 $y = y(x,z)$ 表示. 要证斯托克斯公式,只要证明下面三个公式成立

$$\int_L P\mathrm{d}x = \iint_S \frac{\partial P}{\partial z}\cos\beta\mathrm{d}S - \iint_S \frac{\partial P}{\partial y}\cos\gamma\mathrm{d}S$$

$$\int_L Q\mathrm{d}y = \iint_S \frac{\partial Q}{\partial x}\cos\gamma\mathrm{d}S - \iint_S \frac{\partial Q}{\partial z}\cos\alpha\mathrm{d}S$$

$$\int_L R\mathrm{d}z = \iint_S \frac{\partial R}{\partial y}\cos\alpha\mathrm{d}S - \iint_S \frac{\partial R}{\partial x}\cos\beta\mathrm{d}S$$

我们以第三个公式为例加以证明. 设曲面 S 的方程为 $z = z(x,y)$,S 在 xOy 平面上的投影区域为 σ,曲线 L 的投影曲线为 λ,它是区域 σ 的边界,并设 λ 的参数方程为

$$\begin{cases} x = x(t) \\ y = y(t) \end{cases} \quad (\alpha \leqslant t \leqslant \beta)$$

曲面 S,曲线 L,曲线 λ 的方向如图 7,设 t 自 α 增至 β 时,对应曲线 λ 的正向,那么 L 的参数方程为

$$\begin{cases} x = x(t) \\ y = y(t) \\ z = z(x(t),y(t)) \end{cases}$$

当 t 自 α 增至 β 时,对应 L 的正向.

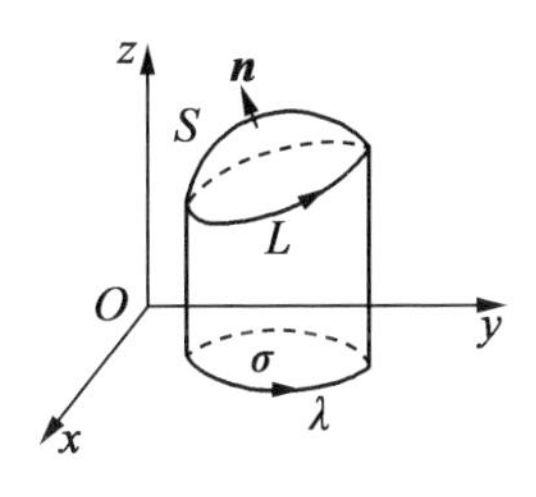

图 7

由第二型曲线积分计算公式,得

$$\int_L R\mathrm{d}z = \int_\alpha^\beta R(x(t),y(t),z(x(t),y(t)))\cdot\left[\frac{\partial z}{\partial x}x'(t)+\frac{\partial z}{\partial y}y'(t)\right]\mathrm{d}t$$

若把上面的定积分看成曲线 λ 上的曲线积分计算公式,则可得

$$\int_L R\mathrm{d}z = \int_\lambda R(x,y,z(x,y))\frac{\partial z}{\partial x}\mathrm{d}x + R(x,y,z(x,y))\frac{\partial z}{\partial y}\mathrm{d}y$$

再应用格林公式得

$$\begin{aligned}\int_L R\mathrm{d}z &= \iint_\sigma\left[\left(\frac{\partial R}{\partial x}+\frac{\partial R}{\partial z}\frac{\partial z}{\partial x}\right)\frac{\partial z}{\partial y}+R\frac{\partial^2 z}{\partial x\partial y}-\left(\frac{\partial R}{\partial y}+\frac{\partial R}{\partial z}\frac{\partial z}{\partial y}\right)\frac{\partial z}{\partial x}-R\frac{\partial^2 z}{\partial x\partial y}\right]\mathrm{d}x\mathrm{d}y\\ &= \iint_\sigma \frac{\partial R}{\partial x}\frac{\partial z}{\partial y}\mathrm{d}x\mathrm{d}y-\iint_\sigma\frac{\partial R}{\partial y}\frac{\partial z}{\partial x}\mathrm{d}x\mathrm{d}y\end{aligned}$$

而曲面 S 的法向量

$$N = \left(-\frac{\partial z}{\partial x}, -\frac{\partial z}{\partial y}, 1\right)$$

根据第二型曲面积分计算公式,有

$$\begin{aligned}
&\iint_S \frac{\partial R}{\partial y}\cos\alpha \mathrm{d}S - \iint_S \frac{\partial R}{\partial x}\cos\beta \mathrm{d}S \\
&= \iint_\sigma \frac{\partial R}{\partial y}\cdot\left(-\frac{\partial z}{\partial x}\right)\mathrm{d}x\mathrm{d}y - \iint_\sigma \frac{\partial R}{\partial x}\cdot\left(-\frac{\partial z}{\partial y}\right)\mathrm{d}x\mathrm{d}y \\
&= \iint_\sigma \frac{\partial R}{\partial x}\frac{\partial z}{\partial y}\mathrm{d}x\mathrm{d}y - \iint_\sigma \frac{\partial R}{\partial y}\frac{\partial z}{\partial x}\mathrm{d}x\mathrm{d}y
\end{aligned}$$

比较曲线积分与曲面积分计算结果,即得

$$\int_L R\mathrm{d}z = \iint_S \frac{\partial R}{\partial y}\cos\alpha \mathrm{d}S - \iint_S \frac{\partial R}{\partial x}\cos\beta \mathrm{d}S$$

同理可证其余两个公式. 所以斯托克斯公式成立.

斯托克斯公式揭示了曲面积分与曲线积分之间的联系,我们可以利用这个联系来求曲线积分.

例 1 计算曲线积分

$$\int_L y\mathrm{d}x + z\mathrm{d}y + x\mathrm{d}z$$

L 为圆球面 $x^2 + y^2 + z^2 = R^2$ 与平面 $x + z = R$ 的交线,方向由$(R,0,0)$ 出发,先经过 $x > 0, y > 0$ 部分,再经 $x > 0, y < 0$ 部分回到出发点(图 8).

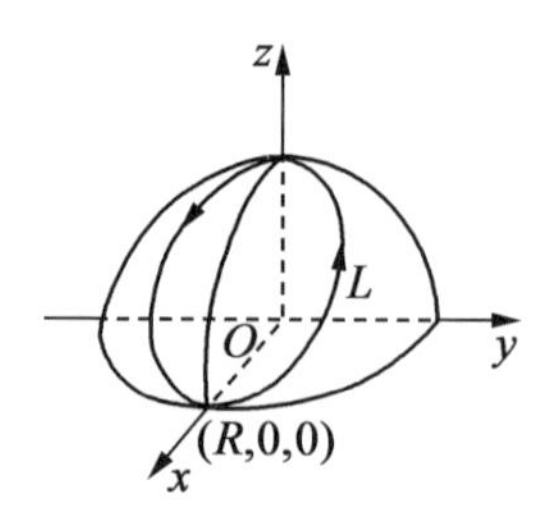

图 8

解　记平面$x+z=R$上被L所围的部分为S,S的方向向上. 平面$x+z=R$的法向量

$$N=(1,0,1)$$

所以方向余弦为

$$n=\left(\frac{1}{\sqrt{2}},0,\frac{1}{\sqrt{2}}\right)$$

由斯托克斯公式得

$$\int_L y\mathrm{d}x+z\mathrm{d}y+x\mathrm{d}z=\iint_S\begin{vmatrix}\frac{1}{\sqrt{2}} & 0 & \frac{1}{\sqrt{2}}\\ \frac{\partial}{\partial x} & \frac{\partial}{\partial y} & \frac{\partial}{\partial z}\\ y & z & x\end{vmatrix}\mathrm{d}S$$

$$=\iint_S\left(-\frac{1}{\sqrt{2}}-\frac{1}{\sqrt{2}}\right)\mathrm{d}S$$

$$=-\sqrt{2}\iint_S\mathrm{d}S$$

注意S是一半径为$\frac{R}{\sqrt{2}}$的圆,所以

$$\int_L y\mathrm{d}x+z\mathrm{d}y+x\mathrm{d}z=-\sqrt{2}\cdot\pi\left(\frac{R}{\sqrt{2}}\right)^2=-\frac{\sqrt{2}\pi R^2}{2}$$

平面情形要求区域是单连通的,实质在于区域中任一闭曲线所围的区域都在原区域之内,证明用的就是这个性质. 在空间情形,我们要求区域内任一闭路L,总可以作一个以L为边界的曲面S,使S整个位于原区域内. 只要区域有这个性质就可应用斯托克斯公式. 例如两个同心圆球面围成的区域,但它具有上述性质. 又如圆环区域,但它不具备上述性质.

对具备上述性质的区域，向量场 $\boldsymbol{F}$ 是保守场的充分必要条件为

$$\mathrm{rot}\,\boldsymbol{F} \equiv 0$$

事实上，若 $\mathrm{rot}\,\boldsymbol{F} = 0$，由斯托克斯公式

$$\int_L \boldsymbol{F} \cdot \boldsymbol{t}\mathrm{d}l = \iint_S \mathrm{rot}\,\boldsymbol{F} \cdot \boldsymbol{n}\mathrm{d}S = 0$$

得 $\boldsymbol{F}$ 沿区域内任一闭路积分为零，所以 $\boldsymbol{F}$ 是保守场. 反之，若 $\boldsymbol{F}$ 是保守场，总存在一势函数 $u(x,y,z)$，使得 $\mathrm{grad}\,u = \boldsymbol{F}$，而

$$\mathrm{rot}\,\boldsymbol{F} = \mathrm{rot}(\mathrm{grad}\,u) = 0$$

§3　向量的外积与外微分形式

我们已分别学习了二维与三维空间中各种类型的积分及它们之间的相互联系. 如果运用一些近代的代数和几何的概念，那么就能对上述各类的积分用统一的观点给以概括. 为此，我们在这一节中将介绍有关向量的外积和外微分形式这两个概念. 由于对读者来说这两个数学工具是前面未接触过的新概念，所以我们只准备把它们的基本思想以及怎样利用这些概念把所学过的各类积分（诸如：格林公式、斯托克斯公式、奥氏公式、重积分的变量变换公式，等等）统一起来做个简要的介绍，而不过分注重它们在逻辑上的严格性. 但是，通过所介绍的这些思想，对大家能用统一的观点把前面所讲的各种积分给予总结，从而更好地

理解和掌握它们,肯定是很有好处的.

1. 引言

在解析几何中我们知道一向量 $\boldsymbol{a}$,就表示一有向线段,向量基 $\boldsymbol{i},\boldsymbol{j},\boldsymbol{k}$ 也可以说是有向线段基. 任何一个空间向量 $\boldsymbol{a}$,总可以通过有向线段基表示出来

$$\boldsymbol{a}=a_1\boldsymbol{i}+a_2\boldsymbol{j}+a_3\boldsymbol{k}$$

其中,a_1,a_2,a_3 就是有向线段在两两正交且每个长度为 1 的有向线段基 $\boldsymbol{i},\boldsymbol{j},\boldsymbol{k}$ 上的投影. 有了这个表示式后,对求有向线段的长度,两个有向线段间的夹角就非常方便. 如有向线段的长度为

$$|\boldsymbol{a}|=\sqrt{a_1^2+a_2^2+a_3^2}$$

那么对面积,能否也引入有向面积和两两正交的有向面积基的概念呢? 若有的话,这对处理面积问题会带来很大方便. 下面我们将说明这对平行四边形是可以的. 如给定有向线段 $\boldsymbol{a},\boldsymbol{b}$,那么由 $\boldsymbol{a},\boldsymbol{b}$ 所决定的有向平行四边形面积就用 $\boldsymbol{a}\times\boldsymbol{b}$ 来表示,两两正交的有向面积基用 $\boldsymbol{i}\times\boldsymbol{j},\boldsymbol{j}\times\boldsymbol{k},\boldsymbol{k}\times\boldsymbol{i}$ 来表示. 因为

$$\begin{cases}\boldsymbol{a}=a_1\boldsymbol{i}+a_2\boldsymbol{j}+a_3\boldsymbol{k}\\ \boldsymbol{b}=b_1\boldsymbol{i}+b_2\boldsymbol{j}+b_3\boldsymbol{k}\end{cases}$$

由向量积规则,我们知道

$$\begin{aligned}\boldsymbol{a}\times\boldsymbol{b}&=\begin{vmatrix}\boldsymbol{i}&\boldsymbol{j}&\boldsymbol{k}\\a_1&a_2&a_3\\b_1&b_2&b_3\end{vmatrix}\\&=\begin{vmatrix}a_2&a_3\\b_2&b_3\end{vmatrix}\boldsymbol{i}+\begin{vmatrix}a_3&a_1\\b_3&b_1\end{vmatrix}\boldsymbol{j}+\begin{vmatrix}a_1&a_2\\b_1&b_2\end{vmatrix}\boldsymbol{k}\end{aligned}$$

$$= \begin{vmatrix} a_2 & a_3 \\ b_2 & b_3 \end{vmatrix} \boldsymbol{j} \times \boldsymbol{k} + \begin{vmatrix} a_3 & a_1 \\ b_3 & b_1 \end{vmatrix} \boldsymbol{k} \times \boldsymbol{i} + \begin{vmatrix} a_1 & a_2 \\ b_1 & b_2 \end{vmatrix} \boldsymbol{i} \times \boldsymbol{j}$$

这样就把空间中的有向面积通过两两正交的有向面积基表示出来了. 我们知道行列式

$$\begin{vmatrix} a_1 & a_2 \\ b_1 & b_2 \end{vmatrix}$$

就是有向平行四边形 $\boldsymbol{a} \times \boldsymbol{b}$ 在 xOy 平面上的投影. 同理上式中第一、第二个行列式是 $\boldsymbol{a} \times \boldsymbol{b}$ 在 yOz 平面、zOx 平面上的投影. 有了上面的表示式,要求有向面积 $\boldsymbol{a} \times \boldsymbol{b}$ 的大小(记作 $|\boldsymbol{a} \times \boldsymbol{b}|$)就很容易,因为我们有

$$|\boldsymbol{a} \times \boldsymbol{b}| = \sqrt{\begin{vmatrix} a_2 & a_3 \\ b_2 & b_3 \end{vmatrix}^2 + \begin{vmatrix} a_3 & a_1 \\ b_3 & b_1 \end{vmatrix}^2 + \begin{vmatrix} a_1 & a_2 \\ b_1 & b_2 \end{vmatrix}^2}$$

同样,对平行六面体我们亦可以引入有向体积及有向体积基的概念. 设给定向量 $\boldsymbol{a}, \boldsymbol{b}, \boldsymbol{c}$, 我们称 $(\boldsymbol{a} \times \boldsymbol{b}) \cdot \boldsymbol{c}$ 为有向体积,称 $(\boldsymbol{i} \times \boldsymbol{j}) \cdot \boldsymbol{k}$ 为有向体积基,在三维空间只有一个有向体积基. 设 $\boldsymbol{a}, \boldsymbol{b}$ 同上, $\boldsymbol{c}$ 为

$$\boldsymbol{c} = c_1 \boldsymbol{i} + c_2 \boldsymbol{j} + c_3 \boldsymbol{k}$$

则

$$(\boldsymbol{a} \times \boldsymbol{b}) \cdot \boldsymbol{c} = \begin{vmatrix} a_1 & a_2 & a_3 \\ b_1 & b_2 & b_3 \\ c_1 & c_2 & c_3 \end{vmatrix} (\boldsymbol{i} \times \boldsymbol{j}) \cdot \boldsymbol{k}$$

有了这个表示式,体积 $|(\boldsymbol{a} \times \boldsymbol{b}) \cdot \boldsymbol{c}|$ 即可记为

$$|(\boldsymbol{a} \times \boldsymbol{b}) \cdot \boldsymbol{c}| = \left| \begin{vmatrix} a_1 & a_2 & a_3 \\ b_1 & b_2 & b_3 \\ c_1 & c_2 & c_3 \end{vmatrix} \right|$$

上面的记号表示对行列式取绝对值.

2. **向量的外积**

当把上面这些讨论推广到高维空间时,有向线段及有向线段基的推广非常容易,而要把有向面积及有向面积基,和有向体积及有向体积基推广时,原来的向量积运算发现已不能适用,需要引入关于向量的新的运算,这就是向量外积的运算.

我们以四维空间为例加以推广. 称四个有序的实数组(a_1,a_2,a_3,a_4)为一向量,记作

$$\boldsymbol{a}=(a_1,a_2,a_3,a_4)$$

所有这种可能的实数组做成的集合,若满足下面两条性质:

(1)$\alpha(a_1,a_2,a_3,a_4)=(\alpha a_1,\alpha a_2,\alpha a_3,\alpha a_4)$;

(2)$(a_1,a_2,a_3,a_4)+(b_1,b_2,b_3,b_4)=(a_1+b_1,a_2+b_2,a_3+b_3,a_4+b_4)$,

其中 α 为实数,则称这个实数组的集合为四维空间.

我们先把两向量的数量积运算推广至四维空间. 这时原来的定义已不适用,因四维空间中向量的"长度"和"两向量的夹角"的概念还没有,更谈不上用它来定义两向量的数量积. 所以我们用下面的式子作为四维空间中两向量数量积的定义,记作 $\boldsymbol{a}\cdot\boldsymbol{b}$,具体说来是

$$\boldsymbol{a}\cdot\boldsymbol{b}=\sum_{i=1}^{4}a_i\cdot b_i$$

上式右端意义是明确的,它表示一个实数,所以两向量的数量积为一实数.

反过来,我们可以定义四维空间中一向量的长度和两向量的夹角. 记向量 $\boldsymbol{a}$ 的长度为 $|\boldsymbol{a}|$,两向量 $\boldsymbol{a}$ 与 $\boldsymbol{b}$ 的夹角为 θ,则它们的定义为

$$\cos\theta = \frac{\boldsymbol{a}\cdot\boldsymbol{b}}{|\boldsymbol{a}|\cdot|\boldsymbol{b}|}$$

其中

$$|\boldsymbol{a}| = \sqrt{\boldsymbol{a}\cdot\boldsymbol{a}} = \sqrt{\sum_{i=1}^{4} a_i^2}$$

为使上式的定义有意义,必须首先证明等式右端的绝对值小于 1,即要证明不等式

$$\left|\sum_{i=1}^{4} a_i\cdot b_i\right| \leqslant \left(\sum_{i=1}^{4} a_i^2\right)^{1/2}\cdot\left(\sum_{i=1}^{4} b_i^2\right)^{1/2}$$

成立. 而这件事情是对的,利用一元函数的极值便可证明,我们把它留给读者作为练习.

若 $\boldsymbol{a}\cdot\boldsymbol{b}=0$,我们称两向量 $\boldsymbol{a}$ 与 $\boldsymbol{b}$ 正交;若 $|\boldsymbol{a}|=1$,称向量 $\boldsymbol{a}$ 为单位向量. 因此,在四维空间中同样存在一组(四个)两两正交的单位基

$$\boldsymbol{e}_1 = (1,0,0,0)$$
$$\boldsymbol{e}_2 = (0,1,0,0)$$
$$\boldsymbol{e}_3 = (0,0,1,0)$$
$$\boldsymbol{e}_4 = (0,0,0,1)$$

它们满足

$$\boldsymbol{e}_i\cdot\boldsymbol{e}_j = \begin{cases}1, & i=j\\ 0, & i\neq j\end{cases}$$

有了单位正交基后,四维空间中任一向量

$$\boldsymbol{a} = (a_1,a_2,a_3,a_4)$$

总可表示成这组基的线性组合

$$\boldsymbol{a}=a_1\boldsymbol{e}_1+a_2\boldsymbol{e}_2+a_3\boldsymbol{e}_3+a_4\boldsymbol{e}_4$$

分量 a_1,a_2,a_3,a_4 也称为向量 $\boldsymbol{a}$ 分别在 $\boldsymbol{e}_1,\boldsymbol{e}_2,\boldsymbol{e}_3,\boldsymbol{e}_4$ 上的投影. 这样就把有向线段情形推广到四维空间来了.

把有向面积情形推广到四维空间时,要注意这时两两正交的坐标平面共有六个,即由 $\boldsymbol{e}_1$ 与 $\boldsymbol{e}_2$,$\boldsymbol{e}_1$ 与 $\boldsymbol{e}_3$,$\boldsymbol{e}_1$ 与 $\boldsymbol{e}_4$,$\boldsymbol{e}_2$ 与 $\boldsymbol{e}_3$,$\boldsymbol{e}_2$ 与 $\boldsymbol{e}_4$,$\boldsymbol{e}_3$ 与 $\boldsymbol{e}_4$ 所决定的平面. 所以四维空间中有向面积基也就应有六个,这不像在三维空间中有向面积基的个数与有向线段基的个数一样,从而我们可以借用有向线段基来表示有向面积基,而现在无法借用有向线段基表示有向面积基,只能把有向面积基作为与有向线段基独立并存的东西提出来. 为此,我们引入向量外积的运算,记作

$$\boldsymbol{a}\wedge\boldsymbol{b}$$

符号"$\wedge$"表示外积运算. 两向量的外积运算是三维空间中向量积运算的推广,但向量积运算结果仍为一向量,而现在外积运算的结果,是一个新的量,表示由向量 $\boldsymbol{a}$,$\boldsymbol{b}$ 决定的有向面积.

既然外积运算是向量积的推广,它应具有向量积的运算规则:

(1)$\alpha(\boldsymbol{a}\wedge\boldsymbol{b})=\alpha\boldsymbol{a}\wedge\boldsymbol{b}$($\alpha$ 为实数).

(2)$\boldsymbol{a}\wedge\boldsymbol{b}+\boldsymbol{a}\wedge\boldsymbol{c}=\boldsymbol{a}\wedge(\boldsymbol{b}+\boldsymbol{c})$.

(3)$\boldsymbol{a}\wedge\boldsymbol{b}=-\boldsymbol{b}\wedge\boldsymbol{a}$.

我们对外积运算要求符合上面三条规则,是合情合理的. 第三条规则称为反交换律,由此可推出

$$\boldsymbol{a}\wedge\boldsymbol{a}=\boldsymbol{0}$$

此外还要求外积运算符合结合律：

(4) $\boldsymbol{a}\wedge(\boldsymbol{b}\wedge\boldsymbol{c}) = (\boldsymbol{a}\wedge\boldsymbol{b})\wedge\boldsymbol{c}$.

这条规则与向量积规律不同，从概念上来说已不是两个有向线段的外积，而是有向线段与有向面积的外积，结果表示有向体积. 根据结合律，$\boldsymbol{a}\wedge\boldsymbol{b}\wedge\boldsymbol{c}$，就有了唯一的意义. 这样，我们有

$$\boldsymbol{a}\wedge\boldsymbol{a}\wedge\boldsymbol{c} = (\boldsymbol{a}\wedge\boldsymbol{a})\wedge\boldsymbol{c} = \boldsymbol{0}\wedge\boldsymbol{c} = \boldsymbol{0}$$

这里记号 $\boldsymbol{0}$ 既可以看成面积为零的有向面积，也可以看成体积为零的有向体积. 上式说明向量外积式中，若有两个向量相同，则其外积式必为零.

又如

$$\begin{aligned}\boldsymbol{b}\wedge\boldsymbol{a}\wedge\boldsymbol{c} &= (\boldsymbol{b}\wedge\boldsymbol{a})\wedge\boldsymbol{c} = -(\boldsymbol{a}\wedge\boldsymbol{b})\wedge\boldsymbol{c}\\ &= -\boldsymbol{a}\wedge\boldsymbol{b}\wedge\boldsymbol{c}\end{aligned}$$

该式说明一个向量的外积式，若可以通过另一个向量的外积式交换奇数次向量的位置而得到的话，则这两向量的外积式必相差一符号.

注意，我们引入的外积运算，对三维空间也是适用的. 先来看看三维空间中外积运算情形. 设给定

$$\boldsymbol{a} = a_1\boldsymbol{e}_1 + a_2\boldsymbol{e}_2 + a_3\boldsymbol{e}_3$$

$$\boldsymbol{b} = b_1\boldsymbol{e}_1 + b_2\boldsymbol{e}_2 + b_3\boldsymbol{e}_3$$

其中，$\boldsymbol{e}_1$，$\boldsymbol{e}_2$，$\boldsymbol{e}_3$ 是三维空间的正交基，则

$$\boldsymbol{a}\wedge\boldsymbol{b} = (a_1\boldsymbol{e}_1 + a_2\boldsymbol{e}_2 + a_3\boldsymbol{e}_3)\wedge(b_1\boldsymbol{e}_1 + b_2\boldsymbol{e}_2 + b_3\boldsymbol{e}_3)$$

利用外积的运算规则，可得

$$\begin{aligned}\boldsymbol{a}\wedge\boldsymbol{b} &= a_1b_2\boldsymbol{e}_1\wedge\boldsymbol{e}_2 + a_1b_3\boldsymbol{e}_1\wedge\boldsymbol{e}_3 + a_2b_1\boldsymbol{e}_2\wedge\boldsymbol{e}_1 +\\ &\quad a_2b_3\boldsymbol{e}_2\wedge\boldsymbol{e}_3 + a_3b_1\boldsymbol{e}_3\wedge\boldsymbol{e}_1 + a_3b_2\boldsymbol{e}_3\wedge\boldsymbol{e}_2\\ &= (a_1b_2 - a_2b_1)\boldsymbol{e}_1\wedge\boldsymbol{e}_2 + (a_2b_3 \cdot a_3b_2)\boldsymbol{e}_2\wedge\boldsymbol{e}_3 +\end{aligned}$$

$$(a_3b_1-a_1b_3)\boldsymbol{e}_3\wedge\boldsymbol{e}_1$$

$$=\begin{vmatrix}a_1 & a_2\\ b_1 & b_2\end{vmatrix}\boldsymbol{e}_1\wedge\boldsymbol{e}_2+\begin{vmatrix}a_2 & a_3\\ b_2 & b_3\end{vmatrix}\boldsymbol{e}_2\wedge\boldsymbol{e}_3+\begin{vmatrix}a_3 & a_1\\ b_3 & b_1\end{vmatrix}\boldsymbol{e}_3\wedge\boldsymbol{e}_1$$

用$|\boldsymbol{a}\wedge\boldsymbol{b}|$表示由向量$\boldsymbol{a},\boldsymbol{b}$所确定的面积,由面积基的正交性,得

$$|\boldsymbol{a}\wedge\boldsymbol{b}|=\sqrt{\begin{vmatrix}a_1 & a_2\\ b_1 & b_2\end{vmatrix}^2+\begin{vmatrix}a_2 & a_3\\ b_2 & b_3\end{vmatrix}^2+\begin{vmatrix}a_3 & a_1\\ b_3 & b_1\end{vmatrix}^2}$$

又给定向量$\boldsymbol{c}=c_1\boldsymbol{e}_1+c_2\boldsymbol{e}_2+c_3\boldsymbol{e}_3$,则

$$\begin{aligned}(\boldsymbol{a}\wedge\boldsymbol{b})\wedge\boldsymbol{c}&=\left(\begin{vmatrix}a_1 & a_2\\ b_1 & b_2\end{vmatrix}\boldsymbol{e}_1\wedge\boldsymbol{e}_2+\begin{vmatrix}a_2 & a_3\\ b_2 & b_3\end{vmatrix}\boldsymbol{e}_2\wedge\boldsymbol{e}_3+\right.\\&\qquad\left.\begin{vmatrix}a_3 & a_1\\ b_3 & b_1\end{vmatrix}\boldsymbol{e}_3\wedge\boldsymbol{e}_1\right)\wedge(c_1\boldsymbol{e}_1+c_2\boldsymbol{e}_2+c_3\boldsymbol{e}_3)\\&=c_3\begin{vmatrix}a_1 & a_2\\ b_1 & b_2\end{vmatrix}\boldsymbol{e}_1\wedge\boldsymbol{e}_2\wedge\boldsymbol{e}_3+\\&\qquad c_1\begin{vmatrix}a_2 & a_3\\ b_2 & b_3\end{vmatrix}\boldsymbol{e}_2\wedge\boldsymbol{e}_3\wedge\boldsymbol{e}_1+\\&\qquad c_2\begin{vmatrix}a_3 & a_1\\ b_3 & b_1\end{vmatrix}\boldsymbol{e}_3\wedge\boldsymbol{e}_1\wedge\boldsymbol{e}_2\\&=\left(c_3\begin{vmatrix}a_1 & a_2\\ b_1 & b_2\end{vmatrix}+c_1\begin{vmatrix}a_2 & a_3\\ b_2 & b_3\end{vmatrix}+\right.\\&\qquad\left.c_2\begin{vmatrix}a_3 & a_1\\ b_3 & b_1\end{vmatrix}\right)\boldsymbol{e}_1\wedge\boldsymbol{e}_2\wedge\boldsymbol{e}_3\end{aligned}$$

$$
= \begin{vmatrix} a_1 & a_2 & a_3 \\ b_1 & b_2 & b_3 \\ c_1 & c_2 & c_3 \end{vmatrix} \boldsymbol{e}_1 \wedge \boldsymbol{e}_2 \wedge \boldsymbol{e}_3
$$

我们称 $\boldsymbol{e}_1 \wedge \boldsymbol{e}_2 \wedge \boldsymbol{e}_3$ 为有向体积基,则由 $\boldsymbol{a}$,$\boldsymbol{b}$,$\boldsymbol{c}$ 所确定的体积 $|\boldsymbol{a} \wedge \boldsymbol{b} \wedge \boldsymbol{c}|$ 为

$$
|\boldsymbol{a} \wedge \boldsymbol{b} \wedge \boldsymbol{c}| = \left\| \begin{matrix} a_1 & a_2 & a_3 \\ b_1 & b_2 & b_3 \\ c_1 & c_2 & c_3 \end{matrix} \right\|
$$

若三维空间中再给定向量 $\boldsymbol{d} = d_1\boldsymbol{e}_1 + d_2\boldsymbol{e}_2 + d_3\boldsymbol{e}_3$,容易看出

$$
(\boldsymbol{a} \wedge \boldsymbol{b} \wedge \boldsymbol{c}) \wedge \boldsymbol{d} = 0
$$

我们现在再来看四维空间中的外积运算. 设给定向量

$$
\boldsymbol{a} = a_1\boldsymbol{e}_1 + a_2\boldsymbol{e}_2 + a_3\boldsymbol{e}_3 + a_4\boldsymbol{e}_4
$$

$$
\boldsymbol{b} = b_1\boldsymbol{e}_1 + b_2\boldsymbol{e}_2 + b_3\boldsymbol{e}_3 + b_4\boldsymbol{e}_4
$$

则

$$
\begin{aligned}
\boldsymbol{a} \wedge \boldsymbol{b} &= \left(\sum_{i=1}^{4} a_i \boldsymbol{e}_i \right) \wedge \left(\sum_{i=1}^{4} b_i \boldsymbol{e}_i \right) \\
&= \sum_{\substack{i,j=1 \\ i<j}}^{4} (a_i b_j - b_i a_j) \boldsymbol{e}_i \wedge \boldsymbol{e}_j \\
&= \sum_{\substack{i,j=1 \\ i<j}}^{4} \begin{vmatrix} a_i & a_j \\ b_i & b_j \end{vmatrix} \boldsymbol{e}_i \wedge \boldsymbol{e}_j
\end{aligned}
$$

求和记号表示 $i = 1$ 时,j 取 2 到 4 的值,共得三项;$i = 2$ 时,j 取 3 到 4 的值,共得两项;$i = 3$ 时,j 取 4,得一项. 总起来求和号共有六项. 由面积基的正交性,向量 $\boldsymbol{a}$,$\boldsymbol{b}$

所确定的面积 $|\boldsymbol{a}\wedge\boldsymbol{b}|$ 为

$$|\boldsymbol{a}\wedge\boldsymbol{b}|=\sqrt{\sum_{\substack{i,j=1\\i<j}}^{4}\begin{vmatrix}a_i & a_j\\ b_i & b_j\end{vmatrix}^2}$$

又给定向量

$$\boldsymbol{c}=c_1\boldsymbol{e}_1+c_2\boldsymbol{e}_2+c_3\boldsymbol{e}_3+c_4\boldsymbol{e}_4$$

则

$$\begin{aligned}(\boldsymbol{a}\wedge\boldsymbol{b})\wedge\boldsymbol{c}&=\Big(\sum_{\substack{i,j=1\\i<j}}^{4}(a_ib_j-a_jb_i)\boldsymbol{e}_i\wedge\boldsymbol{e}_j\Big)\Big(\sum_{k=1}^{4}c_k\boldsymbol{e}_k\Big)\\&=\sum_{\substack{i,j,k=1\\i<j<k}}^{4}\begin{vmatrix}a_i & a_j & a_k\\ b_i & b_j & b_k\\ c_i & c_j & c_k\end{vmatrix}\boldsymbol{e}_i\wedge\boldsymbol{e}_j\wedge\boldsymbol{e}_k\end{aligned}$$

求和记号表示 $i=1,j=2$ 时，k 取3到4的值，共得两项；$i=1,j=3$ 时，k 取4，得一项；$i=2,j=3$ 时，k 取4，得一项，求和号总共有四项. 由体积基的正交性，向量 $\boldsymbol{a},\boldsymbol{b},\boldsymbol{c}$ 所确定的体积 $|\boldsymbol{a}\wedge\boldsymbol{b}\wedge\boldsymbol{c}|$ 为

$$|\boldsymbol{a}\wedge\boldsymbol{b}\wedge\boldsymbol{c}|=\sqrt{\sum_{\substack{i,j,k=1\\i<j<k}}^{4}\begin{vmatrix}a_i & a_j & a_k\\ b_i & b_j & b_k\\ c_i & c_j & c_k\end{vmatrix}^2}$$

再给定向量

$$\boldsymbol{d}=d_1\boldsymbol{e}_1+d_2\boldsymbol{e}_2+d_3\boldsymbol{e}_3+d_4\boldsymbol{e}_4$$

则

$$(\boldsymbol{a}\wedge\boldsymbol{b}\wedge\boldsymbol{c})\wedge\boldsymbol{d}$$

$$= \left(\sum_{\substack{i,j,k=1 \\ i<j<k}}^{4} \begin{vmatrix} a_i & a_j & a_k \\ b_i & b_j & b_k \\ c_i & c_j & c_k \end{vmatrix} \boldsymbol{e}_i \wedge \boldsymbol{e}_j \wedge \boldsymbol{e}_k \right) \wedge \left(\sum_{e=1}^{4} d_e \boldsymbol{e}_e \right)$$

$$= \begin{vmatrix} a_1 & a_2 & a_3 & a_4 \\ b_1 & b_2 & b_3 & b_4 \\ c_1 & c_2 & c_3 & c_4 \\ d_1 & d_2 & d_3 & d_4 \end{vmatrix} \boldsymbol{e}_1 \wedge \boldsymbol{e}_2 \wedge \boldsymbol{e}_3 \wedge \boldsymbol{e}_4$$

所以由 $\boldsymbol{a},\boldsymbol{b},\boldsymbol{c},\boldsymbol{d}$ 所确定的四维体积为

$$|\boldsymbol{a} \wedge \boldsymbol{b} \wedge \boldsymbol{c} \wedge \boldsymbol{d}| = \left\| \begin{matrix} a_1 & a_2 & a_3 & a_4 \\ b_1 & b_2 & b_3 & b_4 \\ c_1 & c_2 & c_3 & c_4 \\ d_1 & d_2 & d_3 & d_4 \end{matrix} \right\|$$

由上可见,向量的外积运算是一种非常简单的运算,利用这种运算我们解决了任何维空间中求面积、体积等问题.

3. 外微分

有了向量的外积概念后,我们可以定义区域上的 k 阶外微分形式,及对 k 阶外微分形式求外微分运算.为简单起见,我们只讨论三维空间情形.

设函数 $f(x,y,z)$,$f_i(x,y,z)(i=1,2,3)$ 在空间区域 V 上连续,定义下面的式子

$$\omega_0 = f(x,y,z)$$

$$\omega_1 = f_1(x,y,z)\mathrm{d}x + f_2(x,y,z)\mathrm{d}y + f_3(x,y,z)\mathrm{d}z$$

$$\omega_2 = f_1(x,y,z)\mathrm{d}x \wedge \mathrm{d}y + f_2(x,y,z)\mathrm{d}y \wedge \mathrm{d}z +$$

$f_3(x,y,z)\,\mathrm{d}z\wedge\mathrm{d}x$

$$\omega_3=f(x,y,z)\,\mathrm{d}x\wedge\mathrm{d}y\wedge\mathrm{d}z$$

分别为区域 V 上的0阶,1阶,2阶,3阶的外微分形式.所以零阶外微分形式就是通常的实函数;一阶外微分形式(不一定是通常微分)是 f_1 乘以 x 轴上的有向线段微元,加上 f_2 乘以 y 轴上有向线段微元,再加上 f_3 乘以 z 轴上的有向线段微元;二阶外微分形式是 f_1 乘以 xOy 平面上的有向面积微元,加上 f_2 乘以 yOz 平面上的有向面积微元,再加上 f_3 乘以 zOx 平面上的有向面积微元;三阶外微分形式是函数 f 乘以空间有向体积微元.

如果函数 $f(x,y,z)$, $f_i(x,y,z)(i=1,2,3)$ 在区域 V 上有连续的偏导数,我们可以对上面各阶外微分形式求外微分运算,其定义为

$$\mathrm{d}\omega_0=\frac{\partial f}{\partial x}\mathrm{d}x+\frac{\partial f}{\partial y}\mathrm{d}y+\frac{\partial f}{\partial z}\mathrm{d}z$$

$$\begin{aligned}\mathrm{d}\omega_1=&\left(\frac{\partial f_1}{\partial x}\mathrm{d}x+\frac{\partial f_1}{\partial y}\mathrm{d}y+\frac{\partial f_1}{\partial z}\mathrm{d}z\right)\wedge\mathrm{d}x+\\&\left(\frac{\partial f_2}{\partial x}\mathrm{d}x+\frac{\partial f_2}{\partial y}\mathrm{d}y+\frac{\partial f_2}{\partial z}\mathrm{d}z\right)\wedge\mathrm{d}y+\\&\left(\frac{\partial f_3}{\partial x}\mathrm{d}x+\frac{\partial f_3}{\partial y}\mathrm{d}y+\frac{\partial f_3}{\partial z}\mathrm{d}z\right)\wedge\mathrm{d}z\end{aligned}$$

利用外积的运算规律得

$$\begin{aligned}\mathrm{d}\omega_1=&\left(\frac{\partial f_2}{\partial x}-\frac{\partial f_1}{\partial y}\right)\mathrm{d}x\wedge\mathrm{d}y+\left(\frac{\partial f_3}{\partial y}-\frac{\partial f_2}{\partial z}\right)\mathrm{d}y\wedge\mathrm{d}z+\\&\left(\frac{\partial f_3}{\partial x}-\frac{\partial f_1}{\partial z}\right)\mathrm{d}x\wedge\mathrm{d}z\end{aligned}$$

$$\begin{aligned} d\omega_2 &= \left(\frac{\partial f_1}{\partial x}dx + \frac{\partial f_1}{\partial y}dy + \frac{\partial f_1}{\partial z}dz\right)\wedge dx\wedge dy + \\ &\quad \left(\frac{\partial f_2}{\partial x}dx + \frac{\partial f_2}{\partial y}dy + \frac{\partial f_2}{\partial z}dz\right)\wedge dy\wedge dz + \\ &\quad \left(\frac{\partial f_3}{\partial x}dx + \frac{\partial f_3}{\partial y}dy + \frac{\partial f_3}{\partial z}dz\right)\wedge dz\wedge dx \\ &= \left(\frac{\partial f_2}{\partial x} + \frac{\partial f_3}{\partial y} + \frac{\partial f_1}{\partial z}\right)dx\wedge dy\wedge dz \end{aligned}$$

$$d\omega_3 = \left(\frac{\partial f}{\partial x}dx + \frac{\partial f}{\partial y}dy + \frac{\partial f}{\partial z}dz\right)\wedge dx\wedge dy\wedge dz = 0$$

可见,零阶外微分形式求外微分得一阶外微分形式;一阶外微分形式求外微分得二阶外微分形式;二阶外微分形式求外微分得三阶外微分形式;三阶外微分形式求外微分后为零.

有了外微分形式和外微分运算,我们可以用统一观点将前面学过的积分加以总结.

前面我们学过的积分可分为无定向积分和定向积分. 如第一型曲线积分和曲面积分是无定向积分,二重积分和三重积分若不与其区域边界上的积分相联系时,也可以作为无定向积分处理. 对于无定向积分,有向面积微元 $dx\wedge dy$ 只考虑大小,不考虑方向,所以

$$|dx\wedge dy| = dxdy$$

重积分也可记作

$$\iint_D f(x,y)\,dxdy = \iint_D f(x,y)\,|dx\wedge dy|$$

若作变量变换

$$\begin{cases}x = x(u,v)\\ y = y(u,v)\end{cases}$$

把区域 $\triangle$ 一一对应地变到区域 D，则上面重积分中 $\mathrm{d}x,\mathrm{d}y$ 用它的外微分代入，有

$$\begin{aligned}
&\iint_D f(x,y)\,\mathrm{d}x\mathrm{d}y\\
&= \iint_D f(x,y)\,|\mathrm{d}x\wedge\mathrm{d}y|\\
&= \iint_\triangle f(x(u,v),y(u,v))\cdot\\
&\quad \left|\left(\frac{\partial x}{\partial u}\mathrm{d}u+\frac{\partial x}{\partial v}\mathrm{d}v\right)\wedge\left(\frac{\partial y}{\partial u}\mathrm{d}u+\frac{\partial y}{\partial v}\mathrm{d}v\right)\right|\\
&= \iint_\triangle f(x(u,v),y(u,v))\left|\left(\frac{\partial x}{\partial u}\frac{\partial y}{\partial v}-\frac{\partial x}{\partial v}\cdot\frac{\partial y}{\partial u}\right)\mathrm{d}u\wedge\mathrm{d}v\right|\\
&= \iint_\triangle f(x(u,v),y(u,v))\,|J(u,v)|\,|\mathrm{d}u\wedge\mathrm{d}v|\\
&= \iint_\triangle f(x(u,v),y(u,v))\,|J(u,v)|\,\mathrm{d}u\mathrm{d}v
\end{aligned}$$

这就是重积分的变换公式. 同样，三重积分的变量变换若用外微分记号的话，可变得非常简洁、明了. 设变换

$$\begin{cases}x = x(u,v,w)\\ y = y(u,v,w)\\ z = z(u,v,w)\end{cases}$$

把空间区域 Ω 一一对应地变为区域 V，则有

$$\iiint_V f(x,y,z)\,\mathrm{d}x\mathrm{d}y\mathrm{d}z$$

$$= \iiint_V f(x,y,z)\,|\mathrm{d}x\wedge\mathrm{d}y\wedge\mathrm{d}z|$$

$$= \iiint_\Omega f(x(u,v,w),y(u,v,w),z(u,v,w))\cdot$$

$$\left|\left(\frac{\partial x}{\partial u}\mathrm{d}u + \frac{\partial x}{\partial v}\mathrm{d}v + \frac{\partial x}{\partial w}\mathrm{d}w\right)\wedge\right.$$

$$\left(\frac{\partial y}{\partial u}\mathrm{d}u + \frac{\partial y}{\partial v}\mathrm{d}v + \frac{\partial y}{\partial w}\mathrm{d}w\right)\wedge$$

$$\left.\left(\frac{\partial z}{\partial u}\mathrm{d}u + \frac{\partial z}{\partial v}\mathrm{d}v + \frac{\partial z}{\partial w}\mathrm{d}w\right)\right|$$

$$= \iiint_\Omega f(x(u,v,w),f(u,v,w),z(u,v,w))\cdot$$

$$|J(u,v,w)|\,\mathrm{d}u\mathrm{d}v\mathrm{d}w$$

在第一型曲面积分计算中，设曲面的参数方程为

$$\begin{cases} x = x(u,v) \\ y = y(u,v) \\ z = z(u,v) \end{cases}$$

(u,v) 在区域 $\triangle$ 上变动，则由

$$\mathrm{d}S = \sqrt{|\mathrm{d}y\wedge\mathrm{d}z|^2 + |\mathrm{d}z\wedge\mathrm{d}x|^2 + |\mathrm{d}x\wedge\mathrm{d}y|^2}$$

$$= \sqrt{\left(\frac{\partial(y,z)}{\partial(u,v)}\right)^2 + \left(\frac{\partial(z,x)}{\partial(u,v)}\right)^2 + \left(\frac{\partial(x,y)}{\partial(u,v)}\right)^2}\,|\mathrm{d}u\wedge\mathrm{d}v|$$

所以

$$\iint_S f(x,y,z)\,\mathrm{d}S$$

$$= \iint_\triangle f(x(u,v),y(u,v),z(u,v))\cdot$$

$$\sqrt{\left(\frac{\partial(y,z)}{\partial(u,v)}\right)^2+\left(\frac{\partial(z,x)}{\partial(u,v)}\right)^2+\left(\frac{\partial(x,y)}{\partial(u,v)}\right)^2}\mathrm{d}u\mathrm{d}v$$

另外一种积分，它不仅考虑区域的大小，还考虑区域的方向，称为有定向的积分. 如第二型曲线、曲面积分就是有定向的积分. 凡讨论区域上的积分与其边界上的积分联系时，无论区域上的积分还是边界上的积分，都要求是有定向的积分，如格林公式揭示了平面区域 D 上积分与其边界 L 上的第二型线积分之间的联系，若用外微分形式来写，为

$$\begin{aligned}\int_L P\mathrm{d}x+Q\mathrm{d}y &= \iint_D \mathrm{d}(P\mathrm{d}x+Q\mathrm{d}y)\\ &= \iint_D \left(\frac{\partial P}{\partial x}\mathrm{d}x+\frac{\partial P}{\partial y}\mathrm{d}y\right)\wedge\mathrm{d}x+\\ &\quad \left(\frac{\partial Q}{\partial x}\mathrm{d}x+\frac{\partial Q}{\partial y}\mathrm{d}y\right)\wedge\mathrm{d}y\\ &= \iint_D \left(\frac{\partial Q}{\partial x}-\frac{\partial P}{\partial y}\right)\mathrm{d}x\wedge\mathrm{d}y\end{aligned}$$

当边界 L 取逆时针方向时，由图 9 看出，面积微元 $\mathrm{d}x\wedge\mathrm{d}y$ 的方向与面积基 $\boldsymbol{i}\wedge\boldsymbol{j}$ 的方向一致，所以

$$\mathrm{d}x\wedge\mathrm{d}y=\mathrm{d}x\mathrm{d}y$$

若边界 L 取顺时针方向时，由图 10 看出，面积微元 $\mathrm{d}x\wedge\mathrm{d}y$ 的方向与面积基 $\boldsymbol{i}\wedge\boldsymbol{j}$ 的方向相反，所以

$$\mathrm{d}x\wedge\mathrm{d}y=-\mathrm{d}x\mathrm{d}y$$

若用 ω 表示 $P\mathrm{d}x+Q\mathrm{d}y$，则格林公式可写成

$$\int_L \omega=\iint_D \mathrm{d}\omega$$

同样，对斯托克斯公式用外微分来写，即为

$$
\begin{aligned}
&\int_L P\mathrm{d}x + Q\mathrm{d}y + R\mathrm{d}z \\
= &\iint_S \mathrm{d}(P\mathrm{d}x + Q\mathrm{d}y + R\mathrm{d}z) \\
= &\iint_S \left(\frac{\partial P}{\partial x}\mathrm{d}x + \frac{\partial P}{\partial y}\mathrm{d}y + \frac{\partial P}{\partial z}\mathrm{d}z\right) \wedge \mathrm{d}x + \\
&\left(\frac{\partial Q}{\partial x}\mathrm{d}x + \frac{\partial Q}{\partial y}\mathrm{d}y + \frac{\partial Q}{\partial z}\mathrm{d}z\right) \wedge \mathrm{d}y + \\
&\left(\frac{\partial R}{\partial x}\mathrm{d}x + \frac{\partial R}{\partial y}\mathrm{d}y + \frac{\partial R}{\partial z}\mathrm{d}z\right) \wedge \mathrm{d}z \\
= &\iint_S \left(\frac{\partial R}{\partial y} - \frac{\partial Q}{\partial z}\right)\mathrm{d}y \wedge \mathrm{d}z + \left(\frac{\partial P}{\partial z} - \frac{\partial R}{\partial x}\right)\mathrm{d}z \wedge \mathrm{d}x + \\
&\left(\frac{\partial Q}{\partial x} - \frac{\partial P}{\partial y}\right)\mathrm{d}x \wedge \mathrm{d}y
\end{aligned}
$$

当边界 L 方向确定时，S 上面积微元的方向也随之而定（图 11），根据右手定则，曲面 S 的法向量取法也随之而定. 若用 ω 表示 $P\mathrm{d}x + Q\mathrm{d}y + R\mathrm{d}z$，则公式可记为

$$
\int_L \omega = \iint_S \mathrm{d}\omega
$$

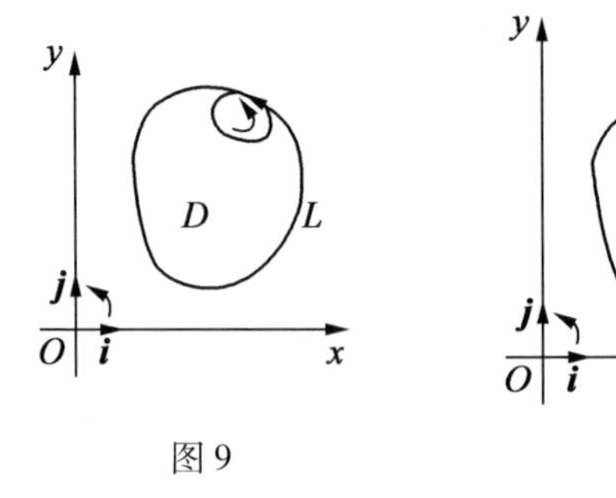

图 9　　　　图 10

奥氏公式用外微分来写，为

$$
\begin{aligned}
&\iint_S P\mathrm{d}y\wedge\mathrm{d}z+Q\mathrm{d}z\wedge\mathrm{d}x+R\mathrm{d}x\wedge\mathrm{d}y\\
=&\iiint_V \mathrm{d}(P\mathrm{d}y\wedge\mathrm{d}z+Q\mathrm{d}z\wedge\mathrm{d}x+R\mathrm{d}x\wedge\mathrm{d}y)\\
=&\iiint_V \left(\frac{\partial P}{\partial x}\mathrm{d}x+\frac{\partial P}{\partial y}\mathrm{d}y+\frac{\partial P}{\partial z}\mathrm{d}z\right)\wedge\mathrm{d}y\wedge\mathrm{d}z+\\
&\left(\frac{\partial Q}{\partial x}\mathrm{d}x+\frac{\partial Q}{\partial y}\mathrm{d}y+\frac{\partial Q}{\partial z}\mathrm{d}z\right)\wedge\mathrm{d}z\wedge\mathrm{d}x+\\
&\left(\frac{\partial R}{\partial x}\mathrm{d}x+\frac{\partial R}{\partial y}\mathrm{d}y+\frac{\partial R}{\partial z}\mathrm{d}z\right)\wedge\mathrm{d}x\wedge\mathrm{d}y\\
=&\iiint_V \left(\frac{\partial P}{\partial x}+\frac{\partial Q}{\partial y}+\frac{\partial R}{\partial z}\right)\mathrm{d}x\wedge\mathrm{d}y\wedge\mathrm{d}z
\end{aligned}
$$

当曲面 S 取外法线方向时，由图 12 看出，曲面 S 上的面积微元方向随之而定，因此体积微元的方向也随之而定，这时体积微元的方向与有向体积基 $\boldsymbol{i}\wedge\boldsymbol{j}\wedge\boldsymbol{k}$ 的方向一致，所以

$$\mathrm{d}x\wedge\mathrm{d}y\wedge\mathrm{d}z=\mathrm{d}x\mathrm{d}y\mathrm{d}z$$

反之，若 S 取内法线方向时，体积微元的方向与 $\boldsymbol{i}\wedge\boldsymbol{j}\wedge\boldsymbol{k}$ 方向相反，所以

$$\mathrm{d}x\wedge\mathrm{d}y\wedge\mathrm{d}z=-\mathrm{d}x\mathrm{d}y\mathrm{d}z$$

若记 ω 为 $P\mathrm{d}y\wedge\mathrm{d}z+Q\mathrm{d}z\wedge\mathrm{d}x+R\mathrm{d}x\wedge\mathrm{d}y$，则奥氏公式可记为

$$\iint_S \omega=\iiint_V \mathrm{d}\omega$$

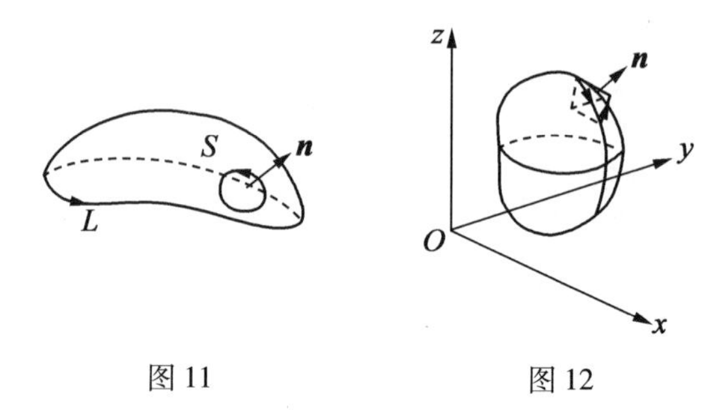

图 11　　　　图 12

可见，这些公式的形式非常一致，我们可以把它们统一成一句话：k 阶外微分形式 ω 在 k 维区域上的积分，等于 $k+1$ 阶外微分形式 $\mathrm{d}\omega$ 在 k 维区域所围的 $k+1$ 维区域上的积分.

最后关于第二型曲面积分

$$\iint_S P\mathrm{d}y\wedge\mathrm{d}z+Q\mathrm{d}z\wedge\mathrm{d}x+R\mathrm{d}x\wedge\mathrm{d}y$$

当曲面由参数方程

$$\begin{cases}x=x(u,v)\\ y=y(u,v)\\ z=z(u,v)\end{cases}$$

给出，(u,v) 在区域 $\triangle$ 上变化，因

$$\begin{cases}\mathrm{d}y\wedge\mathrm{d}z=\dfrac{\partial(y,z)}{\partial(u,v)}\mathrm{d}u\wedge\mathrm{d}v\\ \mathrm{d}z\wedge\mathrm{d}x=\dfrac{\partial(z,x)}{\partial(u,v)}\mathrm{d}u\wedge\mathrm{d}v\\ \mathrm{d}x\wedge\mathrm{d}y=\dfrac{\partial(x,y)}{\partial(u,v)}\mathrm{d}u\wedge\mathrm{d}v\end{cases}$$

所以

$$\iint_S P\mathrm{d}y\wedge\mathrm{d}z+Q\mathrm{d}z\wedge\mathrm{d}x+R\mathrm{d}x\wedge\mathrm{d}y$$

$$=\iint_{\triangle}\left(P\cdot\frac{\partial(y,z)}{\partial(u,v)}+Q\frac{\partial(z,x)}{\partial(u,v)}+R\frac{\partial(x,y)}{\partial(u,v)}\right)\mathrm{d}u\wedge\mathrm{d}v$$

S 上的面积微元方向,决定了相应 uOv 平面上面积微元的方向. 当该方向与 uOv 平面上面积基的方向一致时,有

$$\mathrm{d}u\wedge\mathrm{d}v=\mathrm{d}u\mathrm{d}v$$

否则

$$\mathrm{d}u\wedge\mathrm{d}v=-\mathrm{d}u\mathrm{d}v$$

斯托克斯公式杂议

第 8 章

§1　斯托克斯公式与流场[①]

斯托斯公式的向量形式为

$$\iint_{\Sigma} \mathrm{rot}\,\boldsymbol{A} \cdot \boldsymbol{n}\mathrm{d}s = \oint_{\Gamma} \boldsymbol{A} \cdot \boldsymbol{\tau}\mathrm{d}l$$

或

$$\iint_{\Sigma} (\mathrm{rot}\,\boldsymbol{A}) \cdot \mathrm{d}\boldsymbol{s} = \oint_{\Gamma} \boldsymbol{A} \cdot \mathrm{d}\boldsymbol{l}$$

其中，$\boldsymbol{A} = (P,Q,R)$，$\boldsymbol{n}$ 为有向曲面 Σ 上点 (x,y,z) 处单位法向量，$\boldsymbol{\tau}$ 为 Σ 边界曲线 Γ 上点 (x,y,z) 处单位切向量.

天津工学院的韩涛教授 1991 年指出：斯托克斯公式可理解为：向量场 $\boldsymbol{A}$ 沿有向闭曲线 Γ 的环量等于向量场 $\boldsymbol{A}$ 的旋度按右

① 本节摘自《工科数学》，1991 年，第 7 卷，第 3 期.

手螺旋方向穿过以 Γ 为边界的曲面 Σ 的通量.

在流场中,当向量场 $\boldsymbol{A}$ 为流速场时

$$Q_t = \oint_{\Gamma} \boldsymbol{A} \cdot \boldsymbol{\tau} \mathrm{d}l = \oint_{\Gamma} P\mathrm{d}x + Q\mathrm{d}y + R\mathrm{d}z$$

为单位时间内 $\boldsymbol{A}$ 沿 Γ 正向的速度环量. 在流速场中,向量场 $\boldsymbol{A}$ 在各点处的旋度向量等于该点处旋转角速度向量的两倍,即 $\mathrm{rot}\,\boldsymbol{A} = 2\boldsymbol{\omega}$,旋度因此而得名.

在流速场中某点处,$\mathrm{rot}\,\boldsymbol{A} \neq \boldsymbol{0}$,即表示流体流动具有涡旋. 更直观的说法是流体微团在该点处具有自转,且涡旋强度和方向由旋度向量的模和方向来决定. 而当 $\mathrm{rot}\,\boldsymbol{A} = \boldsymbol{0}$ 时,表示流体流动无涡旋.

如图 1 所示的平行流,流速为常数 u,取 x 轴正向为 $\boldsymbol{u}$ 的方向,则有

$$\boldsymbol{u} = u_x\boldsymbol{i} + 0 \cdot \boldsymbol{j} + 0 \cdot \boldsymbol{k} = u\boldsymbol{i}$$

则 $\mathrm{rot}\,\boldsymbol{u} = \boldsymbol{0}$.

说明该流场旋度为零,环量为零. 因此平行流无涡旋.

但对管道层流,如图 2 所示,虽然也是平行流动,但由于管壁的作用,流速 $\boldsymbol{u}$ 在管中心处最大,越靠近管壁处,流速越小.

流速 $\boldsymbol{u}$ 为

$$u_x = u_m - k(y^2 + z^2)u_y = 0$$

$$u_z = 0 \quad (u_m \text{ 为管中心流速}, k \text{ 为常数})$$

那么

$$\mathrm{rot}\,\boldsymbol{u} = -2kz\boldsymbol{j} + 2ky\boldsymbol{k}$$

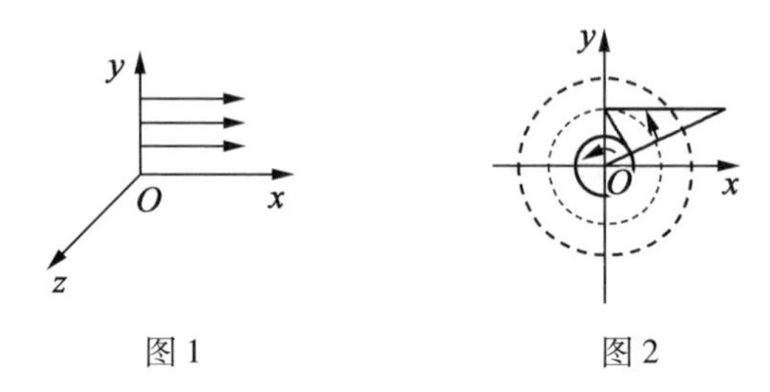

图 1　　　　　　图 2

故除 $y=0,z=0$，即管中心轴线处外，管道层流属于涡旋流动，因此，表面上看起来不存在涡旋流动的管道层流，却是实在的涡旋流.

流体流速场中的纯环流运动为一特殊的旋流运动. 设有一半径为 r_0，沿 z 轴方向无限长的圆柱体. 围绕其中心轴做旋转运动，旋转角速度为 ω，柱体周围的流体被带动跟着做旋流运动，如图 3 所示.

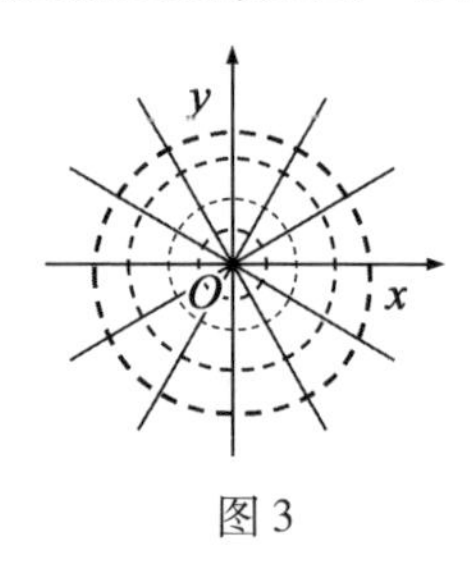

图 3

流体围绕着 z 轴做旋流运动，其速度方向与极轴半径 r 相垂直，极半径越大处，流速越小. 当 r 趋近于 ∞ 时，该处流体将不受柱体旋转的影响，而 ω 趋近于零，流动速度的大小与极半径 r 成反比

$$u_r=0,u_\theta=\frac{b}{r}\quad(b\text{ 为常数})$$

则

$$u_x = -\frac{b}{r}\sin\theta = -b\frac{y}{x^2+y^2}$$

$$u_y = \frac{b}{r}\cos\theta = b\frac{x}{x^2+y^2}$$

由上两式,有$\frac{\partial u_y}{\partial x}-\frac{\partial u_x}{\partial y}=0$,在 $r\neq 0$ 时成立.

可以肯定,除原点处,流体微团运动是无旋运动,此时,在不包含原点 O 的封闭环路上,由斯托克斯公式,环量为零. 在包含原点 O 的任意闭环路上环量为常量且等于

$$\begin{aligned} Q &= \oint_\Gamma \frac{-by}{x^2+y^2}\mathrm{d}x+\frac{bx}{x^2+y^2}\mathrm{d}y \\ &= \frac{b}{r^2}\oint_\Gamma x\mathrm{d}y - y\mathrm{d}x \\ &= \frac{b}{r^2}\cdot 2\pi r^2 \\ &= 2\pi b \end{aligned}$$

$(\Gamma: x^2+y^2=r^2, r$ 为任意正常数$)$

Q 与 r 无关,环量为常量.

这样的流动,从表面看来似乎是处处有旋,但实质上却是除原点外,处处无旋. 流体微团没有自转,而均绕着 z 轴旋转,从整体上来看,是做旋流运动,且包围原点的任意闭环路上环量为常量.

流体流速场中的有源运动(正源或负源),如图 4 所示:为正源运动. 源为点 O,流动的流体流量为 Q,流体由源 O 流出后,在平板上流层厚度为 1 沿径向方向四周扩散,在以 O 为原点的极坐标下,任意点 $M(r,\theta)$

的速度为 $u_r = \dfrac{Q}{2\pi r}$,故

$$u_x = u_r \cos\theta = \frac{Q}{2\pi} \cdot \frac{x}{x^2 + y^2}$$

$$u_y = u_r \sin\theta = \frac{Q}{2\pi} \cdot \frac{y}{x^2 + y^2}$$

由上两式,又$\dfrac{\partial u_y}{\partial x} = \dfrac{\partial u_x}{\partial y}$,在 $r \neq 0$ 时成立,因此,除源点 O 外,$\mathrm{rot}\ \boldsymbol{u} = 0$. 即正源流动属于无旋流动,不包围源点的任意闭曲线上环量为零,在趋于原点处,流速趋于无穷大,原点为流速的不连续点,但流经包围原点的任意闭曲线上的环量却为零,即

$$\oint_{\Gamma} \frac{Q}{2\pi} \cdot \frac{x}{x^2 + y^2} \mathrm{d}x + \frac{Q}{2\pi} \cdot \frac{y}{x^2 + y^2} \mathrm{d}y$$

$$= \frac{Q}{2\pi} \oint_{\Gamma} \frac{\mathrm{d}x + y\mathrm{d}y}{x^2 + y^2} = 0$$

$$(x^2 + y^2 = 1)$$

图 4

因为,只沿径向流动的有源流动,不可能存在环量,因为流体是由源点出发沿射线方向向四外扩散的.

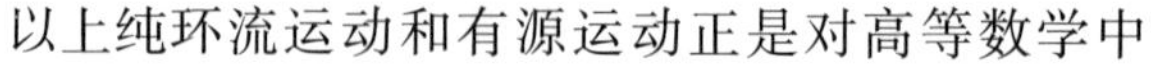

以上纯环流运动和有源运动正是对高等数学中

形如$\oint\limits_{\Gamma}\frac{x\mathrm{d}y-y\mathrm{d}x}{x^2+y^2}$及$\oint\limits_{\Gamma}\frac{x\mathrm{d}x+y\mathrm{d}y}{x^2+y^2}$曲线积分直观的物理解释. 实际上为斯托克斯公式的特例,即平面流速场的情形.

综上所述,斯托克斯公式在流体流速场中有着重要的应用. 在流速场中,对于连续、匀质的流体,斯托克斯公式所需条件显然是满足的,即$\boldsymbol{\Sigma}$为以Γ为边界曲线的有向曲面,速度场$\boldsymbol{A}=(P,Q,R)$中函数$P(x,y,z)$,$Q(x,y,z)$,$R(x,y,z)$在包含曲面$\boldsymbol{\Sigma}$在内的一空间区域内具有一阶连续偏导数. 由于斯托克斯公式建立了一个曲面上的积分与它边界上的积分之间的相互联系,故在物理学、力学及偏微分方程、微分几何中有着十分重要的应用. 所以,使之成为微积分学中重要公式之一.

§2　谈谈斯托克斯定理[①]

斯托克斯定理建立起空间第二型曲线积分与第二型曲面积分间的联系. 用斯托克斯公式又可研究空间曲线积分与路无关性. 但就教材中证明和习题来说,学生对斯托克斯定理的了解还是不够的. 承德民族师专孟庆贤教授 1995 年介绍了有关斯托克斯定理的内容、证明及应用斯托克斯证明空间曲线积分的与

① 本节摘自《承德民族师专学报》,1995 年,第 2 期.

路无关性问题.

1. 斯托克斯定理中所谈曲面

在所见到的几本教材中,在证明斯托克斯公式时,首先证明

$$\oint_C p(x,y,z)\,\mathrm{d}x = \iint_S p_z(x,y,z)\,\mathrm{d}x\mathrm{d}z - p_y(x,y,z)\,\mathrm{d}x\mathrm{d}y \tag{1}$$

在证明此等式时,首先假设S的方程为$z=f(x,y)$之形,并在证明结尾说明,若不是这样,可把S分为若干小块,使得每一小块均可写为此种形式. 但对于母线平行于z轴的柱面S而言,无论把S分为多少小块,每一小块的方程也不会是$z=f(x,y)$之形. 对于这种情况,式(1)的证明就应补充. 补充证明如下.

设S为母线平行于z轴的光滑(逐片光滑)柱面. 正侧与y轴正向一致. 方程为$y=f(x)$,S的边界(有向)曲线为C. S在xOz平面上的投影区域为D:$[a\leqslant x\leqslant b, z_1(x)\leqslant z\leqslant z_2(x)]$$D$的边界为有向曲线$T$(方向与$C$之方向一致),则有

$$\begin{aligned}\oint_C p(x,y,z)\,\mathrm{d}x &= \oint_T p(x,f(x),z)\,\mathrm{d}x\\ &= \int_a^b p(x,f(x),z_2(x))\,\mathrm{d}x +\\ &\quad \int_b^a p(x,f(x),z_2(x))\,\mathrm{d}x\\ &= \int_a^b [p(x,f(x),z_2(x)) -\end{aligned}$$

$$p(x,f(x),z_1(x))]\mathrm{d}x$$

$$\iint_S p_y(x,y,z)\mathrm{d}x\mathrm{d}y=0\quad(\text{因 }S\text{ 为母线平行 }z\text{ 轴的柱面})$$

$$\begin{aligned}\iint_S p_z(x,y,z)\mathrm{d}x\mathrm{d}z&=\iint_D p_z(x,y,z)\mathrm{d}x\mathrm{d}z\\&=\int_a^b\mathrm{d}x\int_{z_1(x)}^{z_2(x)}p_z(x,y,z)\mathrm{d}z\\&=\int_a^b\mathrm{d}x\int_{z_1(x)}^{z_2(x)}p_z(x,f(x),z)\mathrm{d}z\\&=\int_a^b[p(x,f(x),z_2(x))-\\&\quad p(x,f(x),z_1(x))]\mathrm{d}x\end{aligned}$$

所以

$$\oint_C p(x,y,z)\mathrm{d}x=\iint_S p_z(x,y,z)\mathrm{d}x\mathrm{d}z-p_y(x,y,z)\mathrm{d}x\mathrm{d}y$$

若S不能写为$y=f(x)$之形，可适当地把S分为有限块$S_1,S_2,\cdots,S_k$，使得对于每一小曲面S_1，其方程为$y=f(x)$的形式或$x=Q(y)$的形式，设S_1的边界为C_1，用上述类似的方法可证明

$$\oint_{C_1}p(x,y,z)\mathrm{d}x=\iint_{S_i}p_z(x,y,z)\mathrm{d}x\mathrm{d}z-p_y(x,y,z)\mathrm{d}x\mathrm{d}y\quad(i=1,\cdots,k)$$

等式两端从1到k加起来，便可得到式(1).

2. 斯托克斯定理中所谈曲面的边界

斯托克斯定理的证明中，曲面S的边界曲线是何种曲线？从习题上看，所涉及的曲面边界曲线都是一条闭曲线. 但从定理中的条件可看出，曲面边界即可以是一条闭曲线，也可是由若干条互不相交的闭曲线

所组成. 许多光滑或逐片光滑的曲面边界是由有限条互不相交的闭曲线所组成. 在证明过程中,可从边界为一条闭曲线的情况开始,至于 S 的边界为有限条闭曲线 $C_1,C_2,\cdots,C_k$,像证明格林公式一样,用 S 上的有限条光滑或逐段光滑的曲线段把 S 分为有限块 S_1,$S_2,\cdots,S_m$,其边界均为一条闭曲线. 设 $S_1,S_2,\cdots,S_m$ 的边界分别为 $L_1,L_2,\cdots,L_m$,则可证明

$$\oint_{L_1} p(x,y,z)\,\mathrm{d}x = \iint_{S_i} p_z\mathrm{d}x\mathrm{d}z - p_y\mathrm{d}x\mathrm{d}y$$

所以

$$\sum_{l=1}^{m}\oint_{L_i} p(x,y,z)\,\mathrm{d}x = \sum_{i=1}^{m}\iint_{S_i} p_z\mathrm{d}x\mathrm{d}z - p_y\mathrm{d}x\mathrm{d}y$$

$$\oint_{C} p(x,y,z)\,\mathrm{d}x = \iint_{S} p_z\mathrm{d}x\mathrm{d}z - p_y\mathrm{d}x\mathrm{d}y$$

同样可证明另两个等式,因而当 C 为有限条闭曲线时,斯托克斯公式也成立.

3. 如何用斯托克斯公式证明空间曲线的积分的与路无关性

现证明若 $P(x,y,z)$,$Q(x,y,z)$,$R(x,y,z)$ 满足

$$P_y = Q_x, R_x = P_z, Q_z = R_y$$

则 $\int_C P\mathrm{d}s + Q\mathrm{d}y + R\mathrm{d}z$ 积分与路无关.

设 $C(A,B)$,$C'(A,B)$ 均为起点 A,终点为 B 的光滑或逐段光滑线. 若证明

$$\int_{C(A,B)} P\mathrm{d}x + Q\mathrm{d}y + R\mathrm{d}z = \int_{C'(A,B)} P\mathrm{d}x + Q\mathrm{d}y + R\mathrm{d}z$$

设

$$C(A,B)+C'(A,B)=C$$

只须证明

$$\oint_C P\mathrm{d}x+Q\mathrm{d}y+R\mathrm{d}z=0 \tag{2}$$

假设 C 恰好是某一光滑或逐片光滑的曲面 S 的边界，则式(2) 由斯托克斯公式易可证明，因而若想证明 $\int_C P\mathrm{d}s+Q\mathrm{d}y+R\mathrm{d}z$ 积分与路无关，只须证对于任意的光滑或逐段光滑闭曲线 C，有式(2) 成立. 而利用斯托克斯公式证明式(2) 成立，就应指出，是否对于空间中任意一条光滑或逐段光滑的闭曲线 C，均有一光滑或逐片光滑的曲面 S，S 的边界恰好为 C，对于这个问题研究起来不一定容易，但仍可用斯托克斯公式来证明空间曲线积分的与路无关性，可分两点证明.

(1) 若光滑或逐段光滑有向闭曲线 C 上任意一段曲线均不在与某坐标轴平行的平面上.

不妨设为 z 轴. 以 C 为准线做母线平行于 z 轴的柱面 S_1，而 C 必在某平面 $z=h$ 之上(下). 设 S_1 与 $z=h$ 的交线为 T，于是 S_1 上介于 C，T 间有界部分与 $z=h$ 上被 T 所围有界部分连在一起得一曲面逐片光滑的 S，S 的边界恰好是 C，由斯托克斯公式可证明

$$\oint_C P\mathrm{d}s+Q\mathrm{d}y+R\mathrm{d}z=0$$

(2) 若光滑或逐段光滑的有向闭曲线 C 不满足(1).

适当用光滑或逐段光滑的曲线段 $l_1, l_2, \cdots, l_k$ 连 C 上 K 对点. C 及 $l_1, l_2, \cdots, l_k$ 组成 $k+1$ 条两两之间仅可能在某条 l_i 上重合的闭曲线(有向) $C_1, C_2, \cdots, C_{k+1}$,而对每条 l_i 必为这 $k+1$ 条曲线中两曲线的公共边界. 其中 C_i 上属于 C 的部分 C_i^1 方向不变, C_i 上其他部分以 C_i^1 上的方向为准构成有向闭曲线,且 $C_1, C_2, \cdots, C_{k+1}$,符合(1),按(1) 中方法得 $k+1$ 张曲面 $S_1, S_2, \cdots, S_{k+1}$, S_i 的正侧由 C_1 的正向来定. 在 S_i 上应用斯托克斯公式有

$$\oint_{C_i} P\mathrm{d}s + Q\mathrm{d}y + R\mathrm{d}z$$

$$= \iint_{S_i} (R_y - Q_z)\mathrm{d}x\mathrm{d}z + (P_z - R_x)\mathrm{d}z\mathrm{d}x + (Q_x - P_y)\mathrm{d}x\mathrm{d}y$$

$$\sum_{i=1}^{k+1} \oint_{C_i} P\mathrm{d}s + Q\mathrm{d}y + R\mathrm{d}z$$

$$= \sum_{i=1}^{k+1} \iint_{S_i} (R_y - Q_z)\mathrm{d}y\mathrm{d}z + (P_z - R_x)\mathrm{d}z\mathrm{d}x + (Q_x - P_y)\mathrm{d}x\mathrm{d}y$$

当 $R_y = Q_z, P_z = R_x, Q_x = P_y$ 时有等式右端为 0,而左端恰好是 $\oint_C P\mathrm{d}x + Q\mathrm{d}y + R\mathrm{d}z$,于是

$$\oint_C P\mathrm{d}x + Q\mathrm{d}y + R\mathrm{d}z = 0$$

由此可知对于任意的光滑或逐段光滑有向闭曲线 C,在

$$R_y = Q_z, P_z = R_x, Q_x = P_y$$

条件下,均有

$$\oint_C P\mathrm{d}x + Q\mathrm{d}y + R\mathrm{d}z = 0$$

于是积分与路无关得证.

§3　斯托克斯定理的一种证法[①]

斯托克斯公式已有几种证明方法,陕西工学院基础部的曹吉利教授 2000 年根据对坐标的曲面积分的向量形式的定义及其计算给出又一种证明方法.

定理 1　设 Γ 为分段光滑的空间有向闭曲线. S 是以 Γ 为边界的分片光滑的有向曲面,Γ 的正向与 S 的侧符合右手规则,函数 $P(x,y,z)$,$Q(x,y,z)$,$R(x,y,z)$ 在包含曲面 S 在内的一个空间区域内具有一阶连续偏导数,则有

$$\iint_S \left(\frac{\partial R}{\partial y} - \frac{\partial Q}{\partial z}\right)\mathrm{d}y\mathrm{d}z + \left(\frac{\partial P}{\partial z} - \frac{\partial R}{\partial x}\right)\mathrm{d}z\mathrm{d}x + \left(\frac{\partial Q}{\partial x} - \frac{\partial P}{\partial y}\right)\mathrm{d}x\mathrm{d}y = \oint_\Gamma P\mathrm{d}x + Q\mathrm{d}y + R\mathrm{d}z \qquad (1)$$

式(1) 叫作斯托克斯公式.

证　先假定 S 与平行于 z 轴的直线相交于一点,并设 S 为曲面 $z=f(x,y)$ 的上侧,S 的正向边界曲线 Γ 在 xOy 面上的投影为平面有向曲线 C,C 所围成的闭区

---

① 本节摘自《陕西工学院学报》,2000 年,第 16 卷,第 2 期.

域为 D_{xy}（图 5）.

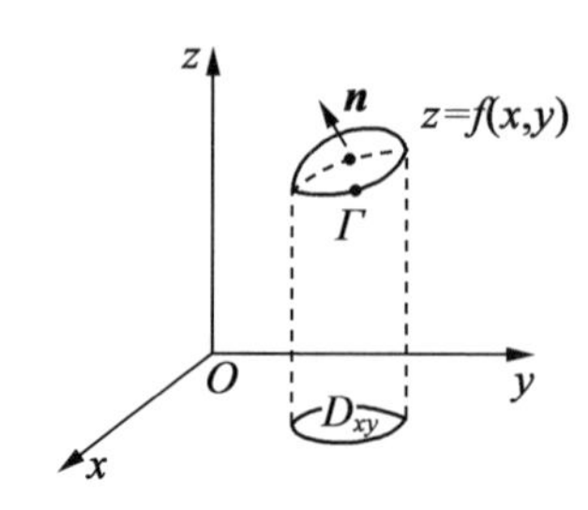

图 5　以 Γ 为边界的光滑有向曲面

先证

$$\iint_S \frac{\partial P}{\partial z}\mathrm{d}z\mathrm{d}x - \frac{\partial P}{\partial y}\mathrm{d}x\mathrm{d}y = \oint_\Gamma P\mathrm{d}x \qquad (2)$$

$$\iint_S \frac{\partial P}{\partial z}\mathrm{d}z\mathrm{d}x - \frac{\partial P}{\partial y}\mathrm{d}x\mathrm{d}y$$

$$= \iint_{D_{xy}}\left(0,\frac{\partial P}{\partial z},-\frac{\partial P}{\partial y}\right)\cdot(-f_x,-f_y,1)\mathrm{d}x\mathrm{d}y$$

$$= \iint_{D_{xy}}\left(-\frac{\partial P}{\partial z}\cdot f_y-\frac{\partial P}{\partial y}\right)\mathrm{d}x\mathrm{d}y$$

$$= -\iint_{D_{xy}}\left(\frac{\partial P}{\partial z}\cdot f_y+\frac{\partial P}{\partial y}\right)\mathrm{d}x\mathrm{d}y$$

$$= -\iint_{D_{xy}}\frac{\partial}{\partial y}[P(x,y,f(x,y))]\mathrm{d}x\mathrm{d}y$$

$$= \oint_C P[x,y,f(x,y)]\mathrm{d}x \quad \text{（由格林公式）}$$

这里

$$\frac{\partial}{\partial y}[P(x,y,f(x,y))] = \frac{\partial P}{\partial y}+\frac{\partial P}{\partial z}\cdot f_y$$

由于 $P[x,y,f(x,y)]$ 在曲线 C 上点 (x,y) 处的值

与函数 $P(x,y,z)$ 在曲线 Γ 上对应点 (x,y,z) 处的值相同,并且两曲线上的对应小弧段在 x 轴上的投影也一样,根据曲线积分的定义

$$\oint_C P[x,y,f(x,y)]\mathrm{d}x = \oint_\Gamma P(x,y,z)\mathrm{d}x$$

故

$$\iint_S \frac{\partial P}{\partial z}\mathrm{d}z\mathrm{d}x - \frac{\partial P}{\partial y}\mathrm{d}x\mathrm{d}y = \oint_\Gamma P(x,y,z)\mathrm{d}x$$

如果 S 取下侧,Γ 也相应地改成相反的方向,那么式(2) 两端同时改变符号,式(2) 仍成立.

其次如果曲面与平行于 z 轴的直线相交多于一点,则可作辅助曲线把曲面分成几部分,然后应用式(2) 并相加,因为沿辅助曲线而方向相反的两个曲线积分相加时正好抵消,所以对于这一类式(2) 也成立.

同理可证

$$\iint_S \frac{\partial Q}{\partial x}\mathrm{d}x\mathrm{d}y - \frac{\partial Q}{\partial z}\mathrm{d}y\mathrm{d}z = \oint_\Gamma Q(x,y,z)\mathrm{d}y$$

$$\iint_S \frac{\partial R}{\partial y}\mathrm{d}y\mathrm{d}z - \frac{\partial R}{\partial x}\mathrm{d}z\mathrm{d}x = \oint_\Gamma R(x,y,z)\mathrm{d}z$$

把它们与式(2) 相加即得式(1).(定理证毕)

为了方便记忆,用行列式记号把高斯公式(1),记作

$$\iint_S \begin{vmatrix} \mathrm{d}y\mathrm{d}z & \mathrm{d}z\mathrm{d}x & \mathrm{d}x\mathrm{d}y \\ \dfrac{\partial}{\partial x} & \dfrac{\partial}{\partial y} & \dfrac{\partial}{\partial z} \\ P & Q & R \end{vmatrix} = \oint_\Gamma P\mathrm{d}x + Q\mathrm{d}y + R\mathrm{d}z$$

根据两类曲面积分间的联系,可得斯托克斯公式(1)

的另一种形式

$$\iint_S \begin{vmatrix} \cos\alpha & \cos\beta & \cos\gamma \\ \dfrac{\partial}{\partial x} & \dfrac{\partial}{\partial y} & \dfrac{\partial}{\partial z} \\ P & Q & R \end{vmatrix} \mathrm{d}S = \oint_\Gamma P\mathrm{d}x + Q\mathrm{d}y + R\mathrm{d}z \tag{1'}$$

其中$\boldsymbol{n}^0 = (\cos\alpha, \cos\beta, \cos\gamma)$为有向曲面$S$的单位法向量.

如果S是xOy面上的一块平面闭区域，则斯托克斯公式就变成格林公式，因此，格林公式是斯托克斯公式的一个特殊情形.

例 1　利用斯托克斯公式计算

$$\oint_\Gamma z\mathrm{d}x + x\mathrm{d}y + y\mathrm{d}z$$

其中Γ为平面$x + y + z = 1$被三个坐标面所截成的三角形的整个边界，它的正向与这个三角形上侧的法向量之间符合右手规则(图 6).

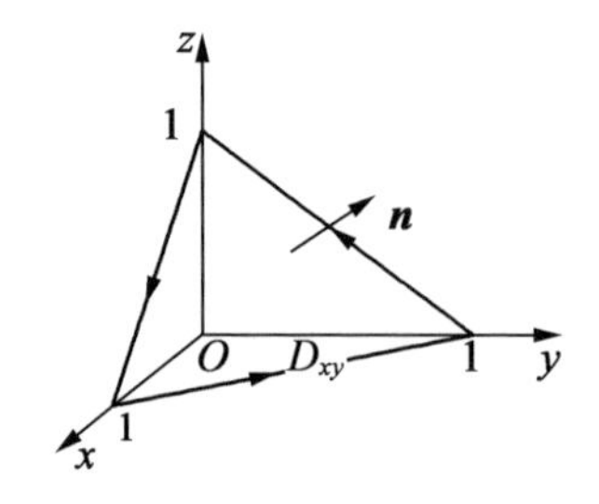

图 6　分段光滑的空间有向闭曲线 Γ

解　由斯托克斯公式，有

$$
\begin{aligned}
&\oint_{\Gamma} z\mathrm{d}x+x\mathrm{d}y+y\mathrm{d}z \\
&=\iint_{S}\begin{vmatrix} \mathrm{d}y\mathrm{d}z & \mathrm{d}z\mathrm{d}x & \mathrm{d}x\mathrm{d}y \\ \frac{\partial}{\partial x} & \frac{\partial}{\partial y} & \frac{\partial}{\partial z} \\ z & x & y \end{vmatrix} \\
&=\iint_{S}\mathrm{d}y\mathrm{d}z+\mathrm{d}z\mathrm{d}x+\mathrm{d}x\mathrm{d}y \\
&=\iint_{D_{xy}}(1,1,1)\cdot(-z_x,-z_y,1)\mathrm{d}x\mathrm{d}y \\
&=\iint_{D_{xy}}(1,1,1)\cdot(1,1,1)\mathrm{d}x\mathrm{d}y \\
&=3\iint_{D_{xy}}\mathrm{d}x\mathrm{d}y \\
&=\frac{3}{2}
\end{aligned}
$$

其中 D_{xy} 为 $0\leqslant y\leqslant 1-x, 0\leqslant x\leqslant 1$.

例 2　计算

$$\oint_{\Gamma} y\mathrm{d}x+z\mathrm{d}y+x\mathrm{d}z$$

其中 Γ 为圆周

$$\begin{cases} x^2+y^2+z^2=a^2 \\ x+y+z=0 \end{cases}$$

若从 x 轴正向看去,该圆周是取逆时针的方向(图 7).

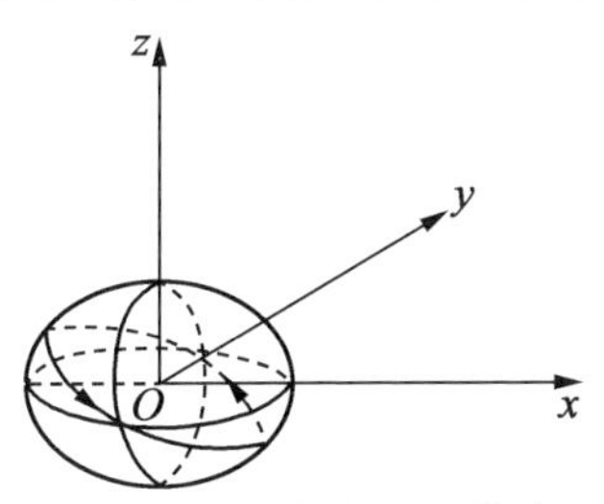

图 7　空间有向光滑闭曲线 Γ

解 取 Γ 上所张的曲面 S 为 Γ 围成的平面圆，由于从 x 轴看去，Γ 是逆时针方向，且符合右手规则，则 S 的单位法向量 $\boldsymbol{n}^0 = \left(\frac{1}{\sqrt{3}},\frac{1}{\sqrt{3}},\frac{1}{\sqrt{3}}\right)$，根据斯托克斯公式 (1′) 得

$$\oint_\Gamma y\mathrm{d}x + z\mathrm{d}y + x\mathrm{d}z = \iint_S \begin{vmatrix} \cos\alpha & \cos\beta & \cos\gamma \\ \frac{\partial}{\partial x} & \frac{\partial}{\partial y} & \frac{\partial}{\partial z} \\ y & z & x \end{vmatrix} \mathrm{d}S$$

$$= \iint_S \begin{vmatrix} \frac{1}{\sqrt{3}} & \frac{1}{\sqrt{3}} & \frac{1}{\sqrt{3}} \\ \frac{\partial}{\partial x} & \frac{\partial}{\partial y} & \frac{\partial}{\partial z} \\ y & z & x \end{vmatrix} \mathrm{d}S$$

$$= \iint_S \left(-\frac{1}{\sqrt{3}} - \frac{1}{\sqrt{3}} - \frac{1}{\sqrt{3}}\right)\mathrm{d}S$$

$$= -\sqrt{3}\iint_S \mathrm{d}S$$

$$= -\sqrt{3}\pi a^2$$

例 3 利用斯托克斯公式计算曲线积分

$$I = \oint_\Gamma (y^2 - z^2)\mathrm{d}x + (z^2 - x^2)\mathrm{d}y + (x^2 - y^2)\mathrm{d}z$$

其中 Γ 是平面 $x + y + z = \frac{3}{2}$ 截立体

$$0 \leqslant x \leqslant 1, 0 \leqslant y \leqslant 1, 0 \leqslant z \leqslant 1$$

的表面所截得的截痕，若从 Ox 轴正向看去，取逆时针方向(图 8).

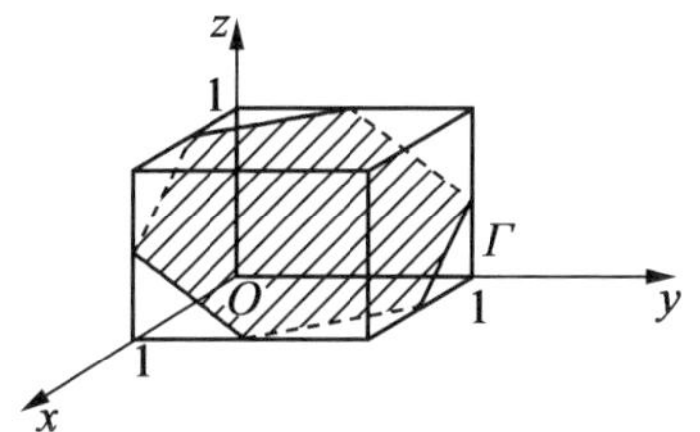

图8　分段光滑的空间有向闭曲线 Γ

解　取 S 为平面 $x+y+z=\frac{3}{2}$ 的上侧被 Γ 所围成的部分，S 的单位法向量 $\boldsymbol{n}^0=\frac{1}{\sqrt{3}}(1,1,1)$，即

$$\cos\alpha=\cos\beta=\cos\gamma=\frac{1}{\sqrt{3}}$$

由斯托克斯公式，有

$$\begin{aligned}
I &= \iint_S \begin{vmatrix} \frac{1}{\sqrt{3}} & \frac{1}{\sqrt{3}} & \frac{1}{\sqrt{3}} \\ \frac{\partial}{\partial x} & \frac{\partial}{\partial y} & \frac{\partial}{\partial z} \\ y^2-z^2 & z^2-x^2 & x^2-y^2 \end{vmatrix} \mathrm{d}S \\
&= -\frac{4}{\sqrt{3}} \iint_S (x+y+z)\,\mathrm{d}S \\
&= -\frac{4}{\sqrt{3}} \iint_S \frac{3}{2}\mathrm{d}S \\
&= -2\sqrt{3} \iint_{D_{xy}} \sqrt{3}\,\mathrm{d}xy \\
&= -\frac{9}{2}
\end{aligned}$$

D_{xy} 见图9.

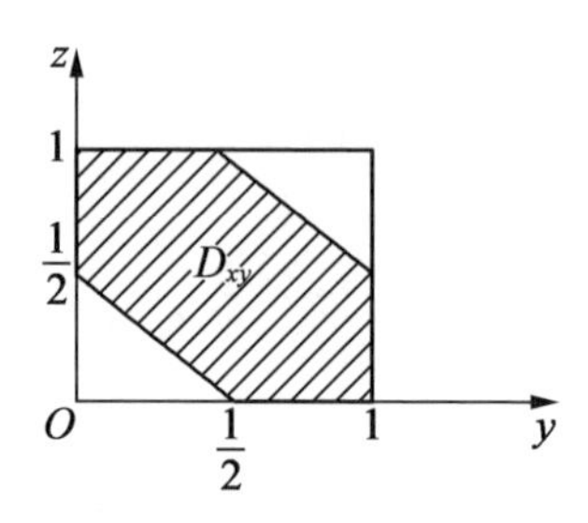

图 9　分段光滑的空间有向闭曲线 Γ 在 xOy 坐标面上投影所围成的闭区域

也可用第二类曲面积分计算

$$I=\oint_{\Gamma}(y^2-z^2)\mathrm{d}x+(z^2-x^2)\mathrm{d}y+(x^2-y^2)\mathrm{d}z$$

$$=\iint_{S}\begin{vmatrix}\mathrm{d}y\mathrm{d}z & \mathrm{d}z\mathrm{d}x & \mathrm{d}x\mathrm{d}y\\ \dfrac{\partial}{\partial x} & \dfrac{\partial}{\partial y} & \dfrac{\partial}{\partial z}\\ y^2-z^2 & z^2-x^2 & x^2-y^2\end{vmatrix}$$

$$=\iint_{S}(-2y-2z)\mathrm{d}y\mathrm{d}z+(-2z-2x)\mathrm{d}z\mathrm{d}x+(-2x-2y)\mathrm{d}x\mathrm{d}y$$

$$=-2\iint_{S}(y+z)\mathrm{d}y\mathrm{d}z+(z+x)\mathrm{d}z\mathrm{d}x+(x+y)\mathrm{d}x\mathrm{d}y$$

$$=-2\iint_{D_{xy}}\left(\frac{3}{2}-x,\frac{3}{2}-y,x+y\right)\cdot(1,1,1)\mathrm{d}x\mathrm{d}y$$

$$=-6\iint_{D_{xy}}\mathrm{d}x\mathrm{d}y$$

$$=-\frac{9}{2}$$

§4 黎曼流形上的斯托克斯公式[①]

苏州教育学院数学系的陈白妹教授2002年应用黎曼流形的斯托克斯公式,给出了复流形中柯西定理及调和函数唯一性定理的一个简单证明,同时将此公式用于普通微积分中,得到了格林公式,斯托克斯公式和高斯公式.

1. 黎曼流形上的斯托克斯公式

设(M,g)是n维黎曼流形,其黎曼度量为g,考虑M上任一坐标图(U,φ,u^i),我们有$g=\sum_{i,j=1}^{n}g_{ij}\mathrm{d}u^i\otimes\mathrm{d}u^j$,其中$g_{ij}=g\left(\frac{\partial}{\partial u^i},\frac{\partial}{\partial u^j}\right)(i=1,2,\cdots,n;j=1,2,\cdots,n)$,梅向明,黄敬之的《微分几何》(高等教育出版社,1999)中给出了黎曼流形上的斯托克斯公式.

定理2 设D是n维定向流形M中带边子流形,ω是M上有紧致支集的$n-1$次外微分形式,∂D是D的边界,具有诱导定向,则

$$\int_D \mathrm{d}\omega=\int_{\partial D}\omega \tag{1}$$

《微分几何》中未给出此公式证明,在这里我们先给出定理证明,然后,再讨论它的应用.

---

① 本节摘自《苏州教育学院学报》,2002年,第19卷,第4期.

证 设 $\{u_i\}$ 是 M 的定向相符的坐标覆盖，$\{g_\alpha\}$ 是从属于 $\{u_i\}$ 的单位分解，则有

$$\omega = \sum_\alpha g_\alpha \cdot \omega$$

因 Supp ω 紧致，上式右端是有限项的和，所以

$$\int_D \mathrm{d}\omega = \sum_\alpha \mathrm{d}(g_\alpha \cdot \omega), \int_{\partial D} \omega = \sum_\alpha \int_{\partial D} g_\alpha \cdot \omega$$

因而只须对每个 α，证明

$$\int_D \mathrm{d}(g_\alpha \cdot \omega) = \int_{\partial D} g_\alpha \cdot \omega$$

假定 Supp $\omega \subset M$ 的某个定向相符的坐标邻域 (U, x^i) 内，设

$$\omega = \sum_{j=1}^{n} (-1)^{j-1} a_j \mathrm{d}x^1 \wedge \cdots \wedge \mathrm{d}x^j \wedge \cdots \wedge \mathrm{d}x^n$$

其中 $a_j \in C^\infty(U)$，则

$$\mathrm{d}\omega = \sum_{j=1}^{n} \frac{\partial a_j}{\partial x^j} \mathrm{d}x^1 \wedge \mathrm{d}x^2 \wedge \cdots \wedge \mathrm{d}x^n$$

分两种情形讨论：

(1) $U \cap \partial D = \varnothing$，于是式(1) 右端为 0，此时 U 或者包含于 $M \backslash D$ 中，或者包含于 D 中.

若 $U \subset M \backslash D$，则式(1) 左端为 0. 若 $U \subset D$，则

$$\int_D \mathrm{d}\omega = \sum_{j=1}^{n} \int_U \frac{\partial a_j}{\partial x^j} \mathrm{d}x^1 \mathrm{d}x^2 \cdots \mathrm{d}x^n$$

在 $\mathbf{R}^n$ 中作一方体 C：$|x^i| \leqslant K, 1 \leqslant i \leqslant n$，使 $U \subset C$ 的内部，将 a_j 延拓到 C 上（在 U 外取零）成为 C 内的光滑函数，因而有

$$\int_U \frac{\partial a_j}{\partial x^j} \mathrm{d}x^1 \mathrm{d}x^2 \cdots \mathrm{d}x^n$$

$$
\begin{aligned}
&= \int_C \frac{\partial a_j}{\partial x^j} dx^1 dx^2 \cdots dx^n \\
&= \int\limits_{\substack{|x^i| \leqslant K \\ i \neq j}} \left[\int_{-K}^{K} \left(\frac{\partial a_j}{\partial x^j} dx^j \right) \right] dx^1 \cdots \widehat{dx^j} \cdots dx^n \\
&= \int\limits_{|x^i| \leqslant K} [a_j(x^1, x^2, \cdots, x^{j-1}, K, x^{j+1}, x^{j+2} \cdots x^n) - \\
&\quad a_j(x^1, x^2, \cdots, x^{j-1}, -K, x^{j+1}, x^{j+2} \cdots x^n)] dx^1 \cdots \widehat{dx^j} \cdots dx^n \\
&= 0
\end{aligned}
$$

(2) 若 $U \cap \partial D \neq \varnothing$,可设 U 是 M 的定向相符的适用坐标系. 即有 $U \cap D = \{q \in U \mid x^n(q) \geqslant 0\}$, $U \cap \partial D = \{q \in U \mid x^n(q) = 0\}$. 在 $\mathbf{R}^n$ 中作一方体 C: $|x^i| \leqslant K, 1 \leqslant i \leqslant n-1, 0 \leqslant x^n \leqslant K$, 当 K 充分大时, $U \cap D \subset C$ 的内部及边界 $\{x^n = 0\}$ 中,将 a_j 延拓到 C 上($U \cap D$ 外取零),则式(1) 右端为

$$
\begin{aligned}
\int_{\partial D} \omega &= \int_{U \cap \partial D} \omega \\
&= \sum_{j=1}^{n} (-1)^{j-1} \int_{U \cap \partial D} a_j dx^1 \wedge dx^2 \wedge \cdots \widehat{dx^j} \wedge \cdots \wedge dx^n \\
&= (-1)^{n-1} \int_{U \cap \partial D} a_n dx^1 \wedge dx^2 \wedge \cdots \wedge dx^{n-1} \\
&= -\int_{U \cap \partial D} a_n (-1)^n dx^1 \wedge dx^2 \wedge \cdots \wedge dx^{n-1} \\
&= -\int\limits_{\substack{|x^i| \leqslant K \\ 1 \leqslant i \leqslant n-1}} a_n(x^1, x^2, \cdots, x^{n-1}, 0) dx^1 dx^2 \cdots dx^{n-1}
\end{aligned}
$$

式(1) 左端为

$$
\int_D \omega = \int_{D \cap U} d\omega = \sum_{j=1}^{n} \int_{U \cap D} \frac{\partial a_j}{\partial x^j} dx^1 \wedge dx^2 \wedge \cdots \wedge dx^n
$$

$$= \int_{D\cap U} \frac{\partial a_n}{\partial x^n} dx^1 \wedge dx^2 \wedge \cdots \wedge dx^n$$

$$= \int_{\substack{|x^i| \leqslant K \\ i\neq n}} \left(\int_0^K \frac{\partial a_n}{\partial x^n} dx^n \right) dx^1 dx^2 \cdots dx^{n-1}$$

$$= \int_{\substack{|x^i| \leqslant K \\ i\neq n}} [a_n(x^1, x^2, \cdots, x^{n-1}, K) -$$

$$a_n(x^1, x^2, \cdots, x^{n-1}, 0)] dx^1 dx^2 \cdots dx^{n-1}$$

$$= -\int_{\substack{|x^i| \leqslant K \\ i\neq n}} a_n(x^1, x^2, \cdots, x^{n-1}, 0) dx^1 dx^2 \cdots dx^{n-1}$$

即式(1)成立.

在实际应用中,区域 D 常为紧致闭集,故不必假定 $\omega \in \wedge^{n-1}(M)$ 有紧致支集,而斯托克斯公式仍成立.

2. 斯托克斯公式的应用

推论 1(柯西定理) 若 ω 是 M 上闭形式,且 M 是 n 维定向流形,D 是 M 中带边子流形,具有诱导定向,则 $\int_{\partial D} \omega = 0$.

证 因 $d\omega = 0$,而 $\int_{\partial D} \omega = \int_D d\omega = 0$.

推论 2 设 G 是 $\mathbf{R}^n$ 中 n 维有边子流形,如果 $u \in C^\infty(G)$,且 $\Delta u = \sum_{i=1}^n \frac{\partial^2 u}{\partial (x^i)^2} = 0$(即 u 为 G 上调和函数),其中 $(x^1, x^2, \cdots, x^n)$ 是 $\mathbf{R}^n$ 上欧氏坐标,如果 u_1,u_2,都是调和函数,且 $u_1 | \partial G = u_2 | \partial G$,则 $u_1 = u_2$.

证 只须证若 u 是调和函数且 $U| \partial G = 0$,则 $U \equiv 0$.

令

$$\omega = \sum_{i=1}^{n} (-1)^{j-1} u \frac{\partial u}{\partial x^j} \mathrm{d}x^1 \wedge \cdots \wedge \mathrm{d}x^i \wedge \cdots \wedge \mathrm{d}x^n$$

则

$$\mathrm{d}\omega = \sum_{i=1}^{n} \frac{\partial u}{\partial x^i} \cdot \frac{\partial u}{\partial x^i} + \sum_{i=1}^{n} (-1)^{i-1} u \cdot$$

$$\frac{\partial^2 u}{\partial (x^i)^2} \mathrm{d}x^i \mathrm{d}x^1 \wedge \cdots \wedge \mathrm{d}x^i \wedge \cdots \wedge \mathrm{d}x^n$$

由于 $\Delta u = 0$,故

$$\mathrm{d}\omega = \sum_{i=1}^{n} \left(\frac{\partial u}{\partial x^i}\right)^2 \mathrm{d}x^1 \wedge \mathrm{d}x^2 \wedge \cdots \wedge \mathrm{d}x^n$$

根据斯托克斯公式

$$\int_G \mathrm{d}\omega = \int_{\partial G} \omega$$

于是

$$\int_G \sum_{i=1}^{n} \left(\frac{\partial u}{\partial x^i}\right)^2 \mathrm{d}x^1 \wedge \mathrm{d}x^2 \wedge \cdots \wedge \mathrm{d}x^n$$

$$= \int_{\partial M} \sum_{i=1}^{n} (-1)^{i-1} u \frac{\partial u}{\partial x^i} \mathrm{d}x^1 \wedge \cdots \wedge \mathrm{d}x^i \wedge \cdots \wedge \mathrm{d}x^n$$

而 $u \mid \partial G = 0$,所以

$$\int_G \sum_{i=1}^{n} \left(\frac{\partial u}{\partial x^i}\right)^2 \mathrm{d}x^1 \wedge \mathrm{d}x^2 \wedge \cdots \wedge \mathrm{d}x^n = 0$$

$$\sum_{i=1}^{n} \left(\frac{\partial u}{\partial x^i}\right)^2 = 0, u \in C^\infty(G)$$

所以 $u \equiv 0$.

推论 1,推论 2 用于复平面,我们就可得到复变函数中所得到的柯西定理及调和函数唯一性定理.

若将定理用于普通微积分中所涉及的 $\mathbf{R}^2$,$\mathbf{R}^3$ 中,

当 $M = \mathbf{R}^2$，D 是 $\mathbf{R}^2$ 上一区域. ∂G 是它的边缘闭曲线.

设

$$\omega = P(x,y)\mathrm{d}x + Q(x,y)$$

则

$$\mathrm{d}\omega = \left(\frac{\partial Q}{\partial x} - \frac{\partial P}{\partial y}\right)\mathrm{d}x \wedge \mathrm{d}y$$

于是斯托克斯公式为

$$\int_{\partial D} P\mathrm{d}x + Q\mathrm{d}y = \iint_{D}\left(\frac{\partial Q}{\partial x} - \frac{\partial P}{\partial y}\right)\mathrm{d}x \wedge \mathrm{d}y$$

这就是我们熟知的格林公式.

当 $M = \mathbf{R}^3$ 时，D 是空间 $\mathbf{R}^3$ 中曲面域，∂D 是它的边缘闭曲线，设 ω 是 1 - 形式

$$\omega = P(x,y,z)\mathrm{d}x + Q(x,y,z)\mathrm{d}y + R(x,y,z)\mathrm{d}z$$

则

$$\mathrm{d}\omega = \left(\frac{\partial R}{\partial y} - \frac{\partial Q}{\partial z}\right)\mathrm{d}y \wedge \mathrm{d}z + \left(\frac{\partial P}{\partial z} - \frac{\partial R}{\partial x}\right)\mathrm{d}z \wedge \mathrm{d}x + \left(\frac{\partial Q}{\partial x} - \frac{\partial P}{\partial y}\right)\mathrm{d}x \wedge \mathrm{d}y$$

这时，斯托克斯公式为

$$\int_{\partial D} P\mathrm{d}x + Q\mathrm{d}y + R\mathrm{d}z = \iint_{D}\left(\frac{\partial R}{\partial y} - \frac{\partial Q}{\partial z}\right)\mathrm{d}y \wedge \mathrm{d}z + \left(\frac{\partial P}{\partial z} - \frac{\partial R}{\partial x}\right)\mathrm{d}z \wedge \mathrm{d}x + \left(\frac{\partial Q}{\partial x} - \frac{\partial P}{\partial y}\right)\mathrm{d}x \wedge \mathrm{d}y$$

这就是我们微积分中所见到的格林公式.

如 $M = \mathbf{R}^3$，D 是 $\mathbf{R}^3$ 中一区域，∂D 是它的边缘闭曲面，设 ω 是 2 - 形式

$$\omega = P(x,y,z)\mathrm{d}y \wedge \mathrm{d}z + Q(x,y,z)\mathrm{d}z \wedge \mathrm{d}x + R(x,y,z)\mathrm{d}x \wedge \mathrm{d}y$$

则

$$\mathrm{d}\omega = \left(\frac{\partial P}{\partial x} + \frac{\partial Q}{\partial y} + \frac{\partial R}{\partial z}\right)\mathrm{d}x \wedge \mathrm{d}y \wedge \mathrm{d}z$$

这时斯托克斯公式为

$$\int_{\partial D} P\mathrm{d}y \wedge \mathrm{d}z + Q\mathrm{d}z \wedge \mathrm{d}x + R\mathrm{d}x \wedge \mathrm{d}y = \int_{D}\left(\frac{\partial P}{\partial x} + \frac{\partial Q}{\partial y} + \frac{\partial R}{\partial z}\right)\mathrm{d}x \wedge \mathrm{d}y \wedge \mathrm{d}z$$

这就是微积分中的高斯公式.

§5 微分流形上的斯托克斯公式[①]

通化师范学院数学系的于书敏教授2006年介绍了微分流形上的斯托克斯公式,以及斯托克斯公式的意义及应用,进一步指出了斯托克斯公式的重要性.

斯托克斯公式是数学中非常重要的基础性定理.大范围微分几何的很多定理实质上都是斯托克斯公式的应用.如,黎曼几何中的高斯-邦尼特(Bonnet)定理,散度定理,关于调和函数的格林公式都是斯托克斯公式的推论.

根据光滑流形的定义,开区间 a,b 是光滑流形,但

① 本节摘自《通化师范学院学报》,2006年,第27卷,第4期.

是闭区间$[a,b]$不是光滑流形. 同理,在平面上的开圆盘$\{(u,\nu)\in \mathbf{R};u^2+\nu^2<1\}$是光滑流形,而闭的圆盘$\{(u,\nu)\in \mathbf{R};u^2+\nu^2\leqslant 1\}$不是光滑流形. 由此可见,一些最常见的空间,不属于光滑流形之列,这自然是不合理的,可以通过上面光滑的例子能够发现,问题在于有没有边界以及如何刻画边界.

定义 1　设 M 是 n 维光滑流形,D 是 M 的子集,如果对于每一点 $p\in D$,有以下两种情形之一发生;(1)存在点 P 的坐标卡(U,ϕ),使得 $U\subset D$;(2)存在点 P 的坐标卡(u,ϕ),使得 $x_i(\phi(P))=0$, $\forall i$,并且 $\phi(D\cap U)=\phi(D\cap U)=\phi(U)\cap\{(x_1,\cdots x_n)\in \mathbf{R}^n;x_n\geqslant 0\}=\phi(U)\cap \mathbf{R}^n_+$,那么称 D 为 M 的一个带边区域.

带边区域 D 的第一类点称为 D 的内点,第二类点称为 D 的边界点,D 的全体边界点的集合记为 ∂D 称为 D 的边界,显然

$$\phi(\partial D\cap U)=\phi(U)\cap\{(x_1,\cdots,x_n)\in \mathbf{R}^n;x_n=0\} \tag{1}$$

满足上述条件的坐标卡(U,ϕ)称为边界点 P 的适用坐标卡. 很明显,闭区间$[a,b]$是光滑流形 R 的带边区域,平面上的闭圆盘$\{(u,\nu)\in \mathbf{R}^2:u^2+\nu^2\leqslant 1\}$是光滑流形 $\mathbf{R}^2$ 的带边区域.

带边区域 D 的内点的集合 D 是 M 的开子流形,在带边区域 D 的边界 ∂D 非空的情况下,其边界 ∂D 是 $n-1$ 维光滑流形,并且是单一地浸入光滑流形 M 中的子流形,其浸入就是包含映射 $i:\partial D\to M$.

设 D 是 n 维光滑流形 M 的带边区域,并且 $\partial D \neq 0$,对于 $P \in \partial D$,设 $(U;x_i)$ 是边界点 P 的适用坐标系,那么 $\{\partial D \cap U; x_\alpha, 1 \leqslant \alpha \leqslant n-1\}$ 是 ∂D 的局部坐标系. 如果 M 是有向光滑流形,$(U;x_i)$ 是边界点 P 的与 M 的定向相符的适用局部坐标系,那么由此给出的 ∂D 的局部坐标系 $\{\partial D \cap U; x_\alpha, 1 \leqslant \alpha \leqslant n-1\}$ 必定是彼此定向一致的,因此 ∂D 是可定向的 $n-1$ 维光滑流形,规定 n 维有向光滑流形 M 在它的带边区域 D 的边界 ∂D 上的诱导定向是由

$$(-1)^n \mathrm{d}x_1 \wedge \cdots \wedge \mathrm{d}x_{n-1} \tag{2}$$

给出的,其中 $(U;x_i)$ 是 D 的边界点 $P \in \partial D$ 的与 M 的定向相符的适用局部坐标系.

例1　设 D 是平面 $\mathbf{R}^2$ 的一个带边区域,在 ∂D 上惯用的定向是如下规定的:如果沿边界 ∂D 的正向行进,则区域 D 本身位于行进者的左侧. 在另一方面,如果 $(U;x_1,x_2)$ 是边界点 P 的适用局部坐标系,其定向与 $\mathbf{R}^2$ 的定向一致(即逆时针旋转方向为平面的正方向),那么 $\frac{\partial}{\partial x_1}$ 与 ∂D 相切,而 $\frac{\partial}{\partial x_2}$ 指向 D 的内部,即 $\frac{\partial}{\partial x_2}$ 指向沿 ∂D 的正向行进者的左侧,根据规定,在 ∂D 上诱导的正定向是由 $(-1)^2 \mathrm{d}x_1 = \mathrm{d}x_2$ 给出的,显然,这两种正定向的规定是一致的.

例2　设 D 是3维欧氏空间 $\mathbf{R}^3$ 的一个带边区域,在 ∂D 上惯用的定向是如下规定的:在点 $P \in \partial D$ 取右手单位正交架 $\{P; \boldsymbol{e}_1, \boldsymbol{e}_2, \boldsymbol{e}_3\}$,使得 $\boldsymbol{e}_1, \boldsymbol{e}_2$ 是 ∂D 的切向量,并且 $\boldsymbol{e}_3$ 是 ∂D 的指向区域 D 的外法向量,那么 ∂D

在点 P 的切空间上的定向是用切标架$\{P;\boldsymbol{e}_1,\boldsymbol{e}_2\}$规定的. 通常称 ∂D 的上述定向为以外法向量为正定向. 在另一方面,取点 $P\in\partial D$ 的适用局部坐标系$(U;x_1,x_2,x_3)$,其定向与 $\mathbf{R}^3$ 的定向一致,那么在 ∂D 上的诱导定向是由$(-1)^3\mathrm{d}x_1\wedge\mathrm{d}x_2=-\mathrm{d}x_1\wedge\mathrm{d}x_2$ 给出的. 根据适用局部坐标系的定义,自然标架$\left\{P;\frac{\partial}{\partial x_1},\frac{\partial}{\partial x_2},\frac{\partial}{\partial x_3}\right\}$中的$\frac{\partial}{\partial x_1},\frac{\partial}{\partial x_2}$构成 ∂D 的切标架,而$\frac{\partial}{\partial x_3}$与 ∂D 横截,并且指向区域 D 的内部. 如果将标架向量$\frac{\partial}{\partial x_1},\frac{\partial}{\partial x_2}$同时反向,则标架$\left\{P;\frac{\partial}{\partial x_1},\frac{\partial}{\partial x_2},\frac{\partial}{\partial x_3}\right\}$仍然与 $\mathbf{R}^3$ 的定向保持一致,但是标架向量$-\frac{\partial}{\partial x_3}$与 ∂D 横截,并且指向区域 D 的外部,所以在 ∂D 的切空间上由$-\mathrm{d}x_1\wedge\mathrm{d}x_2$ 给出的定向正好是由切标架$\left\{-\frac{\partial}{\partial x_1},\frac{\partial}{\partial x_2}\right\}$给出的定向,即以 ∂D 的外法向量为正定向.

一般的,n 维有向光滑流形 M 在带边区域 D 的边界 ∂D 上诱导的定向在 n 为偶数时以内法向为正定向,在 n 为奇数时以外法向为正定向.

定理 3(斯托克斯定理) 设 D 是满足第 2 可数公理的 n 维有向光滑流形 M 上的一个带边区域,w 是在 M 上具有紧致支撑集的 $n-1$ 次外微分式,则

$$\int_D \mathrm{d}w=\int_{\partial D}w \tag{3}$$

其中 ∂D 具有从 D 诱导的定向，如果 $\partial D=\phi$，则 $\int_D \mathrm{d}w=0$.

证　任意取 M 的一个定向相符的局部有限的可数坐标覆盖 $\Sigma_0=\{(U_\alpha,\phi_\alpha)\}$，设 (h_a) 是属于 Σ_0 的单位分解，因此

$$w=(\sum_\alpha h_\alpha)\cdot w=\sum_\alpha h_\alpha\cdot w \tag{4}$$

由于支撑集 Supp w 是紧致的，故 Supp w 只与 $\{U_\alpha\}$ 中有限多个成员相交，所以式(4) 右端只有有限多项的和，于是

$$\int_D \mathrm{d}w=\sum_\alpha\int_D \mathrm{d}(h_\alpha\cdot w)$$

并且

$$\int_{\partial D} w=\sum_\alpha h_\alpha\cdot w$$

由此可见，只要对每一个指标 α 证明式子

$$\int_D \mathrm{d}(h_\alpha\cdot w)=\int_{\partial u} h\partial u\cdot w$$

成立即可，事实上，外微分式 $h_\alpha\cdot w$ 的支撑包含在坐标域 U_α 内，即 $\mathrm{Supp}(h_\alpha\cdot w)\subset\mathrm{Supp}(h_\alpha)\cap\mathrm{Supp}\ w\subset U_\alpha$.

这样，问题就归结为在一个坐标域内的情形.

例 3　复变函数论中的柯西积分定理：设 D 是复平面 C 中的一个区域，$f:D\rightarrow C$ 是在 D 内解析的映射，并且它在 D 上是连续的，则它在有诱导定向的有向边界 ∂D 上的积分为零.

证　设 C 的复坐标是 $z=x+\sqrt{-1}y$，$f(z)=$

$u(x,y)+\sqrt{-1}\nu(x,y)$. 所谓"f在D内是解析的"是指在任意一点 $z_0\in D$,极限

$$f'(z_0)=\lim_{x\to z_0}\frac{f(z)-f(z_0)}{z-z_0}$$

是存在上述条件等价于f的实部和虚部满足柯西－黎曼方程

$$\frac{\partial u(x,y)}{\partial x}=\frac{\partial \nu(x,y)}{\partial y},\frac{\partial u(x,y)}{\partial y}=-\frac{\partial \nu(x,y)}{\partial x}$$

令

$$\begin{aligned}w&=f(z)\mathrm{d}z\\&=(u(x,y)+\sqrt{-1}\nu(x,y))(\mathrm{d}x+\sqrt{-1}\mathrm{d}y)\\&\quad(u(x,y)\mathrm{d}x-\nu(x,y)\mathrm{d}y)+\sqrt{-1}(\nu(x,y)\mathrm{d}x+\\&\quad u(x,y)\mathrm{d}y)\end{aligned}$$

它的外微分 dw 定义为它的实部和虚部分别作外微分,即

$$\begin{aligned}\mathrm{d}w&=\mathrm{d}(u(x,y)\mathrm{d}x-\nu(x,y)\mathrm{d}y)+\\&\quad\sqrt{-1}\mathrm{d}(\nu(x,y)\mathrm{d}x+u(x,y)\mathrm{d}y)\\&=\left[-\left(\frac{\partial \nu(x,y)}{\partial x}+\frac{\partial u(x,y)}{\partial y}\right)+\right.\\&\quad\left.\sqrt{-1}\left(\frac{\partial u(x,y)}{\partial y}-\frac{\partial \nu(x,y)}{\partial y}\right)\right]\mathrm{d}x\wedge\mathrm{d}y\end{aligned}$$

由此可见,f 在 D 内是解析的,当且仅当在 D 内成立d$w=0$.

根据斯托克斯定理

$$\int_D\mathrm{d}w=\int_{\partial D}w=\int_{\partial D}f(x)\mathrm{d}z$$

因此,当f在 D 内解析时,积分

$$\int_{\partial D} f(z)\,\mathrm{d}z = 0$$

反过来,利用积分中值定理不难证明,如果连续映射$f:D\to C$的实部和虚部在D内是连续可微的,并且对于任意一点$z_0\in D$以及围绕z_0的任意一条光滑的简单闭曲线C在它所包围的区域整个地落在D内时都有

$$\int_{C} f(x)\,\mathrm{d}z = 0$$

则f在D内是解析的.

§6　浅谈数学分析中的斯托克斯公式[①]

在数学分析中,我们知道关于格林公式的推广是:在空间曲面上的二重积分与沿着这个区域边界的空间曲线的第二型曲线积分之间的等量关系.斯托克斯公式,论证得比较抽象,在一般教材中大都是在证明了第一项

$$\oint_{l} P(x,y,z)\,\mathrm{d}x = \iint_{(s)} \frac{\partial P}{\partial z}\mathrm{d}\sigma_{zx} - \iint_{(s)} \frac{\partial P}{\partial y}\mathrm{d}\sigma_{xy}$$

之后,由同理可得

$$\oint_{l} Q(x,y,z)\,\mathrm{d}y = \iint_{(s)} \frac{\partial Q}{\partial x}\mathrm{d}\sigma_{xy} - \iint_{(s)} \frac{\partial Q}{\partial z}\mathrm{d}\sigma_{yz}$$

及

① 本节摘自《科技信息》,2007年,第35期.

$$\oint_l R(x,y,z)\mathrm{d}z = \iint_{(s)} \frac{\partial k}{\partial y}\mathrm{d}\boldsymbol{\sigma}_{yz} - \iint_{(s)} \frac{\partial k}{\partial x}\mathrm{d}\boldsymbol{\sigma}_{zy}$$

然后三项相加而完成证明.

但在实际教学中,这样同理可证学生很难懂. 营口职业技术学院的曾涛教授 2007 年指出:在教学实践中,对这部分内容做如下讲解比较好.

1. 研究曲面的法方向及方向余弦间的关系

(1) 一般情形,若曲面方程为 $F(x,y,z)=0$,则法向量 $\boldsymbol{n}=\left(\frac{\partial F}{\partial x},\frac{\partial F}{\partial y},\frac{\partial F}{\partial z}\right)$,法线的方向余弦为

$$\cos\alpha=\cos(\boldsymbol{n}\cdot x)=\frac{\frac{\partial F}{\partial x}}{\pm\sqrt{\left(\frac{\partial F}{\partial x}\right)^2+\left(\frac{\partial F}{\partial y}\right)^2+\left(\frac{\partial F}{\partial z}\right)^2}}$$

$$\cos\beta=\cos(\boldsymbol{n}\cdot y)=\frac{\frac{\partial F}{\partial y}}{\pm\sqrt{\left(\frac{\partial F}{\partial x}\right)^2+\left(\frac{\partial F}{\partial y}\right)^2+\left(\frac{\partial F}{\partial z}\right)^2}}$$

$$\cos\gamma=\cos(\boldsymbol{n}\cdot z)=\frac{\frac{\partial F}{\partial z}}{\pm\sqrt{\left(\frac{\partial F}{\partial x}\right)^2+\left(\frac{\partial F}{\partial y}\right)^2+\left(\frac{\partial F}{\partial z}\right)^2}}$$

(式中的正负号需根据法线的特点选定)且方向余弦间的关系为 $\cos^2\alpha+\cos^2\beta+\cos^2\gamma=1$.

(2) 特殊情况.

① 若曲面方程为 $Z=Z(x,y)$,则

$$\boldsymbol{n}=\left(\frac{\partial z}{\partial x},\frac{\partial z}{\partial y},-1\right)$$

$$\cos\alpha=\frac{\frac{\partial z}{\partial x}}{-\sqrt{1+\left(\frac{\partial z}{\partial x}\right)^2+\left(\frac{\partial z}{\partial y}\right)^2}}$$

$$\cos\beta=\frac{\frac{\partial z}{\partial y}}{-\sqrt{1+\left(\frac{\partial z}{\partial x}\right)^2+\left(\frac{\partial z}{\partial y}\right)^2}}$$

$$\cos\gamma=\frac{-1}{-\sqrt{1+\left(\frac{\partial z}{\partial x}\right)^2+\left(\frac{\partial z}{\partial y}\right)^2}}$$

（因为 $\cos\gamma>0$，所以取“-”）且

$$\cos^2\alpha+\cos^2\beta+\cos^2\gamma=1,\cos\alpha=-\cos\gamma\cdot\frac{\partial z}{\partial x}$$

② 若曲线方程为

$$X=X(y,z)$$

$$\boldsymbol{n}=\left(-1,\frac{\partial x}{\partial y},\frac{\partial x}{\partial z}\right)$$

$$\cos\alpha=\frac{-1}{-\sqrt{1+\left(\frac{\partial x}{\partial y}\right)^2+\left(\frac{\partial x}{\partial z}\right)^2}}$$

$$\cos\beta=\frac{\frac{\partial z}{\partial y}}{-\sqrt{1+\left(\frac{\partial x}{\partial y}\right)^2+\left(\frac{\partial x}{\partial z}\right)^2}}$$

$$\cos\gamma=\frac{\frac{\partial x}{\partial z}}{-\sqrt{1+\left(\frac{\partial x}{\partial y}\right)^2+\left(\frac{\partial x}{\partial z}\right)^2}}$$

（因为 $\cos\alpha>0$，所以取“-”）且

$$\cos^2\alpha + \cos^2\beta + \cos^2\gamma = 1$$

$$\cos\beta = -\frac{\partial x}{\partial y}\cdot\cos\alpha$$

$$\cos\gamma = -\frac{\partial x}{\partial z}\cdot\cos\alpha$$

③ 若曲面方程为 $Y = Y(x,z)$，则

$$\boldsymbol{n} = \left(\frac{\partial y}{\partial x}, -1, \frac{\partial y}{\partial z}\right)$$

$$\cos\alpha = \frac{\dfrac{\partial y}{\partial x}}{-\sqrt{1+\left(\dfrac{\partial y}{\partial x}\right)^2+\left(\dfrac{\partial y}{\partial z}\right)^2}}$$

$$\cos\beta = \frac{-1}{-\sqrt{1+\left(\dfrac{\partial y}{\partial x}\right)^2+\left(\dfrac{\partial y}{\partial z}\right)^2}}$$

$$\cos\gamma = \frac{\dfrac{\partial y}{\partial z}}{-\sqrt{1+\left(\dfrac{\partial y}{\partial x}\right)^2+\left(\dfrac{\partial y}{\partial z}\right)^2}}$$

（因 $\cos\beta > 0$，所以取“ - ”号）且

$$\cos^2\alpha + \cos^2\beta + \cos^2\gamma = 1$$

$$\cos\alpha = -\frac{\partial y}{\partial x}\cdot\cos\beta$$

$$\cos\gamma = -\frac{\partial y}{\partial z}\cdot\cos\beta$$

2. 研究格林公式的几种情况

(1) xOy 型，若 C_{xy} 是平面上区域 D_{xy} 的光滑边界闭曲线，D_{xy} 是 C_{xy} 内部的单连通域，则

$$\oint_{C_{xy}} P(x,y)\,\mathrm{d}x = Q(x,y)\,\mathrm{d}y = \iint_{D_{xy}} \left(\frac{\partial Q}{\partial x} - \frac{\partial P}{\partial y}\right)\mathrm{d}x\mathrm{d}y$$

(2) yOz 型,则有

$$\oint_{C_{yz}} Q(y,z)\,\mathrm{d}y + R(y,z)\,\mathrm{d}z = \iint_{D_{yz}} \left(\frac{\partial R}{\partial y} - \frac{\partial Q}{\partial z}\right)\mathrm{d}y\mathrm{d}z$$

(3) zOx 型,则有

$$\oint_{C_{zx}} R(z,x)\,\mathrm{d}z + P(z,x)\,\mathrm{d}x = \iint_{D_{zx}} \left(\frac{\partial P}{\partial z} - \frac{\partial R}{\partial x}\right)\mathrm{d}z\mathrm{d}x$$

3. 斯托克斯公式

若 $P(x,y,z)$,$Q(x,y,z)$ 及 $R(x,y,z)$ 在光滑曲面 S 及其光滑闭曲线边界上有连续偏导数,则

$$\oint_L P\mathrm{d}x + Q\mathrm{d}y + R\mathrm{d}z = \iint_S \left(\frac{\partial R}{\partial y} - \frac{\partial Q}{\partial z}\right)\mathrm{d}y\mathrm{d}z + \left(\frac{\partial P}{\partial z} - \frac{\partial R}{\partial x}\right)\mathrm{d}z\mathrm{d}x + \left(\frac{\partial Q}{\partial x} - \frac{\partial P}{\partial y}\right)\mathrm{d}x\mathrm{d}y$$

证明:因为光滑曲面 $s: F(x,y,z) = 0$ 可表示为三种情况 $Z = z(x,y)$,$Y = y(z,x)$,$X = x(y,z)$,下面分别证明.

第一

$$\begin{aligned}\oint_L P(x,y,z)\,\mathrm{d}x &= \oint_{L_{xy}} P[x,y,z(x,y)]\,\mathrm{d}x \\ &= -\iint_{\sigma_{xy}} \frac{\partial P[x,y,z(x,y)]}{\partial y}\mathrm{d}\sigma_{xy} \\ &= -\iint_{\sigma_{xy}} \left(\frac{\partial P}{\partial y} + \frac{\partial P}{\partial z}, \frac{\partial z}{\partial y}\right)\mathrm{d}\sigma_{xy} \\ &= -\iint_S \left(\frac{\partial P}{\partial y} + \frac{\partial P}{\partial z}\cdot\frac{\partial Z}{\partial y}\right)\cos\gamma\cdot\mathrm{d}s\end{aligned}$$

$$= \iint_S -\frac{\partial P}{\partial y}\cos\gamma \cdot \mathrm{d}s - \frac{\partial P}{\partial z} \cdot \frac{\partial Z}{\partial y}\cos\gamma \cdot \mathrm{d}s$$

$$= \iint_S -\frac{\partial P}{\partial y}\mathrm{d}\sigma_{xy} + \frac{\partial P}{\partial z} \cdot \cos\beta \cdot \mathrm{d}s$$

$$= \iint_S -\frac{\partial P}{\partial y}\mathrm{d}\sigma_{xy} + \frac{\partial P}{\partial z} \cdot \mathrm{d}\sigma_{zx}$$

$$= \iint_S \frac{\partial P}{\partial z}\mathrm{d}\sigma_{zx} - \frac{\partial P}{\partial y} \cdot \mathrm{d}\sigma_{xy}$$

其中代换用前面预备知识.

第二

$$\oint_L Q(x,y,z)\,\mathrm{d}y = \oint_{L_{xy}} Q[x,y,z(x,y)]\,\mathrm{d}y$$

$$= \iint_{\sigma_{xy}} \frac{\partial Q[x,y,z(x,y)]}{\partial x}\mathrm{d}\sigma_{xy}$$

$$= \iint_{\sigma_{xy}} \left(\frac{\partial Q}{\partial x} + \frac{\partial Q}{\partial z} \cdot \frac{\partial Z}{\partial x}\right)\mathrm{d}\sigma_{xy}$$

$$= \iint_S \left(\frac{\partial Q}{\partial x} + \frac{\partial Q}{\partial z} \cdot \frac{\partial Z}{\partial x}\right)\cos\gamma \cdot \mathrm{d}s$$

$$= \iint_S \frac{\partial Q}{\partial x}\cos\gamma \cdot \mathrm{d}s + \frac{\partial Q}{\partial z} \cdot \frac{\partial Z}{\partial x}\cos\gamma \cdot \mathrm{d}s$$

$$= \iint_S \frac{\partial Q}{\partial x}\mathrm{d}\sigma_{xy} - \frac{\partial Q}{\partial z} \cdot \cos\alpha \cdot \mathrm{d}s$$

同理 $= \iint_S \frac{\partial Q}{\partial x}\mathrm{d}\sigma_{xy} - \frac{\partial Q}{\partial z} \cdot \mathrm{d}\sigma_{yz}$,有

$$\oint_L R(x,y,z)\,\mathrm{d}x = \iint_S \frac{\partial R}{\partial y}\mathrm{d}\sigma_{yz} - \frac{\partial R}{\partial x} \cdot \mathrm{d}\sigma_{zx}$$

三式相加得

$$\oint_L P\mathrm{d}x + Q\mathrm{d}y + R\mathrm{d}z = \iint_S \left(\frac{\partial R}{\partial y} - \frac{\partial Q}{\partial z}\right)\mathrm{d}y\mathrm{d}z +$$

$$\left(\frac{\partial P}{\partial x}-\frac{\partial R}{\partial x}\right)\mathrm{d}z\mathrm{d}x+$$

$$\left(\frac{\partial Q}{\partial x}-\frac{\partial P}{\partial y}\right)\mathrm{d}x\mathrm{d}y$$

这个结论较复杂,记起来困难,简单记法为:

(1) 行列式法

$$\oint_L P\mathrm{d}x+Q\mathrm{d}y+R\mathrm{d}z=\iint_S\begin{vmatrix}\mathrm{d}y\mathrm{d}z & \mathrm{d}z\mathrm{d}y & \mathrm{d}x\mathrm{d}y\\ \frac{\partial}{\partial x} & \frac{\partial}{\partial y} & \frac{\partial}{\partial z}\\ P & Q & R\end{vmatrix}$$

(2) 循环排列法

$$\oint_L P\mathrm{d}x+Q\mathrm{d}y+R\mathrm{d}z=\iint_S\left(\frac{\partial Q}{\partial x}-\frac{\partial P}{\partial y}\right)\mathrm{d}x\mathrm{d}y+\left(\frac{\partial R}{\partial y}-\frac{\partial Q}{\partial z}\right)\mathrm{d}y\mathrm{d}z+\left(\frac{\partial P}{\partial z}-\frac{\partial R}{\partial x}\right)\mathrm{d}z\mathrm{d}x$$

(利用格林公式,依 P,Q,R 及 x,y,z 的循环排列写出).

4. 由斯托克斯公式推出新公式

因为斯托克斯公式为

$$\oint_L P\mathrm{d}x+Q\mathrm{d}y+R\mathrm{d}z=\iint_S\left(\frac{\partial Q}{\partial x}-\frac{\partial P}{\partial y}\right)\mathrm{d}x\mathrm{d}y+\left(\frac{\partial R}{\partial y}-\frac{\partial Q}{\partial z}\right)\mathrm{d}y\mathrm{d}z+\left(\frac{\partial P}{\partial z}-\frac{\partial R}{\partial x}\right)\mathrm{d}z\mathrm{d}x$$

格林公式为

$$\oint_{L_{xy}} P\mathrm{d}x+Q\mathrm{d}y+\oint_{L_{yz}} Q\mathrm{d}y+R\mathrm{d}z+\oint_{L_{zx}} R\mathrm{d}z+P\mathrm{d}x$$

$$= \iint_S \left(\frac{\partial Q}{\partial x} - \frac{\partial P}{\partial y}\right) \mathrm{d}x\mathrm{d}y +$$

$$\left(\frac{\partial R}{\partial y} - \frac{\partial Q}{\partial z}\right) \mathrm{d}y\mathrm{d}z +$$

$$\left(\frac{\partial P}{\partial z} - \frac{\partial R}{\partial x}\right) \mathrm{d}z\mathrm{d}x$$

所以可得公式

$$\oint_L P\mathrm{d}x + Q\mathrm{d}y + R\mathrm{d}z = \oint_{L_{xy}} P\mathrm{d}x + Q\mathrm{d}y + \oint_{L_{yz}} Q\mathrm{d}y + R\mathrm{d}z + \oint_{L_{zx}} R\mathrm{d}z + P\mathrm{d}x$$

5. 斯托克斯公式的应用

例 1 求曲线积分 $\oint_L y\mathrm{d}x + z\mathrm{d}y + x\mathrm{d}z$,其中 L 为曲线

$$x^2 + y^2 + z^2 = a^2 \text{ 与 } x + y + z = 0$$

的交线.

解 可得

$$\oint_L P\mathrm{d}x + Q\mathrm{d}y + R\mathrm{d}z$$

$$= \iint_S \left(\frac{\partial Q}{\partial x} - \frac{\partial P}{\partial y}\right) \mathrm{d}x\mathrm{d}y + \left(\frac{\partial R}{\partial y} - \frac{\partial Q}{\partial z}\right) \mathrm{d}y\mathrm{d}z +$$

$$\left(\frac{\partial P}{\partial z} - \frac{\partial R}{\partial x}\right) \mathrm{d}z\mathrm{d}x$$

$$= - \iint_{D_{xy}} (0 - 1) \mathrm{d}x\mathrm{d}y +$$

$$\iint_{D_{yz}} (0 - 1) \mathrm{d}y\mathrm{d}z +$$

$$\iint\limits_{D_{xy}}(0-1)\mathrm{d}z\mathrm{d}x$$

$$=-(\cos\gamma\cdot s+\cos\alpha\cdot s+\cos\beta\cdot s)$$

$$=-s(\cos\gamma+\cos\alpha+\cos\beta)$$

$$=-\pi a^2\cdot\frac{3}{\sqrt{3}}$$

$$=-\sqrt{3}\pi a^2$$

(其中 $x+y+z=0$,法线方向余弦为 $\cos\alpha=\cos\beta=\cos\gamma=\frac{1}{\sqrt{3}}$).

§7　关于多元微积分基本定理与斯托克斯公式的注记[①]

1. 引论

对于一元函数来说,理解了牛顿-莱布尼茨公式,就理解了全部的微积分. 因为这个公式包含了微分与积分的全部的内在关系,所以我们称这个公式为微积分基本定理. 对于多元函数来说,我们也有微分与积分的概念,那么,什么是多元函数微积分的基本定理呢? 也就是说,什么是体现多元函数微分与积分的内在联系的公式呢?

---

①　本节摘自《怀化学院学报》,2010 年,第 29 卷,第 2 期.

通过重庆理工大学数学与统计学院的罗玉文教授2010年对牛顿－莱布尼茨公式的分析，我们就会发现，牛顿－莱布尼茨公式说明的是：函数在区间边界的值，等于函数的微分在区间内部的积分. 如果依此分析，那么不难感觉到，在平面上，微积分的基本定理就应该是格林公式，在空间的情形，应该就是格林公式，而在曲面上，微积分基本定理就应该是斯托克斯公式. 而事实确实如此，但是要说明这一事实，不是一件容易的事，这里要用到外微分的概念. 更进一步，这三个公式与牛顿－莱布尼茨公式一起，在外微分的框架下，可以用一个公式统一来表示，这就是广义的斯托克斯公式. 现在我们来叙述这一事实.

2. 外微分

首先，我们定义外微分算子 d 为满足如下条件的微分算子：

(1) $d^2x = d(dx)$；

(2) $dxdy = -dydx$；

(3) 如果 f 为一普通函数，则 df 为 f 的全微分.

我们再定义外微分形式如下：

(1) 函数为零次外微分式；

(2) 一次外微分式为形如 $f_i dx_i$ 的线性组合，其中 f_i 为一函数；

(3) 二次外微分式为形如 $f_{ij} dx_i dx_j$ 的线性组合，其中 f_{ij} 为一函数；

(4) 三次外微分式为形如 $f_{ijk} dx_i dx_j dx_k$ 的线性组合，其中 f_{ijk} 为一函数.

例如，$f(x)\mathrm{d}x$ 为一次外微分式，$P\mathrm{d}x+Q\mathrm{d}y$ 也是一次外微分式，$P\mathrm{d}x\mathrm{d}y+Q\mathrm{d}y\mathrm{d}z$ 是二次外微分式，$R\mathrm{d}x\mathrm{d}y\mathrm{d}z$ 为三次外微分式.

再如，由外微分算子的定义，我们有

$$P\mathrm{d}x\mathrm{d}y=-P\mathrm{d}y\mathrm{d}x$$

而

$$\begin{aligned}\mathrm{d}(P\mathrm{d}x+Q\mathrm{d}y)&=\mathrm{d}P\mathrm{d}x+P\mathrm{d}(\mathrm{d}x)+\mathrm{d}Q\mathrm{d}y+Q\mathrm{d}(\mathrm{d}y)\\&=\left(\frac{\partial P}{\partial x}\mathrm{d}x+\frac{\partial P}{\partial y}\mathrm{d}y\right)\mathrm{d}x+P\mathrm{d}^2x+\\&\quad\left(\frac{\partial Q}{\partial x}\mathrm{d}x+\frac{\partial Q}{\partial y}\mathrm{d}y\right)\mathrm{d}y+Q\mathrm{d}^2y\\&=\left(\frac{\partial P}{\partial x}\mathrm{d}x+\frac{\partial P}{\partial y}\mathrm{d}y\right)\mathrm{d}x+\\&\quad\left(\frac{\partial Q}{\partial x}\mathrm{d}x+\frac{\partial Q}{\partial y}\mathrm{d}y\right)\mathrm{d}y\\&=\frac{\partial P}{\partial y}\mathrm{d}y\mathrm{d}x+\frac{\partial Q}{\partial x}\mathrm{d}x\mathrm{d}y\\&=\left(\frac{\partial Q}{\partial x}-\frac{\partial P}{\partial y}\right)\mathrm{d}x\mathrm{d}y\end{aligned}$$

上式中用到了 $\mathrm{d}^2x=\mathrm{d}^2y=0$，$\mathrm{d}x\mathrm{d}x=0$ 以及 $\mathrm{d}x\mathrm{d}y=-\mathrm{d}y\mathrm{d}x$.

3. **广义斯托克斯公式**

为了本文的需要，我们将广义斯托克斯公式叙述成我们所要的形式，如下面的定理.

定理 4　设 ω 为外微分形式，Σ 为一封闭区域，$\partial\Sigma$ 为其正向边界，则

$$\int_{\partial\Sigma}\omega = \int_{\Sigma}\mathrm{d}\omega$$

这里积分的重数与区域的维数一致.

这个公式的证明需要用到较多的流形的知识，我们略过，有兴趣的读者，可以参考相关文献.

现在我们来说明，格林公式，高斯公式和通常的斯托克斯公式，就是多元函数微积分的基本定理，而且都可以用广义斯托克斯公式来表示.

首先，我们设

$$\omega = P(x,y)\mathrm{d}x + Q(x,y)\mathrm{d}y$$

我们得到

$$\mathrm{d}\omega = \left(\frac{\partial Q}{\partial x} - \frac{\partial P}{\partial y}\right)\mathrm{d}x\mathrm{d}y$$

代入广义斯托克斯公式，我们就得到了格林公式.

再设

$$\omega = P(x,y,z)\mathrm{d}x\mathrm{d}y + Q(x,y,z)\mathrm{d}y\mathrm{d}z + R(x,y,z)\mathrm{d}z\mathrm{d}x$$

我们得到

$$\begin{aligned}\mathrm{d}\omega &= \mathrm{d}P\mathrm{d}xy + P\mathrm{d}(\mathrm{d}x\mathrm{d}y) + \mathrm{d}Q\mathrm{d}y\mathrm{d}z + \\ &\quad Q\mathrm{d}(\mathrm{d}y\mathrm{d}z) + \mathrm{d}R\mathrm{d}z\mathrm{d}x \\ &= \left(\frac{\partial P}{\partial x}\mathrm{d}x + \frac{\partial P}{\partial y}\mathrm{d}y + \frac{\partial P}{\partial z}\mathrm{d}z\right)\mathrm{d}x\mathrm{d}y + \\ &\quad \left(\frac{\partial Q}{\partial x}\mathrm{d}x + \frac{\partial Q}{\partial y}\mathrm{d}y + \frac{\partial Q}{\partial z}\mathrm{d}z\right)\mathrm{d}y\mathrm{d}z + \\ &\quad \left(\frac{\partial R}{\partial x}\mathrm{d}x + \frac{\partial R}{\partial y}\mathrm{d}y + \frac{\partial R}{\partial z}\mathrm{d}z\right)\mathrm{d}z\mathrm{d}x \\ &= \frac{\partial P}{\partial z}\mathrm{d}z\mathrm{d}x\mathrm{d}y + \frac{\partial Q}{\partial x}\mathrm{d}x\mathrm{d}y\mathrm{d}z + \frac{\partial R}{\partial y}\mathrm{d}y\mathrm{d}z\mathrm{d}x\end{aligned}$$

$$= \left(\frac{\partial P}{\partial z} + \frac{\partial Q}{\partial x} + \frac{\partial R}{\partial y}\right)\mathrm{d}x\mathrm{d}y\mathrm{d}z$$

再次代入广义斯托克斯公式,我们就得到了高斯公式.

最后,我们设

$$\omega = P\mathrm{d}x + Q\mathrm{d}y + R\mathrm{d}z$$

其中,P,Q,R 为 x,y,z 的三元函数,类似于上述计算,我们得到

$$\begin{aligned}\mathrm{d}\omega = &\left(\frac{\partial R}{\partial y} - \frac{\partial Q}{\partial z}\right)\mathrm{d}y\mathrm{d}z + \\ &\left(\frac{\partial P}{\partial z} - \frac{\partial R}{\partial x}\right)\mathrm{d}z\mathrm{d}x + \\ &\left(\frac{\partial Q}{\partial x} - \frac{\partial P}{\partial y}\right)\mathrm{d}x\mathrm{d}y\end{aligned}$$

由广义的斯托克斯公式,我们就得到了通常的斯托克斯公式.

同样的道理,牛顿－莱布尼茨公式也可以由广义斯托克斯公式来表示. 事实上,广义斯托克斯公式不止在三维以下的空间成立,在更一般维数的空间上都是成立的. 在一维、二维、三维欧氏空间及曲面上,它的特殊形式就是牛顿－莱布尼茨公式、格林公式、高斯公式及斯托克斯公式. 这个公式说明了外微分式在边界上和积分与其外微分在区域内部的积分之间的联系,它表达了微分与积分之间的内在联系,所以它是所有维数下的微积分的基本定理,是微积分理论的顶峰与终点,是所有微积分理论的全部核心与关键. 理解了这个公式,也就理解了全部的微积分.

§8　关于斯托克斯公式的几点补充[①]

斯托克斯公式是高等数学中一个重要的计算公式. 在具体课堂教学时,要讲好这部分内容,使学生能比较轻松地接受并掌握它,不是一件容易的事情. 在同济大学数学系编著的第六版《高等数学》教材中,斯托克斯这部分内容是先给出定理,然后加以证明并介绍其应用. 为了使学生更好地理解该公式和它的重要性并更容易地掌握它,安庆师范学院数学与计算科学学院的邢抱花教授 2012 年对该公式作了几点补充说明.

在张飞军编著的《外微分初步》一书中,给出了高维空间中的斯托克斯定理,具体内容是:

定理 5　设 G 是 $\mathbf{R}^n$ 中一 r 维区域($1 \leqslant r \leqslant n$),$\partial G$ 是 G 的边缘,w 是 G 上 $r-1$ – 形式,则下列公式成立

$$\int_{\partial G} w = \int_G \mathrm{d}w$$

这个公式通常称为斯托克斯公式.

此书中介绍了当定理 5 中的参数 n,r 取定数字以及 $w,\mathrm{d}w$ 取定数学表达式时,斯托克斯公式分别变成我们熟悉的牛顿 – 莱布尼茨公式、高斯公式、《高等数

① 本节摘自《安庆师范学院学报(自然科学版)》,2012 年,第 18 卷,第 4 期.

学》中的“斯托克斯公式”和高斯公式. 以下介绍《高等数学》中的“斯托克斯公式”与牛顿 - 莱布尼茨公式、格林公式的关系,以便学生对这三个公式,特别是斯托克斯公式有更深入的理解.

定理6(斯托克斯公式)　设 Γ 为分段光滑的空间有向闭曲线,Σ 是以 Γ 为边界的分片光滑的有向曲面,Γ 的正向与 Σ 的侧符合右手规则,函数 $P(x,y,z)$, $Q(x,y,z)$, $R(x,y,z)$ 在曲面 Σ(连同边界 Γ)上具有一阶连续偏导数,则有

$$\iint_{\Sigma}\left(\frac{\partial R}{\partial y}-\frac{\partial Q}{\partial z}\right)\mathrm{d}y\mathrm{d}z+\left(\frac{\partial P}{\partial z}-\frac{\partial R}{\partial x}\right)\mathrm{d}z\mathrm{d}x+\left(\frac{\partial Q}{\partial x}-\frac{\partial P}{\partial y}\right)\mathrm{d}x\mathrm{d}y=\oint_{\Gamma}P\mathrm{d}x+Q\mathrm{d}y+R\mathrm{d}z \tag{1}$$

这里的右手规则是指,当右手除拇指外的四指依 Γ 的绕行方向时,拇指所指的方向与 Σ 上法向量的指向相同,这时称 Γ 是分片光滑的有向曲面 Σ 的正向边界曲线.

利用两类曲线积分间的联系和两类曲面积分间的联系,可得斯托克斯公式的另外三种形式

$$\iint_{\Sigma}\left(\frac{\partial R}{\partial y}-\frac{\partial Q}{\partial z}\right)\cos\alpha_1\mathrm{d}S+\left(\frac{\partial P}{\partial z}-\frac{\partial R}{\partial x}\right)\cos\beta_1\mathrm{d}S+\left(\frac{\partial Q}{\partial x}-\frac{\partial P}{\partial y}\right)\cos\gamma_1\mathrm{d}S=\oint_{\Gamma}P\mathrm{d}x+Q\mathrm{d}y+R\mathrm{d}z$$

其中 $\boldsymbol{n}_1=(\cos\alpha_1,\cos\beta_1,\cos\gamma_1)$ 为分片光滑的有向曲面 Σ 在点 (x,y,z) 处的单位法向量

$$\iint_{\Sigma}\left(\frac{\partial R}{\partial y}-\frac{\partial Q}{\partial z}\right)\mathrm{d}y\mathrm{d}z+\left(\frac{\partial P}{\partial z}-\frac{\partial R}{\partial x}\right)\mathrm{d}z\mathrm{d}x+$$

$$\left(\frac{\partial Q}{\partial x}-\frac{\partial P}{\partial y}\right)\mathrm{d}x\mathrm{d}y=\oint_{\Gamma}(P\cos\alpha_2+Q\cos\beta_2+R\cos\gamma_2)\mathrm{d}S$$

其中 $\boldsymbol{n}_2=(\cos\alpha_2,\cos\beta_2,\cos\gamma_2)$ 为分段光滑的有向曲线 Γ 在点 (x,y,z) 处的单位切向量

$$\iint_{\Sigma}\left(\frac{\partial R}{\partial y}-\frac{\partial Q}{\partial z}\right)\cos\alpha_1\mathrm{d}S+\left(\frac{\partial P}{\partial z}-\frac{\partial R}{\partial x}\right)\cos\beta_1\mathrm{d}S+\left(\frac{\partial Q}{\partial x}-\frac{\partial P}{\partial y}\right)\cos\gamma_1\mathrm{d}S$$

$$=\oint_{\Gamma}(P\cos\alpha_2+Q\cos\beta_2+R\cos\gamma_2)\mathrm{d}S$$

注 1　斯托克斯公式表示：分片光滑的空间曲面 Σ 上的曲面积分可以转化为该空间曲面 Σ 的分段光滑的边界曲线 Γ 上的曲线积分. 也就是说，斯托克斯公式揭示了函数在分片光滑的曲面上的取值规律（曲面积分）和函数在该曲面的分段光滑的边界曲线上的取值规律（曲线积分）之间的联系.

由此，联想到格林公式

$$\iint_{D}\left(\frac{\partial Q}{\partial x}-\frac{\partial P}{\partial y}\right)\mathrm{d}x\mathrm{d}y=\oint_{L}P\mathrm{d}x+Q\mathrm{d}y$$

其中 L 是 xOy 平面上的一块闭区域 D 的取正向的分段光滑的边界曲线. 此处的 P,Q 是关于 x,y 的二元函数，它是把在平面闭区域上的二重积分用沿该区域的边界曲线上的曲线积分来表示. 那么，格林公式与斯托克斯公式之间有什么联系呢？

注 2　格林公式是斯托克斯公式的一种特殊情形，而斯托克斯公式是格林公式的推广，是它在空间中的表现形式.

若分片光滑的曲面Σ是xOy面上的一块平面闭区域,则$z=0$,在式(1)中,$\mathrm{d}z=0$,且原本关于x,y,z的三元函数P,Q相应地变成关于x,y的二元函数.所以式(1)就变成了格林公式.

在一元函数积分学中,牛顿-莱布尼茨公式

$$\int_a^b F'(x)\mathrm{d}x=F(b)-F(a)$$

它表示$F'(x)$在区间$[a,b]$上的积分可以通过它的原函数$F(x)$在这个区间端点上的值来表达.那么,斯托克斯公式与牛顿-莱布尼茨公式之间有怎样的关系呢?

注3 牛顿-莱布尼茨公式是斯托克斯公式的另一种特殊情形.斯托克斯公式是牛顿-莱布尼茨公式在空间上的表现形式.

若分片光滑的曲面Σ是空间中这样一张特殊的平面

$$\Sigma=\{(x,y,z)\mid a\leqslant x\leqslant b,c\leqslant y\leqslant d,z=a_1\}$$

a,b,c,d,a_1是常数,且$a_1\neq 0$.把曲面Σ投影到xOy面上,记投影区域为D,则

$$D=\{(x,y)\mid a\leqslant x\leqslant b,c\leqslant y\leqslant d\}$$

在式(1)中,令$P=0,Q=F(x),R=0$,则:

$$\begin{aligned}式(1)左边&=\iint_{\Sigma}F'(x)\mathrm{d}x\mathrm{d}y=\iint_{D}F'(x)\mathrm{d}x\mathrm{d}y\\&=\int_c^d\mathrm{d}y\int_a^b F'(x)\mathrm{d}x\\&=(d-c)\int_a^b F'(x)\mathrm{d}x\end{aligned}$$

$$
\begin{aligned}
\text{式(1) 右边} &= \oint F(x)\,\mathrm{d}y \\
&= \int_{l_1} F(x)\,\mathrm{d}y + \int_{l_2} F(x)\,\mathrm{d}y + \\
&\quad \int_{l_3} F(x)\,\mathrm{d}y + \int_{l_4} F(x)\,\mathrm{d}y \\
&= \int_c^d F(b)\,\mathrm{d}y + 0 + \int_d^c F(a)\,\mathrm{d}y + 0 \\
&= F(b)(d-c) + F(a)(c-d) \\
&= (d-c)[F(b) - F(a)]
\end{aligned}
$$

(其中 l_1 是 Σ 的正向边界曲线 Γ 上从点 $A(b,c,a_1)$ 到点 $B(b,d,a_1)$ 一段，l_2 是 Γ 上从点 $B(b,d,a_1)$ 到点 $C(a,d,a_1)$ 一段，l_3 是 Γ 上从点 $C(a,d,a_1)$ 到点 $D(a,c,a_1)$ 一段，l_4 是 Γ 上从点 $D(a,c,a_1)$ 到点 $A(b,c,a_1)$ 一段.）两边同除以 $d-c$ 即得.

在高等数学中，给出了沿任意闭曲面的曲面积分为零的一个充要条件. 以下，由高斯公式及斯托克斯公式补充一个沿任意闭曲面的曲面积分为零的充分条件.

命题 1 设 G 是空间二维单连通区域，若函数 $P(x,y,z)$，$Q(x,y,z)$，$R(x,y,z)$ 在 G 内具有二阶连续偏导数，则曲面积分

$$
\iint_{\Sigma} \left(\frac{\partial R}{\partial y} - \frac{\partial Q}{\partial z}\right)\mathrm{d}y\mathrm{d}z + \left(\frac{\partial P}{\partial z} - \frac{\partial R}{\partial x}\right)\mathrm{d}z\mathrm{d}x + \left(\frac{\partial Q}{\partial x} - \frac{\partial P}{\partial y}\right)\mathrm{d}x\mathrm{d}y \tag{2}
$$

在 G 内与所取的分片光滑的曲面 Σ 无关而只取决于 Σ

的分段光滑的边界曲线 Γ(或沿 G 内任一闭曲面的曲面积分为零).

证　取定分片光滑的曲面 Σ 的侧,设其分段光滑的正向边界曲线为 Γ,现任意添加以 Γ 为正向边界曲线且异于 Σ 的另一张分片光滑的曲面 Σ_1,使 $\Sigma + \Sigma_1$ 为封闭的曲面,并且这封闭曲面可围成闭区域 Ω,Ω 在 G 内. 由高斯公式有

$$\oiint_{\Sigma+\Sigma_1^-}\left(\frac{\partial R}{\partial y}-\frac{\partial Q}{\partial z}\right)\mathrm{d}y\mathrm{d}z+\left(\frac{\partial P}{\partial z}-\frac{\partial R}{\partial x}\right)\mathrm{d}z\mathrm{d}x+\left(\frac{\partial Q}{\partial x}-\frac{\partial P}{\partial y}\right)\mathrm{d}x\mathrm{d}y$$

$$=\iiint_{\Omega}\left(\frac{\partial^2 R}{\partial y\partial x}-\frac{\partial^2 Q}{\partial z\partial x}+\frac{\partial^2 P}{\partial z\partial y}-\frac{\partial^2 R}{\partial x\partial y}+\frac{\partial^2 Q}{\partial x\partial z}-\frac{\partial^2 P}{\partial y\partial z}\right)\mathrm{d}V$$

或

$$\oiint_{\Sigma_1^-+\Sigma}\left(\frac{\partial R}{\partial y}-\frac{\partial Q}{\partial z}\right)\mathrm{d}y\mathrm{d}z+\left(\frac{\partial P}{\partial z}-\frac{\partial R}{\partial x}\right)\mathrm{d}z\mathrm{d}x+\left(\frac{\partial Q}{\partial x}-\frac{\partial P}{\partial y}\right)\mathrm{d}x\mathrm{d}y$$

$$=\iiint_{\Omega}\left(\frac{\partial^2 R}{\partial y\partial x}-\frac{\partial^2 Q}{\partial z\partial x}+\frac{\partial^2 P}{\partial z\partial y}-\frac{\partial^2 R}{\partial x\partial y}+\frac{\partial^2 Q}{\partial x\partial z}-\frac{\partial^2 P}{\partial y\partial z}\right)\mathrm{d}V$$

又因为函数 $P(x,y,z)$,$Q(x,y,z)$,$R(x,y,z)$ 在 G 内具有二阶连续偏导数,所以上式中右边三重积分的被积函数为零,即上式结果为零,故

$$\iint_{\Sigma}\left(\frac{\partial R}{\partial y}-\frac{\partial Q}{\partial z}\right)\mathrm{d}y\mathrm{d}z+\left(\frac{\partial P}{\partial z}-\frac{\partial R}{\partial x}\right)\mathrm{d}z\mathrm{d}x+\left(\frac{\partial Q}{\partial x}-\frac{\partial P}{\partial y}\right)\mathrm{d}x\mathrm{d}y$$

$$= \iint_{\Sigma_1} \left(\frac{\partial R}{\partial y} - \frac{\partial Q}{\partial z}\right) \mathrm{d}y\mathrm{d}z + \left(\frac{\partial P}{\partial z} - \frac{\partial R}{\partial x}\right) \mathrm{d}z\mathrm{d}x + \left(\frac{\partial Q}{\partial x} - \frac{\partial P}{\partial y}\right) \mathrm{d}x\mathrm{d}y$$

由 Σ_1 的任意性,故曲面积分(2) 在 G 内与所取的分片光滑的曲面 Σ 无关.

再由斯托克斯公式有

$$\iint_{\Sigma} \left(\frac{\partial R}{\partial y} - \frac{\partial Q}{\partial z}\right) \mathrm{d}y\mathrm{d}z + \left(\frac{\partial P}{\partial z} - \frac{\partial R}{\partial x}\right) \mathrm{d}z\mathrm{d}x + \left(\frac{\partial Q}{\partial x} - \frac{\partial P}{\partial y}\right) \mathrm{d}x\mathrm{d}y = \oint_{\Gamma} P\mathrm{d}x + Q\mathrm{d}y + R\mathrm{d}z$$

所以曲面积分(2) 只取决于 Σ 的分段光滑的边界曲线 Γ.

§9　斯托克斯公式应用的五点注记①

南京邮电大学理学院的姜亚琴、宋洪雪两位教授 2015 年提出了在应用斯托克斯公式时的 5 点注记,阐述了其与格林公式、高斯公式的关系,并借助 curl 算子概括了斯托克斯公式与格林公式的统一形式. 相应的例题又辅助说明了各个注记.

斯托克斯公式建立了空间曲面积分与其边界上曲线积分的关系. 当空间曲面为坐标平面上的区域

① 本节摘自《高等数学研究》,2015 年,第 18 卷,第 2 期.

时,斯托克斯公式就退化为格林公式. 所以一些关于曲线积分的问题既可以采用斯托克斯公式,亦可以利用格林公式. 而高斯公式给出了空间中立体区域的三重积分与其边界上曲面积分的关系,所以有些关于曲面积分的问题可以通过高斯公式转化为三重积分,亦可以通过斯托克斯公式转化为曲线积分.

斯托克斯公式:设Σ是$\mathbf{R}^3$中分片光滑有向曲面,Σ的边界是逐段光滑的有向封闭曲线Γ:P,Q,R在曲面Σ及其附近有定义,且在曲面Σ直到Γ上有连续的偏导数,则

$$\int_\Gamma P\mathrm{d}x + Q\mathrm{d}y + R\mathrm{d}z = \iint_\Sigma \begin{vmatrix} \cos\alpha & \cos\beta & \cos\gamma \\ \dfrac{\partial}{\partial x} & \dfrac{\partial}{\partial y} & \dfrac{\partial}{\partial z} \\ P & Q & R \end{vmatrix} \mathrm{d}S$$

$$= \iint_\Sigma \begin{vmatrix} \mathrm{d}y\mathrm{d}z & \mathrm{d}z\mathrm{d}x & \mathrm{d}x\mathrm{d}y \\ \dfrac{\partial}{\partial x} & \dfrac{\partial}{\partial y} & \dfrac{\partial}{\partial z} \\ P & Q & R \end{vmatrix} \qquad (1)$$

其中Σ及Γ的方向符合右手规则,$\cos\alpha,\cos\beta,\cos\gamma$为$\Sigma$在点$(x,y,z)$处的法线方向余弦.

注1　当曲面Σ在xOy面上,即

$$\cos\alpha = 0,\cos\beta = 0,\cos\gamma = 1$$

就得如下格林公式

$$\int_\Gamma P\mathrm{d}x + Q\mathrm{d}y = \iint_\Sigma \left(\frac{\partial Q}{\partial x} - \frac{\partial P}{\partial y}\right)\mathrm{d}x\mathrm{d}y \qquad (2)$$

注2　当Γ为曲面Σ与另一曲面$z = f(x,y)$(其中$f(x,y)$具有一阶连续偏导数)的交线时,可以简单推

导出如下的格林公式.

假设式(1)中的积分曲线 $\Gamma: x = x(t), y = y(t), z = z(t)$,则 Γ 可以表示成 $z = f(x(t), y(t))$,利用一阶微分形式的不变性得 $\mathrm{d}z = f_x\mathrm{d}x + f_y\mathrm{d}y$,再把 $\mathrm{d}z$ 代入式(1),我们可以推得

$$\begin{aligned}\int_\Gamma P\mathrm{d}x + Q\mathrm{d}y + R\mathrm{d}z &= \int_\Gamma P\mathrm{d}x + Q\mathrm{d}y + R(f_x\mathrm{d}x + f_y\mathrm{d}y)\\ &= \int_L (P + Rf_x)\mathrm{d}x + (Q + Rf_y)\mathrm{d}y\\ &= \int_L P\mathrm{d}x + Q\mathrm{d}y\\ &= \iint_D \left(\frac{\partial Q}{\partial x} - \frac{\partial P}{\partial y}\right)\mathrm{d}x\mathrm{d}y\end{aligned}$$

其中 $\tilde{P} = P + Rf_x, \tilde{Q} = Q + Rf_y$,$L$ 为 Γ 在 xOy 平面上的投影,D 是 L 围成的区域,两者也是呈右手关系.

注 3 如果引进旋度算子 curl,斯托克斯公式(1)和格林公式(2)就可以写成如下统一的形式

$$\iint_S \mathrm{curl}\ \boldsymbol{u}\mathrm{d}S = \int_{\partial S} \boldsymbol{\tau} \cdot \boldsymbol{u}\mathrm{d}S$$

其中当 $S \subset \mathbf{R}^2$ 为平面区域时,∂S 是 S 的边界,$\boldsymbol{\tau}$ 为 ∂S 的切向量,呈右手关系,$\boldsymbol{u} = (P, Q) \in \mathbf{R}^2$

$$\mathrm{curl}\ \boldsymbol{u} = \frac{\partial Q}{\partial x} - \frac{\partial P}{\partial y}$$

当 $S \subset \mathbf{R}^3$ 为分片光滑曲面时,∂S 是 S 的边界曲线,$\boldsymbol{\tau}$ 为 ∂S 的切向量,呈右手关系,$\boldsymbol{u} = (P, Q, R) \in \mathbf{R}^3$

$$\mathrm{curl}\ \boldsymbol{u} = \left(\frac{\partial R}{\partial y} - \frac{\partial Q}{\partial z}, \frac{\partial P}{\partial z} - \frac{\partial R}{\partial x}, \frac{\partial Q}{\partial x} - \frac{\partial P}{\partial y}\right)$$

下面举几个例子说明曲线积分既可以用斯托克

斯公式处理,也可以用格林公式处理.

例 1　求曲线积分

$$\oint_{\Gamma}(z-y)\mathrm{d}x+(x-z)\mathrm{d}y+(x-y)\mathrm{d}z$$

其中

$$\Gamma:\begin{cases}x^2+y^2=1\\x-y+z=2\end{cases}$$

从 z 轴正向看 Γ 取顺时针方向.

解法 1　(利用斯托克斯公式) 取 $\Sigma: z=2-x+y$(τ 所围部分) 上侧

$$原式=\iint_{\Sigma}\begin{vmatrix}\mathrm{d}y\mathrm{d}z & \mathrm{d}z\mathrm{d}x & \mathrm{d}x\mathrm{d}y\\ \dfrac{\partial}{\partial x} & \dfrac{\partial}{\partial y} & \dfrac{\partial}{\partial z}\\ z-y & x-z & x-y\end{vmatrix}$$

$$=-2\iint_{\Sigma}\mathrm{d}x\mathrm{d}y=-2\pi$$

解法 2　(利用格林公式) 由

$$x-y+z=0$$

知

$$z=2-x+y$$

从而

$$\mathrm{d}z=-\mathrm{d}x+\mathrm{d}y$$

令

$$\Gamma:\begin{cases}x^2+y^2=1\\z=0\end{cases}$$

取顺时针方向,则

$$
\begin{aligned}
\text{原式} &= \oint_{\Gamma'} (2-x)\mathrm{d}x + (2x-y-2)\mathrm{d}y + \\
&\quad (x-y)(-\mathrm{d}x+\mathrm{d}y) \\
&= \oint_{\Gamma'} (-2x+y+2)\mathrm{d}x + (3x-2y-2)\mathrm{d}y \\
&= -2\iint_{\Sigma} \mathrm{d}x\mathrm{d}y \\
&= -2\pi
\end{aligned}
$$

例 2　求曲线积分

$$
\oint_{\Gamma} (y^2-z^2)\mathrm{d}x + (2z^2-x^2)\mathrm{d}y + (3x^2-y^2)\mathrm{d}z
$$

其中 Γ 为 $x+y+z=2$ 与柱面 $|x|+|y|=1$ 的交线，从 z 轴正向看 Γ 取逆时针方向.

解法 1　（利用斯托克斯公式）

$$
\begin{aligned}
\text{原式} &= \iint_{\Sigma} \begin{vmatrix} \frac{1}{\sqrt{3}} & \frac{1}{\sqrt{3}} & \frac{1}{\sqrt{3}} \\ \frac{\partial}{\partial x} & \frac{\partial}{\partial y} & \frac{\partial}{\partial z} \\ y^2-z^2 & 2z^2-x^2 & 3x^2-y^2 \end{vmatrix} \mathrm{d}S \\
&= -\frac{2}{\sqrt{3}} \iint_{\Sigma} (4x+2y+3z)\mathrm{d}S \\
&= -2\iint_{D_{xy}} (x-y+6)\mathrm{d}x\mathrm{d}y \\
&= -24
\end{aligned}
$$

解法 2　（利用格林公式）由

$$
x+y+z=2
$$

得

$$
z=2-x-y, \mathrm{d}z=-\mathrm{d}x-\mathrm{d}y
$$

令

$$L:\begin{cases}|x|+|y|=1\\z=0\end{cases}$$

取逆时针方向,则

$$\begin{aligned}\text{原式}&=\int_L(-4x^2+4x-2xy+4y+y^2-4)\mathrm{d}x+\\&\quad(-2x^2-8x+4xy-8y+3y^2+8)\mathrm{d}y\\&=-2\iint_{D_{xy}}(x-y+6)\mathrm{d}x\mathrm{d}y\\&=-24\end{aligned}$$

注4　当斯托克斯公式中的曲线 Γ 刚好为两个可以显式表达的曲面所交,即 $\Gamma:\begin{cases}z=G(x,y)\\z=F(x,y)\end{cases}$,采用斯托克斯公式把曲线积分转化为曲面积分时,我们可以灵活选取积分曲面,甚至可以构造方便计算的曲面,此结论可以通过高斯公式加以证明.

事实上,如果以 Γ 为边界存在曲面 $\Sigma_1(z=f(x,y))$,取 Σ_1 的法方向与 Σ 相反,$\Sigma_1+\Sigma$ 可以围成封闭曲面,即

$$\begin{aligned}&\int_\Gamma P\mathrm{d}x+Q\mathrm{d}y+R\mathrm{d}z\\&=\iint_\Sigma\left(\frac{\partial R}{\partial y}-\frac{\partial Q}{\partial z}\right)\mathrm{d}y\mathrm{d}z+\left(\frac{\partial P}{\partial z}-\frac{\partial R}{\partial x}\right)\mathrm{d}z\mathrm{d}x+\\&\quad\left(\frac{\partial Q}{\partial x}-\frac{\partial P}{\partial y}\right)\mathrm{d}x\mathrm{d}y\\&=\iint_{\Sigma+\Sigma_1}\left(\frac{\partial R}{\partial y}-\frac{\partial Q}{\partial z}\right)\mathrm{d}y\mathrm{d}z+\left(\frac{\partial P}{\partial z}-\frac{\partial R}{\partial x}\right)\mathrm{d}z\mathrm{d}x+\end{aligned}$$

$$\left(\frac{\partial Q}{\partial x}-\frac{\partial P}{\partial y}\right)\mathrm{d}x\mathrm{d}y-\iint_{\Sigma_1}\left(\frac{\partial R}{\partial y}-\frac{\partial Q}{\partial z}\right)\mathrm{d}y\mathrm{d}z+$$

$$\left(\frac{\partial P}{\partial z}-\frac{\partial R}{\partial x}\right)\mathrm{d}z\mathrm{d}x+\left(\frac{\partial Q}{\partial x}-\frac{\partial P}{\partial y}\right)\mathrm{d}x\mathrm{d}y$$

利用式(1)中的条件和高斯公式可以看出在 $\Sigma_1+\Sigma$ 上的积分为零,即

$$\text{上式}=0+\iint_{\Sigma_1^-}\left(\frac{\partial R}{\partial y}-\frac{\partial Q}{\partial z}\right)\mathrm{d}y\mathrm{d}z+\left(\frac{\partial P}{\partial z}-\frac{\partial R}{\partial x}\right)\mathrm{d}z\mathrm{d}x+$$

$$\left(\frac{\partial Q}{\partial x}-\frac{\partial P}{\partial y}\right)\mathrm{d}x\mathrm{d}y$$

下面举个例子说明曲面选取不唯一.

例 3 计算线积分 $\oint_\Gamma x\mathrm{d}y-y\mathrm{d}x$,其中 Γ 为上半球面 $x^2+y^2+z^2=1(z\geqslant 0)$ 与柱面 $x^2+y^2=x$ 的交线,从 z 轴正向看取逆时针方向.

解法 1 把球面位于柱体内的部分看成是 Γ 上所张成的曲面 Σ,取上侧

$$\text{原式}=\iint_\Sigma\left[\frac{\partial x}{\partial x}-\frac{\partial}{\partial y}(-y)\right]\mathrm{d}x\mathrm{d}y=2\iint_\Sigma\mathrm{d}x\mathrm{d}y$$

$$=2\iint_{(x-\frac{1}{2})^2+y^2\leqslant\frac{1}{4}}\mathrm{d}x\mathrm{d}y$$

$$=\frac{\pi}{2}$$

解法 2 将柱面夹在上半球面与 xOy 平面之间的部分(记为 S,取内侧),以及 xOy 面位于柱面内的部分(记为 S_1,取上侧)看成是曲线 Γ 上所张成的分片光滑曲面

$$原式 = \iint\limits_{S+S_1}\left[\frac{\partial x}{\partial x} - \frac{\partial}{\partial y}(-y)\right]\mathrm{d}x\mathrm{d}y = 2\iint\limits_{S_1}\mathrm{d}x\mathrm{d}y = \frac{\pi}{2}$$

注5　在计算曲面积分 $\iint\limits_{\Sigma}P\mathrm{d}y\mathrm{d}z + Q\mathrm{d}z\mathrm{d}x + R\mathrm{d}x\mathrm{d}y$ 时,我们既可以考虑通过斯托克斯公式转化为曲线积分,又可以考虑通过高斯公式转化为三重积分.如果

$$\mathrm{div}(P,Q,R) = \frac{\partial P}{\partial x} + \frac{\partial Q}{\partial y} + \frac{\partial R}{\partial z} = 0$$

那么积分曲面的选取是灵活的.

例4　计算曲面积分 $\iint\limits_{S}\mathrm{curl}\,\boldsymbol{F}\cdot\boldsymbol{n}\mathrm{d}S$,其中 $\boldsymbol{F} = (x - z, x^3 - yz, -3xy^2)$,$S$ 为半球面 $z = \sqrt{4 - x^2 - y^2}$,$\boldsymbol{n}$ 为 S 上侧的单位向量.

解法1　(应用斯托克斯公式)曲面 S 的边界曲线

$$L: z = 0, x^2 + y^2 = 4$$

即

$$z = 0, x = 2\cos\theta, y = 2\sin\theta \quad (0 \leqslant \theta \leqslant 2\pi)$$

所以

$$\begin{aligned}原式 &= \oint_L \boldsymbol{F}\cdot\mathrm{d}\boldsymbol{S} = \oint_L x\mathrm{d}x + x^3\mathrm{d}y \\ &= \int_0^{2\pi} 2\cos\theta\mathrm{d}(2\cos\theta) + (2\cos\theta)^3\mathrm{d}(2\sin\theta) \\ &= 12\pi\end{aligned}$$

解法2　(应用高斯公式)令

$$S_1: z = 0, x^2 + y^2 \leqslant 4$$

取下侧,则

$$\begin{aligned}
\text{原式} &= \iint\limits_{S+S_1} \operatorname{curl} \boldsymbol{F} \cdot \boldsymbol{n} \mathrm{d}S - \iint\limits_{S_1} \operatorname{curl} \boldsymbol{F} \cdot \boldsymbol{n} \mathrm{d}S \\
&= \iiint\limits_{\Omega} \operatorname{div}(\operatorname{curl} \boldsymbol{F}) \mathrm{d}V + 3 \iint\limits_{x^2+y^2 \leqslant 4} x^2 \mathrm{d}x \mathrm{d}y \\
&= \iiint\limits_{\Omega} 0 \mathrm{d}V + 3 \cdot 4 \int_0^{\frac{\pi}{2}} \cos^2 \theta \mathrm{d}\theta \int_0^2 r^3 \mathrm{d}r \\
&= 12\pi
\end{aligned}$$

说明:此时 $\operatorname{div}(\operatorname{curl} \boldsymbol{F}) = 0$,则积分曲面可以灵活选取,选取曲面 S_1 计算较为方便.

§10　斯托克斯公式的一个注记[①]

华中科技大学数学与统计学院的王湘君、刘继成两位教授 2015 年利用斯托克斯公式证明了一个对满足散度为零的向量场的第二型曲面积分可化为其边界封闭曲线的第二型曲线积分来计算的定理. 该定理对于满足上述条件向量场的曲面积分,给出了具体转化为曲线积分进行计算的公式,最后利用该公式计算了一个例子.

1. 问题的提出

首先叙述斯托克斯公式,参见华东师范大学数学系的《数学分析(下册)》(高等教育出版社,2014) 307 页定理 22. 6.

---

① 本节摘自《大学数学》,2015 年,第 31 卷,第 6 期.

定理 7(斯托克斯公式)　设光滑曲面 S 的边界 L 是按段光滑的连续曲线,若函数 P,Q,R 在 S(连同 L)上连续,且有一阶连续偏导数,则

$$\iint_S \left(\frac{\partial R}{\partial y}-\frac{\partial Q}{\partial z}\right)\mathrm{d}y\mathrm{d}z+\left(\frac{\partial P}{\partial z}-\frac{\partial R}{\partial x}\right)\mathrm{d}z\mathrm{d}x+$$

$$\left(\frac{\partial Q}{\partial x}-\frac{\partial P}{\partial y}\right)\mathrm{d}x\mathrm{d}y=\oint_L P\mathrm{d}x+Q\mathrm{d}y+R\mathrm{d}z \qquad (1)$$

其中 S 的侧与 L 的方向按右手规则确定.

注 1　该定理要求 P,Q,R 在 S 上连续,且有一阶连续偏导数,此条件蕴含在 S 可微. 由多元函数可微定义知,此时至少需要函数 P,Q,R 在包含 S 连同其边界 L 的某个区域 Ω 上有定义,参见崔尚斌的《数学分析教程(下册)》(科学出版社,2013)273 页定理 22. 3. 3.

斯托克斯公式建立了沿空间双侧曲面的第二型曲面积分与沿其边界曲线的第二型曲线积分的关系. 由于式(1) 右端为曲面边界上的积分,斯托克斯公式表明形如式(1) 左端的曲面积分与曲面 S 的选取无关,只要它们边界上有相同的取值. 仔细检查斯托克斯公式的证明发现,该定理的条件可以减弱到 P,Q,R,以及$\frac{\partial P}{\partial y},\frac{\partial P}{\partial z},\frac{\partial Q}{\partial x},\frac{\partial Q}{\partial z},\frac{\partial R}{\partial x},\frac{\partial R}{\partial y}$在 Ω 上连续即可. 由此,斯托克斯公式蕴含了下面的推论.

推论 3　设 L 是按段光滑的封闭曲线,若函数 $P(x),Q(y),R(z)$ 在 S 连同其边界 L 上连续,则

$$\oint_L P(x)\mathrm{d}x+Q(y)\mathrm{d}y+R(z)\mathrm{d}z=0$$

通常,应用斯托克斯公式可以将一封闭曲线的第

二型曲线积分转化为以此曲线为边界的曲面的第二类型曲面积分,该积分与曲面的选取无关. 自然的想法是:能否应用斯托克斯公式将曲面积分化为其边界封闭曲线的第二型曲线来计算呢?亦即,给定(X,Y,Z),如何用斯托克斯公式计算

$$\iint_S X\mathrm{d}y\mathrm{d}z + Y\mathrm{d}z\mathrm{d}x + Z\mathrm{d}x\mathrm{d}y$$

假设 S 为光滑曲面,X,Y,Z 在 S 的某邻域有一阶连续偏导数,记

$$B(x,y,z) = (X(x,y,z),Y(x,y,z),Z(x,y,z))$$

首先注意到,由高斯公式,B 至少要满足 $\mathrm{div}\ B = 0$,上述方法才有可能可行. 其次,当 S 给定后,L 就是 S 的边界曲线,这是唯一确定的. 为保证在 L 上积分有意义只须要求光滑曲面 S 的边界 L 是按段光滑的连续曲线即可. 剩下的主要困难是:已知 B,如何构造在 S 的邻域上有二阶连续偏导数的向量场(P,Q,R) 满足

$$\frac{\partial R}{\partial y} - \frac{\partial Q}{\partial z} = X \tag{2}$$

$$\frac{\partial P}{\partial z} - \frac{\partial R}{\partial x} = Y \tag{3}$$

$$\frac{\partial Q}{\partial x} - \frac{\partial P}{\partial y} = Z \tag{4}$$

如果找到(P,Q,R) 满足上面的式子,则由斯托克斯公式得

$$\iint_S X\mathrm{d}y\mathrm{d}z + Y\mathrm{d}z\mathrm{d}x + Z\mathrm{d}x\mathrm{d}y = \oint_L P\mathrm{d}x + Q\mathrm{d}y + R\mathrm{d}z$$

本文将对该问题给出正面的解答.

2. 记号约定

为了叙述我们的主要结论，需要约定一些记号.

设 $F(x,y,z) =: \int f(x,y,z)\mathrm{d}x$ 表示函数 f 关于 x 的不定积分. 通常 $F(x,y,z)$ 表示一个函数类，该类中的函数满足 $\frac{\partial F(x,y,z)}{\partial x} = f(x,y,z)$，它们相差一个 (y,z) 的函数（积分常数）. 本文约定 $F(x,y,z)$ 表示该函数类中积分常数为 0 的那个函数. 例如

$$\int 2xyz\mathrm{d}x = x^2yz$$

及

$$\int (2xyz + yz)\mathrm{d}x = x^2yz + xyz$$

也类似约定 $\int f(x,y,z)\mathrm{d}y$ 和 $\int f(x,y,z)\mathrm{d}z$. 设 X,Y,Z 有一阶连续偏导数，记

$$\bar{X} =: \int \frac{\partial X}{\partial x}\mathrm{d}x, \bar{Y} =: \int \frac{\partial Y}{\partial y}\mathrm{d}y, \bar{Z} =: \int \frac{\partial Z}{\partial z}\mathrm{d}z$$

及

$$\tilde{X} = X - \bar{X}, \tilde{Y} = Y - \bar{Y}, \tilde{Z} = Z - \bar{Z}$$

则 X,Y,Z 有分解

$$X = \bar{X} + \tilde{X}, Y = \bar{Y} + \tilde{Y}, Z = \bar{Z} + \tilde{Z}$$

此分解是唯一确定的. 例如，$X = x^2yz + yz$，则

$$\bar{X} = \int \frac{\partial X}{\partial x}\mathrm{d}x = \int 2xyz\mathrm{d}x = x^2yz, \tilde{X} = yz, X = \bar{X} + \tilde{X}$$

3. 主要结论及应用举例

主要结论如下：

定理 8　设光滑曲面 S 的边界 L 是按段光滑的连续曲线，X,Y,Z 在 S 连同其边界 L 上连续，且有一阶连续偏导数，满足

$$\frac{\partial X}{\partial x}+\frac{\partial Y}{\partial y}+\frac{\partial Z}{\partial z}=0$$

则

$$\iint_S X\mathrm{d}y\mathrm{d}z+Y\mathrm{d}z\mathrm{d}x+Z\mathrm{d}x\mathrm{d}y$$

$$=-\frac{1}{3}\oint_L\begin{vmatrix}\mathrm{d}x & \mathrm{d}y & \mathrm{d}z\\ \int\mathrm{d}x & \int\mathrm{d}y & \int\mathrm{d}z\\ \overline{X} & \overline{Y} & \overline{Z}\end{vmatrix}-\frac{1}{2}\oint_L\begin{vmatrix}\mathrm{d}x & \mathrm{d}y & \mathrm{d}z\\ \int\mathrm{d}x & \int\mathrm{d}y & \int\mathrm{d}z\\ \tilde{X} & \tilde{Y} & \tilde{Z}\end{vmatrix} \tag{5}$$

其中约定 S 的侧与 L 的方向按右手规则确定.

证　改写式(3)和(4)为

$$\frac{\partial Q}{\partial x}=\frac{\partial P}{\partial y}+Z$$

$$\frac{\partial R}{\partial x}=\frac{\partial P}{\partial z}-Y$$

两边关于变量 x 积分得

$$Q=\int\left(\frac{\partial P}{\partial y}(x,y,z)+Z(x,y,z)\right)\mathrm{d}x+C_1(y,z)$$

$$R=\int\left(\frac{\partial P}{\partial z}(x,y,z)-Y(x,y,z)\right)\mathrm{d}x+C_2(y,z)$$

计算

$$\frac{\partial R}{\partial y}-\frac{\partial Q}{\partial z}$$

$$=\int\left(\frac{\partial^2 P}{\partial z\partial y}(x,y,z)-\frac{\partial Y}{\partial y}(x,y,z)\right)\mathrm{d}x+\frac{\partial C_2}{\partial y}(y,z)-$$

$$\int\left(\frac{\partial^2 P}{\partial y\partial z}(x,y,z)+\frac{\partial Z}{\partial z}(x,y,z)\right)\mathrm{d}x+\frac{\partial C_1}{\partial z}(y,z)$$

$$=\int\left(\frac{\partial^2 P}{\partial z\partial y}(x,y,z)-\frac{\partial^2 P}{\partial y\partial z}(x,y,z)\right)\mathrm{d}x-$$

$$\int\left(\frac{\partial Y}{\partial y}(x,y,z)+\frac{\partial Z}{\partial z}(x,y,z)\right)\mathrm{d}x+$$

$$\left(\frac{\partial C_2}{\partial y}(y,z)-\frac{\partial C_1}{\partial z}(y,z)\right)$$

$$=\int\frac{\partial X}{\partial x}(x,y,z)\,\mathrm{d}x+\left(\frac{\partial C_2}{\partial y}(y,z)-\frac{\partial C_1}{\partial z}(y,z)\right)$$

$$=\overline{X}+\left(\frac{\partial C_2}{\partial y}(y,z)-\frac{\partial C_1}{\partial z}(y,z)\right)\tag{6}$$

因此,式(2) 变成

$$\overline{X}+\frac{\partial C_2}{\partial y}(y,z)-\frac{\partial C_1}{\partial z}(y,z)=X\tag{7}$$

这表明,构造(P,Q,R) 满足式(2)—(4) 等价于满足式(7). 注意到(P,Q,R) 不是唯一的,因此由式(7) 可以构造出很多满足式(2)—(4) 的向量场(P,Q,R),其中任何一组都可以用于斯托克斯公式来计算第二型曲面积分. 取 $P_1=C_1=C_2=0$,则

$$Q_1=\int Z(x,y,z)\,\mathrm{d}x,R_1=-\int Y(x,y,z)\,\mathrm{d}x$$

由 P_1,Q_1,R_1 的构造及式(6),有

$$\iint_S\overline{X}\mathrm{d}y\mathrm{d}z+Y\mathrm{d}z\mathrm{d}x+Z\mathrm{d}x\mathrm{d}y=\oint_L Q_1\mathrm{d}y+R_1\mathrm{d}z\tag{8}$$

同理可得

$$\iint_S X\mathrm{d}y\mathrm{d}z+\overline{Y}\mathrm{d}z\mathrm{d}x+Z\mathrm{d}x\mathrm{d}y=\oint_L P_2\mathrm{d}x+R_2\mathrm{d}z\tag{9}$$

及

$$\iint_S X\mathrm{d}y\mathrm{d}z + Y\mathrm{d}z\mathrm{d}x + \overline{Z}\mathrm{d}x\mathrm{d}y = \oint_L P_3\mathrm{d}x + Q_3\mathrm{d}y \quad (10)$$

其中

$$P_2 = -\int Z(x,y,z)\mathrm{d}y, Q_2 = 0, R_2 = \int X(x,y,z)\mathrm{d}y$$

和

$$P_3 = \int Y(x,y,z)\mathrm{d}z, Q_3 = -\int X(x,y,z)\mathrm{d}z, R_3 = 0$$

对等式(8)—(10) 两边分别相加得

$$2\iint_S X\mathrm{d}y\mathrm{d}z + Y\mathrm{d}z\mathrm{d}x + Z\mathrm{d}x\mathrm{d}y + \iint_S \overline{X}\mathrm{d}y\mathrm{d}z + \overline{Y}\mathrm{d}z\mathrm{d}x + \overline{Z}\mathrm{d}x\mathrm{d}y$$

$$= -\oint_L \begin{vmatrix} \mathrm{d}x & \mathrm{d}y & \mathrm{d}z \\ \int \mathrm{d}x & \int \mathrm{d}y & \int \mathrm{d}z \\ X & Y & Z \end{vmatrix} \quad (11)$$

由于$\frac{\partial \overline{X}}{\partial x} + \frac{\partial \overline{Y}}{\partial y} + \frac{\partial \overline{Z}}{\partial z} = 0$，在式(11) 中用$\overline{X},\overline{Y},\overline{Z}$替换$X,Y,Z$，得

$$\iint_S \overline{X}\mathrm{d}y\mathrm{d}z + \overline{Y}\mathrm{d}z\mathrm{d}x + \overline{Z}\mathrm{d}x\mathrm{d}y = -\frac{1}{3}\oint_L \begin{vmatrix} \mathrm{d}x & \mathrm{d}y & \mathrm{d}z \\ \int \mathrm{d}x & \int \mathrm{d}y & \int \mathrm{d}z \\ \overline{X} & \overline{Y} & \overline{Z} \end{vmatrix} \quad (12)$$

由式(11) 和(12) 得

$$\iint_S X\mathrm{d}y\mathrm{d}z + Y\mathrm{d}z\mathrm{d}x + Z\mathrm{d}x\mathrm{d}y$$

$$= -\frac{1}{2}\oint_L \begin{vmatrix} \mathrm{d}x & \mathrm{d}y & \mathrm{d}z \\ \int \mathrm{d}x & \int \mathrm{d}y & \int \mathrm{d}z \\ X & Y & Z \end{vmatrix} + \frac{1}{6}\oint_L \begin{vmatrix} \mathrm{d}x & \mathrm{d}y & \mathrm{d}z \\ \int \mathrm{d}x & \int \mathrm{d}y & \int \mathrm{d}z \\ \overline{X} & \overline{Y} & \overline{Z} \end{vmatrix}$$

由于$\frac{\partial \tilde{X}}{\partial x} = \frac{\partial \tilde{Y}}{\partial y} = \frac{\partial \tilde{Z}}{\partial z} = 0$，在式(14)中用$\tilde{X}, \tilde{Y}, \tilde{Z}$替换$X$，$Y, Z$，此时$(\overline{\tilde{X}}) = (\overline{\tilde{Y}}) = (\overline{\tilde{Z}}) = 0$，得

$$\iint_S \tilde{X}\mathrm{d}y\mathrm{d}z + \tilde{Y}\mathrm{d}z\mathrm{d}x + \tilde{Z}\mathrm{d}x\mathrm{d}y = -\frac{1}{2}\oint_L \begin{vmatrix} \mathrm{d}x & \mathrm{d}y & \mathrm{d}z \\ \int \mathrm{d}x & \int \mathrm{d}y & \int \mathrm{d}z \\ \tilde{X} & \tilde{Y} & \tilde{Z} \end{vmatrix} \tag{13}$$

式(12)和(13)两边相加得式(5).

推论4　设光滑曲面S的边界L是按段光滑的连续曲线，$X(y,z)$，$Y(x,z)$，$Z(x,y)$在包含S连同其边界L上连续，则

$$\iint_S X\mathrm{d}y\mathrm{d}z + Y\mathrm{d}z\mathrm{d}x + Z\mathrm{d}x\mathrm{d}y = -\frac{1}{2}\oint_L \begin{vmatrix} \mathrm{d}x & \mathrm{d}y & \mathrm{d}z \\ \int \mathrm{d}x & \int \mathrm{d}y & \int \mathrm{d}z \\ X & Y & Z \end{vmatrix} \tag{14}$$

其中约定S的侧与L的方向按右手规则确定.

证　在此假设下，$\overline{X} = \overline{Y} = \overline{Z} = 0$，$X = \tilde{X}$，$Y = \tilde{Y}$，$Z = \tilde{Z}$.

注2　式(14)左边在曲线S上的积分本质分别是在S的三个坐标平面投影上的积分，等式右边在空间

曲线 L 上的第二型曲线积分本质是在 L 的三个坐标平面投影上的积分. 另外,容易验证

$$\begin{vmatrix} \mathrm{d}x & \mathrm{d}y & \mathrm{d}z \\ \int \mathrm{d}x & \int \mathrm{d}y & \int \mathrm{d}z \\ X & Y & Z \end{vmatrix}$$

$$= \begin{vmatrix} \mathrm{d}x & \mathrm{d}y & \mathrm{d}z \\ \int \mathrm{d}x & \int \mathrm{d}y & \int \mathrm{d}z \\ \bar{X} & \bar{Y} & \bar{Z} \end{vmatrix} + \begin{vmatrix} \mathrm{d}x & \mathrm{d}y & \mathrm{d}z \\ \int \mathrm{d}x & \int \mathrm{d}y & \int \mathrm{d}z \\ \tilde{X} & \tilde{Y} & \tilde{Z} \end{vmatrix}$$

成立. 由此关系式,可以得到式(5) 的其他变形.

注 3 在具体计算中可选择下面更简单的公式. 例如,令 $P_1' = C_1 = 0, C_2 = \int \tilde{X} \mathrm{d}y$,则式(8) 成立

$$\frac{\partial C_2}{\partial y}(y,z) = X + \frac{\partial C_1}{\partial z}(y,z)$$

令

$$R_1' = \int \tilde{X}(x,y,z)\mathrm{d}y$$

由构造,有

$$\iint_S X\mathrm{d}y\mathrm{d}z + Y\mathrm{d}z\mathrm{d}x + Z\mathrm{d}x\mathrm{d}y = \oint_L Q_1 \mathrm{d}y + (R_1 + R_1')\mathrm{d}z \tag{15}$$

类似地,有

$$\iint_S X\mathrm{d}y\mathrm{d}z + Y\mathrm{d}z\mathrm{d}x + Z\mathrm{d}x\mathrm{d}y = \oint_L (P_2 + P_2')\mathrm{d}x + R_2\mathrm{d}z$$

及

$$\iint_S X\mathrm{d}y\mathrm{d}z + Y\mathrm{d}z\mathrm{d}x + Z\mathrm{d}x\mathrm{d}y = \oint_L P_3\mathrm{d}x + (Q_3 + Q_3{}')\mathrm{d}z$$

其中

$$P_2{}' = \int \tilde{Y}(x,y,z)\mathrm{d}z, Q_3{}' = \int \tilde{Z}(x,y,z)\mathrm{d}x$$

例 1　计算积分

$$I = \iint_S (y-z)\mathrm{d}y\mathrm{d}z + (z-x)\mathrm{d}z\mathrm{d}x + (x-y)\mathrm{d}x\mathrm{d}y$$

其中 S 为圆锥面 $z = \sqrt{x^2 + y^2}, z \leqslant h(h > 0)$，取曲面外侧为正.（参见吴良森，毛羽辉，韩士安，吴畏的《数学分析学习指导书（下册）》（高等教育出版社，2004）426 页例 5）

解　令 $X = y - z, Y = z - x, Z = x - y$，显然 $\tilde{X} = X, \tilde{Y} = Y, \tilde{Z} = Z, \mathrm{div}(X,Y,Z) = 0$ 满足推论 5 的条件.此时

$$Q_1 = \int Z\mathrm{d}x = \frac{x^2}{2} - xy$$

$$R_1 = -\int Y\mathrm{d}x = \frac{x^2}{2} - xz$$

$$R_1{}' = \int X\mathrm{d}y = \frac{y^2}{2} - yz$$

由式（15），有

$$I = \oint_L Q_1\mathrm{d}y + (R_1 + R_1{}')\mathrm{d}z$$

其中 L 为 S 的边界封闭曲线，方程为

$$L:\begin{cases} x^2 + y^2 = h^2 \\ z = h \end{cases}$$

因此$\oint_L (R_1 + R_1')\,\mathrm{d}z = 0$，且由 L 关于 y 的对称性，有

$$\begin{aligned} I &= \oint_L Q_1 \mathrm{d}y = \oint_L \left(\frac{x^2}{2} - xy\right)\mathrm{d}y \\ &= \oint_L \frac{1}{2}(h^2 - y^2)\,\mathrm{d}y - \oint_L xy\mathrm{d}y \\ &= 0 \end{aligned}$$

§11　斯托克斯公式及其在高维空间中的推广①

陇南师范高等专科学校数学系的刘红玉教授2015 年从直线上的牛顿 - 莱布尼茨公式，在平面上的格林公式，在空间的高斯公式，在曲面上的斯托克斯公式出发，在引入外微分的概念后，这几个公式可以统一地用一个公式来表示，它们只是在不同维数的空间中的体现，本质是相似的，推广了斯托克斯公式，进一步指出了斯托克斯公式在积分计算方面的重要性.

斯托克斯公式是数学中非常重要的基础性定理.大范围微分几何的很多定理实质上都是斯托克斯公式的应用. 如黎曼几何中的高斯 - 邦尼特定理，散度定理，关于调和函数的格林公式都是斯托克斯公式的

① 本节摘自《广东技术师范学院学报(自然科学)》，2015 年，第 2 期.

推论.

1. $\mathbf{R}^3$ 空间中的斯托克斯公式

设 S 是 $\mathbf{R}^3$ 中的分片光滑曲面,S 的边界 ∂S 是由有限条封闭分段光滑曲线组成,又设 P,Q,R 在曲面 S 及附近有定义且有关于 x,y,z 的连续偏导数,则

$$\oint_{\partial S} P\mathrm{d}x + Q\mathrm{d}y + R\mathrm{d}z$$
$$= \iint_S \left(\frac{\partial R}{\partial y} - \frac{\partial Q}{\partial z}\right)\mathrm{d}y\mathrm{d}z + \left(\frac{\partial P}{\partial z} - \frac{\partial R}{\partial x}\right)\mathrm{d}z\mathrm{d}x +$$
$$\left(\frac{\partial Q}{\partial x} - \frac{\partial P}{\partial y}\right)\mathrm{d}x\mathrm{d}y$$
$$= \iint_S \begin{vmatrix} \cos\alpha & \cos\beta & \cos\gamma \\ \frac{\partial}{\partial x} & \frac{\partial}{\partial y} & \frac{\partial}{\partial z} \\ P & Q & R \end{vmatrix} \mathrm{d}S$$
$$= \iint_S \begin{vmatrix} \mathrm{d}y\mathrm{d}z & \mathrm{d}z\mathrm{d}x & \mathrm{d}x\mathrm{d}y \\ \frac{\partial}{\partial x} & \frac{\partial}{\partial y} & \frac{\partial}{\partial z} \\ P & Q & R \end{vmatrix}$$

其中 S 与 ∂S 呈右手规则. $\cos\alpha,\cos\beta,\cos\gamma$ 为 S 的法线余弦.

格林公式　设 D 是 $\mathbf{R}^2$ 中的闭区域,D 的边界 ∂D 是由有限条封闭分段光滑曲线组成,又设 P,Q 在 Y 有界闭区域 D 定义且有关于 x,y 的连续偏导数,则

$$\oint_{\partial D} P\mathrm{d}x + Q\mathrm{d}y = \iint_D \left(\frac{\partial Q}{\partial x} - \frac{\partial P}{\partial y}\right)\mathrm{d}x\mathrm{d}y$$

现在引入外积运算 $\wedge$,则

$$\mathrm{d}x\mathrm{d}y = \mathrm{d}x\wedge\mathrm{d}y, \mathrm{d}x = \mathrm{d}y\wedge\mathrm{d}z$$

$$\mathrm{d}y = \mathrm{d}z \wedge \mathrm{d}x, \mathrm{d}z = \mathrm{d}x \wedge \mathrm{d}y$$

记

$$\omega = P\mathrm{d}x + Q\mathrm{d}y$$

则

$$\begin{aligned} \mathrm{d}\omega &= \frac{\partial \omega}{\partial x}\mathrm{d}x + \frac{\partial \omega}{\partial y}\mathrm{d}y \\ &= \left(\frac{\partial Q}{\partial x} - \frac{\partial P}{\partial y}\right)\mathrm{d}x\mathrm{d}y \\ &= \left(\frac{\partial Q}{\partial x} - \frac{\partial P}{\partial y}\right)\mathrm{d}x \wedge \mathrm{d}y \end{aligned}$$

即格林公式有

$$\int_{\partial D} \omega = \int_D \mathrm{d}\omega$$

定积分中的牛顿－莱布尼茨公式$\int_a^b \mathrm{d}f(x) = f(x) \mid_a^b$，如果把$f(x) \mid_a^b$看成是0－形式$f(x)$在区间$D = [a, b]$的诱导定向边界$\partial D = \{a, b\}$上的积分，则牛顿－莱布尼茨也可写成

$$\int_{\partial D} f = \int_D \mathrm{d}f$$

再设Σ是$\mathbf{R}^3$中的分片光滑曲面，$\partial\Sigma$是Σ的边界，记

$$\omega = P\mathrm{d}y \wedge \mathrm{d}z + Q\mathrm{d}z \wedge \mathrm{d}x + R\mathrm{d}x \wedge \mathrm{d}y$$

则

$$\begin{aligned} \mathrm{d}\omega = {} & \mathrm{d}P\mathrm{d}y \wedge \mathrm{d}z + P\mathrm{d}(\mathrm{d}y \wedge \mathrm{d}z) + \mathrm{d}Q\mathrm{d}z \wedge \mathrm{d}x + \\ & Q\mathrm{d}(\mathrm{d}z + \mathrm{d}x) + \mathrm{d}R\mathrm{d}x \wedge \mathrm{d}y + R\mathrm{d}(\mathrm{d}x \wedge \mathrm{d}y) \\ = {} & \left(\frac{\partial P}{\partial x}\mathrm{d}x + \frac{\partial P}{\partial y}\mathrm{d}y + \frac{\partial P}{\partial z}\mathrm{d}z\right)\mathrm{d}y \wedge \mathrm{d}z + \end{aligned}$$

$$\left(\frac{\partial Q}{\partial x}\mathrm{d}x+\frac{\partial Q}{\partial y}\mathrm{d}y+\frac{\partial Q}{\partial z}\mathrm{d}z\right)\mathrm{d}z\wedge\mathrm{d}x+$$

$$\left(\frac{\partial R}{\partial x}\mathrm{d}x+\frac{\partial R}{\partial y}\mathrm{d}y+\frac{\partial R}{\partial z}\mathrm{d}z\right)\mathrm{d}x\wedge\mathrm{d}y$$

$$=\frac{\partial P}{\partial x}\mathrm{d}x\wedge\mathrm{d}y\wedge\mathrm{d}z+\frac{\partial Q}{\partial y}\mathrm{d}y\wedge\mathrm{d}z\wedge\mathrm{d}x+\frac{\partial R}{\partial z}\mathrm{d}z\wedge\mathrm{d}x\wedge\mathrm{d}y$$

$$=\left(\frac{\partial P}{\partial x}+\frac{\partial Q}{\partial y}+\frac{\partial R}{\partial z}\right)\mathrm{d}x\wedge\mathrm{d}y\wedge\mathrm{d}z$$

$$=\begin{vmatrix}\mathrm{d}y\mathrm{d}z & \mathrm{d}z\mathrm{d}x & \mathrm{d}x\mathrm{d}y\\ \frac{\partial}{\partial x} & \frac{\partial}{\partial y} & \frac{\partial}{\partial z}\\ P & Q & R\end{vmatrix}$$

即高斯公式有$\int_{\partial D}\omega=\int_D\mathrm{d}\omega$.

2. 微分流形上的斯托克斯公式

斯托克斯公式　设 M 是一个紧致有定向的 n 维光滑流形,D 是 M 的一个连通开子集,D 的边界为 ∂D,如果对于每一点 $p\in\partial D$,存在点 P 的坐标领域 U,它的坐标映射 ϕ,使得 $\phi(U\cap\partial D)B_{n-1}$,则对每个 M 上的 $n-1$ 次外微分式有$\int_{\partial D}\omega=\int_D\mathrm{d}\omega$,其中 ∂D 具有从 D 诱导的定向.

证　设

$$\omega=\sum_{i=1}^{n}(-1)^{i-1}a_i\mathrm{d}x_1\wedge\mathrm{d}x_2\wedge\cdots\wedge\mathrm{d}x_{i-1}\wedge\cdots\wedge\mathrm{d}x_n$$

并且将包含 $\phi(U\cap\partial D)$ 的 B_n 的那一半伸展到一个 n-立方体,在没有定义的地方我们假定 $\omega\circ\phi^{-1}$ 扩张为 0,则

$$
\begin{aligned}
\mathrm{d}\omega &= \frac{\partial\omega}{\partial x_1}\mathrm{d}x_1 + \frac{\partial\omega}{\partial x_2}\mathrm{d}x_2 + \cdots + \frac{\partial\omega}{\partial x_{i-1}}\mathrm{d}x_{i-1} + \cdots + \frac{\partial\omega}{\partial x_n}\mathrm{d}x_n \\
&= \sum_{i=1}^{n} \frac{\partial a_i}{\partial x_i}\mathrm{d}x_1 \wedge \mathrm{d}x_2 \wedge \cdots \wedge \mathrm{d}x_{i-1} \wedge \cdots \wedge \mathrm{d}x_n
\end{aligned}
$$

$$
\begin{aligned}
\int_{\partial D}\omega &= \int_{U\cap\partial D} \\
&= \sum_{i=1}^{n} (-1)^{i-1} \int_{U\cap\partial D} a_i \mathrm{d}x_1 \wedge \mathrm{d}x_2 \wedge \cdots \wedge \mathrm{d}x_i \wedge \mathrm{d}x_n \\
&= (-1)^{i-1} \int_{U\cap\partial D} a_n \mathrm{d}x_1 \wedge \mathrm{d}x_2 \wedge \cdots \wedge \mathrm{d}x_{n-1} \\
&= -\int_{U\cap\partial D} a_n((-1)^n \mathrm{d}x_1 \wedge \mathrm{d}x_2 \wedge \cdots \wedge \mathrm{d}x_{n-1})
\end{aligned}
$$

$$
\begin{aligned}
\int_D \mathrm{d}\omega &= \int_{D\cap U} \mathrm{d}\omega \\
&= \sum_{i=1}^{n} \int_{D\cap U} \frac{\partial a_i}{\partial x_i}\mathrm{d}x_1 \wedge \mathrm{d}x_2 \wedge \cdots \wedge \mathrm{d}x_i \wedge \cdots \wedge \mathrm{d}x_n \\
&= \int_{D\cap U} \frac{\partial a_n}{\partial x_n}\mathrm{d}x_1 \wedge \mathrm{d}x_2 \wedge \cdots \wedge \mathrm{d}x_n
\end{aligned}
$$

就得到$\int_{\partial D}\omega = \int_D \mathrm{d}\omega$. 其中 ∂D 具有从 D 诱导的定向，这里积分的重数与区域的维数一致.

显然 D 是一维直线时，令 ω 为一个 D 上的 0 - 形式，$\mathrm{d}\omega = f'(x)\mathrm{d}x$，斯托克斯公式为牛顿 - 莱布尼茨公式；$D$ 是 2 维欧式空间时

$$
\mathrm{d}\omega = \frac{\partial\omega}{\partial x}\mathrm{d}x + \frac{\partial\omega}{\partial y}\mathrm{d}y = \left(\frac{\partial Q}{\partial x} - \frac{\partial P}{\partial y}\right)\mathrm{d}x \wedge \mathrm{d}y
$$

斯托克斯公式为格林公式；D 是 3 维欧式空间时

$$
\mathrm{d}\omega = \frac{\partial\omega}{\partial x}\mathrm{d}x + \frac{\partial\omega}{\partial y}\mathrm{d}y + \frac{\partial\omega}{\partial z}\mathrm{d}z
$$

$$= \left(\frac{\partial P}{\partial x} + \frac{\partial Q}{\partial y} + \frac{\partial R}{\partial z}\right) dx \wedge dy \wedge dz$$

斯托克斯公式为格林公式(即散度定理).

3. 向量场上的斯托克斯公式

设 D 是 $\mathbf{R}^3$ 的一个区域,$a(x,y,z) = P(x,y,z)\boldsymbol{i} + Q(x,y,z)\boldsymbol{j} + R(x,y,z)\boldsymbol{k}$ 是定义在 D 内的向量值函数,又设 P,Q,R 在区域 D 上有连续的偏导数. 记

$$\text{curl } a = \begin{vmatrix} \boldsymbol{i} & \boldsymbol{j} & \boldsymbol{k} \\ \frac{\partial}{\partial x} & \frac{\partial}{\partial y} & \frac{\partial}{\partial z} \\ P & Q & R \end{vmatrix}$$

有时也记为$\nabla \times a$.

斯托克斯公式写为$\iint\limits_{D} \text{curl } a \cdot n dS = \oint\limits_{\partial D} a \cdot \boldsymbol{\tau} ds$,$\boldsymbol{n}$ 为 D 的单位外法向量,$\boldsymbol{\tau}$ 是 ∂D 的切向量,他们二者服从右手规则. 对任意维数都成立. 例,设 $B_r(M_0)$ 是以 $M_0 = (x_0,y_0,z_0)$ 为心,r 为半径的球,$\partial B_r(M_0)$ 是以 $M_0 = (x_0,y_0,z_0)$ 为心,r 为半径的球面,则有

$$\iiint\limits_{B_r(M_0)} f(x,y,z) dxdydz = \int_0^r \oint\limits_{B_r(M_0)} f(x,y,z) dS_\rho d\rho$$

证　设球坐标变换

$$x = x_0 + \rho\sin\varphi\cos\theta$$

$$y = y_0 + \rho\sin\varphi\cos\theta$$

$$z = z_0 + \rho\cos\varphi$$

$$0 \leqslant \theta \leqslant 2\pi, 0 \leqslant \varphi \leqslant \pi, 0 \leqslant \rho \leqslant r$$

则

$$\iiint\limits_{B_r(M_0)} f(x,y,z)\,\mathrm{d}x\mathrm{d}y\mathrm{d}z$$

$$= \int_0^r \int_0^{2\pi} \int_0^{\pi} f(x_0 + \rho\sin\varphi\cos\theta, y_0 + \rho\sin\varphi\cos\theta, z_0 + \rho\cos\theta)\rho^2\sin\varphi\,\mathrm{d}\theta\mathrm{d}\varphi\mathrm{d}\rho$$

$$= \int_0^r \oint\limits_{B_r(M_0)} f(x,y,z)\,\mathrm{d}S_\rho\mathrm{d}\rho$$

4. 总结

综上所述，在直线上，斯托克斯公式就是牛顿－莱布尼茨公式；在平面上，斯托克斯公式就是格林公式；在空间的情形，斯托克斯公式就是高斯公式；在曲面的情形，斯托克斯公式就是通常的斯托克斯公式. 并且，在引入外微分的概念后，这几个公式可以统一地用一个公式来表示，推广了斯托克斯公式. 高次的微分形式 dω 在给定区域 D 上的积分等于低一次的微分形式 ω 在低一维的区域边界 ∂D 上的积分.

第9章　斯托克斯定理在卫星观测中的应用

近几年来人造地球卫星的观测，对于大地测量来说，具有重要意义．然而，在大地测量中观测行星及其卫星，以及月亮并不是新问题．

很早以前，人们就已观测到四个明亮的木卫进入木星阴影，以求定地理经度差．也就是在两个彼此相距遥远的观测站上确定某一木卫的卫食时刻．如果人们在这两个测站上通过观测恒星而确定了各自的真地方时，那么由木卫的观测所求得的两点间的地方时之差就是两个测站间的经度差．为了估算这种经度测定的精度，可以认为地球自转一周为 86 400 s．因此，当地球周长为 40 000 km 时，自转线速度约为 460 m/s．所以如果时间观测误差为 1 s，那么在赤道上所引起的东西方向内点位误差大约为 0．5 km．在较高纬度上，由于子午线的收敛，这种误差就要乘以纬度的余弦，因此，误差就变小一些.

近几十年来，用现代方法进行的月掩星观测在原理上已经比较接近于卫星大地测量方法. 如果我们观测恒星在月面后的消失，当月亮的中点和直径为已知时，那么就获得一条关于观测点位置的定位线. 因为关于月亮的地形知道的还相当少，以致成为一个很大的误差来源，为了减少这种误差影响，建议这样选择两个测站，使两站上可以看到恒星被月缘的同一位置所掩盖. 如果其中一个测站位置为已知，而另一个测站为未知，那么我们就可按此方法获得关于第二个测站位置相对于第一测站的定位线. 如果两个观测站彼此相距只有几百公里，那么利用此法时，即恒星总是在同一位置消失在月面后，能达到地面上 ±20 m 的精度. 但是如果我们想跨越几千公里的长距离，那么最高精度也要降到大约 ±120 m，这是由于月亮的天平动使又一个误差来源起作用. 只有进一步丰富关于月亮的地形知识，才能对此有所弥补(Hirose).

奥基夫(O′Keefe)和安德森(Anderson)通过类似的观测得出了平均地球椭球的长半轴

$$R_E = 6\ 378\ 448\ \text{m}$$

日食时观测太阳镰刀，也可以导致类似的大地测量应用的可能性. 因此，近几十年来，为大地测量目的进行了多次日食观察. 这类观察有 1927 年的巴纳希维茨(Banachiewicz)，1945 年的邦斯多道夫(Bonsdorff)，1947 年的希尔冯南(Hirvonen)和库卡麦基(Kukkamäki)以及 1948 年日本在达姆巴拉(Dambara)

等日食观察队. 这里不拟深入研究这种方法和详细叙述这些观察队,但是可以肯定,可能达到的定位线的精度约 120 m 至 300 m,并在此容许误差范围内和其他方法符合得很好.

人们只有在进一步研究月亮的地形之后才能期望由日食观察得到更好的结果.

贝罗特(Berroth)、霍夫曼(Hoffmann)和穆勒(Mueller)对这些方法本身作了详细的叙述.

赫尔默特(Helmert)曾由月亮的轨道运动求得平均地球椭球的长半轴的数值. 这个方法在原则上是以下述考虑为根据的. 由月亮围绕地球的近似圆形运动可以导出作用于月亮上的离心力. 这个离心力一定等于地球对月亮的引力. 因此我们得知地球在月亮轨道范围内的万有引力. 我们知道地球在外层空间的万有引力是和离地心距离的平方成反比而递减,所以可由月亮的轨道运动、月亮离地球的距离和地球的自转运动求地面的重力. 如果我们假定这样获得的地面重力值等于利用摆和重力仪所测得的地面观测值,那么就获得所求的关系. 这个关系除了含有平均地球椭球的长半轴 R_E 之外,还有月亮视差、地面的平均重力加速度和月亮角速度. 因此由这个关系可以用另外三个参数来确定 R_F. 赫尔默特按两个不同方案得到了 $R_E =$ 6 378 830 m 和 6 381 460 m; 后来的研究得到 6 378 743 m 和 6 378 343 m,见赫尔默特、约尔丹 - 埃格特(Jordan-Eggert).

人们也曾尝试由月亮围绕地球的轨道运动求地

球的扁率;因为地球的扁率引起月亮的经度和纬度有周期性的摄动,这是拉普拉斯早已指出过的,经纬度摄动的幅度都约为 8″. 经度的摄动与月亮轨道升交点的经度的正弦成比例,而纬度的摄动则与月亮的经度的正弦成比例. 幅度是随地球重力场的二阶带球函数成线性变化,由此可计算平均地球椭球的扁率. 拉普拉斯于 1802 年由经度摄动和纬度摄动求出了地球扁率

$$f=1:305.05$$

和

$$f=1:304.6$$

赫尔默特于 1884 年通过平差得到了当时的最好数值

$$f=1:297.8\pm2.2$$

即使这一数值的误差还是很大,但它是一个与现代的结果颇相一致的数值.

人们易于看出,上述方法虽然重要而且也有价值,但并不能满足所有的要求. 与此相反,卫星大地测量的方法不仅可以得到精确得多的结果,而且还开辟了更为广阔的新的发展途径. 其原因在于,人造地球卫星比之例如月亮距观测者要近得多. 当地球到月亮的平均距离约为 384 400 km 时,0.01″的观测误差就在地球上造成点的线性位移达 20 m. 相反,观测人造地球卫星的优点在于,观测目标大约只有 1 000 km 远,1″的观测误差只引起点的位移约 5 m.

观测月亮的时候,顾及其地形总会遇到困难,而人造地球卫星就没有这一缺点,因为在大地测量观测

时可以把人造卫星看作点状的天体,只有直径为 30 m 到 40 m 的大型气球卫星才有必要根据相位角归算到几何中点,而这是易于以适当的精度进行的.

此外,人造地球卫星的轨道参数可以人为地规定,使之在有关的科学任务上能取得最大的效果. 对于大地测量来说,特别重要的是要有不同的赤道倾角、不同的半径、不同的偏心率的轨道;因为只有这样才能把求定的数学系统中待求的参数彼此分开. 此外,在人造地球卫星上可以附加技术装置,使卫星在科学上的意义有所提高.

近地人造卫星在其轨道运动内所受的地球重力场的摄动也比月亮要大得多. 例如确定扁率时,由二阶带球函数所引起的轨道摄动就很重要. 如果 r 是到地心的距离,那么这些摄动就以 $\frac{1}{r^{3.5}}$ 方式减弱. 在距地面约 1 000 km 运行的一个卫星轨道内,这个球函数所引起的长期摄动约为月亮轨道内的 1 000 000 倍. 地球重力场内的这种二阶球函数在卫星轨道的拱线和交点线内引起与时并进的线性摄动,就大地测量所应用的卫星来说,这种摄动一般每天可达 4°到 6°,或者 14 000″到 22 000″. 这种摄动可以精确地测定到几秒,因此相对误差是小的. 与此相对,月亮的经度和纬度内的摄动幅度约为 8″,而只确知其很少的几个数字. 早先赫尔默特研究 $1:f$ 的误差达 ±2.2,而 1958 年布夏尔(Buchar),通过对苏联 2 号人造卫星几次中等精度的目视观测就已经能够把 $1:f$ 确定到 ±0.18 的精度,现在这个数值的中误差约为 ±0.005.

因此,确定地球重力场时,人们都首先观测高度为 500 和 1 500 km 之间的所有卫星.

但是要特别指出,用人造地球卫星的方法不仅可以达到比惯用的月亮方法更高的精度,而且在纯方法上也提供比经典的、束缚于地球的大地测量方法更多的可能性.

在大地测量中发展起来的三角测量只能遍布大陆.如果三角测量配合天文垂线偏差并引入天文水准测量,那么三角测量就能确定三角点的空间三维位置,例如相对于某一参考面,而这一参考面是人们所选择的合适的参考椭球(这一参考椭球在特定的范围内是可以任意选择的).三角点在参考椭球上的高度,大地水准面的高度 ζ(图 1),是由天文水准测量求得的,作为竖直坐标.水平坐标基本上是借三角测量确定的,其中基线和其他观测都是按投影法归算到参考椭球上.但是这个局限于大陆的系统在原则上会使方位角定向发生困难.就是说,如果人们想把起始方位角归算到参考椭球上,那么就需要同时知道原点上相应于拉普拉斯方程式中的东西向垂线偏差分量.但是天文观测只能确定相对垂线偏差,这里所要求的原点的绝对垂线偏差,只能用重力测量的方法按威宁·曼尼兹(Vening-Meinesz)积分来确定.海斯卡南宁 - 威宁·曼尼兹,阿诺尔德(Heiskanen-Vening-Meinesz, Arnold)给出

$$
\left.\begin{array}{l}
\left.\begin{matrix}\xi \\ \eta\end{matrix}\right\} = -\dfrac{1}{2\pi\rho''}\iint(\Delta g_F + KG(\Delta g_F))V_M(\psi) \\
\qquad\left\{\begin{matrix}\cos A \\ \sin A\end{matrix}\right\}\mathrm{d}\psi\mathrm{d}A \\
KG(\Delta g_F) = -\dfrac{\Delta h}{2\pi}\iint\dfrac{\Delta g_F - \Delta g_{FO}}{r^3}\mathrm{d}\sigma
\end{array}\right\} \quad (1)
$$

式中 ψ 是离计算点的球面距离，Δh 为坐标是 ψ，A 的点相对于计算点的高差，对于计算点应该计算出 ξ 和 η.

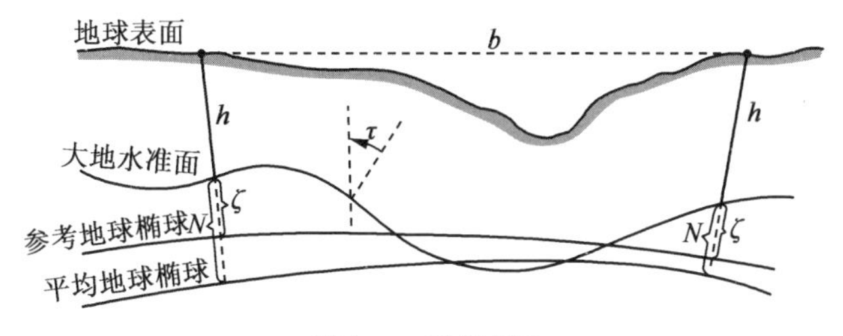

图 1　τ：垂线偏差

由于地球上许多区域尚未进行重力勘测，这些作为绝对量的垂线偏差只能在极少的情况下测定到 ±1″的精度；因为式(1)的积分必须对整个地面进行. 在很多情况下用重力测量获得的垂线偏差，其值可达 ±3″. 这就给网带来一个相应的定向误差，或者，换一句话说，导致了网的东西向位移，在上述情况下，这种位移约可达到 100 m.

此外不应当忽视，在三角测量中，许多三角形是用只有 10 到 20 km 的边长连接起来的. 观测误差就从一个三角形传递到另一个三角形. 我们知道，这不仅关系到偶然误差，而且关系到系统误差，这种系统误差的影响就使人们对几千公里以上的距离只能作不可靠的估算. 而卫星所构成的稀疏三角网可以对大型三角网作有效的控制.

在这种由卫星观测确定大地点的方法中，地球上相邻测站的对向距离和卫星的高度应当大体相等，以便获得最佳的交角.

在测定地面重力加速度的过程中，重力仪和摆仪无疑是极好的辅助工具，就是这些仪器总是只能在大陆上进行逐点的测量. 在海洋上也只能用摆仪和重力仪进行逐点的测量，或者进行断面测量. 进行海洋重力测量时，在大洋上特别是在南半球的海洋上，在缺少无线电导航的情况下，误差可达 ±5 到 ±7 mgal (1 gal = 1 cm/s²)，这些误差的原因基本上是欠佳的导航精度. 我们只能由遍布大部分地面的许多重力测量点导出地球位场水准面的概形，而且只有在整个地面都进行了重力测量之后才能按照威宁、曼尼兹积分算出垂线偏差，并按照斯托克斯积分算出大地水准面起伏 N

$$N = \frac{R_E}{4\pi G}\iint \Delta g_F S_{\mathrm{T}}(\psi)\,\mathrm{d}\sigma \tag{2}$$

式中 $S_{\mathrm{T}}(\psi)$ 为斯托克斯函数

$$S_{\mathrm{T}}(\psi) = \csc\frac{1}{2}\psi + 1 - 6\sin\frac{1}{2}\psi - 5\cos\psi - 3\cos\psi\ln\left[\sin\frac{1}{2}\psi\left(1+\sin\frac{1}{2}\psi\right)\right]$$

如果大地测量的任务是测定地面点相对于地球质心的绝对位置，而大地测量所提出的目标是测定地球重力场的等位面及其正交轨线，那么这个问题就不

可能用经典方法按直接方法求解. 根据物理大地测量的边值问题就能清楚地证明这种事实情况. 就是说同时要引进三个系统的观测量：由经重力测量改正过的水准测量获得的相对于海平面的位差 $W - Wo$,位的法线导数或地球表面的重力加速度和地面上计算点间对向的空间直线距离或其球面距离. 如果把这些数据引入位理论的格林定理,那么就可以看出,如同外部空间的位场一样,利用它们可以唯一地确定地球的几何表面 σ,这个问题只能用迭代法来解算,为了解算问题,特别需要那些遍布于整个地面上的数据. 如果在这个边值问题上把几何量和动力量一起引入,那么在实际工作中应按近似法把几何部分和动力部分分开处理,此时在几何部分,即三角测量部分,只须知道动力量即大地水准面起伏的近似值,而在动力部分,即在根据重力异常确定的垂线偏差和大地水准面起伏的部分,则要求基本上近似地知道实测重力点的水平位置.

与此相反,卫星方法只要用分布在全球的大约十二个测站就能建立一个从地球质心起截取绝对坐标的全球系统,并能求定整个地面的大地水准面的概形. 以后就能够把三角测量与这个稀疏的、边长为几千公里的空间系统配合起来,此时所采用的是"由整体到局部"的方法,这种方法在大地测量上已多次做出了成绩. 这种方法所提供的是绝对值,因为人造地球卫星的轨道是按开普勒(Kepler)第一定律沿密切椭圆运行的,而这些密切椭圆的焦点之一就是地球的质心. 当应用经典方法时, 如果我们知道了整个地面上的动力量和几何量, 只能得到绝对坐标系统内的水准面形状, 而卫星大地测量则有这样的优点, 即卫星观测和由此导出的所有参数都是以恒星坐标的绝对系统给出的. 借助于已知的旋转矩阵可易于把此系统转入绝对而固定于地球的系统, 它的 x, y 平面位于赤道内, 至于 z 轴则为地球的自转轴.

第10章　加热下分数阶广义二阶流体的斯托克斯第一问题的高阶数值方法①

1. 引言

湘潭大学数学与计算科学学院的叶超、骆先南、文立平三位教授 2012 年研究了求解如下加热下分数阶广义二阶流体的斯托克斯第一问题（FOSFP）的高阶数值方法

$$\frac{\partial u(x,t)}{\partial t} = {}_0D_t^{1-\gamma}\left[\kappa_1 \frac{\partial^2 u(x,t)}{\partial x^2}\right] + \kappa_2 \frac{\partial^2 u(x,t)}{\partial x^2} + f(x,t)$$

$$(0 \leqslant x \leqslant L, 0 < t \leqslant T) \quad (1)$$

并满足初值条件

$$u(x,0) = \varphi(x) \quad (0 \leqslant x \leqslant L) \quad (2)$$

及迪利克雷边值条件

$$u(0,t) = \phi_1(t) \quad (0 < t \leqslant T) \quad (3)$$

---

① 本章摘自《应用数学和力学》,2012 年,第 33 卷,第 1 期.

$$u(L,t)=\phi_2(t)\quad(0<t\leqslant T)\tag{4}$$

其中，$0<\gamma<1$，常数 $\kappa_1,\kappa_2>0$，函数 $f(x,t)\in C^1([0,T])$，记号 ${}_0D_t^{1-\gamma}$ 表示黎曼－刘维尔分数阶导数，其定义为

$${}_0D_t^{1-\gamma}f(t)=\frac{1}{\Gamma(\gamma)}\frac{\mathrm{d}}{\mathrm{d}t}\int_0^t f(\tau)(t-\tau)^{\gamma-1}\mathrm{d}\tau\tag{5}$$

斯托克斯第一问题广泛应用于生物流变学、化学、地球物理学和石油工业等科学工程领域. 近年来，许多学者对 FOSFP 本身理论进行了研究，获得了众多有意义的成果，这些工作可以参见 Tan，Hayat，Devakara，Salah，Ezzat，Shen 等人的论文. 然而，由于这类问题仅在一些特殊的情形下才能获得其理论解. 因此，研究求解 FOSFP 的数值方法显得非常重要.

分数阶微分方程的数值方法近年来成了研究的热门，也获得了丰富的研究成果. 2009 年，Chen 等分别构造了求解方程(1) 的显式和隐式数值格式并通过傅里叶方法给出了其稳定性和收敛性结果. 其结果表明这些格式具有收敛阶 $O(\tau+h^2)$，这里 τ 和 h 分别为时间和空间步长. 同年，Wu 也给出了求解这类问题的另一数值格式，该格式的收敛阶为 $O(\tau+h^2)$. 更进一步，在 2011 年，Chen 等研究了求解变阶的非线性 FOSFP 的数值方法，并构造了两类数值格式，它们的收敛阶分别为 $O(\tau+h^4)$ 和 $O(\tau^2+h^4)$.

本章的目的是利用紧致有限差分算子构造出新的求解加热下分数阶广义二阶流体的斯托克斯问题(1) 的高精度隐式有限差分格式.

2. 高阶隐式有限差分格式(IFDS)的构造

为方便计,我们引进如下记号

$$\Omega = \{(x,t) \mid 0 \leqslant x \leqslant L, 0 \leqslant t \leqslant T\}$$

$$U(\Omega) = \left\{u(x,t) \left| \frac{\partial^4 u(x,t)}{\partial x^4}, \frac{\partial^4 u(x,t)}{\partial x^2 \partial t^2}, \right.\right.$$

$$\left.\frac{\partial^5 u(x,t)}{\partial x^4 \partial t} \in C(\Omega)\right\}$$

$$\delta_x^2 u(x,t) = u(x+h,t) + u(x-h,t) - 2u(x,t)$$

$$Lu(x,t) = \frac{\partial^2 u(x,t)}{\partial x^2}, \mu_1 = \frac{\kappa_1 \tau^\gamma}{\Gamma(1+\gamma) h^2}, \mu_2 = \frac{\kappa_2 \tau}{h^2}$$

$$v(x,t) = u(x,t+\tau) - u(x,t)$$

对于给定的实数 α,β,定义 $(M-1)\times(M-1)$ 矩阵 $\boldsymbol{W}(\alpha,\beta)$ 如下

$$\boldsymbol{W}(\alpha,\beta) = \begin{pmatrix} \alpha & \beta & & 0 \\ \beta & \alpha & \ddots & \\ & \ddots & \ddots & \beta \\ 0 & & \beta & \alpha \end{pmatrix}$$

此外,常数 C 在不同位置代表不同的正常数. 本文恒设函数 $u(x,t) \in U(\Omega)$.

令 $t_k = k\tau, k = 0,1,\cdots,N, x_j = jh, j = 0,1,\cdots,M$ 分别为时间和空间的一个等距剖分,其中 $\tau = T/N$ 和 $h = L/M$ 分别表示时间步长与空间步长.

方程(1)两端从 t_k 到 t_{k+1} 进行积分($k = 0,1,\cdots,N-1$),得

$$u(x_j,t_{k+1}) = u(x_j,t_k) + \frac{\kappa_1}{\Gamma(\gamma)} \int_0^{k+1} \frac{Lu(x_j,\eta)}{(t_{k+1}-\eta)^{1-\gamma}} \mathrm{d}\eta -$$

$$\frac{\kappa_1}{\Gamma(\gamma)}\int_0^k \frac{Lu(x_j,\eta)}{(t_k-\eta)^{1-\gamma}}\mathrm{d}\eta +$$

$$\kappa_2\int_{t_k}^{k+1} Lu(x_j,\eta)\,\mathrm{d}\eta + \int_{t_k}^{k+1} f(x_j,t)\,\mathrm{d}t$$

$$= u(x_j,t_k) + \frac{\kappa_1}{\Gamma(\gamma)}\int_0^\tau \frac{Lu(x_j,\eta)}{(t_{k+1}-\eta)^{1-\gamma}}\mathrm{d}\eta +$$

$$\frac{\kappa_1}{\Gamma(\gamma)}\int_0^k \frac{Lv(x_j,\eta)}{(t_k-\eta)^{1-\gamma}}\mathrm{d}\eta +$$

$$\kappa_2\int_{t_k}^{k+1} Lu(x_j,\eta)\,\mathrm{d}\eta + \int_{t_k}^{k+1} f(x_j,t)\,\mathrm{d}t$$

$$= u(x_j,t_k) + I_1 + I_2 + I_3 + I_4 \tag{6}$$

其中

$$I_1 = \frac{\kappa_1}{\Gamma(\gamma)}\int_0^\tau \frac{Lu(x_j,\eta)}{(t_{k+1}-\eta)^{1-\gamma}}\mathrm{d}\eta$$

$$I_2 = \frac{\kappa_1}{\Gamma(\gamma)}\int_0^k \frac{Lv(x_j,\eta)}{(t_k-\eta)^{1-\gamma}}\mathrm{d}\eta$$

$$I_3 = \kappa_2\int_{t_k}^{k+1} Lu(x_j,\eta)\,\mathrm{d}\eta$$

$$I_4 = \int_{t_k}^{k+1} f(x_j,t)\,\mathrm{d}t$$

本文将应用 Cui 给出的如下紧致有限差分算子来逼近二阶导数 $\partial^2 u/\partial x^2$

$$\frac{\delta_x^2}{(1+\delta_x^2/12)h^2}u(x_j,t_k)$$

$$= \frac{\partial^2 u(x_j,t_k)}{\partial x^2} - \frac{1}{240}\frac{\partial^4 u(x_j,t_k)}{\partial x^4}h^4 + O(h^6) \tag{7}$$

引理 1 令 $b_j=(j+1)^\gamma - j^\gamma, j=0,1,\cdots,N$,则序列$\{b_j\}$ 满足:

(1) $b_0 = 1$;

(2) $0 < b_{k+1} < b_k \leqslant 1, k = 0,1,2,\cdots,N$;

(3) $\tau \leqslant C b_k \tau^{\gamma}$.

下面分别讨论 I_1, I_2, I_3 和 I_4. 首先对于 I_1,我们有

$$\begin{aligned}
I_1 &= \frac{\kappa_1}{\Gamma(\gamma)} \int_0^{\tau} \frac{Lu(x_j,\tau)}{(t_{k+1}-\eta)^{1-\gamma}} \mathrm{d}\eta + R_{11} \\
&= \frac{\kappa_1 Lu(x_j,\tau)}{\Gamma(\gamma)} \int_0^{\tau} \frac{1}{(t_{k+1}-\eta)^{1-\gamma}} \mathrm{d}\eta + R_{11} \\
&= \frac{\kappa_1 b_k \tau^{\gamma}}{\Gamma(\gamma+1)} Lu(x_j,\tau) + R_{11} \\
&= \mu_1 b_k \frac{\delta_x^2}{(1+\delta_x^2/12)} u(x_j,\tau) + \frac{\kappa_1 b_k \tau^{\gamma}}{\Gamma(\gamma+1)} R_{12} + R_{11} \\
&= \mu_1 b_k \frac{\delta_x^2}{(1+\delta_x^2/12)} u(x_j,\tau) + R_1
\end{aligned}$$

其中

$$R_{11} = \frac{\kappa_1}{\Gamma(\gamma)} \int_0^{\tau} \frac{Lu(x_j,\eta) - Lu(x_j,\tau)}{(t_{k+1}-\eta)^{1-\gamma}} \mathrm{d}\eta$$

$$R_{12} = Lu(x_j,\tau) - \frac{\delta_x^2}{(1+\delta_x^2/12)h^2} u(x_j,\tau)$$

$$R_1 = R_{11} + \frac{\kappa_1 b_k \tau^{\gamma}}{\Gamma(\gamma+1)} R_{12}$$

由拉格朗日中值定理可得

$$\begin{aligned}
| R_{11} | &= \left| \frac{\kappa_1}{\Gamma(\gamma)} \int_0^{\tau} \frac{\partial^3 u(x_j,\xi_1)}{\partial x^2 \partial t} \frac{\eta - \tau}{(t_{k+1}-\eta)^{1-\gamma}} \mathrm{d}\eta \right| \\
&\leqslant \frac{C_1 \tau \kappa_1}{\Gamma(\gamma)} \int_0^{\tau} \frac{\mathrm{d}\eta}{(t_{k+1}-\eta)^{1-\gamma}}
\end{aligned}$$

$$\leqslant Cb_k\tau^{1+\gamma}$$

另一方面由式(7)容易得到 $|R_{12}| \leqslant Ch^4$. 由此可以推得

$$|R_1| \leqslant Cb_k\tau^{\gamma}(\tau + h^4)$$

对于 I_2,采用如下的近似

$$\begin{aligned}
I_2 &= \frac{\kappa_1}{\Gamma(\gamma)}\sum_{i=0}^{k-1}\int_{t_i}^{i+1}\frac{Lv(x_j,\eta)}{(t_k-\eta)^{1-\gamma}}\mathrm{d}\eta \\
&= \frac{\kappa_1}{\Gamma(\gamma)}\sum_{i=0}^{k-1}\int_{t_i}^{i+1}\frac{Lv(x_j,t_{i+1})}{(t_k-\eta)^{1-\gamma}}\mathrm{d}\eta + R_{21} \\
&= \frac{\kappa_1\tau^{\gamma}}{\Gamma(\gamma+1)}\sum_{i=0}^{k-1}b_{k-i-1}Lv(x_j,t_{i+1}) + R_{21} \\
&= \mu_1\sum_{i=0}^{k-1}b_{k-i-1}\frac{\delta_x^2}{(1+\delta_x^2/12)}v(x_j,t_{i+1}) + R_{22} + R_{21}
\end{aligned}$$

其中

$$R_{21} = \frac{\kappa_1}{\Gamma(\gamma)}\sum_{i=0}^{k-1}\int_{t_i}^{i+1}\frac{Lv(x_j,\eta) - Lv(x_j,t_{i+1})}{(t_k-\eta)^{1-\gamma}}\mathrm{d}\eta$$

$$R_{22} = \frac{\kappa_1\tau^{\gamma}}{\Gamma(1+\gamma)}\sum_{i=0}^{k-1}b_{k-i-1}\cdot \left[Lv(x_j,t_{i+1}) - \frac{\delta_x^2}{h^2(1+\delta_x^2/12)}v(x_j,t_{i+1})\right]$$

再次应用拉格朗日中值定理,有

$$Lv(x_j,\eta) - Lv(x_j,t_{i+1}) = \frac{\partial^2 v(x_j,\xi_2)}{\partial x^2\partial t}(\eta - t_{i+1})$$

$$(\eta \leqslant \xi_2 \leqslant t_{i+1})$$

$$\frac{\partial^3 v(x_j,\xi_2)}{\partial x^2\partial t} = \frac{\partial^3 u(x_j,\xi_2+\tau)}{\partial x^2\partial t} - \frac{\partial^3 u(x_j,\xi_2)}{\partial x^2\partial t}$$

$$= \frac{\partial^4 u(x_j,\xi_3)}{\partial x^2 \partial t^2}\tau$$

$$(\xi_2 \leqslant \xi_3 \leqslant \xi_2 + \tau)$$

故而得到

$$|R_{21}| \leqslant C_2\tau^2 \frac{\kappa_1}{\Gamma(\gamma)}\int_0^k \frac{\mathrm{d}\eta}{(t_k - \eta)^{1-\gamma}} \leqslant C\tau^2$$

再次利用式(7),可导出

$$\begin{aligned} Lv(x_j,t_{i+1}) &= \frac{\delta_x^2}{h^2(1+\delta_x^2/12)}v(x_j,t_{i+1}) + \\ &\quad \frac{h^4}{240}\frac{\partial^4 v(\zeta_1,t_{i+1})}{\partial x^4} \\ &= \frac{\delta_x^2}{h^2(1+\delta_x^2/12)}v(x_j,t_{i+1}) + \\ &\quad \frac{h^4}{240}\left[\frac{\partial^4 u(\zeta_1,t_{i+2})}{\partial x^4} - \frac{\partial^4 u(\zeta_1,t_{i+1})}{\partial x^4}\right] \\ &= \frac{\delta_x^2}{h^2(1+\delta_x^2/12)}v(x_j,t_{i+1}) + \\ &\quad \frac{h^4\tau}{240}\frac{\partial^5 u(\zeta_1,\xi_4)}{\partial x^4 \partial t} \end{aligned}$$

因此

$$|R_{22}| \leqslant Ch^4\tau^{1+\gamma}\frac{\kappa_1}{\Gamma(1+\gamma)}\sum_{i=0}^{k-1} b_{k-i-1} \leqslant Ch^4\tau$$

对 I_3 和 I_4,应用梯形积分公式可得

$$\begin{aligned} I_3 &= \kappa_2 \int_{t_k}^{k+1} Lu(x_j,\eta)\,\mathrm{d}\eta \\ &= \kappa_2 \frac{\tau}{2}(Lu(x_j,t_k) + Lu(x_j,t_{k+1})) + R_{31} \end{aligned}$$

$$= \frac{\mu_2}{2}\left(\frac{\delta_x^2}{(1+\delta_x^2/12)}u(x_j,t_k) + \frac{\delta_x^2}{(1+\delta_x^2/12)}u(x_j,t_{k+1})\right) + R_{31} + R_{32}$$

和

$$I_4 = \frac{\tau}{2}(f(x_j,t_{k+1}) + f(x_j,t_k)) + R_4 \qquad (8)$$

其中, $|R_{31}| \leqslant C\tau^3$, $|R_4| \leqslant C\tau^3$, $|R_{32}| \leqslant C\tau h^4$. 事实上

$$R_{32} = \frac{\kappa_2\tau}{2}\left[Lu(x_j,t_k) - \frac{\delta_x^2}{h^2(1+\delta_x^2/12)}u(x_j,t_k) + Lu(x_j,t_{k+1}) - \frac{\delta_x^2}{h^2(1+\delta_x^2/12)}u(x_j,t_{k+1})\right]$$

应用式(7)可得其估计式 $|R_{32}|$.

综合上面的分析我们得到

$$u(x_j,t_{k+1}) = u(x_j,t_k) + \mu_1 b_k \frac{\delta_x^2}{(1+\delta_x^2/12)}u(x_j,\tau) + \mu_1\sum_{i=0}^{k-1} b_{k-i-1}\frac{\delta_x^2}{(1+\delta_x^2/12)}v(x_j,t_{i+1}) + \frac{\mu_2}{2}\left(\frac{\delta_x^2}{(1+\delta_x^2/12)}u(x_j,t_k) + \frac{\delta_x^2}{(1+\delta_x^2/12)}u(x_j,t_{k+1})\right) + \frac{\tau}{2}(f(x_j,t_{k+1}) + f(x_j,t_k)) + R_j^{k+1}$$

$$(j = 1,2,\cdots,M-1; k = 0,1,\cdots,N-1) \qquad (9)$$

其中，$|R_j^{k+1}| \leqslant C(b_k\tau^{\gamma}+\tau)(\tau+h^4)$. 利用引理1，有

$$|R_j^{k+1}| \leqslant Cb_k\tau^{\gamma}(\tau+h^4) \tag{10}$$

容易看出式(9)可以改写为

$$\begin{aligned}
u(x_j,t_{k+1}) = {} & u(x_j,t_k)+\mu_1\frac{\delta_x^2}{(1+\delta_x^2/12)}u(x_j,t_{k+1})+ \\
& \mu_1\sum_{i=0}^{k-1}(b_{k-i}-b_{k-i-1})\cdot \\
& \frac{\delta_x^2}{(1+\delta_x^2/12)}u(x_j,t_{i+1})+ \\
& \frac{\mu_2}{2}\left(\frac{\delta_x^2}{(1+\delta_x^2/12)}u(x_j,t_k)+\right. \\
& \left.\frac{\delta_x^2}{(1+\delta_x^2/12)}u(x_j,t_{k+1})\right)+ \\
& \frac{\tau}{2}(f(x_j,t_{k+1})+f(x_j,t_k))+R_j^{k+1}
\end{aligned} \tag{11}$$

将式(11)的两端同乘以$(1+\delta_x^2/12)$，有

$$\begin{aligned}
& \left(1+\frac{1}{12}\delta_x^2\right)u(x_j,t_{k+1}) \\
= {} & \left(1+\frac{1}{12}\delta_x^2\right)u(x_j,t_k)+\mu_1\delta_x^2u(x_j,t_{k+1})+ \\
& \mu_1\sum_{i=0}^{k-1}(b_{k-i}-b_{k-i-1})\delta_x^2u(x_j,t_{i+1})+\frac{\mu_2}{2}(\delta_x^2u(x_j,t_k)+ \\
& \delta_x^2u(x_j,t_{k+1}))+\frac{\tau}{2}\left(1+\frac{1}{12}\delta_x^2\right)(f(x_j,t_{k+1})+ \\
& f(x_j,t_k))+\left(1+\frac{1}{12}\delta_x^2\right)R_j^{k+1}
\end{aligned} \tag{12}$$

让u_j^k表示问题(1)在点(x_j,t_k)处的数值解，并记

$$\delta_x^2 u_j^k = u_{j+1}^k - 2u_j^k + u_{j-1}^k, f_j^k = f(x_j, t_k)$$

通过上面的讨论，我们便得到求解问题(1) ~ (4) 的数值计算格式

$$\left[1 + \left(\frac{1}{12} - \left(\mu_1 + \frac{\mu_2}{2}\right)\right)\delta_x^2\right]u_j^{k+1}$$

$$= \left[1 + \left(\frac{1}{12} + (b_1 - b_0)\mu_1 + \frac{\mu_2}{2}\right)\delta_x^2\right]u_j^k +$$

$$\mu_1 \sum_{i=1}^{k-1} (b_{k-i+1} - b_{k-i})\delta_x^2 u_j^i + \frac{\tau}{2}\left(1 + \frac{1}{12}\delta_x^2\right)(f_j^{k+1} + f_j^k)$$

$$(j = 1, 2, \cdots, M-1; k = 0, 1, \cdots, N-1) \quad (13)$$

$$u_0^k = \phi_1(k\tau), u_M^k = \phi_2(k\tau) \quad (k = 1, 2, \cdots, N) \quad (14)$$

$$u_j^0 = \varphi(jh) \quad (j = 0, 1, \cdots, M) \quad (15)$$

这里我们约定，当 $q < p$ 时，和式 $\sum_p^q$ 的值为 0.

现在分析格式(13) ~ (15) 的唯一可解性，我们有如下结论：

定理 1 数值格式(13) ~ (15) 存在唯一解.

证 格式(13) ~ (15) 可写成矩阵的形式

$$\begin{cases} \boldsymbol{A}\boldsymbol{U}^{k+1} = \boldsymbol{B}\boldsymbol{U}^k + \sum_{i=1}^{k-1} \boldsymbol{B}_i \boldsymbol{U}^i + \boldsymbol{F}^{k+1}, k \geqslant 0 \\ \boldsymbol{U}^0 = \boldsymbol{\Phi} \end{cases} \quad (16)$$

其中

$$\boldsymbol{A} = \boldsymbol{W}\left(\frac{5}{6} + 2\mu_1 + \mu_2, \frac{1}{12} - \left(\mu_1 + \frac{\mu_2}{2}\right)\right)$$

$$\boldsymbol{B}_i = \mu_1(b_{k-i+1} - b_{k-i})\boldsymbol{W}(-2, 1)$$

$$\boldsymbol{B}=\boldsymbol{W}\left(\frac{5}{6}-2(b_1-b_0)\mu_1-\mu_2,\frac{1}{12}+(b_1-b_0)\mu_1+\frac{\mu_2}{2}\right)$$

$$\boldsymbol{F}^{k+1}=\begin{bmatrix}\left(\frac{1}{12}+\mu_1(b_1-b_0)+\frac{\mu_2}{2}\right)u_0^k+\\ \left(\mu_1+\frac{\mu_2}{2}-\frac{1}{12}\right)u_0^{k+1}+\mu_1\sum\limits_{i=1}^{k-1}(b_{k-i+1}-b_{k-i})u_0^i+\\ \frac{\tau}{24}(f_2^k+10f_1^k+f_0^k+f_2^{k+1}+10f_1^{k+1}+f_0^{k+1})\\ \frac{\tau}{24}(f_3^k+10f_2^k+f_1^k+f_3^{k+1}+10f_2^{k+1}+f_1^{k+1})\\ \vdots\\ \frac{\tau}{24}(f_{M-1}^k+10f_{M-2}^k+f_{M-3}^k+f_{M-1}^{k+1}+10f_{M-2}^{k+1}+f_{M-3}^{k+1})\\ \left(\frac{1}{12}+\mu_1(b_1-b_0)+\frac{\mu_2}{2}\right)u_M^k+\\ \left(\mu_1+\frac{\mu_2}{2}-\frac{1}{12}\right)u_M^{k+1}+\mu_1\sum\limits_{i=1}^{k-1}(b_{k-i+1}-b_{k-i})u_M^i+\\ \frac{\tau}{24}(f_M^k+10f_{M-1}^k+f_{M-2}^k+f_M^{k+1}+10f_{M-1}^{k+1}+f_{M-2}^{k+1})\end{bmatrix}$$

$$\boldsymbol{U}^k=(u_1^k,u_2^k,\cdots,u_{M-1}^k)^{\mathrm{T}}$$

$$\boldsymbol{\Phi}=(\varphi_1,\varphi_2,\cdots,\varphi_{M-1})^{\mathrm{T}}$$

$$\varphi_j=\varphi(jh)$$

显然系数矩阵$\boldsymbol{A}$严格对角占优,从而它是可逆的. 故格式(13) ~ (15) 存在唯一解.

3. IFDS **的稳定性分析**

我们利用傅里叶方法讨论格式(13) ~ (15) 的稳

定性.

令 z_j^k 为格式(13) ~ (15) 的近似解,并记

$$\varepsilon_j^k = u_j^k - z_j^k$$

$$\boldsymbol{\varepsilon}^k = (\varepsilon_1^k, \varepsilon_2^k, \cdots, \varepsilon_{M-1}^k)^{\mathrm{T}}$$

$$\delta_x^2 \varepsilon_j^k = \varepsilon_{j+1}^k - 2\varepsilon_j^k + \varepsilon_{j-1}^k$$

显然,ε_j^k 满足误差传播方程

$$\left[1 + \left(\frac{1}{12} - \left(\mu_1 + \frac{\mu_2}{2}\right)\right)\delta_x^2\right]\varepsilon_j^{k+1}$$

$$= \left[1 + \left(\frac{1}{12} + (b_1 - b_0)\mu_1 + \frac{\mu_2}{2}\right)\delta_x^2\right]\varepsilon_j^k +$$

$$\mu_1 \sum_{i=0}^{k-1} \delta_x^2 \varepsilon_j^i (b_{k-i+1} - b_{k-i})$$

$$(j = 0,1,\cdots,M-1; k = 0,1,\cdots,N-1) \quad (17)$$

对于 $k = 0,1,\cdots,N-1$,我们引入阶梯函数

$$\varepsilon^k(x) = \begin{cases} \varepsilon_j^k, & x_j - \frac{h}{2} < x \leqslant x_j + \frac{h}{2}; j = 1,2,\cdots,M-1 \\ 0, & 0 \leqslant x \leqslant \frac{h}{2} \text{ 或 } L - \frac{h}{2} < x \leqslant L \end{cases}$$

将 $\varepsilon^k(x)$ 展成傅里叶级数形式

$$\varepsilon^k(x) = \sum_{m=-\infty}^{+\infty} v^k(m) \mathrm{e}^{\mathrm{i}\sigma x} \quad (18)$$

其中

$$v^k(m) = \frac{1}{L}\int_0^L \varepsilon^k(x) \mathrm{e}^{-\mathrm{i}\sigma x} \mathrm{d}x, \sigma = \frac{2m\pi}{L}$$

定义离散范数 L_2:$\| \varepsilon^k \|_2 = \left(\sum_{j=1}^{M-1} h \mid \varepsilon_j^k \mid^2 \right)^{1/2}$,则由帕

斯瓦尔(Parseval) 等式可得

$$\sum_{m=-\infty}^{+\infty} | v^k(m) |^2 = \int_0^L | \varepsilon^k(x) |^2 \mathrm{d}x = \| \varepsilon^k \|_2^2 \tag{19}$$

对于具有连续变量的函数 $\varepsilon^k(x)$,仍有

$$\left[1 + \left(\frac{1}{12} - \left(\mu_1 + \frac{\mu_2}{2}\right)\right)\delta_x^2\right]\varepsilon^{k+1}(x)$$
$$= \left[1 + \left(\frac{1}{12} + (b_1 - b_0)\mu_1 + \frac{\mu_2}{2}\right)\delta_x^2\right]\varepsilon^k(x) +$$
$$\mu_1 \sum_{i=0}^{k-1} \delta_x^2 \varepsilon^i(x)(b_{k-i+1} - b_{k-i})$$
$$(k = 0,1,\cdots,N-1) \tag{20}$$

其中,$\delta_x^2\varepsilon^k(x) = \varepsilon^k(x+h) - 2\varepsilon^k(x) + \varepsilon^k(x-h)$. 将式(18) 代入到方程(20),并将方程(20) 的两端同乘以 $\mathrm{e}^{-\mathrm{i}\sigma_1 x}$,同时注意到

$$\int_0^L \mathrm{e}^{\mathrm{i}\sigma x}\mathrm{e}^{-\mathrm{i}\sigma_1 x}\mathrm{d}x = \begin{cases} 0, & m \neq n \\ L, & m = n \end{cases}$$

$$\sigma_1 = \frac{2n\pi}{L} \quad (n = 0, \pm 1, \pm 2, \cdots)$$

我们得到

$$\left[1 + \left(\mu_1 + \frac{\mu_2}{2} - \frac{1}{12}\right)r\right]v^{k+1}(m)$$
$$= \left[1 + \left((b_0 - b_1)\mu_1 - \frac{\mu_2}{2} - \frac{1}{12}\right)r\right]v^k(m) -$$
$$r\mu_1 \sum_{i=0}^{k-1} v^i(m)(b_{k-i+1} - b_{k-i}) \tag{21}$$

其中,$r = 4\sin^2(\sigma h/2)$. 进一步地,式(21) 可化为

$$
\begin{aligned}
&v^{k+1}(m)\\
&=\frac{1+((b_0-b_1)\mu_1-\mu_2/2-1/12)r}{1+(\mu_1+\mu_2/2-1/12)r}v^k(m)+\\
&\quad\frac{r\mu_1}{1+(\mu_1+\mu_2/2-1/12)r}\sum_{i=0}^{k-1}v^i(m)(b_{k-i}-b_{k-i+1})
\end{aligned}
\tag{22}
$$

由于$\mu_1,\mu_2\geqslant 0, 0\leqslant r\leqslant 4$，所以$1+(\mu_1+\mu_2/2-1/12)r>0$.

定理 2 若$v^k(m)$满足方程(22)，则必有

$$|v^k(m)|\leqslant|v^0(m)|$$

证 我们可用数学归纳法进行证明.

事实上，当$k=0$，由式(22)有

$$v^1(m)=\frac{1+((b_0-b_1)\mu_1-\mu_2/2-1/12)r}{1+(\mu_1+\mu_2/2-1/12)r}v^0(m)$$

应用引理 1 可得$0<b_0-b_1<1$，则有

$$|v^1(m)|\leqslant|v^0(m)|$$

假设$|v^n(m)|\leqslant|v^0(m)|\ (1\leqslant n\leqslant k)$. 仍由引理 1，有

$$
\begin{aligned}
&|v^{k+1}(m)|\\
&\leqslant\frac{1+((b_0-b_1)\mu_1+\mu_2/2-1/12)r}{1+(\mu_1+\mu_2/2-1/12)r}|v^k(m)|+\\
&\quad\frac{r\mu_1}{1+(\mu_1+\mu_2/2-1/12)r}\sum_{i=0}^{k-1}|v^i(m)|(b_{k-i}-b_{k-i+1})\\
&\leqslant\Big(\frac{1+((b_0-b_1)\mu_1+\mu_2/2-1/12)r}{1+(\mu_1+\mu_2/2-1/12)r}+\\
&\quad\frac{r\mu_1}{1+(\mu_1+\mu_2/2-1/12)r}\sum_{i=0}^{k-1}(b_{k-i}-b_{k-i+1})\Big)|v^0(m)|
\end{aligned}
$$

$$= \frac{1 + ((b_0 - b_k)\mu_1 + \mu_2/2 - 1/12)r}{1 + (\mu_1 + \mu_2/2 - 1/12)r} | v^0(m) |$$

$$\leqslant | v^0(m) |$$

定理 2 证毕.

定理 3　IFDS 式(13) ~ (15) 是无条件稳定的.

证　应用定理 2 到式(19),有

$$\| \varepsilon^k \|_2^2 = \sum_{m=-\infty}^{+\infty} | v^k(m) |^2 \leqslant \sum_{m=-\infty}^{+\infty} | v^0(m) |^2$$

$$= \| \varepsilon^0 \|_2^2 \quad (k = 0, 1, \cdots, N)$$

证毕.

4. IFDS **的收敛性分析**

为了讨论数值格式的收敛性,我们将用到离散的格朗沃尔(Gronwall)引理.

引理 2(格朗沃尔)　设 k_n 为一非负序列,ϕ_n 满足

$$\begin{cases} \phi_0 \leqslant g_0 \\ \phi_n \leqslant g_0 + \sum\limits_{s=0}^{n-1} p_s + \sum\limits_{s=0}^{n-1} k_s \phi_s, \quad n \geqslant 1 \end{cases}$$

如果对于任给的 $n \geqslant 0$,都有 $g_0 \geqslant 0, p_n \geqslant 0$,则

$$\phi_n \leqslant (g_0 + \sum_{s=0}^{n-1} p_s)\exp(\sum_{s=0}^{n-1} k_s) \quad (n \geqslant 1)$$

为简便计,我们引进一些记号.

对于 $j = 0, 1, 2, \cdots, M; k = 0, 1, 2, \cdots, N$,我们定义

$$e_j^k = u(x_j, t_k) - u_j^k$$

$$\boldsymbol{u}^k = (u(x_1, t_k), \cdots, u(x_{M-1}, t_k))^{\mathrm{T}}$$

$$\boldsymbol{e}^k = (e_1^k, \cdots, e_{M-1}^k)^{\mathrm{T}}$$

$$\boldsymbol{R}^k = (R_1^k, \cdots, R_{M-1}^k)^{\mathrm{T}}$$

$$\tilde{\boldsymbol{R}}^k = \left(\left(1+\frac{1}{12}\delta_x^2\right)R_1^k,\cdots,\left(1+\frac{1}{12}\delta_x^2\right)R_{M-1}^k\right)^{\mathrm{T}}$$

对于$\boldsymbol{\eta}=(\eta_1,\eta_2,\cdots,\eta_{M-1})^{\mathrm{T}},\boldsymbol{v}=(v_1,v_2,\cdots,v_{M-1})^{\mathrm{T}}$,我们定义内积

$$(\boldsymbol{\eta},\boldsymbol{v}) = \sum_{j=1}^{M-1} h\eta_j v_j$$

符号$\lambda_{\min}(\boldsymbol{A})$,$\lambda_{\max}(\boldsymbol{A})$和$\lambda_j(\boldsymbol{A})$分别表示矩阵$\boldsymbol{A}$的最小、最大和第$j$个特征值.

通过应用式(10),我们容易看出

$$\begin{aligned}\|\tilde{\boldsymbol{R}}^{k+1}\|_2 &= \left(\sum_{j=1}^{M-1} h\left|\left(1+\frac{1}{12}\delta_x^2\right)R_j^{k+1}\right|^2\right)^{1/2}\\ &\leqslant Cb_k\tau^\gamma(\tau+h^4)\sqrt{(M-1)h}\\ &\leqslant Cb_k\tau^\gamma(\tau+h^4)\end{aligned} \tag{23}$$

对于矢量$\boldsymbol{u}^k$,由式(12)我们有

$$\begin{cases}\boldsymbol{A}\boldsymbol{u}^{k+1} = \boldsymbol{B}\boldsymbol{u}^k + \sum_{i=1}^{k-1}\boldsymbol{B}_i\boldsymbol{u}^i + \boldsymbol{F}^{k+1} + \tilde{\boldsymbol{R}}^{k+1}, \quad k\geqslant 0\\ \boldsymbol{u}^0 = \boldsymbol{\Phi}\end{cases} \tag{24}$$

方程组(24)减去式(16),并注意到$\boldsymbol{e}^0=\boldsymbol{0}$,可得

$$\boldsymbol{A}\boldsymbol{e}^{k+1} = \boldsymbol{B}\boldsymbol{e}^k + \sum_{i=1}^{k-1}\boldsymbol{B}_i\boldsymbol{e}^i + \tilde{\boldsymbol{R}}^{k+1} \quad (k\geqslant 0) \tag{25}$$

定理 4 IFDS 格式(13)～(15)的收敛阶为$O(\tau+h^4)$.

证 方程(25)两边与$\boldsymbol{e}^{k+1}$作内积,有

$$(\boldsymbol{A}\boldsymbol{e}^{k+1},\boldsymbol{e}^{k+1}) = (\boldsymbol{B}\boldsymbol{e}^k,\boldsymbol{e}^{k+1}) + \sum_{i=1}^{k-1}(\boldsymbol{B}_i\boldsymbol{e}^i,\boldsymbol{e}^{k+1}) + (\tilde{\boldsymbol{R}}^{k+1},\boldsymbol{e}^{k+1}) \quad (k\geqslant 0) \tag{26}$$

由于 $\boldsymbol{A}$,$\boldsymbol{B}$ 和 $\boldsymbol{B}_i$ 是对称矩阵,故可应用 Rayleigh - Ritz 商定理可得

$$\lambda_{\min} \leqslant \frac{(\boldsymbol{A}\boldsymbol{v},\boldsymbol{v})}{(\boldsymbol{v},\boldsymbol{v})} \leqslant \lambda_{\max}$$

利用内积与 L_2 范数的关系不难得出

$$\begin{cases} \lambda_{\min}(\boldsymbol{A}) \| \boldsymbol{e}^k \|_2 = \lambda_{\min}(\boldsymbol{A})(\boldsymbol{e}^k,\boldsymbol{e}^k) \leqslant (\boldsymbol{A}\boldsymbol{e}^k,\boldsymbol{e}^k) \\ |(\boldsymbol{B}_i\boldsymbol{e}^i,\boldsymbol{e}^{k+1})| \leqslant \sqrt{(\boldsymbol{B}_i\boldsymbol{e}^i,\boldsymbol{e}^i)}\sqrt{(\boldsymbol{e}^{k+1},\boldsymbol{e}^{k+1})} \\ \qquad\qquad\qquad \leqslant \lambda_{\max}(\boldsymbol{B}_i) \| \boldsymbol{e}^i \|_2 \| \boldsymbol{e}^{k+1} \|_2 \\ |(\tilde{\boldsymbol{R}}^{k+1},\boldsymbol{e}^{k+1})| \leqslant \| \tilde{\boldsymbol{R}}^{k+1} \|_2 \| \boldsymbol{e}^{k+1} \|_2 \end{cases}$$

从以上的分析,可以得到下列的不等式

$$\| \boldsymbol{e}^{k+1} \|_2 \leqslant \frac{\lambda_{\max}(\boldsymbol{B})}{\lambda_{\min}(\boldsymbol{A})} \| \boldsymbol{e}^k \|_2 + \sum_{i=1}^{k-1} \frac{\lambda_{\max}(\boldsymbol{B}_i)}{\lambda_{\min}(\boldsymbol{A})} \| \boldsymbol{e}^i \|_2 + \frac{1}{\lambda_{\min}(\boldsymbol{A})} \| \tilde{\boldsymbol{R}}^{k+1} \|_2 \quad (k \geqslant 0) \tag{27}$$

因为矩阵 $\boldsymbol{A}$,$\boldsymbol{B}$ 以及 $\boldsymbol{B}_i$ 都是三对角阵,容易计算其特征值如下

$$\begin{aligned} \lambda_j(\boldsymbol{A}) &= \frac{5}{6} + 2\left(\mu_1 + \frac{\mu_2}{2}\right) + 2\left(\frac{1}{12} - \left(\mu_1 + \frac{\mu_2}{2}\right)\right)\cos\frac{j\pi}{M} \\ &= \frac{2}{3} + \frac{1}{3}\cos^2\frac{j\pi}{2M} + 4\left(\mu_1 + \frac{\mu_2}{2}\right)\sin^2\frac{j\pi}{2M} \end{aligned}$$

$$\begin{aligned} \lambda_j(\boldsymbol{B}) &= \frac{5}{6} - 2\left(\mu_1(b_1 - b_0) + \frac{\mu_2}{2}\right) + \\ &\quad 2\left[\frac{1}{12} + \mu_1(b_1 - b_0) + \frac{\mu_2}{2}\right]\cos\frac{j\pi}{M} \\ &= \frac{2}{3} + \frac{1}{3}\cos^2\frac{j\pi}{2M} + \end{aligned}$$

$$
\begin{aligned}
&4\left[\mu_1(b_0-b_1)-\frac{\mu_2}{2}\right]\sin^2\frac{j\pi}{2M}\\
&\leqslant \lambda_j(\boldsymbol{A})
\end{aligned}
$$

$$
\begin{aligned}
\lambda_j(\boldsymbol{B}_i)&=\mu_1(b_{k-i+1}-b_{k-i})\left(-2+2\cos\frac{j\pi}{M}\right)\\
&=4\mu_1(b_{k-i}-b_{k-i+1})\sin^2\frac{j\pi}{2M}
\end{aligned}
$$

其中 $j=1,2,\cdots,M-1$. 不等式(27) 可化简为

$$
\begin{aligned}
\|\boldsymbol{e}^{k+1}\|_2\leqslant&\left(\frac{3}{2}+6\mu_1+3\mu_2\right)\|\boldsymbol{e}^k\|_2+\\
&6\mu_1\sum_{i=1}^{k-1}(b_{k-i}-b_{k-i+1})\|\boldsymbol{e}^i\|_2+\\
&\frac{1}{16}\|\tilde{\boldsymbol{R}}^{k+1}\|_2\\
&(k=0,1,2,\cdots,N-1)
\end{aligned}
$$

因此,应用引理 1 和引理 2 可得

$$
\begin{aligned}
\|\boldsymbol{e}^{k+1}\|_2\leqslant&C\sum_{i=1}^{k+1}\|\tilde{\boldsymbol{R}}^i\|_2\exp\left(\sum_{i=1}^{k}6\mu_1(b_{k-i}-b_{k-i+1})+\right.\\
&\left.\frac{3}{2}+6\mu_1+3\mu_2\right)\\
\leqslant&C\sum_{i=1}^{k+1}\|\tilde{\boldsymbol{R}}^i\|_2\exp\left(12\mu_1+3\mu_2+\frac{3}{2}\right)\\
\leqslant&C\sum_{i=1}^{k+1}\|\tilde{\boldsymbol{R}}^i\|_2\\
\leqslant&C\sum_{i=1}^{k+1}b_{i-1}\tau^{\gamma}(\tau+h^4)\\
\leqslant&C(\tau+h^4)
\end{aligned}
$$

定理证毕.

5. 格式 IFDS 的改进(IIFDS)

对方程(1) 的两端从 0 积到 t_{k+1},有

$$
\begin{aligned}
& u(x_j,t_{k+1}) \\
&= u(x_j,0)+\frac{\kappa_1}{\Gamma(\gamma)}\int_0^{k+1}\frac{\partial^2 u(x_j,\eta)}{\partial x^2}(t_{k+1}-\eta)^{\gamma-1}\mathrm{d}\eta+ \\
&\quad \kappa_2\int_0^{k+1}\frac{\partial^2 u(x_j,t)}{\partial x^2}\mathrm{d}t+\int_0^{k+1}f(x_j,t)\,\mathrm{d}t \\
&= u(x_j,0)+\frac{\kappa_1}{\Gamma(\gamma)}\sum_{i=0}^{k}\int_{t_i}^{i+1}\frac{\partial^2 u(x_j,\eta)}{\partial x^2}(t_{k+1}-\eta)^{\gamma-1}\mathrm{d}\eta+ \\
&\quad \kappa_2\int_0^{k+1}\frac{\partial^2 u(x_j,t)}{\partial x^2}\mathrm{d}t+\int_0^{k+1}f(x_j,t)\,\mathrm{d}t+I'+I''+I'''
\end{aligned}
$$

其中

$$
I'=\frac{\kappa_1}{\Gamma(\gamma)}\sum_{i=0}^{k}\int_{t_i}^{i+1}\frac{\partial^2 u(x_j,\eta)}{\partial x^2}(t_{k+1}-\eta)^{\gamma-1}\mathrm{d}\eta \tag{28}
$$

$$
I''=\kappa_2\int_0^{k+1}\frac{\partial^2 u(x_j,t)}{\partial x^2}\mathrm{d}t \tag{29}
$$

$$
I'''=\int_0^{k+1}f(x_j,t)\,\mathrm{d}t \tag{30}
$$

由拉格朗日插值公式,有

$$
\begin{aligned}
\frac{\partial^2 u(x_j,\eta)}{\partial x^2} &= \frac{(t_{i+1}-\eta)}{\tau}\frac{\partial^2 u(x_j,t_i)}{\partial x^2}+ \\
&\quad \frac{(\eta-t_i)}{\tau}\frac{\partial^2 u(x_j,t_{i+1})}{\partial x^2}+ \\
&\quad \frac{1}{2}\frac{\partial^4 u(x_j,\xi')}{\partial x^2\partial t^2}(\eta-t_i)(\eta-t_{i+1})
\end{aligned}
$$

再次利用式(7),可以得 I' 的近似

$$I' = \frac{\kappa_1}{\Gamma(\gamma)} \cdot$$
$$\sum_{i=0}^{k} \int_{t_i}^{i+1} \Big[\frac{(t_{i+1} - \eta)}{\tau} \Big(\frac{\delta_x^2}{h^2(1 + \delta_x^2/12)} u(x_j, t_i) \Big) +$$
$$\frac{(\eta - t_i)}{\tau} \Big(\frac{\delta_x^2}{h^2(1 + \delta_x^2/12)} u(x_j, t_{i+1}) \Big) \Big] \cdot$$
$$(t_{k+1} - \eta)^{\gamma-1} \mathrm{d}\eta + R_1{}' + R_2{}' + R_3{}'$$

其中

$$R_1{}' = \frac{\kappa_1}{\Gamma(\gamma)\tau} \cdot$$
$$\sum_{i=0}^{k} \int_{t_i}^{i+1} \Big(\frac{\partial^2 u(x_j, t_i)}{\partial x^2} - \frac{\delta_x^2}{h^2(1 + \delta_x^2/12)} u(x_j, t_i) \Big) \cdot$$
$$(t_{i+1} - \eta)(t_{k+1} - \eta)^{\gamma-1} \mathrm{d}\eta$$

$$R_2{}' = \frac{\kappa_1}{\Gamma(\gamma)\tau} \cdot$$
$$\sum_{i=0}^{k} \int_{t_i}^{i+1} \Big(\frac{\partial^2 u(x_j, t_{i+1})}{\partial x^2} - \frac{\delta_x^2}{h^2(1 + \delta_x^2/12)} u(x_j, t_{i+1}) \Big) \cdot$$
$$(\eta - t_i)(t_{k+1} - \eta)^{\gamma-1} \mathrm{d}\eta$$

$$R_3{}' = \frac{\kappa_1}{\Gamma(\gamma)} \sum_{i=0}^{k} \int_{t_i}^{i+1} \frac{1}{2} \frac{\partial^4 u(x_j, \xi')}{\partial x^2 \partial t^2} \cdot$$
$$(\eta - t_i)(\eta - t_{i+1})(t_{k+1} - \eta)^{\gamma-1} \mathrm{d}\eta$$

我们容易得到余项 $R_1{}', R_2{}', R_3{}'$ 的估计. 事实上

$$| R_1{}' | \leqslant \frac{\kappa_1 C h^4}{\Gamma(\gamma)} \sum_{i=0}^{k} \int_{t_i}^{l+1} (t_{k+1} - \eta)^{\gamma-1} \mathrm{d}\eta$$
$$= \frac{\kappa_1 C h^4 \tau^\gamma}{\Gamma(1 + \gamma)} \sum_{l=0}^{k} (l + 1)^\gamma - l^\gamma$$

$$= \frac{\kappa_1 Ch^4[(k+1)\tau]^\gamma}{\Gamma(1+\gamma)}$$

$$\leqslant \frac{\kappa_1 T^\gamma}{\Gamma(1+\gamma)} Ch^4$$

$$\leqslant Ch^4$$

类似地,有 $|R_2'| \leqslant Ch^4$ 及 $|R_3'| \leqslant C\tau^2$.

对于 I'',可以采用如下的近似

$$I'' = \kappa_2 \int_0^{k+1} \frac{\partial^2 u(x_j,t)}{\partial x^2} \mathrm{d}t$$

$$= \kappa_2 \sum_{i=0}^{k} \frac{\tau}{2}\left[\frac{\partial^2 u(x_j,t_i)}{\partial x^2} + \frac{\partial^2 u(x_j,t_{i+1})}{\partial x^2}\right] + O(\tau^3)$$

$$= \kappa_2 \sum_{i=0}^{k} \frac{\tau}{2}\left[\frac{\delta_x^2}{h^2(1+\delta_x^2/12)} u(x_j,t_i) + \frac{\delta_x^2}{h^2(1+\delta_x^2/12)} u(x_j,t_{i+1})\right] + R_4' + O(\tau^3)$$

其中

$$R_4' = \kappa_2 \sum_{i=0}^{k} \frac{\tau}{2}\left[\frac{\partial^2 u(x_j,t_i)}{\partial x^2} - \frac{\delta_x^2}{h^2(1+\delta_x^2/12)} u(x_j,t_i) + \frac{\partial^2 u(x_j,t_{i+1})}{\partial x^2} - \frac{\delta_x^2}{h^2(1+\delta_x^2/12)} u(x_j,t_{i+1})\right]$$

仍应用式(7),有

$$|R_4'| \leqslant \kappa_2 \sum_{i=0}^{k} \frac{\tau}{2}\left[\left|\frac{\partial^2 u(x_j,t_i)}{\partial x^2} - \frac{\delta_x^2}{h^2(1+\delta_x^2/12)} u(x_j,t_i)\right| + \left|\frac{\partial^2 u(x_j,t_{i+1})}{\partial x^2} - \frac{\delta_x^2}{h^2(1+\delta_x^2/12)} u(x_j,t_{i+1})\right|\right]$$

$$\leqslant \kappa_2 Ch^4(k+1)\tau$$

$$\leqslant \kappa_2 Ch^4 T$$

$$\leqslant Ch^4$$

对于 I'''，使用下面的逼近式

$$I''' = \sum_{l=0}^{k} \frac{\tau}{2}(f(x_j, t_{l+1}) + f(x_j, t_l)) + O(\tau^3)$$

对于 $l = 0,1,2,\cdots,N$，我们定义

$$c_l = (l+1)^{\gamma} - \frac{1}{1+\gamma}[(l+1)^{1+\gamma} - l^{1+\gamma}]$$

$$d_l = \frac{1}{1+\gamma}[(l+1)^{1+\gamma} - l^{1+\gamma}] - l^{\gamma}$$

从上述的分析可以得到

$$u_j^{k+1} = u_j^0 + \mu_1 \sum_{l=0}^{k} c_l \frac{\delta_x^2}{(1+\delta_x^2/12)} u_j^{k-1} + d_l \frac{\delta_x^2}{(1+\delta_x^2/12)} u_j^{k-l+1} + \frac{\mu_2}{2} \sum_{l=0}^{k} \frac{\delta_x^2}{(1+\delta_x^2/12)} u_j^l + \frac{\delta_x^2}{(1+\delta_x^2/12)} u_j^{l+1} + \sum_{l=0}^{k} \frac{\tau}{2}(f_j^{l+1} + f_j^l) \tag{31}$$

上式两端同乘以 $1 + \delta_x^2/12$，有

$$\left(1 + \frac{1}{12}\delta_x^2\right) u_j^{k+1} = \left(1 + \frac{1}{12}\delta_x^2\right) u_j^0 + \mu_1 \sum_{l=0}^{k} c_l \delta_x^2 u_j^{k-1} + d_l \delta_x^2 u_j^{k-l+1} + \frac{\mu_2}{2} \sum_{l=0}^{k} \delta_x^2 u_j^l + \delta_x^2 u_j^{l+1} + \sum_{l=0}^{k} \frac{\tau}{2}\left(1 + \frac{1}{12}\delta_x^2\right)(f_j^{l+1} + f_j^l) \tag{32}$$

由此我们得到改进的隐式差分格式(IIFDS)

$$\left[1+\left(\frac{1}{12}-\mu_1 d_0-\frac{\mu_2}{2}\right)\delta_x^2\right]u_j^{k+1}$$

$$=\left[1+\left(\frac{1}{12}+\mu_1 c_k+\frac{\mu_2}{2}\right)\delta_x^2\right]u_j^0+$$

$$\sum_{i=1}^{k}(\mu_1(c_{k-i}+d_{k-i+1})+\mu_2)\delta_x^2 u_j^i+$$

$$\sum_{i=0}^{k}\frac{\tau}{2}\left(1+\frac{1}{12}\delta_x^2\right)(f_j^{i+1}+f_j^i)$$

该格式的截断误差为 $O(\tau^2+h^4)$.

6. 数值算例

例 1 考虑下述问题

$$\begin{cases}\dfrac{\partial u}{\partial t}={}_0D_t^{1-\gamma}\left[\dfrac{\partial^2 u}{\partial x^2}\right]+\dfrac{\partial^2 u}{\partial x^2}+\\ \qquad \mathrm{e}^x\left[(2+\gamma)t^{1+\gamma}-\dfrac{\Gamma(3+\gamma)}{\Gamma(2+2\gamma)}t^{1+2\gamma}-t^{2+\gamma}\right]\\ \qquad\qquad 0\leqslant x\leqslant 1,0<t\leqslant 1\\ u(1,t)=\mathrm{e}t^{2+\gamma},u(0,t)=t^{2+\gamma}\quad 0\leqslant t\leqslant 1\\ u(x,0)=0\quad 0\leqslant x\leqslant 1\end{cases}\tag{33}$$

该问题的真解为 $u(x,t)=\mathrm{e}^x t^{2+\gamma}$. 数值解与精确解的绝对误差定义为

$$E_\infty=\max_{1\leqslant j\leqslant M-1}\{|u_j^N-u(x_j,1)|\}$$

表 1 列出了当 $\gamma=0.5$ 时,问题(33)的精确解与由格式 INAS,IFDS 以及 IIFDS 所得到的数值解的绝对误差. 很显然,本文所提出的格式相对于 INAS 来说具有更高的精度,进一步,还能从表 1 中证实 IFDS 具有

误差阶$O(\tau + h^4)$以及 IIFDS 的误差阶为$O(\tau^2 + h^4)$.

表 1　$\gamma = 0.5$ 时的绝对误差

$\tau = h^2$	INAS	IFDS	IIFDS
1/16	1.1027×10^{-2}	7.7346×10^{-3}	8.7000×10^{-5}
1/64	2.9530×10^{-3}	2.0955×10^{-3}	5.6702×10^{-6}
1/256	7.6212×10^{-4}	5.4800×10^{-4}	3.6353×10^{-7}
1/1 024	2.0744×10^{-4}	1.3973×10^{-4}	2.2986×10^{-8}

$\tau = h^4$	IFDS	IIFDS
1/81	1.5679×10^{-3}	5.7375×10^{-6}
1/256	5.4150×10^{-4}	2.7063×10^{-6}
1/1 296	1.0925×10^{-4}	5.9450×10^{-7}
1/4 096	3.4823×10^{-5}	1.9138×10^{-7}

例 2　考虑如下问题

$$\begin{cases} \dfrac{\partial u}{\partial t} = {}_0D_t^{1-\gamma}\left[\dfrac{\partial^2 u}{\partial x^2}\right] + \dfrac{\partial^2 u}{\partial x^2} + \\ \qquad \left(2t + \dfrac{2\pi^2 t^{1+\gamma}}{\Gamma(2+\gamma)} + \pi^2 t^2\right)\cos(\pi x) \\ \qquad\qquad 0 \leqslant x \leqslant 1, 0 < t \leqslant 1 \\ u(1,t) = -t^2, u(0,t) = t^2 \qquad 0 \leqslant t \leqslant 1 \\ u(x,0) = 0 \qquad 0 \leqslant x \leqslant 1 \end{cases} \tag{34}$$

该问题的真解为$u(x,t) = \cos(\pi x)t^2$.

表 2 描述了当$\gamma = 0.6$时,问题(34)的精确解与由 IFDS 和 IIFDS 所得的数值解的绝对误差. 表 3 列出

了当$\tau = 1/4$并取不同的γ时问题(34)的精确解与由IIFDS所得的数值解的绝对误差. 此数值例子的结果表明所做的理论分析与数值结果较为吻合.

表2　IFDS与IIFDS的绝对误差($\gamma = 0.6$)

	IFDS	IIFDS
$h = \tau = 1/4$	$2.232\,2 \times 10^{-2}$	$3.287\,0 \times 10^{-4}$
$h^2 = \tau = 1/64$	$1.659\,1 \times 10^{-3}$	$2.016\,9 \times 10^{-5}$
$h = 1/16, \tau = 1/1\,024$	$1.066\,7 \times 10^{-4}$	$1.254\,8 \times 10^{-6}$
$h = \tau = 1/8$	$1.220\,4 \times 10^{-2}$	$2.016\,9 \times 10^{-5}$
$h = 1/16, \tau = 1/256$	$4.268\,6 \times 10^{-4}$	$1.254\,8 \times 10^{-6}$
$h = 1/32, \tau = 1/1\,024$	$1.096\,6 \times 10^{-4}$	$7.966\,9 \times 10^{-8}$

7. 结论

本文给出了加热下分数阶广义二阶流体的斯托克斯第一问题的数值格式IFDS以及IIFDS. 对所提出的两种格式进行了误差阶分析. 对IFDS的稳定性与收敛性进行了严格论证. 最后通过数值例子验证了所提出的格式的有效可靠性.

表 3　IIFDS 时的绝对误差

γ	$h=1/10,\tau=1/4$	$h=1/100,\tau=1/4$
0.1	8.3577×10^{-6}	8.3820×10^{-10}
0.2	8.3508×10^{-6}	8.3749×10^{-10}
0.3	8.3444×10^{-6}	8.3683×10^{-10}
0.4	8.3384×10^{-6}	8.3622×10^{-10}
0.5	8.3327×10^{-6}	8.3564×10^{-10}
0.6	8.3273×10^{-6}	8.3508×10^{-10}
0.7	8.3220×10^{-6}	8.3455×10^{-10}
0.8	8.3169×10^{-6}	8.3403×10^{-10}
0.9	8.3120×10^{-6}	8.3352×10^{-10}
γ	$h=1/1000,\tau=1/4$	$h=1/10000,\tau=1/4$
0.1	9.7700×10^{-14}	5.4001×10^{-13}
0.2	1.0436×10^{-13}	1.6326×10^{-12}
0.3	1.5965×10^{-13}	3.5431×10^{-12}
0.4	1.5921×10^{-13}	1.3317×10^{-12}
0.5	1.2568×10^{-13}	3.3480×10^{-12}
0.6	1.3545×10^{-13}	1.3556×10^{-12}
0.7	1.1069×10^{-13}	1.1818×10^{-12}
0.8	1.5998×10^{-13}	1.2202×10^{-12}
0.9	1.0425×10^{-13}	9.4691×10^{-13}

第三编

平面格林定理

格林定理

第11章

§1　从三道数学分析问题的解法谈起

问题1　对三维空间上两条不相交定向曲线 C_1 与 C_2，它们被 $\boldsymbol{\nu}_1(s)$ 与 $\boldsymbol{\nu}_2(t)$ 参数化，定义环绕数

$$lk(C_1,C_2)=\frac{1}{4\pi}\oint_{C_1}\oint_{C_2}\frac{\boldsymbol{V}_1-\boldsymbol{V}_2}{\|\boldsymbol{V}_1-\boldsymbol{V}_2\|^3}\cdot\left(\frac{\mathrm{d}\boldsymbol{V}_1}{\mathrm{d}s}\times\frac{\mathrm{d}\boldsymbol{V}_2}{\mathrm{d}t}\right)\mathrm{d}t\mathrm{d}s$$

证明：若定向曲线 C_1 与 $-C_1'$ 以定向曲面 S 为边界，使 S 是每条曲线的左边，若曲线 C_2 与 S 不相交，则

$$lk(C_1,C_2)=lk(C_1',C_2)$$

证　在解答时忽略了因子 $\frac{1}{4\pi}$，它只是要使环绕数是整数. 利用格林定理更一

般形式于曲线 $C = C_1 \cup C_1{}'$ 与曲面 S

$$\oint_C P\mathrm{d}x + Q\mathrm{d}y + R\mathrm{d}z$$

$$= \iint_S \left(\frac{\partial Q}{\partial x} - \frac{\partial P}{\partial y}\right)\mathrm{d}x\mathrm{d}y + \left(\frac{\partial R}{\partial y} - \frac{\partial Q}{\partial z}\right)\mathrm{d}y\mathrm{d}z + \left(\frac{\partial P}{\partial z} - \frac{\partial R}{\partial x}\right)\mathrm{d}z\mathrm{d}x$$

把坐标函数

$$\boldsymbol{v}_1(s) = (x(s), y(s), z(s))$$

$$\boldsymbol{v}_2(t) = (x'(t), y'(t), z'(t))$$

记为参数形式,C_1 与 C_2 的环绕数(忽略了因子$\frac{1}{4\pi}$)变为

$$\oint_{C_1}\oint_{C_2}\frac{(x'-x)(\mathrm{d}z'\mathrm{d}y - \mathrm{d}y'\mathrm{d}z) + (y'-y)(\mathrm{d}x'\mathrm{d}z - \mathrm{d}z'\mathrm{d}x) + (z'-z)(\mathrm{d}y'\mathrm{d}x - \mathrm{d}x'\mathrm{d}y)}{((x'-x)^2 + (y'-y)^2 + (z'-z)^2)^{3/2}}$$

$P\mathrm{d}x + Q\mathrm{d}y + R\mathrm{d}z$,我们整合在 $C = C_1 \cup C_1{}'$,是

$$\oint_{C_2}\frac{(x'-x)(\mathrm{d}z'\mathrm{d}y - \mathrm{d}y'\mathrm{d}z) + (y'-y)(\mathrm{d}x'\mathrm{d}z - \mathrm{d}z'\mathrm{d}x) + (z'-z)(\mathrm{d}y'\mathrm{d}x - \mathrm{d}x'\mathrm{d}y)}{((x'-x)^2 + (y'-y)^2 + (z'-z)^2)^{3/2}}$$

注意,这里对变量 x', y', z' 求积分,从而这个表达式仅依赖于 x, y 与 z. 显然

$$P(x,y,z) = \oint_{C_2}\frac{-(y'-y)\mathrm{d}z' + (z'-z)\mathrm{d}y'}{((x'-x)^2 + (y'-y)^2 + (z'-z)^2)^{3/2}}$$

$$Q(x,y,z) = \oint_{C_2}\frac{(x'-x)\mathrm{d}z' - (z'-z)\mathrm{d}x'}{((x'-x)^2 + (y'-y)^2 + (z'-z)^2)^{3/2}}$$

$$R(x,y,z)$$

$$= \oint_{C_2} \frac{-(x'-x)\mathrm{d}y' + (y'-y)\mathrm{d}x'}{((x'-x)^2+(y'-y)^2+(z'-z)^2)^{3/2}}$$

用格林定理的一般形式,$lk(C_1,C_2) = lk(C_1{}',C_2)$,如果

$$\frac{\partial Q}{\partial x} - \frac{\partial P}{\partial y} = \frac{\partial R}{\partial y} - \frac{\partial Q}{\partial z} = \frac{\partial P}{\partial z} - \frac{\partial R}{\partial x} = 0$$

只要验证$\frac{\partial Q}{\partial x} - \frac{\partial P}{\partial y} = 0$,其他等式有类似的证明. 包含 $\mathrm{d}z'$ 的部分等于

$$\oint_{C_2} -2((x'-x)^2+(y'-y)^2+(z'-z)^2)^{-3/2} +$$
$$3(x'-x)^2((x'-x)^2+(y'-y)^2+(z'-z)^2)^{-5/2} +$$
$$3(y'-y)^2((x'-x)^2+(y'-y)^2+(z'-z)^2)^{-5/2}\mathrm{d}z'$$
$$= \oint_{C_2}((x'-x)^2+(y'-y)^2+(z'-z)^2)^{-3/2} +$$
$$3(z'-z)^2((x'-x)^2+(y'-y)^2+(z'-z)^2)^{-5/2}\mathrm{d}z'$$
$$= \oint_{C_2} \frac{\partial}{\partial z'}((x'-x)^2+(y'-y)^2+(z'-z)^2)^{-3/2}\mathrm{d}z'$$
$$= 0$$

其中最后等式是微积分基本公式的结果. 在两个偏导数中,只有$\frac{\partial Q}{\partial x}$在它里面有 $\mathrm{d}x'$,这部分是

$$3\oint_{C_2}((x-x')^2+(y-y')^2+$$
$$(z-z')^2)^{-5/2}(x-x')(z-z')\mathrm{d}x'$$
$$= \oint_{C_2} \frac{\partial}{\partial x'} \frac{z-z'}{((x-x')^2+(y-y')^2+(z-z')^2)^{3/2}}\mathrm{d}x'$$
$$= 0$$

包含 dy' 的项类似地讨论. 推出了结论.

评注　事实上,环绕数是整数,它测量曲线相互缠绕的次数. 高斯定义了它,他利用它来决定,根据天文观测,某些小行星是否在地球轨道周围环绕.

问题 2　设曲线 $(x(t), y(t))$ 绕区域 D 旁作逆时针方向旋转. 证明 D 的面积由以下公式给出

$$A = \frac{1}{2}\oint_{\partial D}(xy' - yx')\,dt$$

注　题目中的积分可以写作

$$\oint_{\partial D} x\,dy - y\,dx$$

对 $P(x,y) = -y, Q(x,y) = x$ 应用格林定理,得

$$\oint_{\partial D} x\,dy - y\,dx = \iint_D (1 + 1)\,dx\,dy$$

这是 D 的面积的 2 倍. 推出结论.

问题 3　令 $f, g: \mathbf{R}^3 \to \mathbf{R}$ 是二次连续可微函数,它在通过原点的直线上是常数. 证明:在单位球 $B = \{(x,y,z) \mid x^2 + y^2 + z^2 \leqslant 1\}$ 上

$$\iiint_B f\,\nabla^2 g\,dv = \iiint_B g\,\nabla^2 f\,dv$$

这里$\nabla^2 = \frac{\partial^2}{\partial x^2} + \frac{\partial^2}{\partial y^2} + \frac{\partial^2}{\partial z^2}$是拉普拉斯式.

为了解答问题,回忆以下恒等式.

格林第一恒等式　若 f 与 g 是在以闭曲面 S 为边界的立体区域 S 上的二次可微函数,则

$$\iiint_R (f\,\nabla^2 g + \nabla f \cdot \nabla g)\,dV = \iint_S f\frac{\partial g}{\partial n}\,dS$$

其中$\frac{\partial g}{\partial n}$是 g 在曲面法线方向上的导数.

证　为了完备起见,我们将证明格林恒等式. 考虑向量场 $\boldsymbol{F}=f\nabla g$,则

$$\begin{aligned}\operatorname{div}\boldsymbol{F}&=\frac{\partial}{\partial x}\left(f\frac{\partial g}{\partial x}\right)+\frac{\partial}{\partial y}\left(f\frac{\partial g}{\partial y}\right)+\frac{\partial}{\partial z}\left(f\frac{\partial g}{\partial z}\right)\\&=f\left(\frac{\partial^2 g}{\partial x^2}+\frac{\partial^2 g}{\partial y^2}+\frac{\partial^2 g}{\partial z^2}\right)+\left(\frac{\partial f}{\partial x}\frac{\partial g}{\partial x}+\frac{\partial f}{\partial y}\frac{\partial g}{\partial y}+\frac{\partial f}{\partial z}\frac{\partial g}{\partial z}\right)\end{aligned}$$

从而左边是$\iiint\limits_{\mathbf{R}}\operatorname{div}\boldsymbol{F}\mathrm{d}V$. 由高斯 - 奥斯特格拉斯基散度定理,这等于

$$\iint\limits_S (f\nabla g)\cdot\boldsymbol{n}\mathrm{d}S=\iint\limits_S f(\nabla g\cdot\boldsymbol{n})\mathrm{d}S=\iint\limits_S f\frac{\partial g}{\partial n}\mathrm{d}S$$

对向量场 $g\nabla f$ 写出格林第一恒等式,然后从向量场 $f\nabla g$ 恒等式减去它,得格林第二恒等式

$$\iiint\limits_{\mathbf{R}}(f\nabla^2 g-g\nabla^2 f)\mathrm{d}V=\iint\limits_S\left(f\frac{\partial g}{\partial n}-g\frac{\partial f}{\partial n}\right)\mathrm{d}S$$

f 与 g 在通过原点的直线上是常数这一事实表示在单位球上$\frac{\partial f}{\partial n}=\frac{\partial g}{\partial n}=0$. 因此得出结论.

§2　什么是格林公式

随着积分概念的推广,微积分的基本定理——牛顿 - 莱布尼茨公式也相应地获得推广. 本节要讲的格林公式就是上述微积分基本定理的一个推广,它是联

系平面区域上的重积分与区域边界曲线上的第二型曲线积分之间的关系式.

1. 公式的导出

考虑一个流体力学中的问题. 设在地面上有稳定的(即流速不随时间而变化)、不可压缩的(即流体密度不变)水流流过,并设水层充分薄,可以看成一个平面问题,每点的水流速度可以用向量

$$\boldsymbol{V}(x,y)=u(x,y)\boldsymbol{i}+v(x,y)\boldsymbol{j}$$

表示. 如果没有水从地里渗出来或漏下去,那么流过地面上一封闭曲线 L 的流量应该为零,即流入曲线 L 多少水量同时也就流出曲线 L 多少水量. 现在设地面上各点有水从地里渗出来或漏下去,这时流过地面上一封闭曲线 L 的流量可以不为零. 根据质量守恒定律,流过闭曲线 L 的流量,应该等于由 L 所围区域 D 内从地里渗出来的水量. 下面我们分别来计算这两部分水量.

先求单位时间内流出曲线 L 的水量.

我们取出典型的一小段 $\mathrm{d}l$ 进行微元分析. $\mathrm{d}l$ 的起点记为(x,y),该点的外法线方向的单位向量记为 $\boldsymbol{n}$,该点的流速为 $\boldsymbol{V}(x,y)$,则单位时间内流过 $\mathrm{d}l$ 的流量(设水的密度 $\rho=1$)等于以 $\mathrm{d}l$ 为底、以 $\boldsymbol{V}$ 的长度为边的平行四边形面积(图 1). 该平行四边形的高为

$$\boldsymbol{V}\cdot\boldsymbol{n}=u(x,y)\cos(\boldsymbol{n},x)+v(x,y)\cos(\boldsymbol{n},y)$$

上式中 $\cos(\boldsymbol{n},x)$, $\cos(\boldsymbol{n},y)$表示单位向量 $\boldsymbol{n}$ 的方向余弦或分量. 所以单位时间内流过 $\mathrm{d}l$ 的水量 Δq 的微元为

$$\mathrm{d}q=[u(x,y)\cos(\boldsymbol{n},x)+v(x,y)\cos(\boldsymbol{n},y)]\mathrm{d}l$$

单位时间内流过闭曲线 L 的水量为

$$q=\int_{L}[u(x,y)\cos(\boldsymbol{n},x)+v(x,y)\cos(\boldsymbol{n},y)]\mathrm{d}l$$

上式中把 $u(x,y),v(x,y)$ 看成被积函数,则是一个第二型曲线积分,现在曲线的方向用外法向量表示,我们规定法向量与切向量的关系如下:由法向量逆时针转过 $90°$ 即为切向量的方向.按上述规定,外法向量 $\boldsymbol{n}$ 转过 $90°$ 所得的切向量即为曲线的方向,所以曲线取的是逆时针方向.

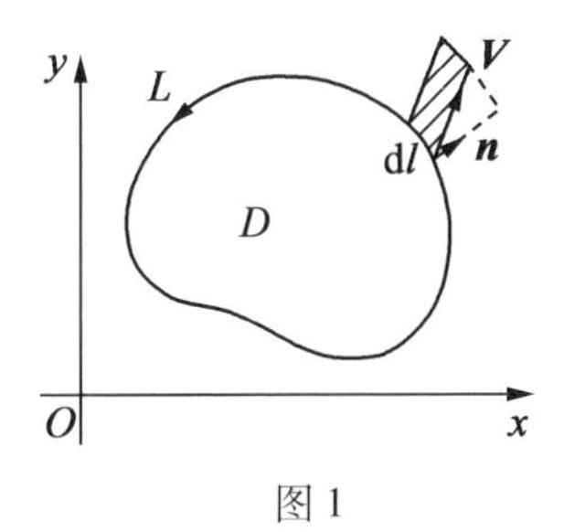

图 1

若流量 q 大于零时,由于我们取定外法线方向为正向,说明水流从总体来看是往外流,在区域 D 内有水从地下渗出来;若流量 q 小于零,说明水流从总体来看是往里流,在区域 D 内有水漏下去.

其次我们来求单位时间内从 D 内渗出来或漏下去的水量 q^{*}.我们仍用微元分析方法.在 D 内取一微元 $ABCE$,设其各顶点的坐标为

$$A(x,y),B(x+\mathrm{d}x,y),C(x+\mathrm{d}x,y+\mathrm{d}y)$$
$$E(x,y+\mathrm{d}y)$$

要求出微元 $ABCE$ 内渗出来的水量 $\mathrm{d}q^*$，只要计算流出小矩形边界的水量(图 2). 注意到 AE 的外法线方向为 $-\boldsymbol{i}$,所以流出 AE 的水量为

$$\boldsymbol{V}_A \cdot (-\boldsymbol{i})\mathrm{d}y = -u(x,y)\mathrm{d}y$$

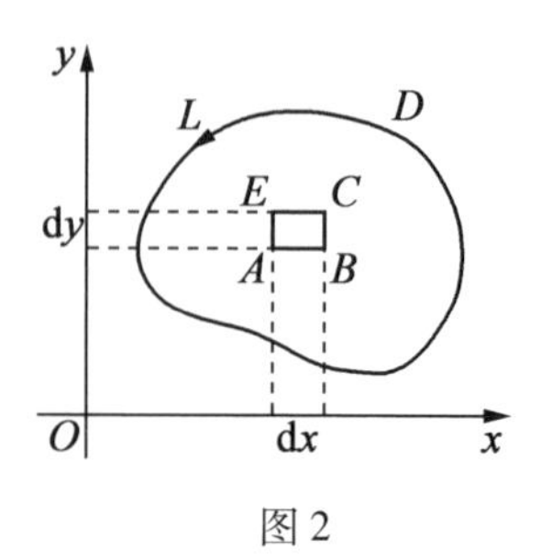

图 2

注意到 BC 的外法线方向为 $\boldsymbol{i}$,所以流出 BC 的水量为

$$\begin{aligned}\boldsymbol{V}_B \cdot \boldsymbol{i}\mathrm{d}y &= u(x+\mathrm{d}x,y)\mathrm{d}y \\ &= \left[u(x,y) + \frac{\partial u(x,y)}{\partial x}\mathrm{d}x\right]\mathrm{d}y\end{aligned}$$

注意到 AB 的外法线方向为 $-\boldsymbol{j}$,所以流出 AB 的水量为

$$\boldsymbol{V}_A \cdot (-\boldsymbol{j})\mathrm{d}x = -v(x,y)\mathrm{d}x$$

再注意到 EC 的外法线方向为 $\boldsymbol{j}$,所以流出 EC 的水量为

$$\boldsymbol{V}_E \cdot \boldsymbol{j}\mathrm{d}x = v(x,y+\mathrm{d}y)\mathrm{d}x = \left[v(x,y) + \frac{\partial v(x,y)}{\partial y}\mathrm{d}y\right]\mathrm{d}x$$

因此,单位时间内流出边界 $ABCE$ 的水量,或单位时间内从微元 $ABCE$ 内渗出来的水量为上面四个式子之和,即得

$$dq^* = \left[\frac{\partial u(x,y)}{\partial x} + \frac{\partial v(x,y)}{\partial y}\right]dxdy$$

单位时间内从 D 内渗出来的水量 q^* 为

$$q^* = \iint\limits_D \left[\frac{\partial u(x,y)}{\partial x} + \frac{\partial v(x,y)}{\partial y}\right]dxdy$$

根据质量守恒定律：$q = q^*$，即得格林公式

$$\iint\limits_D \left[\frac{\partial u}{\partial x} + \frac{\partial v}{\partial y}\right]dxdy = \int_L [u\cos(\boldsymbol{n},x) + v\cos(\boldsymbol{n},y)]dl$$

这个公式揭示了函数 $u(x,y)$，$v(x,y)$ 在曲线 L 上的曲线积分，与它的偏导数在 L 所围区域上二重积分之间的关系.

2. 格林公式

我们把上面结果写成定理的形式.

定理 1　设 D 是以逐段光滑曲线 L 为边界的平面单连通区域(单连通条件不是必须的；在复连通条件下，本定理取何种形式，下面还要讨论)，函数 $u(x,y)$，$v(x,y)$ 在 $D+L$ 上连续，并在 $D+L$ 上有连续的偏导数，那么有关系式

$$\int_L [u\cos(\boldsymbol{n},x) + v\cos(\boldsymbol{n},y)]dl = \iint\limits_D \left(\frac{\partial u}{\partial x} + \frac{\partial v}{\partial y}\right)dxdy$$

其中 $\cos(\boldsymbol{n},x)$，$\cos(\boldsymbol{n},y)$ 为曲线 L 的外法向量的方向余弦.

定理 1 中的区域 D 要求是单连通的，直观地说就是要求 D 是无洞的区域，如图 3 所示区域都是单连通区域：其中第一个区域是由一条闭曲线围成的单连通区域，第二个是由两个相切圆周组成的月牙形单连通

区域,第三个是抛物线内部的单连通区域. 另外如全平面,半平面 $x>0$ 等都是单连通区域.

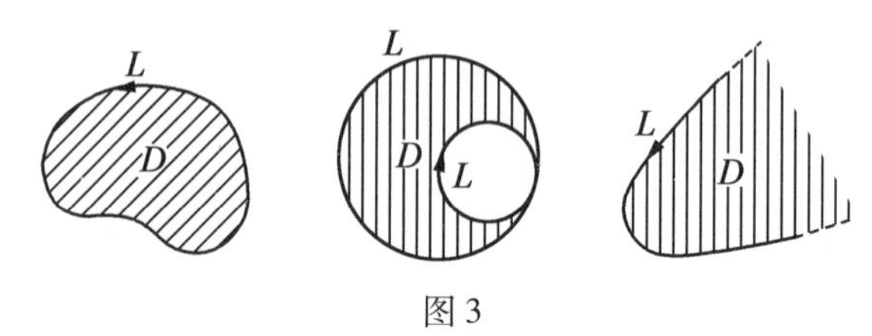

图 3

如图 4 所示的区域为复连通区域:其中第一个区域挖去一个洞称二连通区域,第二个区域称三连通区域,第三个区域挖去一点 A,也是二连通区域.

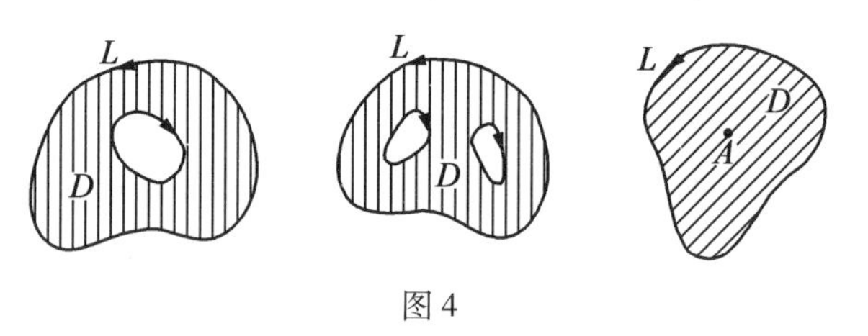

图 4

在证明定理 1 以前,我们把格林公式再改变一种形式. 注意图 5,其中 $\boldsymbol{n}$ 是外法线方向,$\boldsymbol{t}$ 是由 $\boldsymbol{n}$ 逆时针方向转过 90° 所得的切向量,由图 5 看出

$$\begin{cases}\cos(\boldsymbol{n},x)=\cos(\boldsymbol{t},y)\\ \cos(\boldsymbol{n},y)=-\cos(\boldsymbol{t},x)\end{cases}$$

该关系式是通过一个特殊位置推出来的,但事实上这个关系式对 L 上任意一点位置都是成立的. 于是定理 1 中的公式可改写成

$$\iint_D\left(\frac{\partial u}{\partial x}+\frac{\partial v}{\partial y}\right)\mathrm{d}x\mathrm{d}y=\int_L[u\cos(\boldsymbol{n},x)+v\cos(\boldsymbol{n},y)]\mathrm{d}l$$

$$= \int_L [u\cos(\boldsymbol{t},y) - v\cos(\boldsymbol{t},x)]\mathrm{d}l$$

再由

$$\int_{L_1} [u\cos(\boldsymbol{t},y) - v\cos(\boldsymbol{t},x)]\mathrm{d}l = \int_L u\mathrm{d}y - v\mathrm{d}x$$

故

$$\iint_D \left(\frac{\partial u}{\partial x} + \frac{\partial v}{\partial y}\right)\mathrm{d}x\mathrm{d}y = \int_{L_1} u\mathrm{d}y - v\mathrm{d}x$$

上式对任意两个具有连续偏导数的函数 $u(x,y)$,$v(x,y)$ 都成立. 我们把它改变一下记号,令

$$P(x,y) = -v(x,y), Q(x,y) = u(x,y)$$

则上式变为

$$\int_L P\mathrm{d}x + Q\mathrm{d}y = \iint_D \left(\frac{\partial Q}{\partial x} - \frac{\partial P}{\partial y}\right)\mathrm{d}x\mathrm{d}y$$

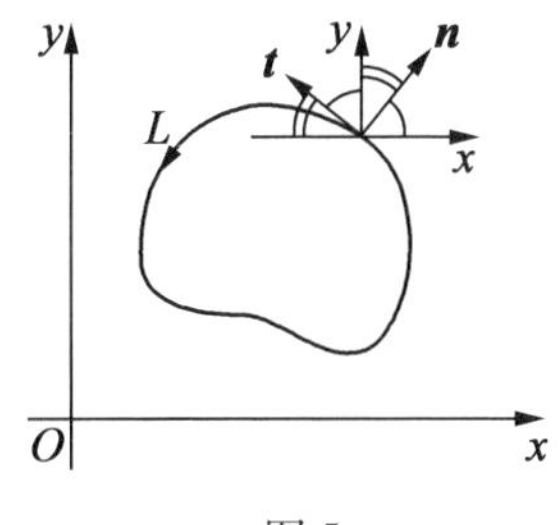

图 5

我们把定理 1 中的公式称为格林公式的第一种形式,把上面公式称为格林公式的第二种形式. 因为这两种形式今后都要用到,不必每次用时重新再推导一遍,所以我们将这两种形式平等看待,也把第二种形式写成下列定理.

定理 2　设 D 是以逐段光滑曲线 L 为边界的单连通区域，函数 $P(x,y)$，$Q(x,y)$ 在区域 $D+L$ 上连续，并在 $D+L$ 上有连续的偏导数，则有关系式

$$\int_L P\mathrm{d}x + Q\mathrm{d}y = \iint_D \left(\frac{\partial Q}{\partial x} - \frac{\partial P}{\partial y}\right)\mathrm{d}x\mathrm{d}y$$

其中 L 的方向是逆时针方向.

定理 1 与定理 2 从逻辑上是等价的，前面由定理 1 导出定理 2，也可从定理 2 导出定理 1，所以只要任选其一加以证明即成. 下面我们来证明定理 2.

证　假定区域 D 既可看成由上、下两条曲线 $y=y_1(x)$，$y=y_2(x)$ 围成（图 6），又可看成由左、右两条曲线 $x=x_1(y)$，$x=x_2(y)$ 围成（图 6）. 我们对这种特殊区域证明定理 2. 注意要证定理 2 只要证明下面两式成立，即成

$$\int_L P\mathrm{d}x = -\iint_D \frac{\partial P}{\partial y}\mathrm{d}x\mathrm{d}y$$

$$\int_L Q\mathrm{d}y = \iint_D \frac{\partial Q}{\partial x}\mathrm{d}x\mathrm{d}y$$

我们利用重积分与线积分的计算证明上面两式成立.

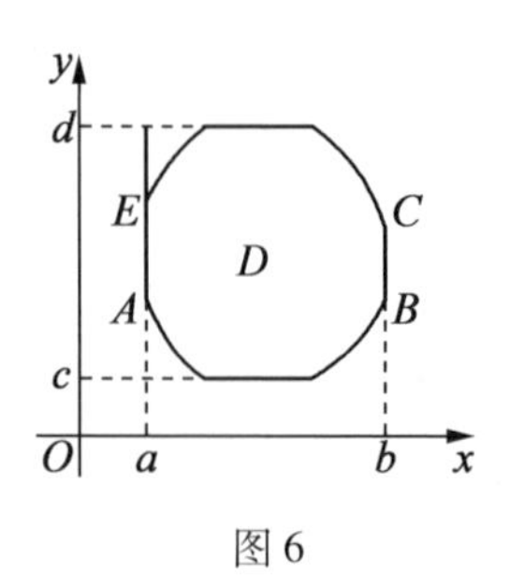

图 6

因区域 D 由曲线 $y=y_1(x)$，$y=y_2(x)$ $(a\leqslant x\leqslant b)$ 与直线段 AE，BC 围成，由重积分化累次积分的公式，有

$$\iint_D \frac{\partial P}{\partial y}\mathrm{d}x\mathrm{d}y=\int_a^b \mathrm{d}x\int_{y_1(x)}^{y_2(x)}\frac{\partial P}{\partial y}\mathrm{d}y=\int_a^b P(x,y)\Big|_{y_1(x)}^{y_2(x)}\mathrm{d}x$$

$$=\int_a^b [P(x,y_2(x))-P(x,y_1(x))]\mathrm{d}x$$

再由线积分的计算公式，有

$$\int_L P\mathrm{d}x=\int_{AB}P\mathrm{d}x+\int_{BC}P\mathrm{d}x+\int_{CE}P\mathrm{d}x+\int_{EA}P\mathrm{d}x$$

在 BC，EA 上 x 为常数，所以 $\int_{BC}P\mathrm{d}x=\int_{EA}P\mathrm{d}x=0$，又有

$$\int_L P\mathrm{d}x=\int_{AB}P\mathrm{d}x+\int_{CE}P\mathrm{d}x$$

$$=\int_a^b P(x,y_1(x))\mathrm{d}x+\int_b^a P(x,y_2(x))\mathrm{d}x$$

$$=\int_a^b P(x,y_1(x))\mathrm{d}x-\int_a^b P(x,y_2(x))\mathrm{d}x$$

比较重积分与线积分的结果，即得

$$\int_L P\mathrm{d}x=-\iint_D \frac{\partial P}{\partial y}\mathrm{d}x\mathrm{d}y$$

又因区域 D 由曲线 $x=x_1(y)$，$x=x_2(y)$ $(c\leqslant y\leqslant d)$ 及两个直线段围成，同理可证

$$\int_L Q\mathrm{d}y=\iint_D \frac{\partial Q}{\partial x}\mathrm{d}x\mathrm{d}y$$

这时重积分前没有负号，是由于 y 由小增大的方向，与区域 D 右侧的边界正向正好相反的缘故.

综合上面两式,便得

$$\int_L P\mathrm{d}x + Q\mathrm{d}y = \iint_D \left(\frac{\partial Q}{\partial x} - \frac{\partial P}{\partial y}\right)\mathrm{d}x\mathrm{d}y$$

我们对特殊区域证明了定理2,但定理2 对任意单连通区域都成立. 事实上任意单连通区域 D 总可用辅助曲线把它分成几个上述的特殊区域. 如图 7 中的区域 D,用直线段 AB 把 D 分成两个区域 D_1,D_2,而区域 D_1,D_2 是上述特殊的区域. 因此公式对 D_1,D_2 成立,有

$$\iint_{D_1} \left(\frac{\partial Q}{\partial x} - \frac{\partial P}{\partial y}\right)\mathrm{d}x\mathrm{d}y = \int_{ACBA} P\mathrm{d}x + Q\mathrm{d}y$$

$$= \int_{ACB} P\mathrm{d}x + Q\mathrm{d}y + \int_{BA} P\mathrm{d}x + Q\mathrm{d}y$$

$$\iint_{D_2} \left(\frac{\partial Q}{\partial x} \cdot \frac{\partial P}{\partial y}\right)\mathrm{d}x\mathrm{d}y = \int_{BEAB} P\mathrm{d}x + Q\mathrm{d}y$$

$$= \int_{BEA} P\mathrm{d}x + Q\mathrm{d}y + \int_{AB} P\mathrm{d}x + Q\mathrm{d}y$$

把上面两式相加时,在辅助线 AB 上的线积分有两个,这两个线积分方向相反,正好抵消,所以

$$\iint_{D_1} \left(\frac{\partial Q}{\partial x} - \frac{\partial P}{\partial y}\right)\mathrm{d}x\mathrm{d}y + \iint_{D_2} \left(\frac{\partial Q}{\partial x} - \frac{\partial P}{\partial y}\right)\mathrm{d}x\mathrm{d}y$$

$$= \int_{ACB} P\mathrm{d}x + Q\mathrm{d}y + \int_{BEA} P\mathrm{d}x + Q\mathrm{d}y$$

即为

$$\iint_D \left(\frac{\partial Q}{\partial x} - \frac{\partial P}{\partial y}\right)\mathrm{d}x\mathrm{d}y = \int_L P\mathrm{d}x + Q\mathrm{d}y$$

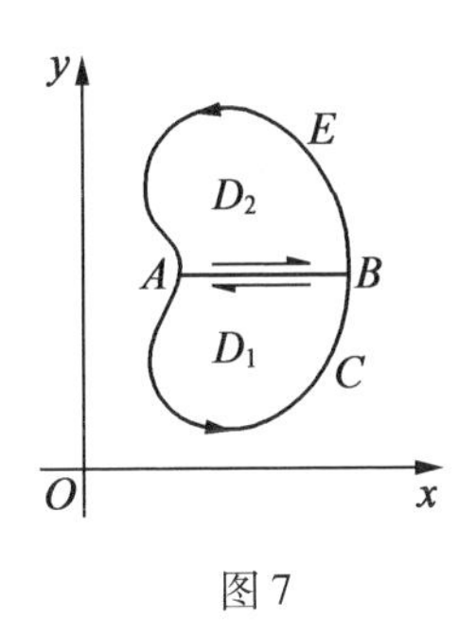

图 7

公式还可以进一步推广到复连通区域. 设 D 为二连通区域,它的边界曲线由 L_1 与 L_2 组成,记 $L = L_1 + L_2$(图 8). 边界 L_1 与 L_2 的方向按如下规则确定:若一人站立在平面上沿闭路环行时,如果闭路所围区域总在人的左方,则人行的方向就是闭路的方向. 当人在 L_1 上作逆时针方向环行时,区域 D 落在人的左边,所以 L_1 的方向应取逆时针方向;当人在 L_2 上作顺时针方向环行时,区域 D 落在人的左边,所以 L_2 的方向应取顺时针的方向. 对区域 D 的边界 L 取定方向后,则有

$$\iint_D \left(\frac{\partial Q}{\partial x} - \frac{\partial P}{\partial y}\right) \mathrm{d}x\mathrm{d}y = \int_L P\mathrm{d}x + Q\mathrm{d}y$$

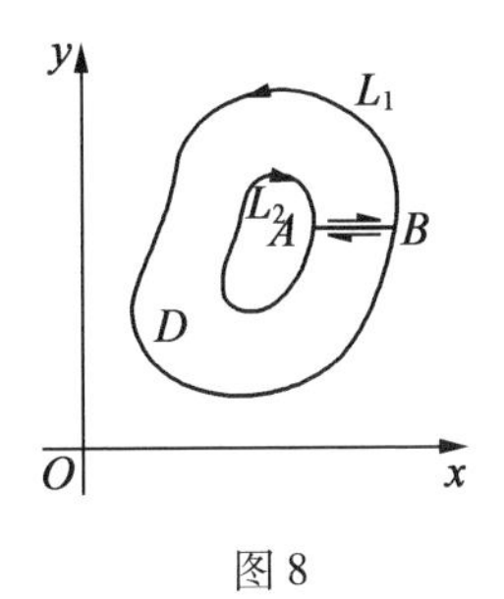

图 8

事实上只要作辅助线 AB，点 A 在 L_2 上，点 B 在 L_1 上，把 AB 也看成边界，区域 D 就变成单连通区域，对单连通区域格林公式成立，故有

$$\iint_D\left(\frac{\partial Q}{\partial x}-\frac{\partial P}{\partial y}\right)\mathrm{d}x\mathrm{d}y=\int_{AB}P\mathrm{d}x+Q\mathrm{d}y+\int_{L_1}P\mathrm{d}x+Q\mathrm{d}y+\int_{BA}P\mathrm{d}x+Q\mathrm{d}y+\int_{L_2}P\mathrm{d}x+Q\mathrm{d}y$$
$$=\int_{L_1}P\mathrm{d}x+Q\mathrm{d}y+\int_{L_2}P\mathrm{d}x+Q\mathrm{d}y$$
$$=\int_{L_1}P\mathrm{d}x+Q\mathrm{d}y$$

所以对二连通区域 D 格林公式也成立.

3. 应用与例子

设区域 D 的边界为 L，L 的方向按上述规则来定（图 9）. 在格林公式中取

$$P(x,y)=-y,Q(x,y)=x$$

得到

$$\iint_D\left[\frac{\partial x}{\partial x}-\frac{\partial(-y)}{\partial y}\right]\mathrm{d}x\mathrm{d}y=\oint_L -y\mathrm{d}x+x\mathrm{d}y$$

即

$$2\iint_D\mathrm{d}x\mathrm{d}y=\oint_L -y\mathrm{d}x+x\mathrm{d}y$$

图 9

记区域 D 的面积为 A,则可以用曲线积分表示区域的面积 A

$$A=\frac{1}{2}\oint_L -y\mathrm{d}x+x\mathrm{d}y$$

例 1　计算椭圆 L

$$\frac{x^2}{a^2}+\frac{y^2}{b^2}=1$$

的面积 A.

解　椭圆的参数方程为

$$\begin{cases}x=a\cos t\\ y=b\sin t\end{cases}\quad(0\leqslant t\leqslant 2\pi)$$

参数 t 由 0 至 2π 时,曲线 L 的方向为逆时针方向,所以椭圆面积 A 为

$$\begin{aligned}A&=\frac{1}{2}\oint_L -y\mathrm{d}x+x\mathrm{d}y\\&=\frac{1}{2}\int_0^{2\pi}[(-b\sin t)(-a\sin t)+(a\cos t)(b\cos t)]\mathrm{d}t\\&=\frac{ab}{2}\int_0^{2\pi}(\sin^2 t+\cos^2 t)\mathrm{d}t\\&=\pi ab\end{aligned}$$

当 $a=b$ 时即为圆的面积.

例 2　计算曲线积分

$$\oint_L \frac{-y\mathrm{d}x+x\mathrm{d}y}{x^2+y^2}$$

其中 L 是:$x^2+y^2=a^2$.

解　可得出这个曲线积分的值为 2π. 现在应用格林公式来求积分的值,若直接取

$$P(x,y)=-\frac{y}{x^2+y^2},Q(x,y)=\frac{x}{x^2+y^2}$$

在圆$x^2+y^2\leqslant a^2$上应用格林公式是有问题的，因为函数$P(x,y)$，$Q(x,y)$在原点不连续，不满足格林公式的条件. 但我们可以利用曲线L的方程将被积函数化简得

$$\oint_L\frac{-y\mathrm{d}x+x\mathrm{d}y}{x^2+y^2}=\frac{1}{a^2}\oint_L -y\mathrm{d}x+x\mathrm{d}y$$

然后取$P(x,y)=-y$，$Q(x,y)=x$，在$x^2+y^2\leqslant a^2$上应用格林公式（或应用面积公式）得

$$\begin{aligned}\oint_L\frac{-y\mathrm{d}x+x\mathrm{d}y}{x^2+y^2}&=\frac{1}{a^2}\oint_L -y\mathrm{d}x+x\mathrm{d}y\\&=a^{\frac{1}{2}}\iint\limits_{x^2+y^2\leqslant a^2}2\cdot\mathrm{d}x\mathrm{d}y\\&=\frac{1}{a^2}\cdot 2\pi a^2\\&=2\pi\end{aligned}$$

例 3　计算曲线积分

$$\oint_L\frac{-y\mathrm{d}x+x\mathrm{d}y}{x^2+y^2}$$

其中L是椭圆：$\frac{x^2}{a^2}+\frac{y^2}{b^2}=1$（图 10）.

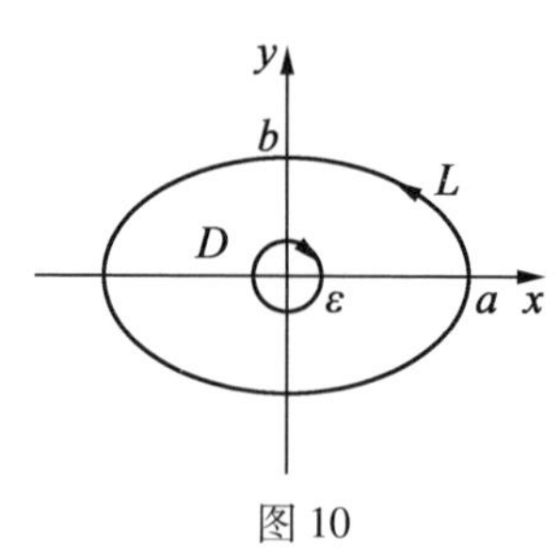

图 10

解　我们可以利用椭圆的参数方程,直接计算曲线积分,这样做计算比较复杂. 若应用格林公式,取

$$P(x,y) = -\frac{y}{x^2+y^2}, Q(x,y) = \frac{x}{x^2+y^2}$$

它们在原点不连续,不满足格林公式的条件. 为此我们在椭圆 L 内以原点为心,以充分小正数 ε 为半径作一小圆,小圆边界记作 L_1,使 L_1 整个位于 L 内部,L_1 的方向取顺时针方向,则在 L 与 L_1 之间的区域 D 上可应用格林公式,这时函数 $P(x,y)$,$Q(x,y)$ 在 D 上连续可微,所以有

$$\begin{aligned}&\int_L \frac{-y\mathrm{d}x+x\mathrm{d}y}{x^2+y^2}+\int_{L_1}\frac{-y\mathrm{d}x+x\mathrm{d}y}{x^2+y^2}\\&=\iint_D\left[\frac{\partial}{\partial x}\left(\frac{x}{x^2+y^2}\right)-\frac{\partial}{\partial y}\left(-\frac{y}{x^2+y^2}\right)\right]\mathrm{d}x\mathrm{d}y\\&=\iint_D\left[\frac{y^2-x^2}{(x^2+y^2)^2}+\frac{x^2-y^2}{(x^2+y^2)^2}\right]\mathrm{d}x\mathrm{d}y\\&=0\end{aligned}$$

因此

$$\begin{aligned}\int_L\frac{-y\mathrm{d}x+x\mathrm{d}y}{x^2+y^2}&=-\int_{L_1}\frac{-y\mathrm{d}x+x\mathrm{d}y}{x^2+y^2}\\&=\int_{L_1^-}\frac{-y\mathrm{d}x+x\mathrm{d}y}{x^2+y^2}\end{aligned}$$

曲线 L_1^- 为逆时针方向,当闭路为圆时,由例 2 知积分值为 2π,最后得到

$$\int_L\frac{-y\mathrm{d}x+x\mathrm{d}y}{x^2+y^2}=2\pi$$

由这个例子可以看出,只要闭路所围区域包含原

点,方向为逆时针方向,积分值总是等于 2π;若闭路所围区域不包含原点,则积分值必为零.

例 4 计算重积分

$$\iint_D x^2 \mathrm{d}x\mathrm{d}y$$

其中 D 是以 $A(x_1,y_1)$,$B(x_2,y_2)$,$C(x_3,y_3)$ 为顶点的三角形区域(图 11).

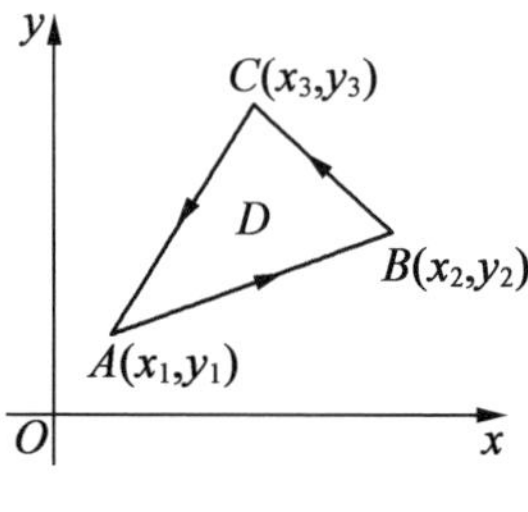

图 11

解 格林公式沟通重积分与线积分之间的联系,我们可以通过算重积分来求线积分的值,也可以通过算线积分来求重积分的值. 本题若直接用化累次积分办法来做显得有点烦,我们把它化为线积分来算.

取

$$P(x,y)=0,Q(x,y)=\frac{x^3}{3}$$

应用格林公式得

$$\begin{aligned}\iint_D x^2 \mathrm{d}x\mathrm{d}y &= \int_L \frac{x^3}{3}\mathrm{d}y \\ &= \int_{AB} \frac{x^3}{3}\mathrm{d}y + \int_{BC} \frac{x^3}{3}\mathrm{d}y + \int_{CA} \frac{x^3}{3}\mathrm{d}y\end{aligned}$$

计算上式右端第一个线积分时,注意到

$$\frac{\mathrm{d}y}{\mathrm{d}x}=\frac{y_2-y_1}{x_2-x_1}$$

所以

$$\int_{AB}\frac{x^3}{3}\mathrm{d}y=\int_{x_1}^{x_2}\frac{x^3}{3}\cdot\frac{y_2-y_1}{x_2-x_1}\mathrm{d}x=\frac{y_2-y_1}{x_2-x_1}\frac{x^4}{12}\bigg|_{x_1}^{x_2}$$

$$=\frac{y_2-y_1}{x_2-x_1}\cdot\frac{x_2^4-x_1^4}{12}$$

$$=\frac{(y_2-y_1)(x_2+x_1)(x_2^2+x_1^2)}{12}$$

同理

$$\int_{BC}\frac{x^3}{3}\mathrm{d}y=\int_{x_2}^{x_3}\frac{y_3-y_2}{x_3-x_2}\cdot\frac{x^3}{3}\mathrm{d}x$$

$$=\frac{(y_3-y_2)(x_3+x_2)(x_3^2+x_2^2)}{12}$$

$$\int_{CA}\frac{x^3}{3}\mathrm{d}y=\int_{x_3}^{x_1}\frac{y_1-y_3}{x_1-x_3}\cdot\frac{x^3}{3}\mathrm{d}x$$

$$=\frac{(y_1-y_3)(x_1+x_3)(x_1^2+x_3^2)}{12}$$

所以

$$\iint_D x^2\mathrm{d}x\mathrm{d}y=\frac{1}{12}[(y_2-y_1)(x_2+x_1)(x_2^2+x_1^2)+$$

$$(y_3-y_2)(x_3+x_2)(x_3^2+x_2^2)+$$

$$(y_1-y_3)(x_1+x_3)(x_1^2+x_3^2)]$$

例 5　设 D 是以逐段光滑闭曲线 L 围成的单连通区域,函数 $u(x,y),v(x,y)$ 在 $D+L$ 上有连续的偏导数,证明

$$\iint_D v\left(\frac{\partial^2 u}{\partial x^2}+\frac{\partial^2 u}{\partial y^2}\right)\mathrm{d}x\mathrm{d}y$$

$$=\int_L v\frac{\partial u}{\partial n}\mathrm{d}l-\iint_D\left(\frac{\partial u}{\partial x}\frac{\partial v}{\partial x}+\frac{\partial u}{\partial y}\frac{\partial v}{\partial y}\right)\mathrm{d}x\mathrm{d}y$$

其中 $\boldsymbol{n}$ 为 L_1 的外法线方向.

解 由方向导数公式,得

$$\frac{\partial u}{\partial \boldsymbol{n}}=\frac{\partial u}{\partial x}\cos(\boldsymbol{n},x)+\frac{\partial u}{\partial y}\cos(\boldsymbol{n},y)$$

所以

$$\int_L v\frac{\partial u}{\partial \boldsymbol{n}}\mathrm{d}l=\int_L v\left[\frac{\partial u}{\partial x}\cos(\boldsymbol{n},x)+\frac{\partial u}{\partial y}\cos(\boldsymbol{n},y)\right]\mathrm{d}l$$

$$=\int_L\left[v\frac{\partial u}{\partial x}\cos(\boldsymbol{n},x)+v\frac{\partial u}{\partial y}\cos(\boldsymbol{n},y)\right]\mathrm{d}l$$

应用定理 1 中的格林公式,有

$$\int_L v\frac{\partial u}{\partial \boldsymbol{n}}\mathrm{d}l=\iint_D\left[\frac{\partial}{\partial x}\left(v\frac{\partial u}{\partial x}\right)+\frac{\partial}{\partial y}\left(v\frac{\partial u}{\partial y}\right)\right]\mathrm{d}x\mathrm{d}y$$

$$=\iint_D\left[\frac{\partial v}{\partial x}\cdot\frac{\partial u}{\partial x}+v\frac{\partial^2 u}{\partial x^2}+\frac{\partial v}{\partial y}\cdot\frac{\partial u}{\partial y}+v\frac{\partial^2 u}{\partial y^2}\right]\mathrm{d}x\mathrm{d}y$$

$$=\iint_D v\left(\frac{\partial^2 u}{\partial x^2}+\frac{\partial^2 u}{\partial y^2}\right)\mathrm{d}x\mathrm{d}y+$$

$$\iint_D\left(\frac{\partial u}{\partial x}\frac{\partial v}{\partial x}+\frac{\partial u}{\partial y}\frac{\partial v}{\partial y}\right)\mathrm{d}x\mathrm{d}y$$

移项即得

$$\iint_D v\left(\frac{\partial^2 u}{\partial x^2}+\frac{\partial^2 u}{\partial y^2}\right)\mathrm{d}x\mathrm{d}y$$

$$=\int_L v\frac{\partial u}{\partial n}\mathrm{d}l-\iint_D\left(\frac{\partial u}{\partial x}\frac{\partial v}{\partial x}+\frac{\partial u}{\partial y}\frac{\partial v}{\partial y}\right)\mathrm{d}x\mathrm{d}y$$

这个公式的意义和作用相当于一元函数中的分部积分公式.

4. 变换的雅可比行列式

利用格林公式,我们可以进一步讨论平面变换的雅可比行列式的几何意义.

设变换函数

$$\begin{cases} x = x(u,v) \\ y = y(u,v) \end{cases}$$

在 uOv 平面区域 Δ 具有二阶连续偏导数,且把 uOv 平面上区域 Δ 一一对应地变到 xOy 平面上区域 D,若逆变换也连续可微,则雅可比行列式在 Δ 上不为零,即

$$J(u,v) = \frac{\partial(x,y)}{\partial(u,v)} \neq 0$$

现在我们讨论行列式绝对值的几何意义. 如图 12 所示:在 Δ 上画一封闭曲线 L',它围成区域的面积记为 σ',并设 L' 的参数方程为

$$\begin{cases} u = u(t) \\ v = v(t) \end{cases} \quad (\alpha \leqslant t \leqslant \beta)$$

当 t 由 α 增至 β 时,对应于曲线 L' 的正向. 现经变换后,把曲线 L' 变成区域 D 上的曲线 L,它所围的面积记作 σ,则曲线 L 的参数方程为

$$\begin{cases} x = x(u(t),v(t)) \\ y = y(u(t),v(t)) \end{cases} \quad (\alpha \leqslant t \leqslant \beta)$$

当 t 由 α 增至 β 时,可能对应于 L 的正向,也可能对应于 L 的负向. 由上段知道,面积

$$\sigma = \pm \frac{1}{2} \oint_L - y\mathrm{d}x + x\mathrm{d}y$$

若 t 增大时对应于 L 的正向时取"+"号，否则取"-"号.

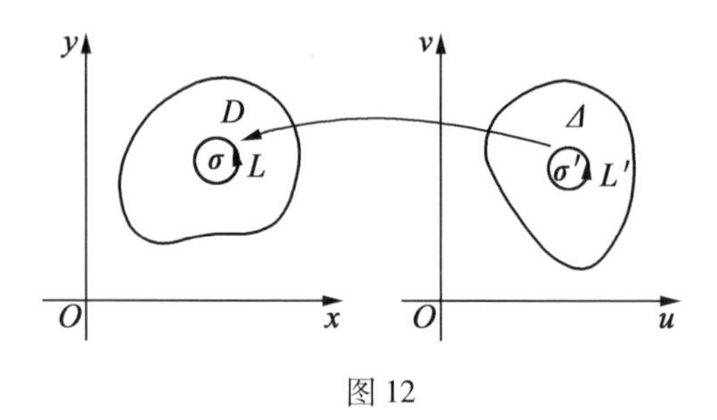

图 12

由线积分计算公式,得

$$\sigma = \pm \frac{1}{2} \int_{\alpha}^{\beta} \Big\{ - y(u(t),v(t)) \Big[\frac{\partial x}{\partial u} u'(t) + \frac{\partial x}{\partial v} v'(t) \Big] +$$

$$x(u(t),v(t)) \Big[\frac{\partial y}{\partial u} u'(t) + \frac{\partial y}{\partial v} v'(t) \Big] \Big\} \mathrm{d}t$$

$$= \pm \frac{1}{2} \int_{\alpha}^{\beta} \Big\{ \Big[- y(u(t),v(t)) \frac{\partial x}{\partial u} + x(u(t),v(t)) \frac{\partial y}{\partial u} \Big] u'(t) +$$

$$\Big[- y(u(t),v(t)) \frac{\partial x}{\partial v} + x(u(t),v(t)) \frac{\partial y}{\partial v} \Big] v'(t) \Big\} \mathrm{d}t$$

再由线积分计算公式继续得到

$$\sigma = \pm \frac{1}{2} \int_{L'} \Big\{ \Big[- y(u,v) \frac{\partial x}{\partial u} + x(u,v) \frac{\partial y}{\partial u} \Big] \mathrm{d}u +$$

$$\Big[- y(u,v) \frac{\partial x}{\partial v} + x(u,v) \frac{\partial y}{\partial v} \Big] \mathrm{d}v \Big\}$$

这样,通过计算把一个 L 上的曲线积分变为 L' 上的曲线积分,然后在区域 σ' 上应用格林公式,得

$$\sigma = \pm\frac{1}{2}\iint_{\sigma'}\left[\left(-\frac{\partial y}{\partial u}\cdot\frac{\partial x}{\partial v}-y\frac{\partial^2 x}{\partial u\partial v}+\frac{\partial x}{\partial u}\cdot\frac{\partial y}{\partial v}+x\frac{\partial^2 y}{\partial u\partial v}\right)-\left(-\frac{\partial y}{\partial v}\frac{\partial x}{\partial u}-y\frac{\partial^2 x}{\partial v\partial u}+\frac{\partial x}{\partial v}\frac{\partial y}{\partial u}+x\frac{\partial^2 y}{\partial v\partial u}\right)\right]\mathrm{d}u\mathrm{d}v$$

$$=\pm\frac{1}{2}\iint_{\sigma'}2\left(\frac{\partial x}{\partial u}\frac{\partial y}{\partial v}-\frac{\partial x}{\partial v}\frac{\partial y}{\partial u}\right)\mathrm{d}u\mathrm{d}v$$

$$=\pm\iint_{\sigma'}J(u,v)\mathrm{d}u\mathrm{d}v$$

利用重积分中值定理有

$$\sigma = \pm J(u^*,v^*)\sigma'$$

其中(u^*,v^*)为σ'中一点.取绝对值后有

$$\sigma = |J(u^*,v^*)|\sigma'$$

这说明变换把区域σ'变成σ时,它们面积之比等于变换的雅可比行列式在σ'上某一点处的绝对值.利用这个公式,我们可以给重积分变换公式以较严格的证明.

格林定理杂议

第 12 章

§1 格林公式的几何意义

我们知道格林公式指出了二重积分和曲线积分的联系.童志通教授早在20世纪50年代就讨论了格林公式的几何意义.

格林公式:设 $P(x,y)$,$Q(x,y)$ 以及偏导数 $\frac{\partial P}{\partial y}$ 和 $\frac{\partial Q}{\partial x}$ 是闭单连通区域 D 上的连续函数,D 的边界 L 是光滑的简单曲线,那么有

$$\int_L P\mathrm{d}x + Q\mathrm{d}y = \iint_D \left(\frac{\partial Q}{\partial x} - \frac{\partial P}{\partial y}\right)\mathrm{d}x\mathrm{d}y$$

从格林公式的证明知道,不需要增加条件,下式亦成立

$$\int_L P\mathrm{d}x = -\iint_D \frac{\partial P}{\partial y}\mathrm{d}x\mathrm{d}y \qquad (1)$$

和

$$\int_L Q\mathrm{d}y = \iint_D \frac{\partial Q}{\partial x}\mathrm{d}x\mathrm{d}y \tag{2}$$

以下就式(1) 来讨论几何意义,对于式(2) 是类似的.

我们假定读者已经知道什么是平面图形的面积.现在给出一个判别平面图形是否有面积的方法:

我们用 R 表示平面图形(R) 的面积.

如果对于任意给定的 $\varepsilon > 0$,存在有面积的平面图形 A 和 B 使 $A \subset R \subset B$ 和 $B - A < \varepsilon$,那么 R 的面积是存在的且 $R = \sup A = \inf B$.

为了使几何意义明确起见,假定区域 D 是凸的且 $\frac{\partial P(x,y)}{\partial y} > 0$.

图 1 表示了 D 上定义的函数 $P(x,y)$. S 表示由点 $(x,y,P(x,y))$,$(x,y) \in D$ 所构成的曲面. 我们称 S 与 D 之间的柱面为曲边柱面.

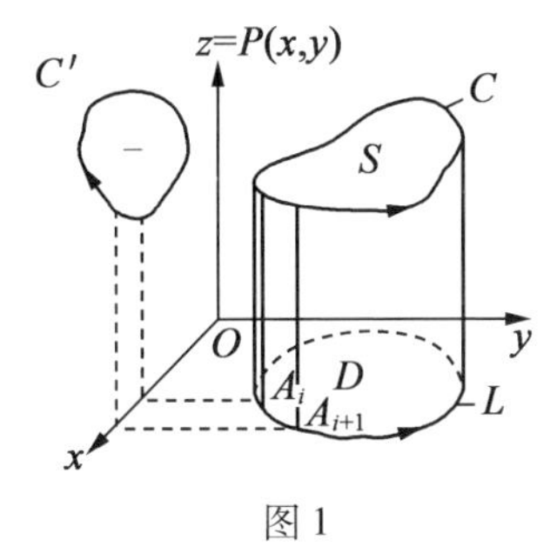

图 1

在 L 上作分点 $A_i(i = 0,1,\cdots,n)$,$A_0 = A_n$,得 n 个弧段$\overset{\frown}{A_iA_{i+1}}$,设点$(\xi_i,\eta_i)$ 是$\overset{\frown}{A_iA_{i+1}}$ 中的任意一点,Δx_i 是直线段$\overline{A_iA_{i+1}}$ 在 Ox 轴上的投影,根据第二型曲线积分的定义

$$\int_L P\mathrm{d}x = \lim \sum P(\xi_i, \eta_i)\Delta x_i$$

$P(\xi_i, \eta_i)\Delta x_i$ 近似地可看作由$\widehat{A_iA_{i+1}}$ 所生成的一部分曲边柱面向 xOz 平面的投影面积，又由于 Δx_i 是可正可负的，因此$\int_L P\mathrm{d}x$ 是曲边柱面向 xOz 平面投影面积的代数和. 在这里不详细讨论曲边柱面投影面积的存在和计算.

在区域 D 是凸的和$\dfrac{\partial P(x,y)}{\partial y} > 0$ 的假设下，$P(x, y)$ 关于 y 是严格增加的，如果记 S 的边界 C 向 xOz 平面的投影为 C'，那么 C' 是自身不相交的(图 1). 容易知道曲边柱面向 xOz 平面投影面积的代数和刚好就是 C' 所包围的图形的面积. 这个面积是可正可负的；当 L 确定了方向之后(区域在这一方向的左边)，C 和 C' 都相应地确定了方向，C' 所包围的图形在此方向左边时面积为正(图1 中表示当 $P(x,y)$ 关于 y 严格增加时 C' 包围的面积是负的).

但是另一方面，当 $P(x,y)$ 关于 y 严格增加时，C' 所包围的图形又是曲面 S 向 xOz 平面的投影，因此又有可能从另一方面来计算 C' 所包围的面积. 我们详细讨论 S 的投影面积的存在及计算.

对 D 用直线网 $x = x_i, y = y_j$ 进行分割(图 2(a))由点$(x,y,P(x,y))$，$(x,y) \in [x_i, x_{i+1}; y_j, y_{j+1}]$ 组成的曲面记为 S_{ij}，$\dfrac{\partial P(x,y)}{\partial y}$ 在$[x_i, x_{i+1}; y_j, y_{j+1}]$ 上的最大值和最小值分别记为 M_{ij} 和 m_{ij}.

设 $x_i \leqslant x_0 \leqslant x_{i+1}$,过点 x_0 作与 x 轴垂直的平面,与 S_{ij} 的交线是 $z = P(x_0, y), y_j \leqslant y \leqslant y_{j+1}$,它向 yOz 平面的投影如图 2(b),由于

$$P(x_0, y) - P(x_0, y_j) = \frac{\partial P(x_0, \xi)}{\partial y}(y - y_j)$$

$$(y_j \leqslant \xi \leqslant y)$$

和 $m_{ij} \leqslant \frac{\partial P(x_0, \xi)}{\partial y} \leqslant M_{ij}$ 知

$$P(x_0, y_j) + m_{ij}(y - y_j) \leqslant P(x_0, y) \leqslant P(x_0, y_j) + M_{ij}(y - y_j)$$

从而曲线 $z = P(x_0, y), y_j \leqslant y \leqslant y_{j+1}$ 在 $< bQa$ 中,Q 是点 $(y_j, P(x_0, y_j))$,$\overline{bQ}$ 有斜率 M_{ij},$\overline{aQ}$ 有斜率 m_{ij}. 因此在 S_{ij} 上的交线 $z = P(x_0, y), y_j \leqslant y \leqslant y_{j+1}$ 向 xOz 平面的投影夹在 $\overline{bQ}$ 向 xOz 平面的投影及 $\overline{aQ}$ 向 xOz 平面的投影之间. $\overline{bQ}$ 和 $\overline{aQ}$ 的投影长分别为 $M_{ij}\Delta y_j$ 和 $m_{ij}\Delta y_j$. 当 x_0 在区间 $[x_i, x_{i+1}]$ 里移动时,可以知道 S_{ij} 向 xOz 平面的投影含在平面图形

$$b_{ij}: [P(x, y_j) \leqslant z \leqslant P(z, y_j) + M_{ij}\Delta y_j; x_i \leqslant x \leqslant x_{i+1}]$$

内,同时又包含了平面图形

$$a_{ij}: [P(x, y_j) \leqslant z \leqslant P(x, y_j) + m_{ij}\Delta y_j; x_i \leqslant x \leqslant x_{i+1}]$$

由于 $z = P(x, y_j)$ 是连续函数,而曲边梯形是有面积的图形,所以 b_{ij} 和 a_{ij} 是有面积的,而且

$$b_{ij} = M_{ij}\Delta x_i \Delta y_j, a_{ij} = m_{ij}\Delta x_i \Delta y_j$$

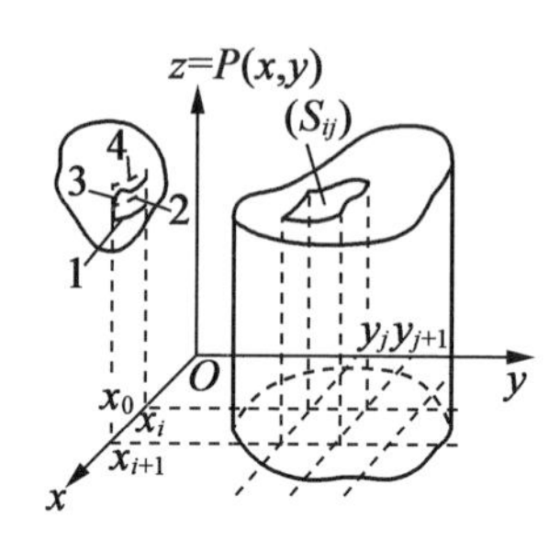

1. $z = P(x,y_j)$

2. $z = P(x,y_j) + m_{ij}\Delta y_j$

3. $z = P(x,y_{j+1})$

4. $z = P(x,y_j) + M_{ij}\Delta y_j$

（a）

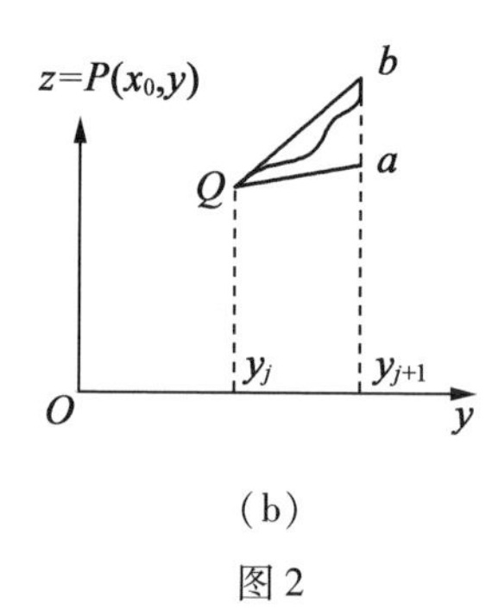

（b）

图 2

令

$$A = \sum {}' a_{ij}$$

和

$$B = \sum {}' b_{ij} + \sum {}'' b_{ij}$$

（$\sum'$ 表示使$[x_i, x_{i+1}; y_j, y_{j+1}]$）完全在 D 内的那些 i,j

求和,而 $\sum''$ 的 i,j 则使 $[x_i,x_{i+1};y_j,y_{j+1}]$ 有部分在 D 外,这时相应的 b_{ij} 是容易作适当的延拓,并使得 $b_{ij}<M_{ij}\Delta y_j$),那么

$$A\subset S\text{ 向 }xOz\text{ 平面的投影}\subset B$$

这里

$$A=\sum{}'a_{ij}=\sum{}'m_{ij}\Delta x_i\Delta y_j$$

$$B\leqslant\left(\sum{}'+\sum{}''\right)b_{ij}\leqslant\left(\sum{}'+\sum{}''\right)M_{ij}\Delta x_i\Delta y_j$$

由 $\frac{\partial P}{\partial y}$ 的连续性和 L 是光滑的曲线,根据二重积分的定义知

$$\begin{aligned}\lim\left(\sum{}'+\sum{}''\right)M_{ij}\Delta x_i\Delta y_j&=\lim\sum{}'m_{ij}\Delta x_i\Delta y_j\\&=\iint\limits_D\frac{\partial P}{\partial y}\mathrm{d}x\mathrm{d}y\end{aligned}$$

因此当分割很细时能使

$$B-A<\varepsilon$$

从而知道 S 向 xOz 平面的投影是有面积的,面积为 $\iint\limits_D\frac{\partial P}{\partial y}\mathrm{d}x\mathrm{d}y$,这便是式(1)的右边,如此求得的面积是正的,但是由图1知按 L 所规定的方向,式(1)的左边应是负的,这便是式(1)中右边负号的来由.

注1　如果没有区域 D 是凸的和 $\frac{\partial P}{\partial y}>0$ 的假设,C' 可能自身相交,也可能发生 C' 的某一部分内含于 C' 的另一部分里. 此时 C' 所围的面积就可能有正有负,内含部分的面积得重复计算. 而 $\iint\limits_D\frac{\partial P}{\partial y}\mathrm{d}x\mathrm{d}y$ 也就表示了

S 向 xOz 平面投影面积的代数和(包括重复算几次的).

注 2 上面讨论 S 向 xOz 平面的投影面积的存在性时,仅只假定了 $\frac{\partial P}{\partial x}$ 的连续性,如果同时假定 $\frac{\partial P}{\partial x}$ 及 $\frac{\partial P}{\partial y}$ 的连续性,则上述投影面积的存在性及其表达式,可直接由曲面积分得出.

§2 格林公式的一个推广[①]

格林公式沟通了区域 D 上的二重积分与 D 的边界曲线 L 上的第二型曲线积分之间的联系.

设平面有界闭区域 D 的边界 L 是由有限条光滑曲线或按段光滑曲线所组成,边界曲线的正方向规定为:当人沿边界行走时,区域 D 总在它的左边. 与上述规定的方向相反的方向称为负方向,记为 $-L$.

定理 1 设平面闭区域 D 的边界 L 是由有限条光滑曲线或按段光滑曲线所组成,函数 $P(x,y)$,$Q(x,y)$ 在 D 上连续,且有连续的一阶偏导数,则

$$\iint_D\left(\frac{\partial Q}{\partial x}-\frac{\partial P}{\partial y}\right)\mathrm{d}x\mathrm{d}y=\int_L P\mathrm{d}x+Q\mathrm{d}y \tag{1}$$

这里 L 为区域 D 的边界曲线,并取正方向.

---

① 本节摘自《高师理科学刊》,2011 年,第 31 卷,第 4 期.

式(1)称为格林公式,九江学院理学院的刘文军、孟京华、柯林三位教授2011年运用黎曼积分与勒贝格积分的性质,把格林公式推广到由无穷可数条光滑曲线或按段光滑曲线所围成的平面闭区域上,给出了格林公式的一个推广定理.

引理1　如果可测函数 $f(u)$ 在区域 $G \subset \mathbf{R}^n$ 上 R - 可积,则 $f(u)$ 在 G 上 L - 可积,且

$$(R)\int_G f(u)\,\mathrm{d}u = (L)\int_G f(u)\,\mathrm{d}u$$

引理2(积分的可数可加性)　设 $f(x)$ 在可测集 $E \subset \mathbf{R}^q$ 上积分确定

$$E = \bigcup_{i=1}^{\infty} E_i$$

其中各 E_i 为互不相交的可测集,则

$$(L)\int_E f(x)\,\mathrm{d}x = \sum_{i=1}^{\infty}(L)\int_{E_i} f(x)\,\mathrm{d}x$$

定理2　设平面闭区域 D 是由无穷可数条光滑曲线或按段光滑曲线所围成(图3),即 D 的边界曲线 L 由 $L_0, L_1, L_2, \cdots, L_n, \cdots$ 构成,其中,$L_n(n = 0,1,2,\cdots)$ 按段光滑,L_n 与 L_0 的距离

$$\rho(L_n, L_0) \to 0 \quad (n \to \infty)$$

$P(x,y)$,$Q(x,y)$ 在 D 上连续,且有连续一阶偏导数,则

$$\iint_D \left(\frac{\partial Q}{\partial x} - \frac{\partial P}{\partial y}\right)\mathrm{d}x\mathrm{d}y = \int_L P\mathrm{d}x + Q\mathrm{d}y \quad (L\text{ 取正方向})$$

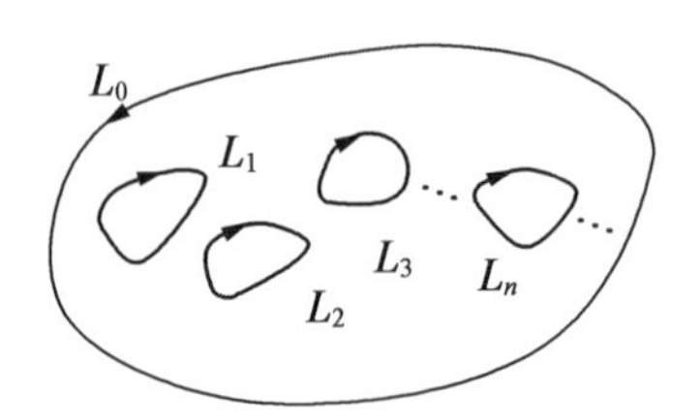

图 3　平面闭区域 D

证　作辅助线 Γ_k(图 4),Γ_k 与 L_0 的交点分别为 P_k 和 $P_k{}'(k=1,2,\cdots)$,设 L_0^k 是 L_0 上沿逆时针方向从 P_k 到 $P_k{}'$ 上的一段,显然 $L_0-L_0^k$ 为 $P_kBP_K{}'$ 这一段. L_0^k 与 Γ_k 所围成的区域与 D 的相交部分记为 $D_k(k=1,2,\cdots)$, 显然 $D_k\subset D_{k+1}$, 且 D_k 的边界最多包含 $\{L_n\}$ $(n=1,2,3,\cdots)$ 中有限条曲线,D_k 的外边曲线为 $\Gamma_k+L_0^k$,Γ_k 与 $L_0-L_0^k$ 所围区域的直径 $\delta(\Gamma_k,L_0-L_0^k)\to 0(k\to\infty)$.

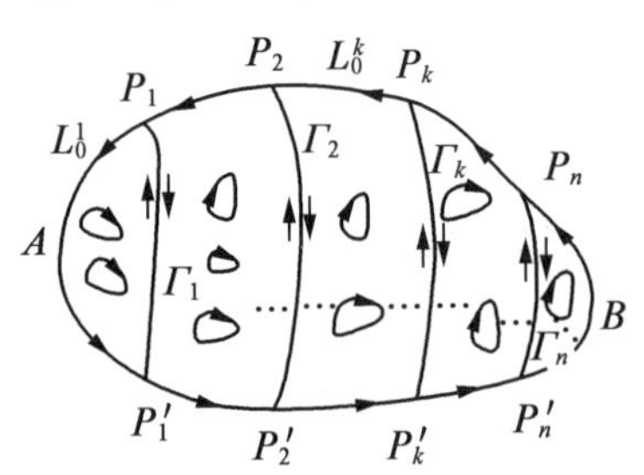

图 4　加辅助线后的平面闭区域 D

令

$$E_k=D_k\backslash D_{k-1}\quad(k=1,2,\cdots,D_0=\varnothing)$$

则

$$E_k\cap E_j=\varnothing(k\neq j),D=\bigcup_{k=1}^{\infty}E_k$$

且设 D_k 的内部有 n_k 条闭曲线.

由引理 1 可知

$$\iint_D\left(\frac{\partial Q}{\partial x}-\frac{\partial P}{\partial y}\right)\mathrm{d}x\mathrm{d}y=(L)\int_D\left(\frac{\partial Q}{\partial x}-\frac{\partial P}{\partial y}\right)\mathrm{d}u$$

$$=(L)\int_{\bigcup\limits_{k=1}^{\infty}E_k}\left(\frac{\partial Q}{\partial x}-\frac{\partial P}{\partial y}\right)\mathrm{d}u \qquad (2)$$

由引理 2 可知

$$(L)\int_{\bigcup\limits_{k=1}^{\infty}E_k}\left(\frac{\partial Q}{\partial x}-\frac{\partial P}{\partial y}\right)\mathrm{d}u$$

$$=\sum_{k=1}^{\infty}(L)\int_{E_k}\left(\frac{\partial Q}{\partial x}-\frac{\partial P}{\partial y}\right)\mathrm{d}u$$

$$=\sum_{k=1}^{\infty}(R)\iint_{E_k}\left(\frac{\partial Q}{\partial x}-\frac{\partial P}{\partial y}\right)\mathrm{d}x\mathrm{d}y$$

$$=\sum_{k=1}^{\infty}\int_{\partial E_k}P\mathrm{d}x+Q\mathrm{d}y$$

$$=\lim_{k\to\infty}\left(\sum_{i=1}^{n_k}\int_{L_1}P\mathrm{d}x+Q\mathrm{d}y+\int_{\Gamma_k+L_0^k}P\mathrm{d}x+Q\mathrm{d}y\right)$$

即

$$(L)\int_{\bigcup\limits_{k=1}^{\infty}E_k}\left(\frac{\partial Q}{\partial x}-\frac{\partial P}{\partial y}\right)\mathrm{d}u$$

$$=\lim_{k\to\infty}\left(\sum_{i=1}^{n_k}\int_{L_i}P\mathrm{d}x+Q\mathrm{d}y+\int_{\Gamma_k+L_0^k}P\mathrm{d}x+Q\mathrm{d}y\right) \qquad (3)$$

由于 Γ_k 与 $L_0-L_0^k$ 有相同的 2 个端点 P_k, P_k',故可设

$$\Gamma_k:\begin{cases}x = x_1(t)\\ y = y_1(t)\end{cases}, t: t_1^k \to t_2^k$$

$$L_0 - L_0^k:\begin{cases}x = x_2(t)\\ y = y_2(t)\end{cases}, t: t_1^k \to t_2^k$$

由于 L_0 所围区域是有界闭区域，故有 $| t_1^k - t_2^k | \leqslant M_1$.

由于 $P(x,y)$，$Q(x,y)$ 在闭区域 D 上连续从而有界，因此对于任意$(x,y) \in D$，存在 $M_2 > 0$，使得

$$| P(x,y) | \leqslant M_2, | Q(x,y) | \leqslant M_2$$

因此

$$\left| \int_{L_0} P\mathrm{d}x + Q\mathrm{d}y - \int_{\Gamma_k + L_0^k} P\mathrm{d}x + Q\mathrm{d}y \right|$$

$$= \left| \int_{L_0} P\mathrm{d}x + Q\mathrm{d}y - \left(\int_{\Gamma_k} P\mathrm{d}x + Q\mathrm{d}y + \int_{L_0^k} P\mathrm{d}x + Q\mathrm{d}y \right) \right|$$

$$= \left| \int_{L_0 - L_0^k} P\mathrm{d}x + Q\mathrm{d}y - \int_{\Gamma_k} P\mathrm{d}x + Q\mathrm{d}y \right|$$

$$= \left| \int_{t_1^k}^{t_2^k} (P(x_2(t), y_2(t)) x_2'(t) + Q(x_2(t), y_2(t)) y_2'(t)) \mathrm{d}t - \right.$$

$$\left. \int_{t_1^k}^{t_2^k} (P(x_1(t), y_1(t)) x_1'(t) + Q(x_1(t), y_1(t)) x_1'(t)) \mathrm{d}t \right|$$

$$\leqslant M_1 M_2 \delta(\Gamma_k, L_0 - L_0^k) \to 0 \quad (k \to \infty)$$

从而

$$\lim_{k\to\infty} \int_{\Gamma_k + L_0^k} P\mathrm{d}x + Q\mathrm{d}y = \int_{L_0} P\mathrm{d}x + Q\mathrm{d}y \tag{4}$$

由式(2) ~ (4) 可知

$$\iint_D \left(\frac{\partial Q}{\partial x} - \frac{\partial P}{\partial y} \right) \mathrm{d}x\mathrm{d}y$$

$$= (L)\iint_D\left(\frac{\partial Q}{\partial x}-\frac{\partial P}{\partial y}\right)\mathrm{d}u$$

$$= \lim_{k\to\infty}\sum_{i=1}^{n_k}\int_{L_i}P\mathrm{d}x+Q\mathrm{d}y+\int_{L_0}P\mathrm{d}x+Q\mathrm{d}y$$

$$= \int_L P\mathrm{d}x+Q\mathrm{d}y$$

证毕.

从定理 2 的结论可以看到,当平面闭区域 D 是由无穷可数条光滑闭曲线或按段光滑闭曲线所围成时,在满足相似条件的情况下,格林公式的形式(1) 没有发生变化,格林公式得到了推广.

§3　格林公式的一个注记①

1. 预备知识

若函数 P,Q 在闭区域 D 上连续,且有连续的一阶偏导数,则有

$$\iint_D\left(\frac{\partial Q}{\partial x}-\frac{\partial P}{\partial y}\right)\mathrm{d}x\mathrm{d}y=\oint_L P\mathrm{d}x+Q\mathrm{d}y$$

这里 L 为区域 D 的边界曲线,并取正方向,上述公式称为格林公式.

格林公式沟通了二重积分与第二类曲线积分的关系. 由第二类曲线积分的定义,当 L 是负方向时,仅

---

① 本节摘自《长治学院学报》,2017 年,第 34 卷,第 5 期.

需在格林公式的左边或者右边加负号. 另外,使用格林公式将第二类曲线积分转化为二重积分时需要满足两个条件:(1) 曲线 L 封闭;(2) 函数 P,Q 在 D 上连续,且有连续的一阶偏导数. 在使用格林公式将二重积分转化为曲线积分也要注意函数 P,Q 的表示方法.

2. 主要结果

(1) 长治学院数学系的董建新、王飞教授 2017 年利用格林公式将第二类曲线积分转化为二重积分.

在计算第二类曲线积分时,如果题目满足上述两个条件,则可以直接使用格林公式将其转化为二重积分;否则,分两种情况讨论.

① 条件(1) 不成立,条件(2) 成立.

对于这种情况,重点是做辅助线使得曲线封闭,但需要注意方向.

例1 计算 $\int_{AB} x\mathrm{d}y$,其中 AB 为圆心在原点,半径为 a 的圆的第一象限部分,并取顺时针.

分析 本题已知曲线的方程,按照第二类曲线积分的计算方法可以计算. 如果用格林公式,显然函数满足条件(2),但不满足条件(1);作有向辅助线 BO 和 OA,对闭曲线 $AB+BO+OA$(负方向)按照格林公式将其转化成二重积分计算.(作辅助直线 BA 亦可)

解 做 BO 和 OA,由格林公式

$$\oint_{AB+BO+OA} x\mathrm{d}y = -\iint_D \mathrm{d}x\mathrm{d}y = -\frac{1}{4}\pi a^2$$

故

$$\int_{AB} x\mathrm{d}y = -\frac{1}{4}\pi a^2 - \int_{BO} x\mathrm{d}y - \int_{OA} x\mathrm{d}y = -\frac{1}{4}\pi a^2$$

② 条件(1) 成立,条件(2) 不成立.

例2　计算$\oint_L \frac{x\mathrm{d}y - y\mathrm{d}x}{x^2 + y^2}$,其中$L$为绕原点一周的任意封闭曲线并取逆时针.

分析　题目虽没有给出曲线L的方程,但曲线满足条件(1),同时,函数P,Q不满足连续且有连续的一阶偏导数的条件(2).通过观察函数特点,作有向辅助线$L_1:x^2 + y^2 = \varepsilon^2$并取顺时针(做法不唯一)来剔除原点,记$L$与$L_1$围成的区域为$D_1$.此时,函数$P,Q$在$D_1$上满足了相应的条件(2),且$L$与$L_1$合起来是$D_1$的边界曲线且是$D_1$的正方向.

解　作封闭曲线$L_1:x^2 + y^2 = \varepsilon^2$并取顺时针,记$L$与$L_1$围成的区域为$D_1$,在$D_1$上使用格林公式得

$$\oint_{L+L_1} \frac{x\mathrm{d}y - y\mathrm{d}x}{x^2 + y^2} = \iint_{D_1} 0\mathrm{d}x\mathrm{d}y = 0$$

故

$$\oint_L \frac{x\mathrm{d}y - y\mathrm{d}x}{x^2 + y^2} = 0 - \int_{L_1} \frac{x\mathrm{d}y - y\mathrm{d}x}{x^2 + y^2} = 2\pi$$

几个思考:

(1) 从例2的可以看出,结论与L的表达式无关.例如:当L的方程改为$x^2 + y^2 = a^2$,$|x| + |y| = a$等封闭曲线,也可以用格林公式计算.

(2) 若L改为不包含原点的任意逐段光滑的封闭曲线时,格林公式使用条件成立,直接代入公式可得

$$\oint_L \frac{x\mathrm{d}y - y\mathrm{d}x}{x^2 + y^2} = 0$$

(3) 被积函数改为其他形式时,辅助线的做法也要相应改变,以方便计算. 例如:计算$\oint_L \frac{x\mathrm{d}y - y\mathrm{d}x}{4x^2 + y^2}$时,作椭圆辅助线 $4x^2 + y^2 = \varepsilon^2$ 并取顺时针,利用格林公式,可得

$$\oint_L \frac{x\mathrm{d}y - y\mathrm{d}x}{4x^2 + y^2} = \pi$$

(4) 利用例 2 结果可以计算某些定积分. 例如:求

$$\int_0^{2\pi} \frac{\mathrm{d}\theta}{a^2\cos^2\theta + b^2\sin^2\theta} \quad (a, b > 0)$$

例 2 中取 L 为$\frac{x^2}{a^2} + \frac{y^2}{b^2} = 1$,则

$$\int_0^{2\pi} \frac{ab}{a^2\cos^2\theta + b^2\sin^2\theta}\mathrm{d}\theta = \oint_L \frac{x\mathrm{d}y - y\mathrm{d}x}{x^2 + y^2} = 2\pi$$

进一步可以得出本题结果.

(2) 利用格林公式将二重积分转化为曲线积分.

在应用中,格林公式一般是将第二类曲线积分转化成二重积分来计算. 对于积分区域为有界闭区域的二重积分,一般化成两种顺序的累次积分计算,但有时计算困难;而利用格林公式将二重积分转化为第二类曲线积分可以有效地避免这一情况. 需要注意的是:将二重积分转化为曲线积分时,要先计算出相应的函数 P 和 Q;其次是函数 P 和 Q 的表达式并不唯一,要根据实际情况而定.

例 3 计算$\iint_D x^2 \mathrm{e}^{-y^2}\mathrm{d}x\mathrm{d}y$,其中 D 是由 $x = 0, y = 1$,

$y = x$ 所围成的区域.

分析　题目中区域 D 既是 x - 型又是 y - 型区域,理论上可以转化成两种累次积分来计算,但按照先对 y 后对 x 的积分顺序计算时很困难,故需用另外一种积分的顺序来计算. 为避免这一情况发生,这里利用格林公式来计算.

解　由于 $\frac{\partial Q}{\partial x} - \frac{\partial P}{\partial y} = x^2 e^{-y^2}$,选取 $Q = \frac{1}{3}x^3 e^{-y^2}$ 与 $P = 0$(或 $P = g(x)$),容易验证函数 P,Q 在 D 上满足格林公式条件(2);L 是 D 的边界曲线,并取正方向,满足条件(1). 于是利用格林公式可得

$$\iint_D x^2 e^{-y^2} \mathrm{d}x\mathrm{d}y = \frac{1}{3}\oint_L x^3 e^{-y^2} \mathrm{d}y = \frac{1}{6} - \frac{1}{3e}$$

§4　利用格林公式调和分析方法证明柯西积分公式[①]

1. 引言

柯西积分公式是复变函数中的重要公式之一,利用这个公式可以计算一些复的积分. 在复变函数的教材中,通常利用柯西积分定理和函数的连续性来证明柯西积分公式. 在现有的参考文献中除了赵玉杰,余春日的文章“利用实积分证明 Cauchy 积分公式”(《安

---

①　本节摘自《数学的实践与认识》,2018 年,第 48 卷,第 11 期.

庆师范学院学报》,2011,17(2):92-93)外,据作者所知很少有其他文献讨论该公式的不同证明方法,其实这篇文章的证明方法与教材中的方法类似,只不过把复函数的连续性转化成实函数的连续性来证明. 莆田学院数学与金融学院的林书情、郑琪、阮其华三位同学 2018 年以数学分析中格林公式为基础,为柯西积分公式的证明提供一种新的方法. 因为解析函数的实部和虚部是调和函数,因此,本节的证明方法主要是借鉴调和分析的一些方法. 在文章"复变函数中刘维尔定理的新证明"(阮其华,邱智伟,《数学的实践与认识》,2012,42(8):247-249.)和"一类广义解析函数的刘维尔性质"(王伟华,阮其华,《莆田学院学报》,2012,19(5):5-8.)中,作者就是利用这种方法来证明和推广复变函数的刘维尔定理.

下面我们介绍一下柯西积分公式:

定理 3(柯西积分公式) 设区域 D 的边界是周线(或复周线)Γ,函数 $f(z)$ 在 D 内解析,在 $\overline{D} = D + \Gamma$ 上连续,则有

$$f(z) = \frac{1}{2\pi i}\int_{\Gamma} \frac{f(\zeta)}{\zeta - z} d\zeta \quad (z \in D)$$

2. 定理 3 的证明

首先,我们介绍一个引理,这个引理在定理 3 的证明中起重要的作用.

引理 3(格林公式) 设 D 是以光滑曲线 Γ 为边界的平面有界区域,函数 $u = u(x,y)$ 和 $v = v(x,y)$ 及其一阶偏导数在闭区域 $D \cup \Gamma$ 上连续,它们的所有二阶

偏导数在 D 内连续,则

$$\iint_D (u\Delta v - v\Delta u)\,\mathrm{d}x\mathrm{d}y = \int_\Gamma \left(u\frac{\partial v}{\partial n} - v\frac{\partial u}{\partial n}\right)\mathrm{d}s$$

其中 $\Delta = \frac{\partial^2}{\partial x^2} + \frac{\partial^2}{\partial y^2}$,$\boldsymbol{n}$ 表示沿 Γ 的单位外法向量,$\mathrm{d}s$ 表示 Γ 上的弧长微元.

这个引理是众所周知的,但我们没有找到适当的参考文献能给出详细的证明,因此为了方便读者理解,我们在这里给出证明.

证　我们从教材(《数学分析》第 3 版(欧阳光中,高等教育出版社,2007.))中的格林公式给出引理 3 的证明,通常教材中的格林公式是

$$\iint_D \left(\frac{\partial f}{\partial x} + \frac{\partial h}{\partial y}\right)\mathrm{d}x\mathrm{d}y = \int_\Gamma f\mathrm{d}y - h\mathrm{d}x$$

设沿 Γ 且与 $\boldsymbol{n}$ 相切的单位切向量为 $\boldsymbol{\tau}$,则显然有

$$\cos(\boldsymbol{n},y) = -\cos(\boldsymbol{\tau},x),\cos(\boldsymbol{n},x) = \sin(\boldsymbol{\tau},x)$$

这样

$$\begin{aligned}\iint_D \left(\frac{\partial f}{\partial x} + \frac{\partial h}{\partial y}\right)\mathrm{d}x\mathrm{d}y &= \int_\Gamma f\mathrm{d}y - h\mathrm{d}x \\ &= \int_\Gamma (f\sin(\boldsymbol{\tau},x) - h\cos(\boldsymbol{\tau},x))\mathrm{d}s \\ &= \int_\Gamma (f\cos(\boldsymbol{n},x) + h\cos(\boldsymbol{n},y))\mathrm{d}s\end{aligned}$$

这里我们用到 $\mathrm{d}x = \cos(\boldsymbol{\tau},x)\mathrm{d}s,\mathrm{d}y = \sin(\boldsymbol{\tau},x)\mathrm{d}s$,这是因为

$$\mathrm{d}s = \sqrt{\mathrm{d}x^2 + \mathrm{d}y^2} = \sqrt{1 + \left(\frac{\mathrm{d}y}{\mathrm{d}x}\right)^2}\mathrm{d}x$$

$$= \sqrt{1 + \tan^2(\boldsymbol{\tau}, x)}\,\mathrm{d}x$$

$$= \frac{\mathrm{d}x}{\cos(\boldsymbol{\tau}, x)}$$

所以

$$\mathrm{d}x = \cos(\boldsymbol{\tau}, x)\,\mathrm{d}s$$

又因为

$$\mathrm{d}s^2 = \mathrm{d}x^2 + \mathrm{d}y^2 = \cos^2(\boldsymbol{\tau}, x)\,\mathrm{d}s^2 + \mathrm{d}y^2$$

这样

$$\mathrm{d}y^2 = (1 - \cos^2(\boldsymbol{\tau}, x))\,\mathrm{d}s^2 = \sin^2(\boldsymbol{\tau}, x)\,\mathrm{d}s^2$$

所以

$$\mathrm{d}y = \sin(\boldsymbol{\tau}, x)\,\mathrm{d}s$$

分别令 $f = 0, h = 0$,我们得到

$$\iint_D \frac{\partial f}{\partial x}\mathrm{d}x\mathrm{d}y = \int_\Gamma f\cos(\boldsymbol{n}, x)\,\mathrm{d}s \quad (1)$$

$$\iint_D \frac{\partial h}{\partial y}\mathrm{d}x\mathrm{d}y = \int_\Gamma h\cos(\boldsymbol{n}, y)\,\mathrm{d}s \quad (2)$$

分别令 $f = u\dfrac{\partial v}{\partial x}, h = u\dfrac{\partial v}{\partial y}$,把它们带入式(1)和(2),可得

$$\iint_D \left(\frac{\partial u}{\partial x}\frac{\partial v}{\partial x} + u\frac{\partial^2 v}{\partial x^2}\right)\mathrm{d}x\mathrm{d}y = \int_\Gamma u\frac{\partial v}{\partial x}\cos(\boldsymbol{n}, x)\,\mathrm{d}s \quad (3)$$

$$\iint_D \left(\frac{\partial u}{\partial y}\frac{\partial v}{\partial y} + u\frac{\partial^2 v}{\partial y^2}\right)\mathrm{d}x\mathrm{d}y = \int_\Gamma u\frac{\partial v}{\partial y}\cos(\boldsymbol{n}, y)\,\mathrm{d}s \quad (4)$$

利用 $\boldsymbol{n} = (\cos(\boldsymbol{n}, x), \cos(\boldsymbol{n}, y))$,将式(3)和(4)相加,可得

$$\iint_D \left(\frac{\partial u}{\partial x}\frac{\partial v}{\partial x} + \frac{\partial u}{\partial y}\frac{\partial v}{\partial y} + u\Delta v\right)\mathrm{d}x\mathrm{d}y = \int_\Gamma u\frac{\partial v}{\partial \boldsymbol{n}}\mathrm{d}s \quad (5)$$

类似的,分别令$f = v\frac{\partial u}{\partial x}$,$h = v\frac{\partial u}{\partial y}$,把它们带入式(1)和(2),可得

$$\iint_D\left(\frac{\partial u}{\partial x}\frac{\partial v}{\partial x}+v\frac{\partial^2 u}{\partial x^2}\right)\mathrm{d}x\mathrm{d}y=\int_\Gamma v\frac{\partial u}{\partial x}\cos(\boldsymbol{n},x)\mathrm{d}s \quad (6)$$

$$\iint_D\left(\frac{\partial u}{\partial y}\frac{\partial v}{\partial y}+v\frac{\partial^2 u}{\partial y^2}\right)\mathrm{d}x\mathrm{d}y=\int_\Gamma v\frac{\partial u}{\partial y}\cos(\boldsymbol{n},y)\mathrm{d}s \quad (7)$$

利用$\boldsymbol{n}=(\cos(\boldsymbol{n},x),\cos(\boldsymbol{n},y))$,将式(6)和(7)相加,可得

$$\iint_D\left(\frac{\partial u}{\partial x}\frac{\partial v}{\partial x}+\frac{\partial u}{\partial y}\frac{\partial v}{\partial y}+v\Delta u\right)\mathrm{d}x\mathrm{d}y=\int_\Gamma v\frac{\partial u}{\partial n}\mathrm{d}s \quad (8)$$

结合式(5)和(8),我们得到

$$\iint_D(u\Delta v-v\Delta u)\mathrm{d}x\mathrm{d}y=\int_\Gamma\left(u\frac{\partial v}{\partial \boldsymbol{n}}-v\frac{\partial u}{\partial \boldsymbol{n}}\right)\mathrm{d}s$$

这样,我们证明了引理3.

下面我们利用引理3来证明定理3.

证　我们先证明一个结论:

当(x_0,y_0)在D内时,对于二维调和函数$u(x,y)$有下面的式子成立

$$\int_\Gamma\left(u\frac{\partial \ln r}{\partial \boldsymbol{n}}-\ln r\frac{\partial u}{\partial \boldsymbol{n}}\right)\mathrm{d}s=2\pi u(x_0,y_0)$$

其中$r=\sqrt{(x-x_0)^2+(y-y_0)^2}$.

因为

$$\frac{\partial \ln r^2}{\partial x}=\frac{2(x-x_0)}{r^2},\frac{\partial \ln r^2}{\partial y}=\frac{2(y-y_0)}{r^2}$$

从而

$$\frac{\partial^2 \ln r^2}{\partial x^2}=\frac{2r^2-4(x-x_0)^2}{r^4}$$

$$\frac{\partial^2 \ln r^2}{\partial y^2} = \frac{2r^2 - 4(y - y_0)^2}{r^4}$$

这样,我们得到

$$\Delta \ln r = \frac{2r^2 - 2[(x - x_0)^2 + (y - y_0)^2]}{r^4} = 0$$

又因为 $f(z)$ 在 D 内解析,所以由柯西黎曼方程可得

$$\frac{\partial u}{\partial x} = \frac{\partial v}{\partial y}, \frac{\partial u}{\partial y} = -\frac{\partial v}{\partial x}$$

所以

$$\frac{\partial^2 u}{\partial x^2} = \frac{\partial^2 v}{\partial x \partial y}, \frac{\partial^2 u}{\partial y^2} = -\frac{\partial^2 v}{\partial x \partial y}$$

从而 $\Delta u = 0$.

设 K_ε 为 D 内一个以 (x_0, y_0) 为中心,以充分小正数 ε 为半径的小圆,Γ_ε 是 K_ε 的边界. 因为 (x_0, y_0) 在 D 内,在区域 $D \backslash K_\varepsilon$ 内,$\Delta u = 0$,$\Delta \ln r = 0$,所以由引理 3 可以得到

$$\int_{\Gamma \cup \Gamma_\varepsilon^-} \left(u \frac{\partial \ln r}{\partial \boldsymbol{n}} - \ln r \frac{\partial u}{\partial \boldsymbol{n}} \right) \mathrm{d}s$$

$$= \int_{\Omega \backslash K_\varepsilon} (u \Delta \ln r - \ln r \Delta u) \mathrm{d}x \mathrm{d}y = 0 \qquad (9)$$

在边界 Γ_ε 上,$\frac{\partial}{\partial \boldsymbol{n}} = \frac{\partial}{\partial r}$,所以我们有

$$\int_{\Gamma_\varepsilon} u \frac{\partial}{\partial \boldsymbol{n}} \ln r \mathrm{d}s = \frac{1}{\varepsilon} \int_{\Gamma_\varepsilon} u \mathrm{d}s = 2\pi u^*$$

其中,u^* 是函数 u 在边界 Γ_ε 上的平均值,即

$$u^* = \frac{1}{2\pi\varepsilon} \int_{\Gamma_\varepsilon} u \mathrm{d}s$$

另一方面

$$\int_{\Gamma_\varepsilon} \ln r \frac{\partial u}{\partial \boldsymbol{n}} \mathrm{d}s = \ln \varepsilon \int_{\Gamma_\varepsilon} \frac{\partial u}{\partial \boldsymbol{n}} \mathrm{d}s = 2\pi\varepsilon \ln \varepsilon \frac{\partial u^*}{\partial \boldsymbol{n}}$$

其中$\frac{\partial u^*}{\partial \boldsymbol{n}}$是函数$\frac{\partial u}{\partial \boldsymbol{n}}$在边界$\Gamma_\varepsilon$上的平均值，所以当$\varepsilon \to 0$时

$$\lim_{\varepsilon \to 0} \varepsilon \ln \varepsilon = \lim_{\varepsilon \to 0} \frac{\ln \varepsilon}{\varepsilon^{-1}} = \lim_{\varepsilon \to 0} \frac{\varepsilon^{-1}}{-\varepsilon^{-2}} = -\lim_{\varepsilon \to 0} \varepsilon = 0$$

因此$\int_{\Gamma_\varepsilon} \ln r \frac{\partial u}{\partial \boldsymbol{n}} \mathrm{d}s \to 0$.

当$\varepsilon \to 0$时

$$\int_{\Gamma_\varepsilon} u \frac{\partial}{\partial n} \ln r \mathrm{d}s \to 2\pi u(x_0, y_0)$$

另外，由式(9)得

$$\int_{\Gamma} u \frac{\partial \ln r}{\partial n} - \ln r \frac{\partial u}{\partial n} \mathrm{d}s = \int_{\Gamma_\varepsilon} u \frac{\partial \ln r}{\partial n} - \ln r \frac{\partial u}{\partial n} \mathrm{d}s$$

所以当$\varepsilon \to 0$时

$$\int_{\Gamma} \left(u \frac{\partial \ln r}{\partial n} - \ln r \frac{\partial u}{\partial n} \right) \mathrm{d}s = 2\pi u(x_0, y_0)$$

设$f(z) = u(x,y) + \mathrm{i}v(x,y)$，因为函数$f(z)$在$D$内解析，所以由柯西积分定理，我们可以设边界为$\Gamma$：$|z - z_0| = \rho$. 这样，我们有

$$u(x_0, y_0) = \frac{1}{2\pi} \left[\frac{1}{\rho} \int_{\Gamma} u \mathrm{d}s - \frac{\ln \rho}{2\pi} \int_{\Gamma} \frac{\partial u}{\partial \boldsymbol{n}} \mathrm{d}s \right]$$

由格林公式可得

$$\int \frac{\partial u}{\partial \boldsymbol{n}} \mathrm{d}s = \int_{|z - z_0| \leqslant \rho} \Delta u \mathrm{d}x \mathrm{d}y = 0$$

从而

$$u(x_0,y_0)=\frac{1}{2\pi\rho}\int_{\Gamma}u\mathrm{d}s$$

同理可得

$$v(x_0,y_0)=\frac{1}{2\pi\rho}\int_{\Gamma}v\mathrm{d}s$$

所以

$$f(z_0)=u(x_0,y_0)+\mathrm{i}v(x_0,y_0)=\frac{1}{2\pi\rho}\int_{\Gamma}f(z)\mathrm{d}s$$

根据极坐标，令 $x=r\cos\theta, y=r\sin\theta$，则

$$\mathrm{d}s=\sqrt{(x')^2+(y')^2}\mathrm{d}\theta=r\mathrm{d}\theta$$

从而

$$f(z_0)=\frac{1}{2\pi}\int_{\Gamma}f(z)\mathrm{d}\theta$$

再令

$$z-z_0=r\mathrm{e}^{\mathrm{i}\theta}$$

从而

$$\mathrm{d}z=r\mathrm{e}^{\mathrm{i}\theta}\mathrm{i}\mathrm{d}\theta=(z-z_0)\mathrm{i}\mathrm{d}\theta$$

可得

$$\mathrm{d}\theta=\frac{\mathrm{d}z}{\mathrm{i}(z-z_0)}$$

从而

$$f(z_0)=\frac{1}{2\pi\mathrm{i}}\int_{\Gamma}\frac{f(z)}{z-z_0}\mathrm{d}z$$

这样，我们证明了柯西积分公式.

第四编

高斯散度定理、斯托克斯定理和平面格林定理关系漫谈

微分与积分这对矛盾在高维空间中的体现

第13章

本章主要探讨高维空间上微积分中微分与积分这对矛盾是如何体现的.

在高维空间上讨论微积分,或多元微积分,情况当然要略为复杂一些.但微分与积分这对矛盾依然是微积分这门学科的主要矛盾,其内容依然有三个组成部分,即:微分、积分、指出微分与积分是对矛盾的微积分基本定理.微分与积分这两部分易于理解,到了高维空间,只是将一元微积分中的导数及微分推广成偏导数、方向导数与全微分;将积分推广成重积分、线积分、面积分等.这些推广是十分自然的.那么,什么是高维空间中的微积分基本定理?要回答并说清楚这个问题,还得费些口舌.

通常说的多元微积分,主要是指在三维欧氏空间中讨论的微积分,而在三维欧氏空间中揭示微分与积分是一对矛盾是由以下三个定理(或称公式)来体现的.

格林定理(或称格林公式)　设 D 是 xOy 平面上封闭曲线 L 围成的闭区域,且函数 $P(x,y)$ 和 $Q(x,y)$ 在 D 上有一阶连续偏导数,则

$$\oint_L P\mathrm{d}x + Q\mathrm{d}y = \iint_D \left(\frac{\partial q}{\partial x} - \frac{\partial P}{\partial y}\right)\mathrm{d}x\mathrm{d}y$$

这里 $\oint_L$ 表示沿 L 逆时针方向的线积分(图 1(a)).

斯托克斯定理(或称斯托克斯公式)　设空间曲面 Σ 的边界是封闭曲线 L,若函数 P,Q,R 有一阶连续偏导数,则

$$\begin{aligned}&\oint_L P\mathrm{d}x + Q\mathrm{d}y + R\mathrm{d}z\\ = &\iint_\Sigma \left(\frac{\partial R}{\partial y} - \frac{\partial Q}{\partial z}\right)\mathrm{d}y\mathrm{d}z + \left(\frac{\partial P}{\partial z} - \frac{\partial R}{\partial x}\right)\mathrm{d}z\mathrm{d}x + \\ &\left(\frac{\partial Q}{\partial x} - \frac{\partial P}{\partial y}\right)\mathrm{d}x\mathrm{d}y\end{aligned}$$

这里 $\oint$ 表示沿图 1(b) 中的方向的线积分.

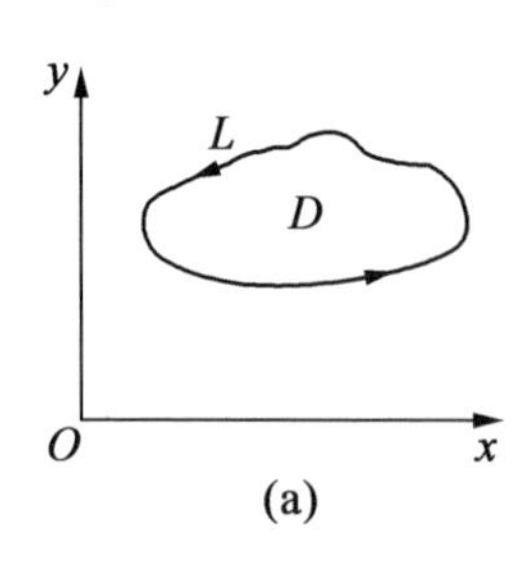

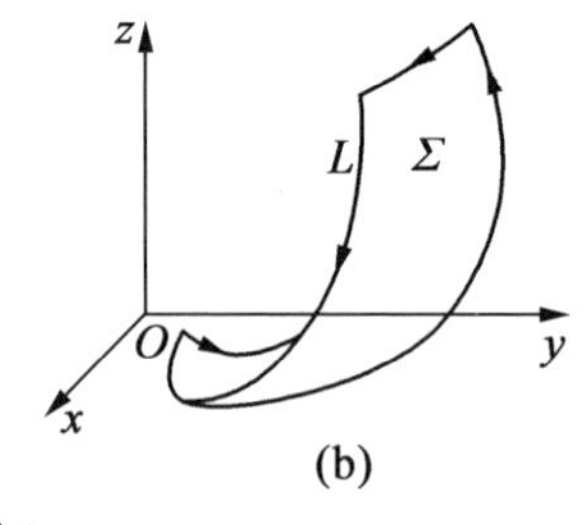

图 1

高斯定理(或称高斯公式)　设 V 是空间封闭曲面 Σ 所围成的闭区域,函数 $P(x,y,z)$,$Q(x,y,z)$,$R(x,y,z)$ 在 V 上有一阶连续偏导数,则

$$\iint_{\Sigma_{外}} P\mathrm{d}y\mathrm{d}z + Q\mathrm{d}z\mathrm{d}x + R\mathrm{d}x\mathrm{d}y = \iiint_V \left(\frac{\partial P}{\partial x} + \frac{\partial Q}{\partial y} + \frac{\partial R}{\partial z}\right)\mathrm{d}v$$

这里 $\Sigma_{外}$ 表示曲面 Σ 的定向为法线向外.(图 2)

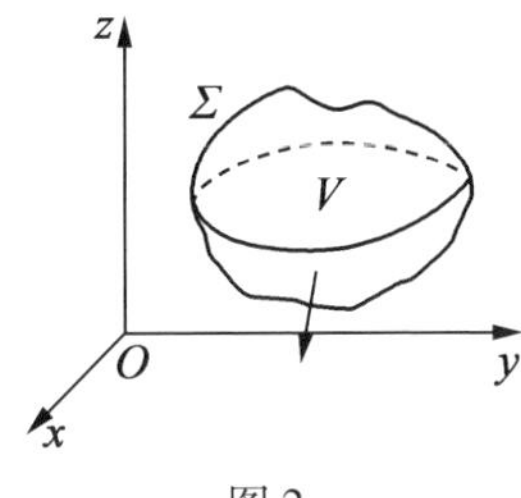

图 2

这三条定理(或称公式)是任何多元微积分的书中必讲的.这三条定理都是说函数在区域边界上的积分与在区域内部积分的关系.为什么说,这三条定理是三维欧氏空间中微积分的基本定理?在三维欧氏空间中,除了这三条刻画函数在区域边界上的积分与区域内部积分的关系的定理外,还有没有可能有更多这样的定理?这三条定理与一元微积分中微积分基本定理到底有什么关系?要回答并说清楚这些问题,必须要用到外微分形式.

要严格地定义什么是外微分形式,得用很多篇幅,而这方面的书籍已经很多.如作为经典著作之一的由德·拉姆(Georges-William de Rham)著的 *Differential manifold*(Springer,1981,译自法文)等.在

这里，作一个通俗而不严格的简要介绍.

在一般的微积分的书中，如果从 a 到 b 的直线段的长度是正的，那么从 b 到 a 的直线段的长度是负的. 可是一涉及面积，就往往假设面积都是非负的，如在二维欧氏空间中进行变数变换$\begin{cases} x = x(u,v) \\ y = y(u,v) \end{cases}$，则 xOy 平面的面积元素

$$\mathrm{d}A = \mathrm{d}x\mathrm{d}y = \left|\frac{\partial(x,y)}{\partial(u,v)}\right|\mathrm{d}u\mathrm{d}v$$

这里$\frac{\partial(x,y)}{\partial(u,v)}$是关于 u,v 的雅可比行列式，而对雅可比行列式要加以绝对值，为的是面积总是非负的. 既然线段的长度可有正有负，为什么面积不能是负的？如果去掉这个限制，可以允许面积可正可负，这可能就是引入外微分形式的最根本与原始的思想.

对面积元素 $\mathrm{d}x\mathrm{d}y$ 引入外乘积 $\wedge$. 把 $\mathrm{d}x\wedge\mathrm{d}y$ 称为微分的外乘积，它要满足如下的规则：$\mathrm{d}x\wedge\mathrm{d}y = -\mathrm{d}y\wedge\mathrm{d}x$. 粗略来讲，这相当于面积元素按不同定向有正有负. 在这个规则下，立即得到 $\mathrm{d}x\wedge\mathrm{d}x = 0$. 由微分的外乘积乘上函数组成的微分形式称为外微分形式. 微分在外乘积中的个数称为外微分形式的次数. 于是，若 P,Q,R,A,B,C,H 为三维欧氏空间中变数 x,y,z 的函数，则

$$P\mathrm{d}x + Q\mathrm{d}y + R\mathrm{d}z$$

为一次外微分形式(由于一次没有乘积，与普通的微分形式是一样的)

$$A\mathrm{d}x\wedge\mathrm{d}y + B\mathrm{d}y\wedge\mathrm{d}z + C\mathrm{d}z\wedge\mathrm{d}x$$

为二次外微分形式

$$H\mathrm{d}x\wedge\mathrm{d}y\wedge\mathrm{d}z$$

为三次外微分形式，而 P,Q,R,A,B,C,H 等称为微分形式的系数，而称函数 f 为 0 次外微分形式.

对任意两个外微分形式 λ,μ，也可以定义外乘积 $\lambda\wedge\mu$，只要相应的各项外微分进行外乘积就可以了. 例如，A,B,C,E,F,G 为 x,y,z 的函数，且

$$\lambda = A\mathrm{d}x + B\mathrm{d}y + C\mathrm{d}z$$

$$\mu = E\mathrm{d}x + F\mathrm{d}y + G\mathrm{d}z$$

则

$$\begin{aligned}\lambda\wedge\mu &= (A\mathrm{d}x + B\mathrm{d}y + C\mathrm{d}z)\wedge(E\mathrm{d}x + F\mathrm{d}y + G\mathrm{d}z) + \\ &\quad BF\mathrm{d}y\wedge\mathrm{d}y + CF\mathrm{d}z\wedge\mathrm{d}y + AG\mathrm{d}x\wedge\mathrm{d}z + \\ &\quad BG\mathrm{d}y\wedge\mathrm{d}z + CG\mathrm{d}z\wedge\mathrm{d}z \\ &= (BG - CF)\mathrm{d}y\wedge\mathrm{d}z + (CE - AG)\mathrm{d}z\wedge\mathrm{d}x + \\ &\quad (AF - BE)\mathrm{d}x\wedge\mathrm{d}y\end{aligned}$$

对外微分形式 ω，可以定义外微分算子 d.

对于零次外微分形式，即函数 f，定义

$$\mathrm{d}f = \frac{\partial f}{\partial x}\mathrm{d}x + \frac{\partial f}{\partial y}\mathrm{d}y + \frac{\partial f}{\partial z}\mathrm{d}z$$

即是普通的全微分算子.

对于一次外微分形式

$$\omega = P\mathrm{d}x + Q\mathrm{d}y + R\mathrm{d}z$$

定义

$$\mathrm{d}\omega = \mathrm{d}P\wedge\mathrm{d}x + \mathrm{d}Q\wedge\mathrm{d}y + \mathrm{d}R\wedge\mathrm{d}x$$

经过简单计算

$$\mathrm{d}\omega = \left(\frac{\partial R}{\partial y} - \frac{\partial Q}{\partial z}\right)\mathrm{d}y \wedge \mathrm{d}z + \left(\frac{\partial P}{\partial z} - \frac{\partial R}{\partial x}\right)\mathrm{d}z \wedge \mathrm{d}x + \left(\frac{\partial Q}{\partial x} - \frac{\partial P}{\partial y}\right)\mathrm{d}x \wedge \mathrm{d}y$$

对于二次外微分形式

$$\omega = A\mathrm{d}y \wedge \mathrm{d}z + B\mathrm{d}z \wedge \mathrm{d}x + C\mathrm{d}x \wedge \mathrm{d}y$$

也是一样,定义

$$\mathrm{d}\omega = \mathrm{d}A \wedge \mathrm{d}y \wedge \mathrm{d}z + \mathrm{d}B \wedge \mathrm{d}z \wedge \mathrm{d}x + \mathrm{d}C \wedge \mathrm{d}x \wedge \mathrm{d}y$$

经过简单计算

$$\mathrm{d}\omega = \left(\frac{\partial A}{\partial x} + \frac{\partial B}{\partial y} + \frac{\partial C}{\partial z}\right)\mathrm{d}x \wedge \mathrm{d}y \wedge \mathrm{d}z$$

对于三次外微分形式

$$\omega = H\mathrm{d}x \wedge \mathrm{d}y \wedge \mathrm{d}z$$

也是一样,定义

$$\mathrm{d}\omega = \mathrm{d}H \wedge \mathrm{d}x \wedge \mathrm{d}y \wedge \mathrm{d}z$$

由于在三维欧氏空间中讨论外微分形式,易证此时 $\mathrm{d}\omega = 0$.

有了这些准备以后,就可以说清楚在高维空间中微分与积分如何成为一对矛盾了.

先看格林公式

$$\oint_L P\mathrm{d}x + Q\mathrm{d}y = \iint_D \left(\frac{\partial Q}{\partial x} - \frac{\partial P}{\partial y}\right)\mathrm{d}x\mathrm{d}y$$

如果记 $\omega_1 = P\mathrm{d}x + Q\mathrm{d}y$, 则 ω_1 为一次外微分形式. 于是

$$\mathrm{d}\omega_1 = \left(\frac{\partial Q}{\partial x} - \frac{\partial P}{\partial y}\right)\mathrm{d}x \wedge \mathrm{d}y$$

由于线积分的曲线 L 是定向的，所以格林公式可以写成

$$\oint \omega_1 = \iint \mathrm{d}\omega_1$$

再看斯托克斯公式

$$\begin{aligned}&\oint_L P\mathrm{d}x + Q\mathrm{d}y + R\mathrm{d}z \\ &= \iint_\Omega \left(\frac{\partial R}{\partial y} - \frac{\partial Q}{\partial z}\right)\mathrm{d}y\mathrm{d}z + \left(\frac{\partial P}{\partial z} - \frac{\partial R}{\partial x}\right)\mathrm{d}z\mathrm{d}x + \\ &\quad \left(\frac{\partial Q}{\partial x} - \frac{\partial P}{\partial y}\right)\mathrm{d}x\mathrm{d}y\end{aligned}$$

由于线积分的曲线 L、面积分的区域 Ω 都是定向的，把 $P\mathrm{d}x + Q\mathrm{d}y + R\mathrm{d}z = \omega$ 看作一次外微分形式，于是

$$\begin{aligned}\mathrm{d}\omega &= \left(\frac{\partial R}{\partial y} - \frac{\partial Q}{\partial z}\right)\mathrm{d}y\wedge\mathrm{d}z + \left(\frac{\partial P}{\partial z} - \frac{\partial R}{\partial x}\right)\mathrm{d}z\wedge\mathrm{d}x + \\ &\quad \left(\frac{\partial Q}{\partial x} - \frac{\partial P}{\partial y}\right)\mathrm{d}x\wedge\mathrm{d}y\end{aligned}$$

因之，斯托克斯公式可写为

$$\oint \omega = \iint \mathrm{d}\omega$$

同样，高斯公式为

$$\begin{aligned}&\iint_{\Omega_{外}} P\mathrm{d}y\mathrm{d}z + Q\mathrm{d}z\mathrm{d}x + R\mathrm{d}x\mathrm{d}y \\ &= \iiint_V \left(\frac{\partial P}{\partial x} + \frac{\partial Q}{\partial y} + \frac{\partial R}{\partial x}\right)\mathrm{d}x\mathrm{d}y\mathrm{d}z\end{aligned}$$

由于 Ω 是定向的，所以可将

$$P\mathrm{d}y\mathrm{d}z + Q\mathrm{d}z\mathrm{d}x + R\mathrm{d}x\mathrm{d}y$$

看作二次外微分形式，即记

$$\omega_2 = P\mathrm{d}y \wedge \mathrm{d}z + Q\mathrm{d}z \wedge \mathrm{d}x + R\mathrm{d}x \wedge \mathrm{d}y$$

从而

$$\mathrm{d}\omega_2 = \left(\frac{\partial P}{\partial x} + \frac{\partial Q}{\partial y} + \frac{\partial R}{\partial x}\right)\mathrm{d}x \wedge \mathrm{d}y \wedge \mathrm{d}z$$

于是，高斯公式可写成

$$\oint \omega_2 = \iiint \mathrm{d}\omega_2$$

从这些立即看出，在三维欧氏空间，格林公式、斯托克斯公式与高斯公式实际上都可以用同一公式写出来，这个定理（或公式）也叫作斯托克斯定理（或斯托克斯公式）

$$\int_{\partial\Omega} \omega = \int_{\Omega} \mathrm{d}\omega \qquad (*)$$

这里，ω 为外微分形式，$\mathrm{d}\omega$ 为 ω 的外微分，Ω 为 $\mathrm{d}\omega$ 的积分区域，$\partial\Omega$ 表示 Ω 的边界，$\int$ 表示区域有多少维数就是多少重数.

从这里还可以看出，除了格林公式、斯托克斯公式与高斯公式以外，在三维欧氏空间中，联系区域与其边界的积分公式不会再有了，因为这时三次外微分形式的外微分为 0.

不仅如此，回到一元微积分的情况，这时取 ω 为 0 次外微分形式，即函数 $f(x)$ 取 Ω 为直线段 $[a,b]$，$\partial\Omega$ 为 Ω 的边界，这里就是端点 a 与 b. $\mathrm{d}\omega$ 就是 $\frac{\mathrm{d}f(x)}{\mathrm{d}x}\mathrm{d}x$，式

(*) 就成为

$$\int_a^b \frac{\mathrm{d}}{\mathrm{d}x} f(x)\,\mathrm{d}x = f(x)\Big|_a^b = f(b) - f(a)$$

这就是一元微积分的基本定理.

归纳起来,在式(*) 中,当 ω 为零次外微分形式,Ω 为直线段时,此即牛顿 - 莱布尼茨公式;当 ω 为一次外微分形式,而 Ω 为平面区域时,此即格林公式;当 Ω 为一次外微分形式,而 Ω 为三维空间中的曲面时,此即斯托克斯公式;当 Ω 为二次外微分形式,而 Ω 为三维空间中的曲面时,此即斯托克斯公式;当 Ω 为二次外微分形式,而 Ω 为三维空间中的一个区域时,此即高斯公式. 它们之间的关系如表 1 所示.

表 1

外微分形式的次数	空　间	公　式
0	直线段	牛顿 - 莱布尼茨公式
1	平面区域	格林公式
1	空间曲面	斯托克斯公式
2	空间中区域	高斯公式

式(*) 揭露了在三维欧氏空间中微分与积分是如何成为一对矛盾的,这对矛盾的一方为外微分形式,另一方为线积分、面积分、体积分. 这个公式是说,高次外微分形式 $\mathrm{d}\omega$ 在区域上的积分等于低一次的外

微分形式 ω 在区域的低一维空间的边界上的积分，外微分运算与积分起了相互抵消作用，就像加法与减法、乘法与除法、乘方与开方相互抵消一样.

更为重要的是：在高维欧氏空间，当维数大于 3 时，斯托克斯公式（ * ）依然成立；不但如此，当 Ω 是微分流形时（关于微分流形不在此定义了，读者如有需要，可参阅有关文献），式（ * ）依然成立. 这就说明斯托克斯公式（ * ）是微积分中具有本质性的定理. 这不仅说清楚了三维欧氏空间中，为何微分与积分是一对矛盾，它们是如何体现的，还说清楚了高维欧氏空间，当维数大于 3 时，为何微分与积分是一对矛盾，它们是如何体现的，甚至说清楚了在微分流形上，为何微分与积分是一对矛盾，它们是如何体现的. 也可以说，斯托克斯公式（ * ）是微积分这门学科的一个顶峰，是数学中少有的简洁、美丽而深刻的定理之一，也是在近代数学中被应用得十分广泛的定理之一.

再重新回到三维欧氏空间中来. 在三维欧氏空间中，有着广泛应用，尤其是在物理上有广泛应用的三“度”，即梯度（gradient）、旋度（curl）与散度（divergence），现在在外微分形式的意义下来重新认识它们.

先看零次外微分形式 $\omega = f(x,y,z)$，它的外微分为

$$\mathrm{d}\omega = \mathrm{d}f = \frac{\partial f}{\partial x}\mathrm{d}x + \frac{\partial f}{\partial y}\mathrm{d}y + \frac{\partial f}{\partial z}\mathrm{d}z$$

而 f 的梯度为

$$\operatorname{grad} f = \left(\frac{\partial f}{\partial x}, \frac{\partial f}{\partial y}, \frac{\partial f}{\partial z}\right)$$

所以梯度是与零次外微分形式的外微分相当.

再看一次外微分形式

$$\boldsymbol{\omega} = P\mathrm{d}x + Q\mathrm{d}y + R\mathrm{d}z$$

它的外微分为

$$\begin{aligned}
\mathrm{d}\boldsymbol{\omega}_1 &= \left(\frac{\partial R}{\partial y} - \frac{\partial Q}{\partial z}\right)\mathrm{d}y \wedge \mathrm{d}z + \left(\frac{\partial P}{\partial z} - \frac{\partial R}{\partial x}\right)\mathrm{d}z \wedge \mathrm{d}x + \\
&\quad \left(\frac{\partial Q}{\partial x} - \frac{\partial P}{\partial y}\right)\mathrm{d}x \wedge \mathrm{d}y \\
&= \begin{vmatrix} \mathrm{d}y \wedge \mathrm{d}z & \mathrm{d}z \wedge \mathrm{d}x & \mathrm{d}x \wedge \mathrm{d}y \\ \dfrac{\partial}{\partial x} & \dfrac{\partial}{\partial y} & \dfrac{\partial}{\partial z} \\ P & Q & R \end{vmatrix}
\end{aligned}$$

而矢量 $\boldsymbol{u} = (P, Q, R)$ 的旋度为

$$\begin{aligned}
\operatorname{rot} \boldsymbol{u} &= \left(\frac{\partial R}{\partial y} - \frac{\partial Q}{\partial z}\right)\boldsymbol{i} + \left(\frac{\partial P}{\partial z} - \frac{\partial R}{\partial x}\right)\boldsymbol{j} + \left(\frac{\partial Q}{\partial x} - \frac{\partial P}{\partial y}\right)\boldsymbol{k} \\
&= \begin{vmatrix} \boldsymbol{i} & \boldsymbol{j} & \boldsymbol{k} \\ \dfrac{\partial}{\partial x} & \dfrac{\partial}{\partial y} & \dfrac{\partial}{\partial z} \\ P & Q & R \end{vmatrix}
\end{aligned}$$

这里 $\boldsymbol{i}, \boldsymbol{j}, \boldsymbol{k}$ 分别为 x 轴，y 轴，z 轴的单位矢量. 所以，旋度是与一次外微分形式的外微分相当.

再看二次外微分形式

$$\omega_2 = A\mathrm{d}y \wedge \mathrm{d}z + B\mathrm{d}z \wedge \mathrm{d}x + C\mathrm{d}x \wedge \mathrm{d}y$$

它的外微分为

$$d\omega_2 = \left(\frac{\partial A}{\partial x} + \frac{\partial B}{\partial y} + \frac{\partial C}{\partial z}\right)dx \wedge dy \wedge dz$$

而矢量 $\boldsymbol{v} = (A, B, C)$ 的散度为

$$\mathrm{div}\ \boldsymbol{v} = \frac{\partial A}{\partial x} + \frac{\partial B}{\partial y} + \frac{\partial C}{\partial z}$$

所以散度与二次外微分形式的外微分相当.

从这个观点来看,还有没有可能产生具有这种性质的其他的“度”呢? 很明显,在三维欧氏空间,这是不可能的了. 因为在三维欧氏空间,三次外微分形式的外微分为零,所以不可能再有与这相当的“度”了. 所以从外微分形式的观点,在三维欧氏空间,有且只能有这三个度,即梯度、旋度与散度. 它们与外微分形式的对应关系如表 2 所示.

表 2

外微分形式的次数	对应的度
0	梯度
1	旋度
2	散度

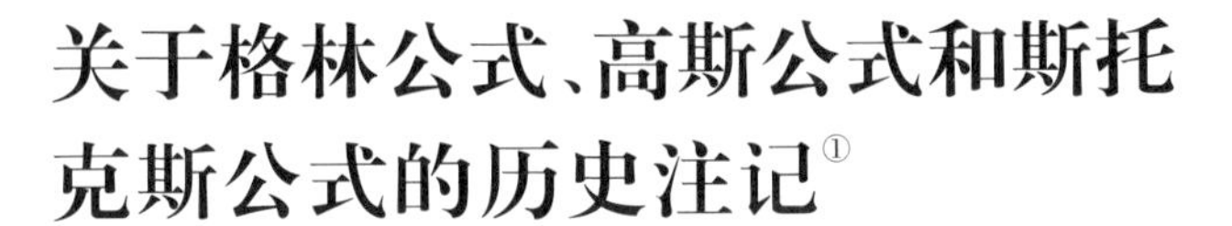

关于格林公式、高斯公式和斯托克斯公式的历史注记[①]

第14章

华北石油职工大学的陈宁教授2000年指出:在不同高维空间中体现微分和积分为一对矛盾的是格林公式,高斯公式和斯托克斯公式.

(1)格林(1793—1841),英国自学成才的数学家、物理学家,他在研究电磁学的过程中采用了纯数学的方式来叙述静电磁学.1828年,格林自费出版了一本小册子《数学分析在电磁学理论中的应用》,由于印数不多,传播范围不广,当时并未引起人们注意.后来被英国数学物理学家汤姆逊(1824—1907)发现,并认识到它的巨大价值,1854年,他将这篇论文重新发表在著名的数学期刊《数学杂志》上,此时格林已逝世十四年了.

① 本章摘自《高等数学研究》,2000年,第3卷,第1期.

格林的这篇论文，在数学和物理研究中都有着重要的意义. 首先，他开创了用纯数学方法研究电磁学等物理问题的先河，在他工作的影响下，形成了一个著名的剑桥数学物理学派.

著名的格林公式是

$$\iint_D \left(\frac{\partial Q}{\partial x} - \frac{\partial P}{\partial y}\right) \mathrm{d}x\mathrm{d}y = \oint_L P\mathrm{d}x + Q\mathrm{d}y$$

它说明平面区域 D 上的二重积分可以通过其边界曲线 L 上的曲线积分表示，它是牛顿 - 莱布尼茨公式在平面区域上的推广.

(2) 斯托克斯(1819—1903)，英国数学家，物理学家，剑桥数学物理学派的代表人物之一，后被英王封为爵士.

斯托克斯公式，是这一系列公式中最为奇妙的一个，它公开出现是作为剑桥大学 1854 年度史密斯奖学金考试的第八题. 这一由剑桥大学里数学最优秀的学生参加的考试，从 1849 年至 1882 年由斯托克斯主持，因此这一公式被人们称为“斯托克斯公式”. 实际上，这一公式是汤姆逊在 1850 年 7 月 2 日写给斯托克斯的信中给出的. 当时人们至少给出了三个证明：汤姆逊给出第一个，另两个分别见于汤姆逊和泰特合著的《自然哲学》等书籍中. 斯托克斯公式为

$$\oint_L P\mathrm{d}x + Q\mathrm{d}y + R\mathrm{d}z$$

$$= \iint_{\Sigma}\left(\frac{\partial R}{\partial y} - \frac{\partial Q}{\partial z}\right)\mathrm{d}y\mathrm{d}z + \left(\frac{\partial P}{\partial z} - \frac{\partial R}{\partial x}\right)\mathrm{d}z\mathrm{d}x +$$

$$\left(\frac{\partial Q}{\partial x} - \frac{\partial P}{\partial y}\right)\mathrm{d}x\mathrm{d}y$$

它说明一闭曲线积分可以由该曲线为边的一个曲面积分所表示. 它在数学的某些分支发展中起了突出的作用.

（3）高斯公式

$$\iiint_{K}\left(\frac{\partial P}{\partial x} + \frac{\partial Q}{\partial y} + \frac{\partial R}{\partial z}\right)\mathrm{d}v$$

$$= \oiint_{\Sigma}(P\cos T + Q\cos U + R\cos V)\,\mathrm{d}S$$

被俄国人称为奥 - 高定理. 奥斯特罗格拉德斯基(1801—1862)是19世纪俄国最伟大的数学家、物理学家. 1828年,他在研究体积积分和曲面积分相互关系时,得到这一公式,其后又将它推广到n重积分上去.

这个公式同高斯利用数学知识研究静电学有关. 1839年他发表了《与距离平方成反比的吸引力和排斥力的普遍定理》,在证明泊松方程后,得到了被称为电通量的高斯公式

$$\oiint_{S}\boldsymbol{E}\cdot\mathrm{d}\boldsymbol{S} = \frac{1}{X_0}\sum q$$

这个结果实际上是高斯公式在电磁学中的应用.

这些公式都是在研究物理过程中或在研究其他数学分支如偏微分方程中产生的,这说明微积分在其他学科中的应用永远是推动本身发展的动力之一.

随着三个公式的产生及在物理学中的广泛应用，人们对这三个公式的本质及其内在联系的讨论也开始了. 人们发现可以用旋度、散度这些向量分析的概念来描述这些公式.

高斯公式可被表示为

$$\iiint_K \nabla\cdot \boldsymbol{F}\mathrm{d}V = \iint_S \boldsymbol{F}\cdot \boldsymbol{n}\mathrm{d}S$$

叫作散度定理；斯托克斯公式被表示为

$$\iint_S \mathrm{curl}\ \boldsymbol{F}\cdot \boldsymbol{n}\mathrm{d}S = \oint_\Gamma \boldsymbol{F}\cdot \mathrm{d}r$$

所以也被称为旋度公式.

由此从局部分析发展为大范围分析，人们对这三个定理的研究也进入了一个新阶段.

第15章 线面积分三公式的联系与教学[①]

在理工科高等数学课程的教学中，格林公式、高斯公式及斯托克斯公式的灵活运用是非常关键的内容，对学生充分理解曲线、曲面积分，以及后续课程如数学物理方程的学习都起着至关重要的作用. 同时，格林公式、高斯公式及斯托克斯公式亦是研究生入学考试的热点之一. 然而，学生在刚学完第一类和第二类曲线、曲面积分的基础上，学习体现从局部分析到大范围分析的三大公式——格林公式、高斯公式和斯托克斯公式，理解往往不够深刻. 课堂上虽能听懂，但不能灵活运用三大公式来解决具体问题. 因此，在课程编写和教学实践中加以琢磨，化解这一难点是很有必要的.

现在不少高等数学教材在阐述这三个

① 本章摘自《高等数学研究》，2014 年，第 17 卷，第 4 期.

公式时,往往只列出分量形式而尽量避免其向量形式,主要是考虑避开引入向量函数的导数与积分等概念,更要避开场论. 其实在早年一些数学分析教材中,有这方面的讲述,典型的是苏联菲赫金哥尔茨的《微积分学教程》. 在 20 世纪 80 年代后期,就有北京、上海、广州、西安等 12 所高等工科院校的教师们考虑要加强三个公式的向量形式,适当介绍场论知识作为教材补充,编写出版了《高等数学解析大全》. 自 90 年代起,也有一些教师认为在教材中,要加强这方面的内容,例如萧树铁和居余马主编的《高等数学 · 第三卷》、马知恩与王绵森主编的《工科分析基础 · 下册》、西北工业大学编的《高等数学 · 下册》等,都有不同程度的讲述. 中南大学数学与统计学院的潘克家、吕骏两位教授 2014 年认为对于理工科学生,适当讲解三大公式的向量形式,对其了解三大公式之间的联系,加深对公式的理解及其后续课程的学习,都是非常有帮助的.

1. 三公式的联系

众所周知,格林公式建立了平面区域上的二重积分与其边界曲线上的曲线积分之间的联系,可看作牛顿 – 莱布尼茨公式在二元情形下的推广;高斯公式建立了空间闭曲面的曲面积分与三重积分之间的联系;而斯托克斯公式建立沿空间双侧曲面的积分与沿其边界曲线的积分之间的联系. 实际上,三大公式之间有着密切的联系,高斯公式和斯托克斯公式在某些特殊情形下即为格林公式,也就是说高斯公式和斯托克

斯公式都可看成格林公式的推广.

定理 1　二维情形下的高斯公式即为格林公式.

证　利用哈密顿算符,高斯公式

$$\iiint_V \left(\frac{\partial P}{\partial x}+\frac{\partial Q}{\partial y}+\frac{\partial R}{\partial x}\right)\mathrm{d}x\mathrm{d}y\mathrm{d}z = \oiint_S P\mathrm{d}y\mathrm{d}z+Q\mathrm{d}z\mathrm{d}x+R\mathrm{d}x\mathrm{d}y \tag{1}$$

可写为向量形式

$$\iint_\Omega \nabla\cdot \boldsymbol{F}\mathrm{d}V=\oint_{\partial\Omega}\boldsymbol{F}\cdot\boldsymbol{n}\mathrm{d}S \tag{2}$$

其中 $\boldsymbol{n}$ 为曲面的单位外法向量,向量形式的高斯公式(2)不仅对三维情形适应,而且可推广到一般的 n 维情形.

记二维向量值函数

$$\boldsymbol{F}=(Q,-P)^{\mathrm{T}}$$

代入高斯公式(2)可得

$$\iint_\Omega\left(\frac{\partial Q}{\partial x}-\frac{\partial P}{\partial y}\right)\mathrm{d}x\mathrm{d}y=\iint_\Omega \nabla\cdot\boldsymbol{F}\mathrm{d}x\mathrm{d}y=\oint_{\partial\Omega}\boldsymbol{F}\cdot\boldsymbol{n}\mathrm{d}s = \oint_{\partial\Omega}(Q\cos\alpha-P\cos\beta)\mathrm{d}s \tag{3}$$

其中 α 和 β 分别为外法向量 $\boldsymbol{n}$ 与 x 轴和 y 轴正向的夹角.

平面区域 Ω 的两个方向余弦

$$\cos\alpha=\cos(\boldsymbol{n},x)=\cos(\boldsymbol{\tau},y)$$
$$\cos\beta=\cos(\boldsymbol{n},y)=-\cos(\boldsymbol{\tau},x) \tag{4}$$

将式(4)代入式(3),即得

$$\iint_{\Omega}\left(\frac{\partial Q}{\partial x}-\frac{\partial P}{\partial y}\right)\mathrm{d}x\mathrm{d}y=\oint_{\partial\Omega}[P\cos(\boldsymbol{\tau},x)+Q\cos(\boldsymbol{\tau},y)]\mathrm{d}s \tag{5}$$

利用两类曲线积分之间的关系,式(5) 可重写为

$$\iint_{\Omega}\left(\frac{\partial Q}{\partial x}-\frac{\partial P}{\partial y}\right)\mathrm{d}x\mathrm{d}y=\oint_{L}P\mathrm{d}x+Q\mathrm{d}y \tag{6}$$

此即格林公式的一般形式.

斯托克斯公式的一般形式为

$$\iint_{S}\left(\frac{\partial R}{\partial y}-\frac{\partial Q}{\partial z}\right)\mathrm{d}y\mathrm{d}z+\left(\frac{\partial P}{\partial z}-\frac{\partial R}{\partial x}\right)\mathrm{d}z\mathrm{d}x+\left(\frac{\partial Q}{\partial x}-\frac{\partial P}{\partial y}\right)\mathrm{d}x\mathrm{d}y=\oint_{L}P\mathrm{d}x+Q\mathrm{d}y+R\mathrm{d}z \tag{7}$$

其中曲面 S 的侧与 L 的方向按右手规则确定. 为便于记忆,也常写成

$$\iint_{S}\begin{vmatrix}\mathrm{d}y\mathrm{d}z & \mathrm{d}z\mathrm{d}x & \mathrm{d}x\mathrm{d}y\\ \dfrac{\partial}{\partial x} & \dfrac{\partial}{\partial y} & \dfrac{\partial}{\partial z}\\ P & Q & R\end{vmatrix}=\oint_{L}P\mathrm{d}x+Q\mathrm{d}y+R\mathrm{d}z \tag{8}$$

引入旋度等向量分析的工具,斯托克斯公式(7) 同样可写为如下非常简洁的向量形式

$$\iint_{S}\nabla\times\boldsymbol{F}\cdot\mathrm{d}S=\oint_{L}\boldsymbol{F}\cdot\mathrm{d}s \tag{9}$$

定理 2 若斯托克斯公式(7) 中光滑曲面 S 为平行于 xOy 坐标面的平面, 则式(7) 退化为格林公式(6).

证 考虑到平面 S 上 z 为常数,因此

$$\mathrm{d}z = 0, \mathrm{d}y\mathrm{d}z = 0, \mathrm{d}z\mathrm{d}x = 0$$

代入式(7) 即得式(6),定理2得证.

2. 教学建议

高斯公式亦称为奥－高公式和散度定理,是联系空间闭区域上的重积分与其边界曲面上的曲面积分的纽带. 大多数教科书往往只注重分量形式(1) 的高斯公式的教学,而对散度形式的公式(2) 阐述不够,学生自然也难以将其高斯公式看成牛顿－莱布尼茨公式的高维推广,加深理解. 建议适当增加场论及向量分析的介绍,使学生掌握高斯公式(散度定理) 的向量形式,方便学生记忆. 同时,场论的初步知识对理工科学生以后专业课的学习非常有帮助.

格林公式是联系平面区域上二重积分与其边界上的曲线积分之间的纽带. 公式中带有负号,不方便学生记忆. 而且,学生在运用格林公式做题时容易将公式中两个函数求偏导的变量以及符号弄错. 另外,学生容易弄错的一点,就是在根本不满足格林公式运用的条件(譬如区域中某点具有奇性) 下滥用格林公式. 这点在格林公式的教学中也一定要引起重视. 譬如计算曲线积分

$$I = \oint_L \frac{x\mathrm{d}y - y\mathrm{d}x}{x^2 + y^2}$$

其中 L 为任一包含原点的闭区域边界线. 由于原点被积函数具有奇性,故不能直接利用格林公式得出积分等于零的错误结论.

本人在给学生讲授完格林公式和高斯公式之后,

花两个课时给学生重点讲解向量形式下的高斯公式(2),向量形式不仅形式简洁、结构对称,可直接看成牛顿-莱布尼茨公式的直接推广,且方便推广到任意维情形. 教学实践中,作者首先简要复习了两类曲线积分之间的关系,然后作为练习要求学生自行推导二维情形下高斯公式的分量形式,并与格林公式进行对比. 此时,个别成绩较好的学生可能会恍然大悟,发现二维情形下的高斯公式即为格林公式. 然后给学生讲解格林公式即为高斯公式的特例,加深学生对两个公式的记忆和理解. 并且,通过定理 1 的学习,还能加深学生对曲线的法向量、切向量和方向余弦等概念的理解,和巩固学生关于两类曲线积分之间关系的知识. 这种教学方式,不仅对学生掌握这几个公式本身非常有帮助,还能激起学生对学习的兴趣,和培养学生自学和探索的能力.

斯托克斯公式亦称为旋度定理,与高斯公式一样,同样可看成格林公式的推广. 考虑到斯托克斯公式分量形式的复杂性,和理工科学生将来学习及研究的需要,作者在教学中适当增加其行列式形式(8)及向量形式(9)的阐述,不仅仅帮助学生掌握和理解斯托克斯公式,还能巩固学生关于行列式的知识和帮助学生进一步熟悉向量分析工具. 教学实践中,可要求学生自行推导光滑曲面平行于坐标平面情形下的斯托克斯公式,让学生充分理解斯托克斯公式可看作格林公式的三维推广,加深对这两个公式的理解,同时也能帮助学生记住这两个公式. 另外,为了重视三大

公式这个难点、重点内容，考试的时候也要适当增加三个公式的应用方面的题目.

总之，教学实践中不要让学生孤立地学习这三大公式，要使学生将三个公式融为一体，理清它们之间的相互关系，灵活掌握和运用公式解决问题.

从格林公式到斯托克斯公式[①]

第16章

1. 引言

斯托克斯公式是格林公式的推广,该公式把空间曲面上的曲面积分与其边界闭曲线上的曲线积分联系起来,对进行曲面积分和曲线积分的简化计算的重要性是毋庸置疑的. 全面、深刻地理解斯托克斯公式,无疑对于熟练掌握和灵活运用它是至关重要的.

多数教科书中,对斯托克斯公式采用传统严密的内容安排模式——首先陈述公式成立的条件及公式本身,然后给出证明,最后辅以例题展示公式的应用,其证明方法是将曲面积分转化为投影平面上的二重积分,然后应用格林公式将二重积分转换为曲线积分. 笔者在多年的教学中发现,斯托克斯公式对大多数初学者来说

① 本章摘自《赤峰学院学报(自然科学版)》,2012 年,第 28 卷,第 8 期(下).

是一个难点. 因而,如何多角度描述斯托克斯公式,以促进对公式本身的理解和运用,展现数学知识之间的联系,提供分析问题的合理方法,是一个值得探讨的问题.

在中国矿业大学(北京)理学院的苏新卫教授的文章"从流体流量问题看高斯公式"中,他从对坐标的曲面积分的物理意义即流体流量问题出发,推测出了高斯公式,类似可以从对坐标的曲线积分的物理意义即变力沿曲线做功问题推测出斯托克斯公式. 2012 年他结合矢量分析中有关场论的内容,对斯托克斯公式进一步系统分析,指出其和格林公式建立在矢量场基础之上的形式上的统一性,并且应用格林公式,给出斯托克斯公式的不同于文章"从流体流量问题看高斯公式"的又一推证方法. 本章旨在对多角度描述斯托克斯公式做一尝试.

2. 斯托克斯公式和格林公式的统一

设三维空间向量场由

$$\boldsymbol{A}(x,y,z)=P(x,y,z)\boldsymbol{i}+Q(x,y,z)\boldsymbol{j}+R(x,y,z)\boldsymbol{k}$$

给出,Γ 是场中分段光滑的有向闭曲线,Σ 是场中以 Γ 为边界的分片光滑的有向曲面,Σ 的正侧与 Γ 的正向符合右手规则,P,Q,R 在包含 Σ 的闭域内具有一阶连续偏导数. 在《矢量分析与场论》中,斯托克斯公式有如下的矢量形式

$$\oint_{\Gamma} \boldsymbol{A} \cdot \boldsymbol{\tau} \mathrm{d}l = \iint_{\Sigma} \operatorname{rot} \boldsymbol{A} \cdot \boldsymbol{n} \mathrm{d}s \tag{1}$$

其中 $\boldsymbol{\tau}$ 为 Γ 的单位切向量，$\boldsymbol{n}$ 为 Σ 的单位法向量

$$\operatorname{rot} \boldsymbol{A} = \left(\frac{\partial R}{\partial y} - \frac{\partial Q}{\partial z}\right)\boldsymbol{i} + \left(\frac{\partial P}{\partial z} - \frac{\partial R}{\partial x}\right)\boldsymbol{j} + \left(\frac{\partial Q}{\partial x} - \frac{\partial P}{\partial y}\right)\boldsymbol{k}$$

为矢量场 $\boldsymbol{A}$ 的旋度. 式(1) 的坐标形式为

$$\begin{aligned}&\oint_{\Gamma} P\mathrm{d}x + Q\mathrm{d}y + R\mathrm{d}z \\ &= \iint_{\Sigma}\left(\frac{\partial R}{\partial y} - \frac{\partial Q}{\partial z}\right)\mathrm{d}y\mathrm{d}z + \left(\frac{\partial P}{\partial z} - \frac{\partial R}{\partial x}\right)\mathrm{d}x\mathrm{d}z + \\ &\left(\frac{\partial Q}{\partial x} - \frac{\partial P}{\partial y}\right)\mathrm{d}x\mathrm{d}y\end{aligned} \tag{2}$$

二元函数积分学中，格林公式描述了 xOy 平面中闭域 D 上的二重积分和沿 D 的边界曲线 L 的曲线积分之间的关系，即

$$\int_{L} P\mathrm{d}x + Q\mathrm{d}y = \iint_{D}\left(\frac{\partial Q}{\partial x} - \frac{\partial P}{\partial y}\right)\mathrm{d}x\mathrm{d}y \tag{3}$$

其中 L 是 D 的正向边界. 当 $\boldsymbol{\Sigma}$ 是 xOy 面上的平面闭区域时，斯托克斯公式就变成格林公式，所以格林公式是斯托克斯公式的特殊情况. 这启示我们将这两个公式从形式上统一起来.

设三维空间向量场是由

$$\boldsymbol{A}(x,y,z) = P(x,y,z)\boldsymbol{i} + Q(x,y,z)\boldsymbol{j}$$

给出的特殊的平面向量场，由于 $R(x,y,z) = 0$，所以

$$\operatorname{rot} \boldsymbol{A} = \left(\frac{\partial R}{\partial y} - \frac{\partial Q}{\partial z}\right)\boldsymbol{i} + \left(\frac{\partial P}{\partial z} - \frac{\partial R}{\partial x}\right)\boldsymbol{j} + \left(\frac{\partial Q}{\partial x} - \frac{\partial P}{\partial y}\right)\boldsymbol{k}$$

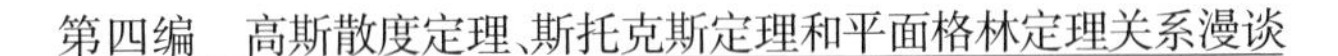

$$= \left(\frac{\partial Q}{\partial x} - \frac{\partial P}{\partial y}\right)\boldsymbol{k} \tag{4}$$

又注意到此时

$$\oint_L P\mathrm{d}x + Q\mathrm{d}y = \oint_L P\mathrm{d}x + Q\mathrm{d}y + R\mathrm{d}z = \oint_L \boldsymbol{A}\cdot\boldsymbol{\tau}\mathrm{d}l \tag{5}$$

$\boldsymbol{\tau}$ 为 L 的单位切向量,结合式(2)(3)(4)和(5)易得格林公式的矢量形式也是式(1).

本部分最后,给出闭域 D 分别在 yOz 平面和 xOz 平面上时的格林公式如下

$$\oint_L Q\mathrm{d}y + R\mathrm{d}z = \iint_D \left(\frac{\partial R}{\partial y} - \frac{\partial Q}{\partial z}\right)\mathrm{d}y\mathrm{d}z \tag{6}$$

$$\oint_L P\mathrm{d}x + R\mathrm{d}z = \iint_D \left(\frac{\partial P}{\partial z} - \frac{\partial R}{\partial x}\right)\mathrm{d}x\mathrm{d}z \tag{7}$$

3. 斯托克斯公式的推证

鉴于格林公式是斯托克斯公式的特殊情况及两者在矢量形式上的统一性,又注意到曲线积分关于路径及曲面积分关于曲面的可加性,在本部分,我们用格林公式推测斯托克斯公式.

由于式(2)右端的积分值和曲面微元的形状无关,将曲面 Σ 分割成若干(很多)个微小的曲面,记为 $\Delta\Sigma$,如图 1 所示,不失一般性,设 $\Delta\Sigma$ 为三个和坐标平面平行的面 $GABC$,$GCDE$ 和 $GEFA$ 之和,其正侧如图 1 所示,则其边界有向闭曲线为 $\overrightarrow{ABCDEFA}$. 在 $GABC$ 面上应用格林公式(3)可得

$$\iint_{GABC} \left(\frac{\partial Q}{\partial x} - \frac{\partial P}{\partial y}\right)\mathrm{d}x\mathrm{d}y = \int_{\overrightarrow{GA}+\overrightarrow{AB}+\overrightarrow{BC}+\overrightarrow{CG}} P\mathrm{d}x + Q\mathrm{d}y$$

$$= \int_{\overrightarrow{GA}+\overrightarrow{BC}} P\mathrm{d}x + \int_{\overrightarrow{AB}+\overrightarrow{CG}} Q\mathrm{d}y \tag{8}$$

在 $GCDE$ 面上应用格林公式(6) 可得

$$\iint_{GCDE}\left(\frac{\partial R}{\partial y}-\frac{\partial Q}{\partial z}\right)\mathrm{d}y\mathrm{d}z = \int_{\overrightarrow{GC}+\overrightarrow{CD}+\overrightarrow{DE}+\overrightarrow{EG}} Q\mathrm{d}y + R\mathrm{d}z$$

$$= \int_{\overrightarrow{GC}+\overrightarrow{DE}} Q\mathrm{d}y + \int_{\overrightarrow{CD}+\overrightarrow{EG}} R\mathrm{d}z \tag{9}$$

在 $GEFA$ 面上应用格林公式(7) 可得

$$\iint_{GEFA}\left(\frac{\partial P}{\partial z}-\frac{\partial R}{\partial x}\right)\mathrm{d}x\mathrm{d}z = \int_{\overrightarrow{GE}+\overrightarrow{EF}+\overrightarrow{FA}+\overrightarrow{AG}} P\mathrm{d}x + R\mathrm{d}z$$

$$= \int_{\overrightarrow{EF}+\overrightarrow{AG}} P\mathrm{d}x + \int_{\overrightarrow{GE}+\overrightarrow{FA}} R\mathrm{d}z \tag{10}$$

式(8)(9)(10) 相加得

$$\iint_{\Delta\Sigma}\left(\frac{\partial Q}{\partial x}-\frac{\partial P}{\partial y}\right)\mathrm{d}x\mathrm{d}y + \left(\frac{\partial R}{\partial y}-\frac{\partial Q}{\partial z}\right)\mathrm{d}y\mathrm{d}z + \left(\frac{\partial P}{\partial z}-\frac{\partial R}{\partial x}\right)\mathrm{d}x\mathrm{d}z$$

$$= \int_{\overrightarrow{BC}+\overrightarrow{EF}} P\mathrm{d}x + \int_{\overrightarrow{AB}+\overrightarrow{DE}} Q\mathrm{d}y + \int_{\overrightarrow{CD}+\overrightarrow{FA}} R\mathrm{d}z$$

$$= \int_{\overrightarrow{ABCDEFA}} P\mathrm{d}x + Q\mathrm{d}y + R\mathrm{d}z$$

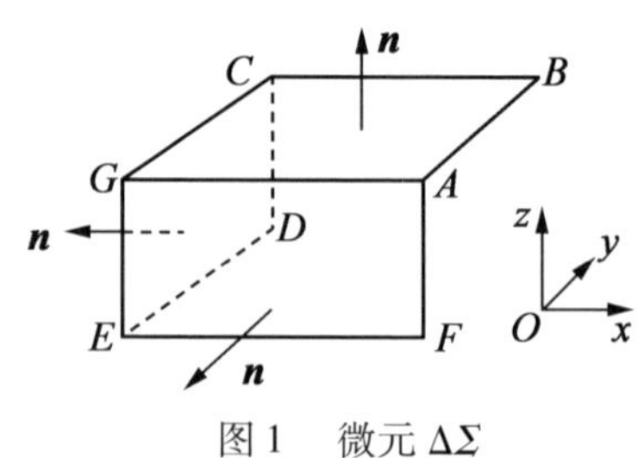

图 1　微元 ΔΣ

结合曲线积分关于路径及曲面积分关于曲面的可加性，便可推测在 Σ 上应有公式(2).

4. 小结

本章应用格林公式推测出了斯托克斯公式，有别于教科书中给出的斯托克斯公式的严格证明，在此仅为初学者提供了一个合乎逻辑的公式发现过程. 笔者认为，如果在证明之前先将公式发现过程展示给学生，更有助于学生真正地理解并接受斯托克斯公式. 本章为有关教学者从多角度描述斯托克斯公式提供了又一方法.

应用格林公式、高斯公式证明安培环路定理与高斯定律[①]

第17章

高等数学和大学物理是两门联系非常紧密的学科,数学中的不少理论源于物理的实践,反之,物理中的很多问题要用数学工具来解决. 南京农业大学工学院基础课部的蒋文艳教授 2016 年分别应用格林公式、高斯公式来证明电磁学中安培环路定理和高斯定律. 这不仅能帮助学生加深对所学知识的理解,而且能提高学生解决问题的能力.

1. 应用格林公式证明安培环路定理

安培环路定理:在恒定电流的磁场中,磁感应强度 $\boldsymbol{B}$ 沿任何闭合路径 C 的线积分(即环路积分)等于路径 C 所包围的电流强度的代数和的 μ_0 倍,它的数学表达式为

$$\oint_C \boldsymbol{B} \cdot \mathrm{d}\boldsymbol{r} = \mu_0 \sum I_{\mathrm{in}}$$

① 本章摘自《科技视界》,2016 年,第 20 期.

先考虑载有恒定电流 I 的无限长直导线的磁场情况，证明 $\oint_C \boldsymbol{B} \cdot \mathrm{d}\boldsymbol{r} = \mu_0 I$.

垂直电流在平面上相距为 r 的点 P 处的磁感应强度大小可通过毕奥－萨伐尔定律求得 $B = \dfrac{\mu_0 I}{2\pi r}$，电流方向与 $\boldsymbol{B}$ 的绕向成右手螺旋关系.

建立如图 1 所示的直角坐标系，点 P 坐标 (x, y, z)，并对 $\boldsymbol{B}$ 作如图 1 所示的向量分解

$$B_x = -B\sin\theta = -B\frac{\gamma}{r} = -\frac{\mu_0 I}{2\pi}\frac{\gamma}{x^2+y^2}$$

$$B_y = B\cos\theta = B\frac{x}{r} = \frac{\mu_0 I}{2\pi}\frac{x}{x^2+y^2}$$

则

$$\boldsymbol{B} = B_x\boldsymbol{i} + B_y\boldsymbol{j} = \frac{\mu_0 I}{2\pi}\frac{(-y\boldsymbol{i} + x\boldsymbol{j})}{x^2+y^2}$$

于是

$$\oint_C \boldsymbol{B} \cdot \mathrm{d}\boldsymbol{r} = \frac{\mu_0 I}{2\pi}\oint_C \frac{(-y\mathrm{d}x + x\mathrm{d}y)}{x^2+y^2}$$

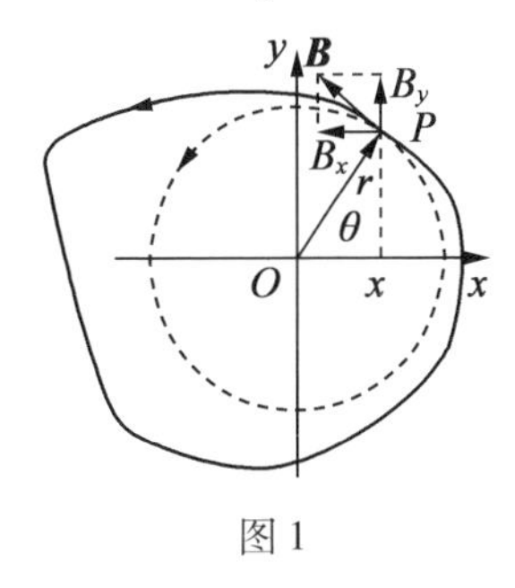

图 1

计算曲线积分$\oint_C \frac{(-y\mathrm{d}x + x\mathrm{d}y)}{x^2 + y^2}$是高等数学中格林公式应用的典型例题.

令

$$P = \frac{-y}{x^2 + y^2}, Q = \frac{x}{x^2 + y^2}$$

由于

$$\frac{\partial Q}{\partial x} = \frac{\partial P}{\partial y}, (x, y) \neq (0,0)$$

曲线 C 是任意一条不过原点的曲线,无重点.

① 当曲线 C 不包围原点时(图 2),D 是所围区域

$$\oint_C \frac{(-y\mathrm{d}x + x\mathrm{d}y)}{x^2 + y^2} = \iint_D \left(\frac{\partial Q}{\partial x} - \frac{\partial P}{\partial y}\right)\mathrm{d}\sigma = 0$$

这就解释当闭合路径不包围电流时

$$\oint_C \boldsymbol{B} \cdot \mathrm{d}\boldsymbol{r} = 0$$

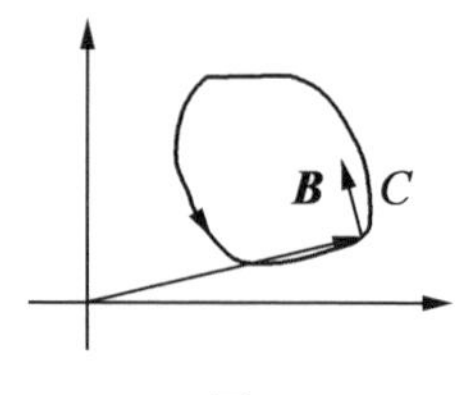

图 2

② 当曲线 C 包围原点时,因为原点是奇点,在曲线内部作一个半径为 r 的圆 l:$x^2 + y^2 = r^2$,l 与 C 有相同绕向,D 是 l 与 C 所围复联通区域,如图 1 两曲线都取逆时针绕向.

由于

$$\oint_{C+l^-} \frac{(-y\mathrm{d}x + x\mathrm{d}y)}{x^2 + y^2} = \iint_D \left(\frac{\partial Q}{\partial x} - \frac{\partial P}{\partial y}\right)\mathrm{d}\sigma = 0$$

$$\begin{aligned}\oint_C \frac{(-y\mathrm{d}x + x\mathrm{d}y)}{x^2 + y^2} &= \oint_l \frac{(-y\mathrm{d}x + x\mathrm{d}y)}{x^2 + y^2} \frac{1}{r^2} \cdot \\ &\oint_l -y\mathrm{d}x + x\mathrm{d}y \\ &= \frac{1}{r^2}\iint_D 2\mathrm{d}\sigma \\ &= 2\pi\end{aligned}$$

结果显示积分结果与曲线的形状无关，于是

$$\begin{aligned}\oint_C \boldsymbol{B} \cdot \mathrm{d}\boldsymbol{r} &= \frac{\mu_0 I}{2\pi}\oint_C \frac{(-y\mathrm{d}x + x\mathrm{d}y)}{x^2 + y^2} \\ &= \frac{\mu_0 I}{2\pi} \cdot 2\pi \\ &= \mu_0 I\end{aligned}$$

再根据磁场的叠加原理可得到，当有若干个闭合恒定电流存在时，沿任一闭合路径 C 的和磁场 $\boldsymbol{B}$ 的环路积分应为 $\oint_C \boldsymbol{B} \cdot \mathrm{d}\boldsymbol{r} = \mu_0 \sum I_{\text{in}}$ 式中 $\sum I_{\text{in}}$ 是环路 C 所包围电流的代数和. 这就是要说明的安培环路定理.

2. 运用高斯公式证明高斯定律

高等数学中的高斯公式和电磁学的高斯定理虽然表面形式不同，但是我们用高斯公式能证明高斯定理. 简单分析如下：

置于原点电量为 q 的点电荷对距离为 r 的场点 $P(x,y,z)$ 产生的场强为

$$\boldsymbol{E} = \frac{q}{4\pi\varepsilon_0}\frac{\boldsymbol{r}}{r^3} = \frac{q}{4\pi\varepsilon_0}\frac{1}{r^3}(x,y,z)$$

$$(r \neq 0, r = \sqrt{x^2 + y^2 + z^2})$$

设曲面 S 是任一不过原点的封闭曲面，那么点电荷 q 通过曲面 S 的电通量表示为

$$\Phi = \oint\!\!\!\oint_S \boldsymbol{E} \cdot \mathrm{d}\boldsymbol{S} = \frac{q}{4\pi\varepsilon_0} \oint\!\!\!\oint_S \frac{x\mathrm{d}y\mathrm{d}z + y\mathrm{d}z\mathrm{d}x + z\mathrm{d}x\mathrm{d}y}{r^3}$$

由高斯公式可知：① 电荷在曲面外时，如图 3 所示，由于 $\mathrm{div}\,\boldsymbol{E} = 0$，有 $\Phi = \oint\!\!\!\oint_S \boldsymbol{E} \cdot \mathrm{d}\boldsymbol{S} = \iiint_\Omega \mathrm{div}\,\boldsymbol{E}\mathrm{d}V = 0.$

② 曲面包围电荷时，原点是奇点，因此作一半径为 R 的球面 $S' : x^2 + y^2 + z^2 = R^2.$

含于曲面 S，两曲面取相同的侧，如图 4 所示，此时由高斯公式可以推出

$$\Phi = \oint\!\!\!\oint_S \boldsymbol{E} \cdot \mathrm{d}\boldsymbol{S} = \oint\!\!\!\oint_{S} \boldsymbol{E} \cdot \mathrm{d}\boldsymbol{S} = \frac{q}{4\pi\varepsilon_0 R^3} \iiint_{\Omega'} \mathrm{div}\,\boldsymbol{r}\mathrm{d}V$$

$$= \frac{q}{4\pi\varepsilon_0 R^3} \iiint_{\Omega'} 3\mathrm{d}V = \frac{q}{4\pi\varepsilon_0 R^3} \cdot 3 \cdot \frac{4}{3}\pi R^3 = \frac{q}{\varepsilon_0}$$

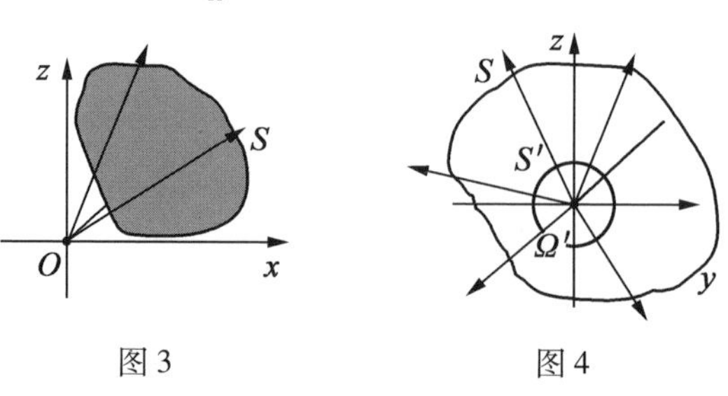

图 3　　　　图 4

对于由若干个电荷组成的电荷系来说，由场强叠加原理可知，总电场 $\boldsymbol{E}$ 通过封闭曲面的电通量等于该封闭面所包围电荷的电量的代数和的 $\frac{1}{\varepsilon_0}$ 倍. 这就是静电场的高斯定律，即

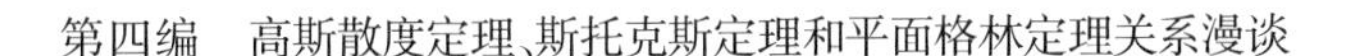

$$\Phi = \oiint_S \boldsymbol{E} \cdot \mathrm{d}\boldsymbol{S} = \frac{\sum q_{in}}{\varepsilon_0}$$

俗话说,“数理不分家”,对于一个物理规律的论证可以采用多种形式的数学语言,而同一个数学语言也会随问题背景的不同来揭示不同的规律.因而在数学课堂上引入这两个案例能让学生课后自主探讨格林公式和高斯公式的物理应用,这种做法对于拓展学生思路是有益的,更重要的是对学生综合运用所学知识的能力的一个训练,会收到较好的效果.

从高斯公式到高斯定理[①]

第 18 章

俗话说,"数理不分家",主要是说数学中的理论来源于物理实践,反过来又可以应用于物理. 理论上,大学物理教师的主要任务是提出物理概念,建立物理模型,至于模型计算如求导积分等只要交给学生利用数学工具去解决就可以了.

数学中的高斯公式是曲面积分的一个重要公式. 设空间区域 V 由分片光滑的双侧封闭曲面 S 围成. 若函数 P,Q,R 在 V 上连续,且有一阶连续偏导数,则

$$\iiint_V\left(\frac{\partial P}{\partial x}+\frac{\partial Q}{\partial y}+\frac{\partial R}{\partial z}\right)\mathrm{d}x\mathrm{d}y\mathrm{d}z$$

$$=\oiint_S(P\cos\alpha+Q\cos\beta+R\cos\gamma)\mathrm{d}S$$

$$=\oiint_S P\mathrm{d}y\mathrm{d}z+Q\mathrm{d}z\mathrm{d}x+R\mathrm{d}x\mathrm{d}y \tag{1}$$

① 本章摘自《科学之友》,2010 年,第 10 期.

其中 S 取外侧，$\cos\alpha,\cos\beta,\cos\gamma$ 是 Σ 上点 (x,y,z) 处的法向量的方向余弦. 式(1) 称为高斯公式. 高斯公式表明：高斯面上的第二型曲面积分可以转化为所围立体内的三重积分.

而高斯定理是静电学中的一个重要定理. 在静电场中，高斯定理的数学表达式为

$$\Phi = \oint\!\!\!\oint_S \boldsymbol{E}\cdot \mathrm{d}\boldsymbol{S} = \frac{\sum_{i=1}^{n} q_i}{\varepsilon_0} \tag{2}$$

式(2) 中 $\oint\!\!\!\oint_S$ 表示沿任一闭合曲面 Σ 的积分，$\sum_{i=1}^{n} q_i$ 为闭合曲面 S 所包围的所有电荷的电量的代数和. 高斯定理表明：通过任一闭合曲面的电场强度 $\boldsymbol{E}$ 通量等于该曲面所包围的所有电荷电量的代数和除以 ε_0，与闭合面外的电荷无关.

教科书上一般都是利用点电荷的电场线的特点和位于球面球心的点电荷在球面上产生的电通量这个特例及电场线的特点和电场强度的叠加原理来证明高斯定理，这种证明虽然较为简单，但学生较难理解. 武汉工业学院的陈修芳教授 2010 年利用高斯公式推导高斯定理：

见图 1，闭合曲面为球面 S(方程 $x^2+y^2+z^2=R^2$)，其所围的立体为 V，单位正电荷 q 放在球心. 点电荷在球面上的电场强度为 $\boldsymbol{E}=\frac{1}{4\pi\varepsilon_0}\frac{q}{R^2}\boldsymbol{e}$，其中 $\boldsymbol{e}$ 是由点电荷 q 指向球面的单位矢量. 由于球面指向外侧的法向量为 $\boldsymbol{n}=(2x,2y,2z)=2(x,y,z)$，于是单位矢量

$$\boldsymbol{e} = \left(\frac{x}{R}, \frac{y}{R}, \frac{z}{R}\right) = \frac{1}{R}(x, y, z)$$

从而

$$\boldsymbol{E} = \frac{1}{4\pi\varepsilon_0} \frac{q}{R^2}\left(\frac{x}{R}, \frac{y}{R}, \frac{z}{R}\right) = \frac{1}{4\pi\varepsilon_0} \frac{q}{R^3}(x, y, z)$$

又 $\mathrm{d}\boldsymbol{S} = (\mathrm{d}y\mathrm{d}z, \mathrm{d}z\mathrm{d}x, \mathrm{d}x\mathrm{d}y)$,故通过高斯面的电通量可写成

$$\Phi = \oint\!\!\!\oint_S \boldsymbol{E} \cdot \mathrm{d}\boldsymbol{S} = \frac{1}{4\pi\varepsilon_0} \frac{q}{R^3} \oint\!\!\!\oint_S x\mathrm{d}y\mathrm{d}z + y\mathrm{d}z\mathrm{d}x + z\mathrm{d}x\mathrm{d}y$$

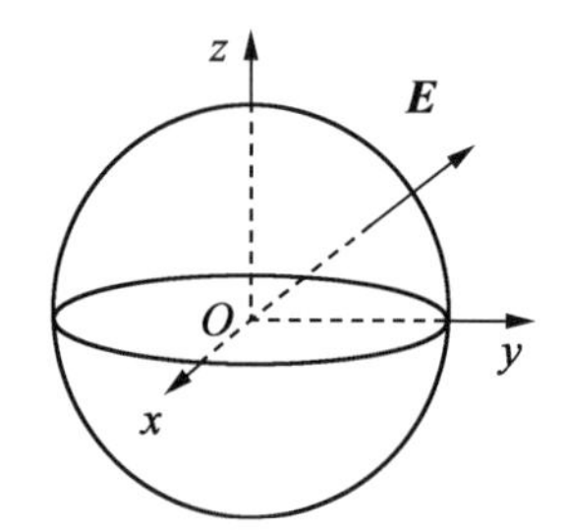

图 1　高斯面上电场强度示意图

根据高斯公式,有

$$\begin{aligned}
\oint\!\!\!\oint_S x\mathrm{d}y\mathrm{d}z + y\mathrm{d}z\mathrm{d}x + z\mathrm{d}x\mathrm{d}y &= \iiint_V (1 + 1 + 1)\mathrm{d}x\mathrm{d}y\mathrm{d}z \\
&= 3\iiint_V \mathrm{d}V \\
&= 3 \times \frac{4}{3}\pi R^3 \\
&= 4\pi R^3
\end{aligned}$$

于是通过高斯面的电通量

$$\Phi = \oint\!\!\!\oint_S \boldsymbol{E} \cdot \mathrm{d}\boldsymbol{S} = \frac{1}{4\pi\varepsilon_0} \frac{q}{R^3} \times 4\pi R^3 = \frac{q}{\varepsilon_3}$$

若包含点电荷的闭合曲面为任意的,由于电场线不会在无电荷的地方中断,因此,通过任意闭合曲面的电通量与上式相等,若高斯面内包含多个电荷,根据矢量叠加原理,就可以得出高斯定理

$$\Phi = \oiint_S \boldsymbol{E} \cdot \mathrm{d}\boldsymbol{S} = \frac{\sum_{i=1}^{n} q_i}{\varepsilon_0}$$

高斯公式和高斯定理虽然表面形式不同,但从高斯公式推导出高斯定理,不仅使我们在电磁学中较容易地引进高斯定理,而且使学生对高斯定理有比较准确的、深刻的理解,更重要的是对学生综合运用所学知识的能力的一个训练,会收到较好的效果.

参 考 文 献

[1] 同济大学数学教研室. 高等数学(下册)[M]. 4 版. 北京:高等教育出版社,1996:204-208.

[2] 施学瑜. 高等数学教程(第二册)[M]. 北京:清华大学出版社,1986:223-225.

[3] 西安交通大学高等数学教研室. 高等数学(下册)[M]. 2 版. 北京:高等教育出版社,1986:289-291.

[4] 曹吉利. 对坐标的曲面积分的定义及其讲算[J]. 陕西工学院学报,1997,13(1):61-63.

[5] 华东师范大学数学系. 数学分析(下册)[M]. 3 版. 北京:高等教育出版社,2004.

[6] 常庚哲,史济怀. 数学分析教程(下册)[M]. 北京:高等教育出版社,2001.

[7] 张筑生. 数学分析新讲(第 3 册)[M]. 北京:北京大学出版社,2002.

[8] 李成章,黄玉民. 数学分析(下册)[M]. 2 版. 北京:科学出版社,2007.

[9] 谢克藻,冀永强. 高等数学(下)[M]. 2 版. 大连:大连理工大学出版社,2014:143-144.

[10] GILLETT P. Calculus and analytic geometry[M]. 2nd ed. Lexington:D. C. Heath and Company,1981.

[11] KELLOGG O D. Foundations of potential theory [M]. New York: Frederick Ungar Publishing Company,1929.

[12] 余志豪,王彦昌. 流体力学[M]. 北京:气象出版社,1982.

[13] 同济大学数学教研室. 高等数学(下册)[M]. 北京:高等教育出版社,2001.

[14] 华东师范大学数学系. 数学分析(下册)[M]. 北京:高等教育出版社,2002.

[15] 同济大学数学教研室. 高等数学(下册)[M]. 4版. 北京:高等教育出版社,1996:214-219.

[16] 施学瑜. 高等数学教程(第2册)[M]. 北京:清华大学出版社,1986:240-242.

[17] 西安交通大学高等数学教研室. 高等数学(下册)[M]. 2版. 北京:高等教育出版社,1986:240-242.

[18] 曹吉利. 对坐标的曲面积分的定义及其计算[J]. 陕西工学院学报,1997,13(1):61-63.

[19] 梅向明,黄敬之. 微分几何[M]. 北京:高等教育出版社,1999.

[20] 白正国,沈一兵. 黎曼几何初步[M]. 北京:高等教育出版社,1992.

[21] 华东师范大学数学系. 数学分析[M]. 北京:高等教育出版社,2001.

[22] 陈省身,陈维桓. 微分集合讲义[M]. 2版. 北京:北京大学出版社,2001.

[23] 陈维桓,李兴校. 黎曼几何引论(上册)[M]. 北京:北京大学出版社,2002.
[24] 于书敏. Newton-Leibniz 公式及其在高维的推广[J]. 通化师范学院学报,2006(2):7-9.
[25] 陈传璋,等. 数学分析(下)[M]. 上海:上海科学技术出版社,1988:334-335.
[26] 陈省身,陈维桓. 微分几何讲义[M]. 2 版. 北京:北京大学出版社,2001:74-78.
[27] 龚昇. 简明复分析[M]. 北京:北京大学出版社,1998:1-6.
[28] STEVEN H. Weintraub, Dierential forms, A complement to vector calculus[M]. San Diego: Acdemic Press, Inc. , 1997:1-34.
[29] SPIVAK. Calculus on manifolds[M]. New York: W. A. Benjamin, Inc. ,1965:109-137.
[30] 同济大学数学系. 高等数学(下)[M]. 6 版. 北京:高等教育出版社,2007.
[31] 张飞军. 外微分初步[M]. 西安:陕西师范大学出版社,2006.
[32] 曾涛. 浅谈《数学分析》中的斯托克斯公式[J]. 科技信息(科学教研),2007,35:120-121.
[33] 陈宁. 关于格林公式、高斯公式和斯托克斯公式的历史注记[J]. 高等数学研究,2000,1:32-33.
[34] 金铭,徐惠平. 高等数学同步辅导与复习提高[M]. 上海:复旦大学出版社,2010:133-135.

[35] 裴礼文. 数学分析中的典型问题与方法[M]. 北京:高等教育出版社,2005:811-820.

[36] 陈纪修,於崇华,金路. 数学分析[M]. 2 版. 北京:高等教育出版社,2004.

[37] 崔尚斌. 数学分析教程(下册)[M]. 北京:科学出版社,2013.

[38] 陈省身,陈维桓. 微分几何讲义[M]. 2 版. 北京:北京大学出版社,2001.

[39] 刘玉琏,傅沛仁. 数学分析讲义[M]. 5 版. 北京:高等教育出版社,2013.

[40] 于书敏. 微分流形上的 Stokes 公式[J]. 通化师范学院学报,2006(7):121-122.

[41] SPIVAK. Calculus on manifolds[M]. NewYork: W. A. Benjamin, Inc. ,1965:109-137.

[42] 庄平辉,刘青霞. 加热下分数阶广义二阶流体的 Rayleigh-Stokes 问题的一种有效数值方法[J]. 应用数学和力学, 2009, 30(12): 1440-1452.

[43] 叶超,骆先南,文立平. 分数阶扩散方程的一种新的高阶数值方法[J]. 湘潭大学自然科学学报,2011,33(4):19-23.

[44] 华东师范大学数学系. 数学分析[M]. 3 版. 北京:高等教育出版社,2001:224-228.

[45] 刘玉琏,傅沛仁. 数学分析讲义[M]. 5 版. 北京:高等教育出版社,2008:359-392.

[46] 同济大学应用数学系. 高等数学[M]. 5 版. 北京:高等教育出版社,2002:142-153.

[47] 夏道行,吴卓人. 实变函数与泛函分析[M]. 2 版. 北京:高等教育出版社,1983:147-263.

[48] 卢介成. $\mathbf{R}^n$ 上的 Lebesgue 积分与 Riemann 积分关系[J]. 龙岩师专学报,1994,12(3):20-24.

[49] 程其襄,张奠宙. 实变函数与泛函分析基础[M]. 2 版. 北京:高等教育出版社,2003:100-142.

[50] 同济大学数学系. 高等数学[M]. 北京:高等教育出版社,2014.

[51] 华东师范大学数学系. 数学分析[M]. 北京:高等教育出版社,2010.

[52] 赵玉杰,余春日. 利用实积分证明 Cauchy 积分公式[J]. 安庆师范学院学报,2011,17(2):92-93.

[53] 阮其华,邱智伟. 复变函数中刘维尔定理的新证明[J]. 数学的实践与认识,2012,42(8):247-249.

[54] 王伟华,阮其华. 一类广义解析函数的刘维尔性质[J]. 莆田学院学报,2012,19(5):5-8.

[55] 钟玉泉. 复变函数[M]. 3 版. 北京:高等教育出版社,2004.

[56] 欧阳光中. 数学分析[M]. 3 版. 北京:高等教育出版社,2007.

[57] 陈莹. 两类调和函数的基本积分公式[J]. 天中学刊,2011,26(2):1-3.

[58] 同济大学数学系. 高等数学[M]. 6 版. 北京:高

等教育出版社,2007.

[59] 王元明. 数学物理方程与特殊函数[M]. 3 版. 北京:高等教育出版社,2005.

[60] 谷超豪,李大潜,陈恕行,等. 数学物理方程[M]. 北京:高等教育出版社,2002.

[61] 菲赫金哥尔茨. 微积分学教程:第三卷[M]. 余家荣,吴亲仁,译. 8 版. 北京:高等教育出版社,2006.

[62] 陆子芬. 高等数学解析大全[M]. 沈阳:辽宁科学技术出版社,1991.

[63] 马知恩,王绵森. 工科数学分析基础[M]. 北京:高等教育出版社,1999.

[64] 萧树铁,居余马. 高等数学:第Ⅲ卷[M]. 北京:清华大学出版社,2003.

[65] 西北工业大学高等数学教材编写组. 高等数学:下册[M]. 北京:科学出版社,2005.

[66] 同济大学数学系. 高等数学(下册)[M]. 北京:高等教育出版社,2007.

[67] 苏新卫. 从流体流量问题看高斯公式[J]. 牡丹江大学学报,2012,21(2):131-132.

[68] 谢树艺. 矢量分析与场论[M]. 北京:高等教育出版社,2005.

[69] 张三慧. 大学物理学简程(上)[M]. 北京:清华大学出版社,2010.

[70] 同济大学应用数学系. 高等数学(下)[M]. 北京:高等教育出版社,2007.

附　　录

散度定理、斯托克斯定理和有关的积分定理

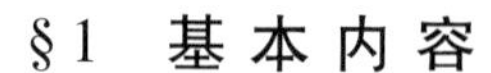

§1　基本内容

1. 高斯散度定理

设 V 是由一闭曲面 S 所围的立体,而 $\boldsymbol{A}$ 是一具有连续导数的位置向量函数,那么

$$\iiint_V \nabla\cdot\boldsymbol{A}\mathrm{d}V = \oiint_S \boldsymbol{A}\cdot\boldsymbol{n}\mathrm{d}S = \oiint_S \boldsymbol{A}\cdot\mathrm{d}\boldsymbol{S}$$

其中 $\boldsymbol{n}$ 是 S 的正(向外的)法向量.

2. 斯托克斯定理

设 S 是由一闭的、不交叉的曲线 C(简单闭曲线)所围的开的双侧曲面,而 $\boldsymbol{A}$ 具有连续的导数,那么

$$\oint_C \boldsymbol{A}\cdot\mathrm{d}\boldsymbol{r} = \iint_S (\nabla\times\boldsymbol{A})\cdot\boldsymbol{n}\mathrm{d}S$$

$$= \iint_S (\nabla\times\boldsymbol{A})\cdot\mathrm{d}\boldsymbol{S}$$

其中 C 取正向. 曲线 C 的正向是这样规定的:假如一观察者站在 S 的边界上,他的头指向曲面的正法线方向,当他朝着曲线 C 的这一方向前进时,曲面 S 总在他的左侧.

3. 平面格林定理

设 R 是 xOy 平面上由一简单闭曲线 C 所围的一闭区域,而 M 和 N 是 R 上 x,y 的连续函数,且具有连续导数,那么

$$\oint_C (M\mathrm{d}x + N\mathrm{d}y) = \iint_R \left(\frac{\partial N}{\partial x} - \frac{\partial M}{\partial y}\right)\mathrm{d}x\mathrm{d}y$$

其中 C 取正(逆时针)方向. 除非另外声明,总假定 $\oint$ 表示沿正向所做的积分.

平面格林定理是斯托克斯定理的一个特殊情形(见题 4). 而且,如果注意到高斯散度定理是平面格林定理的推广,是饶有趣味的. 在此,(平面)区域 R 及其封闭边界(曲线)C 换成了一个(空间)区域 V 及其封闭边界(曲面)S. 由于这个原因,散度定理常称为空间格林定理(见题 4).

平面格林定理对于那些由有限条不相交的简单闭曲线所围成的区域也是成立的(见题 10,11).

4. 有关的积分定理

(1)

$$\iiint_V [\varphi \nabla^2 \psi + (\nabla\varphi) \cdot (\nabla\psi)] \mathrm{d}V = \oiint_S (\varphi \nabla\psi) \cdot \mathrm{d}\boldsymbol{S}$$

这叫作格林第一恒等式或格林第一定理.

(2)

$$\iiint_V (\varphi \nabla^2 \psi - \psi \nabla^2 \varphi) \mathrm{d}V = \oiint_S (\varphi \nabla\psi - \psi \nabla\varphi) \cdot \mathrm{d}\boldsymbol{S}$$

这叫作格林第二恒等式或对称定理.(见题 21)

(3)

$$\iiint_V \nabla\times \boldsymbol{A}\mathrm{d}V = \oiint_S (\boldsymbol{n} \times \boldsymbol{A})\mathrm{d}S$$

$$= \oiint_S (\mathrm{d}\boldsymbol{S} \times \boldsymbol{A})$$

注意此处高斯散度定理中的点积换成叉积.（见题 23）

(4)

$$\oint_C \varphi \mathrm{d}\boldsymbol{r} = \iint_S (\boldsymbol{n} \times \nabla\varphi)\,\mathrm{d}S$$

$$= \iint_S (\mathrm{d}\boldsymbol{S} \times \nabla\varphi)$$

(5) 令 ψ 表示一向量函数或者表示一数量函数依下式中符号“ $\circ$ ”表示点积或叉积或通常的乘积而定，于是

$$\iiint_V \nabla\circ\boldsymbol{\psi}\mathrm{d}V = \oiint_S \boldsymbol{n}\circ\boldsymbol{\psi}\mathrm{d}S$$

$$= \oiint_S (\mathrm{d}\boldsymbol{S}\circ\boldsymbol{\psi})$$

$$\oint_C (\mathrm{d}\boldsymbol{r}\circ\boldsymbol{\psi}) = \iint_S (\boldsymbol{n}\times\nabla)\circ\boldsymbol{\psi}\mathrm{d}S$$

$$= \iint_S (\mathrm{d}\boldsymbol{S}\times\nabla)\circ\boldsymbol{\psi}$$

高斯散度定理、斯托克斯定理和结果(3)(4)是这些等式的特例.（见题 22,23,34）

5. 关于∇的积分算子形式

有趣的是，如果利用题 19 的术语，算子∇可用下面的符号形式地表示成

$$\nabla\circ = \lim_{\Delta V\to 0}\frac{1}{\Delta V}\oiint_{\Delta S}\mathrm{d}\boldsymbol{S}\circ$$

其中 $\circ$ 表示点积、叉积或通常的乘积（见题 25）. 此结果在将梯度、散度和旋度的概念推广到非直角坐标系时是有用的（见题 19,24）.

§2　问题及其解

1. 平面格林定理

题 1　证明平面格林定理，假如 C 是具有如下性质的闭曲线：任何平行于坐标轴的直线与 C 至多相交两点.

证　令曲线 AEB 与 AFB 的方程（图 1）分别为 $y = Y_1(x)$ 和 $y = Y_2(x)$. 如果 R 是由 C 所围的区域，则

$$\begin{aligned}\iint\limits_R \frac{\partial M}{\partial y}\mathrm{d}x\mathrm{d}y &= \int_{x=a}^{b}\left[\int_{y=Y_1(x)}^{y=Y_2(x)} \frac{\partial M}{\partial y}\mathrm{d}y\right]\mathrm{d}x \\ &= \int_{x=a}^{b} M(x,y)\Big|_{y=Y_1(x)}^{y=Y_2(x)}\mathrm{d}x \\ &= \int_a^b [M(x,Y_2) - M(x,Y_1)]\mathrm{d}x \\ &= -\int_a^b M(x,Y_1)\mathrm{d}x - \int_b^a M(x,Y_2)\mathrm{d}x \\ &= -\oint_C M\mathrm{d}x\end{aligned}$$

于是

$$\oint_C M\mathrm{d}x = -\iint\limits_R \frac{\partial M}{\partial y}\mathrm{d}x\mathrm{d}y \tag{1}$$

同理，令曲线 EAF 和 EBF 的方程分别为 $x = X_1(y)$ 和 $x = X_2(y)$，则

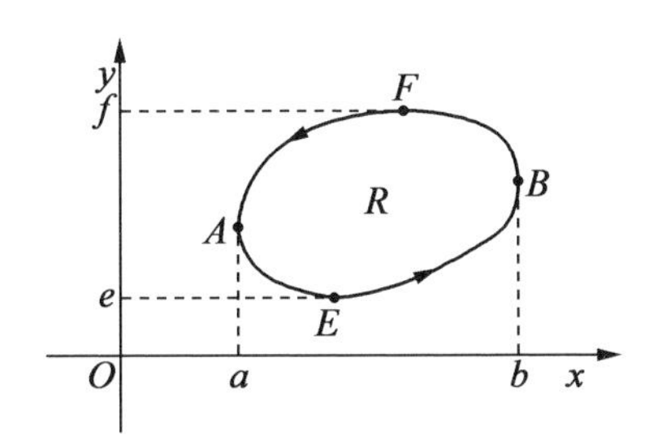

图 1

$$\iint_R \frac{\partial N}{\partial x}\mathrm{d}x\mathrm{d}y = \int_{y=e}^{f}\left[\int_{x=X_1(y)}^{X_2(y)}\frac{\partial N}{\partial x}\mathrm{d}x\right]\mathrm{d}y$$

$$= \int_{y=e}^{f}[N(X_2,y) - N(X_1,y)]\mathrm{d}y$$

$$= \int_f^e N(X_1,y)\mathrm{d}y + \int_e^f N(X_2,y)\mathrm{d}y$$

$$= \oint_C N\mathrm{d}y$$

于是

$$\oint_C N\mathrm{d}y = \iint_R \frac{\partial N}{\partial x}\mathrm{d}x\mathrm{d}y \tag{2}$$

将(1)(2)两式相加，得

$$\oint_C (M\mathrm{d}x + N\mathrm{d}y) = \iint_R \left(\frac{\partial N}{\partial x} - \frac{\partial M}{\partial y}\right)\mathrm{d}x\mathrm{d}y$$

题 2　对积分$\oint_C[(xy+y^2)\mathrm{d}x + x^2\mathrm{d}y]$验证平面格林定理，其中 C 是由 $y=x$ 和 $y=x^2$ 所围区域的闭曲线.

证　$y=x$ 与 $y=x^2$ 交于(0,0)和(1,1). C 的正方向如图 2 所示.

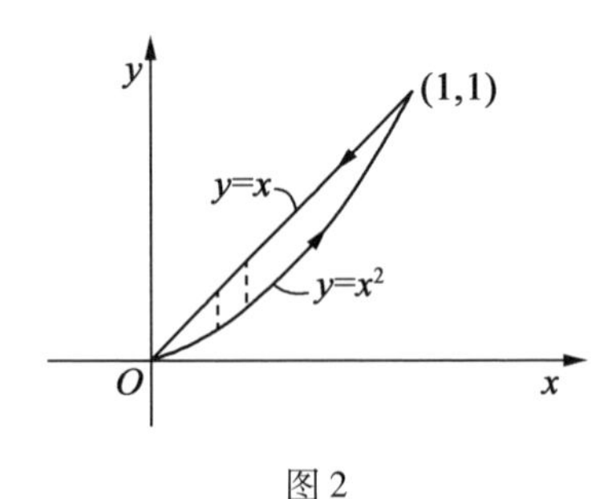

图 2

沿 $y = x^2$，曲线积分等于

$$\int_0^1 [((x)(x^2) + x^4)\mathrm{d}x + (x^2)(2x)\mathrm{d}x]$$

$$= \int_0^1 (3x^3 + x^4)\mathrm{d}x$$

$$= \frac{19}{20}$$

沿 $y = x$ 从 $(1,1)$ 到 $(0,1)$，曲线积分等于

$$\int_1^0 [((x)(x) + x^2)\mathrm{d}x + x^2\mathrm{d}x] = \int_1^0 3x^2\mathrm{d}x = -1$$

故所求曲线积分 $= \frac{19}{20} - 1 = -\frac{1}{20}$

$$\iint_R \left(\frac{\partial N}{\partial x} - \frac{\partial M}{\partial y}\right)\mathrm{d}x\mathrm{d}y = \iint_R \left[\frac{\partial}{\partial x}(x^2) - \frac{\partial}{\partial y}(xy + y^2)\right]\mathrm{d}x\mathrm{d}y$$

$$= \iint_R (x - 2y)\mathrm{d}x\mathrm{d}y$$

$$= \int_{x=0}^1 \int_{y=x^2}^x (x - 2y)\mathrm{d}y\mathrm{d}x$$

$$= \int_0^1 \left[\int_{x^2}^x (x - 2y)\mathrm{d}y\right]\mathrm{d}x$$

$$= \int_0^1 (xy - y^2)\Big|_{x^2}^x \mathrm{d}x$$

$$= \int_0^1 (x^4 - x^3)\,\mathrm{d}x$$

$$= -\frac{1}{20}$$

由此验证了定理.

题 3　将题 1 中给出的平面格林定理的证明推广到平行于坐标轴的直线可以与曲线 C 相交多于两点的情形.

证　考虑一条如图 3 中所示的闭曲线 C,平行于坐标轴的直线可以与 C 相交多于两点. 作曲线 ST 把区域分为两个区域 R_1 和 R_2,它们都属于题 1 中所考虑的类型,因此格林定理对它们均适用. 就是

$$\int_{STUS} (M\mathrm{d}x + N\mathrm{d}y) = \iint_{R_1} \left(\frac{\partial N}{\partial x} - \frac{\partial M}{\partial y}\right) \mathrm{d}x\mathrm{d}y \qquad (1)$$

$$\int_{SVTS} (M\mathrm{d}x + N\mathrm{d}y) = \iint_{R_2} \left(\frac{\partial N}{\partial x} - \frac{\partial M}{\partial y}\right) \mathrm{d}x\mathrm{d}y \qquad (2)$$

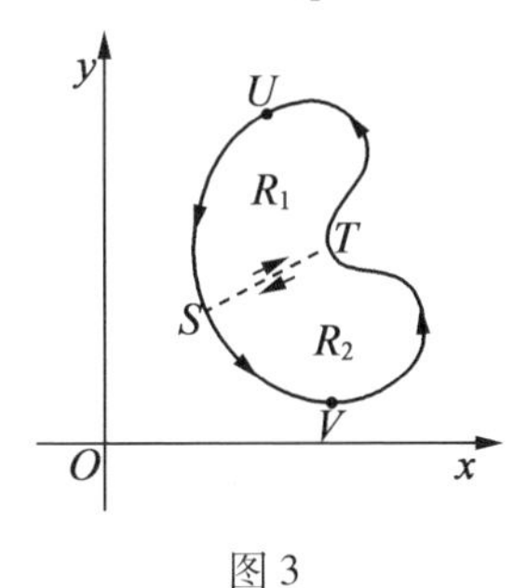

图 3

把(1)(2)两式的左边相加,注意在各式中省略被积式 $M\mathrm{d}x + N\mathrm{d}y$,并利用$\int_{ST} = -\int_{TS}$,则

$$\int_{STUS} + \int_{SVTS} = \int_{ST} + \int_{TUS} + \int_{SVT} + \int_{TS}$$

$$= \int_{TUS} + \int_{SVT} = \int_{TUSVT}$$

把(1)(2) 两式的右边相加,省略被积式,得

$$\iint_{R_1} + \iint_{R_2} = \iint_{R}$$

其中 R 由区域 R_1 和 R_2 合成. 于是

$$\int_{TUSVT} (M\mathrm{d}x + N\mathrm{d}y) = \iint_R \left(\frac{\partial N}{\partial x} - \frac{\partial M}{\partial y}\right)\mathrm{d}x\mathrm{d}y$$

由此定理得证.

在这里以及题 1 中所考虑的那种区域 R,位于 R 内的任意闭曲线能够连续地收缩为一点而始终不离开 R,叫作单连通区域. 区域不是单连通的区域就叫作多连通区域. 这里我们已经证明了对于由闭曲线所围成的单连通区域,平面格林定理成立. 在题 10 中这个定理将推广到多连通区域.

对比较复杂的单连通区域,则需要作更多的像在证明定理中所做的 ST 那样的曲线.

题 4 用向量记号表示平面格林定理.

解 由于

$$M\mathrm{d}x + N\mathrm{d}y = (M\boldsymbol{i} + N\boldsymbol{j}) \cdot (\mathrm{d}x\boldsymbol{i} + \mathrm{d}y\boldsymbol{j}) = \boldsymbol{A} \cdot \mathrm{d}\boldsymbol{r}$$

其中

$$\boldsymbol{A} = M\boldsymbol{i} + N\boldsymbol{j} \text{ 和 } \boldsymbol{r} = x\boldsymbol{i} + y\boldsymbol{j}$$

因此

$$\mathrm{d}\boldsymbol{r} = \mathrm{d}x\boldsymbol{i} + \mathrm{d}y\boldsymbol{j}$$

又若 $\boldsymbol{A} = M\boldsymbol{i} + N\boldsymbol{j}$,则

$$\nabla\times\boldsymbol{A} = \begin{vmatrix} \boldsymbol{i} & \boldsymbol{j} & \boldsymbol{k} \\ \dfrac{\partial}{\partial x} & \dfrac{\partial}{\partial y} & \dfrac{\partial}{\partial z} \\ M & N & O \end{vmatrix} = -\frac{\partial N}{\partial x}\boldsymbol{i} + \frac{\partial M}{\partial y}\boldsymbol{j} + \left(\frac{\partial N}{\partial x} - \frac{\partial M}{\partial y}\right)\boldsymbol{k}$$

故

$$(\nabla\times\boldsymbol{A})\cdot\boldsymbol{k} = \frac{\partial N}{\partial x} - \frac{\partial M}{\partial y}$$

于是平面格林定理可以写成

$$\oint_C \boldsymbol{A}\cdot\mathrm{d}\boldsymbol{r} = \iint_R (\nabla\times\boldsymbol{A})\cdot\boldsymbol{k}\,\mathrm{d}R$$

其中 $\mathrm{d}R = \mathrm{d}x\mathrm{d}y$.

把这个问题推广到以曲线 C 为边界的曲面 S,就很自然地引出斯托克斯定理,我们将在题 31 中证明它.

另法,像上面一样

$$M\mathrm{d}x + N\mathrm{d}y = \boldsymbol{A}\cdot\mathrm{d}\boldsymbol{r} = \boldsymbol{A}\cdot\frac{\mathrm{d}\boldsymbol{r}}{\mathrm{d}s}\mathrm{d}s = \boldsymbol{A}\cdot\boldsymbol{T}\mathrm{d}s$$

其中

$$\frac{\mathrm{d}\boldsymbol{r}}{\mathrm{d}s} = \boldsymbol{T}$$

为曲线 C 的单位切向量(图4). 设 $\boldsymbol{n}$ 为曲线 C 的朝外侧的单位法向量,则 $\boldsymbol{T} = \boldsymbol{k}\times\boldsymbol{n}$,因而

$$\begin{aligned} M\mathrm{d}x + N\mathrm{d}y &= \boldsymbol{A}\cdot\boldsymbol{T}\mathrm{d}s = \boldsymbol{A}\cdot(\boldsymbol{k}\times\boldsymbol{n})\mathrm{d}s \\ &= (\boldsymbol{A}\times\boldsymbol{k})\cdot\boldsymbol{n}\mathrm{d}s \end{aligned}$$

由于

$$\boldsymbol{A} = M\boldsymbol{i} + N\boldsymbol{j}$$

$$\boldsymbol{B} = \boldsymbol{A} \times \boldsymbol{k} = (M\boldsymbol{i} + N\boldsymbol{j}) \times \boldsymbol{k} = N\boldsymbol{i} - M\boldsymbol{j}$$

和

$$\frac{\partial N}{\partial x} - \frac{\partial M}{\partial y} = \nabla \cdot \boldsymbol{B}$$

故平面格林定理化为

$$\oint_C \boldsymbol{B} \cdot \boldsymbol{n} \mathrm{d}s = \iint_R \nabla \cdot \boldsymbol{B} \mathrm{d}R$$

其中 $\mathrm{d}R = \mathrm{d}x\mathrm{d}y$.

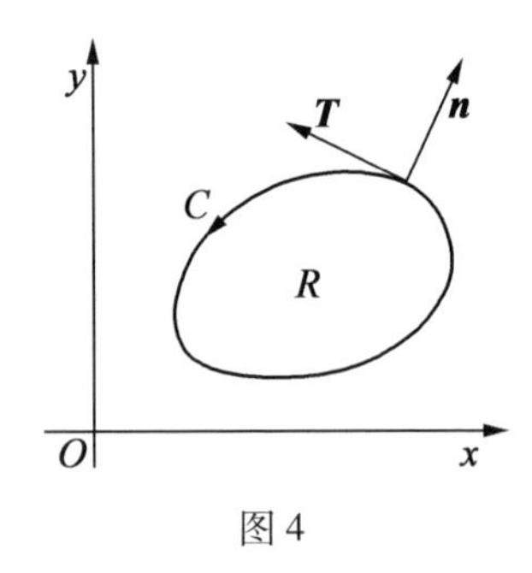

图 4

将此推广到闭曲线 C 的弧长的微分 $\mathrm{d}s$ 换成闭曲面 S 的曲面面积的微分 $\mathrm{d}s$，而曲线 C 所围成的平面区域 R 换成 S 所围成的立体 V 的情形，就引出高斯散度定理或空间格林定理

$$\oiint_S \boldsymbol{B} \cdot \boldsymbol{n} \mathrm{d}S = \iiint_V \nabla \cdot \boldsymbol{B} \mathrm{d}V$$

题 5　题 4 的第一个结果的物理解释.

解　设 $\boldsymbol{A}$ 表示作用于一质点的力场，则 $\oint_C \boldsymbol{A} \cdot \mathrm{d}\boldsymbol{r}$ 是将质点沿闭路径 C 移动一周所做的功，并由 $\nabla \times \boldsymbol{A}$ 的值

所确定. 由此推出,对于如果$\nabla\times\boldsymbol{A}=\mathbf{0}$或者等价地如果$\boldsymbol{A}=\nabla\varphi$的特殊情况,则沿着闭路径一周的积分为零. 这一结果说明将质点从平面上一点移到另一点所做的功与这个平面上连接这两点的路径无关,或者说这个力场是保守场. 这些结果对于力场和空间曲线早已被证明了.

反之,假如积分与连接区域中任何两点的路径无关,就是说假如沿任何闭路径的积分为零,则$\nabla\times\boldsymbol{A}=\mathbf{0}$. 在平面的情形,条件$\nabla\times\boldsymbol{A}=\mathbf{0}$等价于条件$\dfrac{\partial M}{\partial y}=\dfrac{\partial N}{\partial x}$,其中$\boldsymbol{A}=M\boldsymbol{i}+N\boldsymbol{j}$.

题 6　沿路径$x^4-6xy^3=4y^2$计算

$$\int_{(0,0)}^{(2,1)}[(10x^4-2xy^3)\mathrm{d}x-3x^2y^2\mathrm{d}y]$$

解法 1　直接计算比较困难. 但是,如果注意到

$$M=x^4-2xy^3,N=-3x^2y^2$$

和

$$\frac{\partial M}{\partial y}=-6xy^2=\frac{\partial N}{\partial x}$$

由此推出积分与路径无关. 我们可以用任何路径,例如从(0,0)到(2,0)的直线段再从(2,0)到(2,1)的直线段组成的路径,沿着从(0,0)到(2,0)的直线路径$y=0,\mathrm{d}y=0$,积分等于

$$\int_{x=0}^{2}10x^4\mathrm{d}x=64$$

沿着从(2,0)到(2,1)的直线路径$x=2,\mathrm{d}x=0$,积分

等于

$$\int_{y=0}^{1} -12y^2\mathrm{d}y = -4$$

于是所求积分的值 = 64 − 4 = 60.

解法2 因为$\dfrac{\partial M}{\partial y}=\dfrac{\partial N}{\partial x}$, $(10x^4-2xy^3)\mathrm{d}x-3x^2y^2\mathrm{d}y$ 是 $2x^5-x^2y^3$ 的全微分,于是

$$\int_{(0,0)}^{(2,1)}[(10x^4-2xy^3)\mathrm{d}x-3x^2y^2\mathrm{d}y]$$

$$=\int_{(0,0)}^{(2,1)}\mathrm{d}(2x^5-x^2y^3)=(2x^5-x^2y^3)\Big|_{(0,0)}^{(2,1)}=60$$

题7 证明由简单闭曲线 C 所围的面积等于 $\dfrac{1}{2}\oint_C(x\mathrm{d}y-y\mathrm{d}x)$.

证 在格林定理中,令 $M=-y, N=x$,则

$$\begin{aligned}\oint_C(x\mathrm{d}y-y\mathrm{d}x)&=\iint_R\left(\frac{\partial}{\partial x}(x)-\frac{\partial}{\partial y}(-y)\right)\mathrm{d}x\mathrm{d}y\\&=2\iint_R\mathrm{d}x\mathrm{d}y\\&=2A\end{aligned}$$

其中 A 是所求面积. 因此 $A=\dfrac{1}{2}\oint_C(x\mathrm{d}y-y\mathrm{d}x)$.

题8 求椭圆 $x=a\cos\theta, y=b\sin\theta$ 的面积.

解 可得

$$\begin{aligned}面积&=\frac{1}{2}\oint_C(x\mathrm{d}y-y\mathrm{d}x)\\&=\frac{1}{2}\int_0^{2\pi}[(a\cos\theta)(b\cos\theta)\mathrm{d}\theta-\end{aligned}$$

$$(b\sin\theta)(-a\sin\theta)\mathrm{d}\theta]$$

$$=\frac{1}{2}\int_0^{2\pi}ab(\cos^2\theta+\sin^2\theta)\mathrm{d}\theta$$

$$=\frac{1}{2}\int_0^{2\pi}ab\mathrm{d}\theta=\pi ab$$

题 9　计算$\oint_C[(y-\sin x)\mathrm{d}x+\cos x\mathrm{d}y]$,其中 C 是图 5 中的三角形:

(1) 直接计算;

(2) 利用平面格林定理.

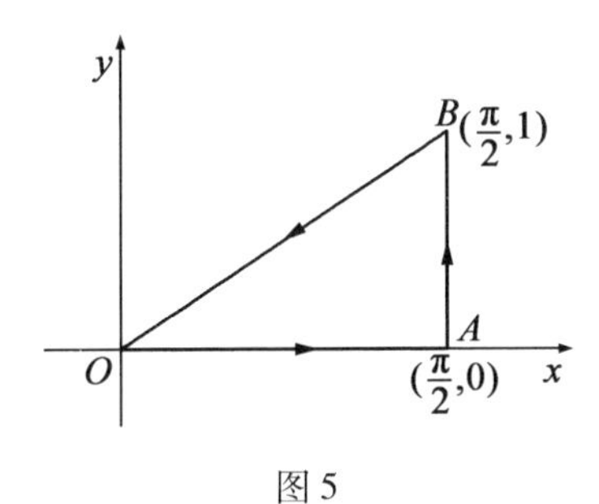

图 5

解　(1) 沿 OA,$y=0$,$\mathrm{d}y=0$,积分等于

$$\int_0^{\frac{\pi}{2}}[(0-\sin x)\mathrm{d}x+(\cos x)(0)]$$

$$=\int_0^{\frac{\pi}{2}}-\sin x\mathrm{d}x$$

$$=\cos x\Big|_0^{\frac{\pi}{2}}=-1$$

沿 AB,$x=\dfrac{\pi}{2}$,$\mathrm{d}x=0$,积分等于

$$\int_0^1 [(y-1)(0)+0\mathrm{d}y]=0$$

沿 $BO, y=\frac{2x}{\pi}, \mathrm{d}y=\frac{2}{\pi}\mathrm{d}x$，积分等于

$$\int_{\frac{\pi}{2}}^{0}\left[\left(\frac{2x}{\pi}-\sin x\right)\mathrm{d}x+\frac{2}{\pi}\cos x\mathrm{d}x\right]$$

$$=\left(\frac{x^2}{\pi}+\cos x+\frac{2}{\pi}\sin x\right)\Bigg|_{\frac{\pi}{2}}^{0}=1-\frac{\pi}{4}-\frac{2}{\pi}$$

于是沿 C 的积分 $=-1+0+1-\frac{\pi}{4}-\frac{2}{\pi}=-\frac{\pi}{4}-\frac{2}{\pi}$.

(2) 可得

$$M=y-\sin x, N=\cos x, \frac{\partial N}{\partial x}=-\sin x, \frac{\partial M}{\partial y}=1$$

$$\begin{aligned}\oint_C (M\mathrm{d}x+N\mathrm{d}y) &= \iint_R\left(\frac{\partial N}{\partial x}-\frac{\partial M}{\partial y}\right)\mathrm{d}x\mathrm{d}y \\ &= \iint_R(-\sin x-1)\mathrm{d}y\mathrm{d}x \\ &= \int_{x=0}^{\pi/2}\left[\int_{y=0}^{2x/\pi}(-\sin x-1)\mathrm{d}y\right]\mathrm{d}x \\ &= \int_{x=0}^{\pi/2}(-y\sin x-y)\Big|_0^{2x/\pi}\mathrm{d}x \\ &= \int_0^{\frac{\pi}{2}}\left(-\frac{2x}{\pi}\sin x-\frac{2x}{\pi}\right)\mathrm{d}x \\ &= \left[-\frac{2}{\pi}(-x\cos x+\sin x)-\frac{x^2}{\pi}\right]\Bigg|_0^{\pi/2} \\ &= -\frac{2}{\pi}-\frac{\pi}{4}\end{aligned}$$

与(1) 所得结果一致.

注意：虽然存在着平行于坐标轴(这里与坐标轴

重合）而又与 C 相交于无穷多点的直线，平面格林定理仍然成立. 一般说，当 C 由有限个直线段组成时，定理成立.

题10　证明平面格林定理对于如图6所示的多连通区域也是成立的.

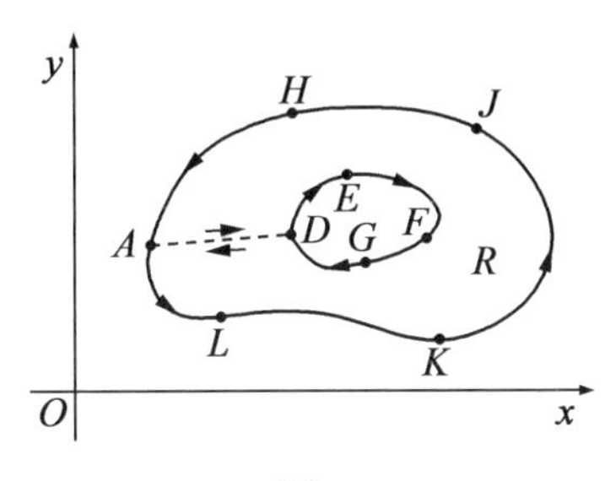

图 6

证　在图 6 所示的区域 R 是多连通区域，因为不是每条位于 R 中的闭曲线都能够不离开 R 而缩成一点. 例如，只要考虑一条围绕 $DEFGD$ 的曲线即可看出. 由外边界 $AHJKLA$ 和内边界 $DEFGD$ 所组成 R 的边界取正向，因此当一个人沿着这个方向前进时，这个区域总是在他的左侧. 可见，这些正向就是图 6 中指出的那些方向.

为了证明该定理，作一连接内外边界的曲线，例如 AD，叫作割线. 由 $ADEFGDALKJHA$ 所围的区域是单连通区域，因此格林定理成立. 于是

$$\oint_{ADEFGDALKJHA}(M\mathrm{d}x+N\mathrm{d}y)=\iint_R\left(\frac{\partial N}{\partial x}-\frac{\partial M}{\partial y}\right)\mathrm{d}x\mathrm{d}y$$

省略被积函数，左边的积分等于

$$\int_{AD}+\int_{DEFGD}+\int_{DA}+\int_{ALKJHA}=\int_{DEFGD}+\int_{ALKJHA}$$

其中由于$\int_{AD}=-\int_{DA}$,因此假如 C_1 是曲线 $ALKJHA$,C_2 是曲线 $DEFGD$,而 C 是 C_1 和 C_2 组成 R 的边界(取正向),则$\int_{C_1}+\int_{C_2}=\int_{C}$,因此

$$\oint_C(M\mathrm{d}x+N\mathrm{d}y)=\iint_R\left(\frac{\partial N}{\partial x}-\frac{\partial M}{\partial y}\right)\mathrm{d}x\mathrm{d}y$$

题11 证明平面格林定理如图7中由简单闭曲线 $C_1(ABDEFGA)$,$C_2(HKLPH)$,$C_3(QSTUQ)$,$C_4(VWXYV)$ 所围成的区域 R 是成立的.

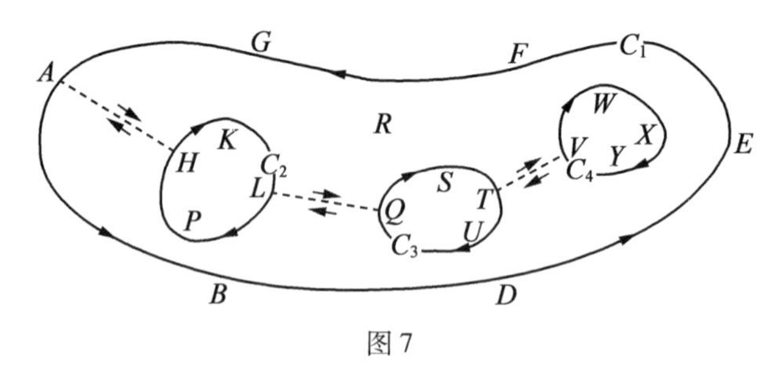

图 7

证 作割线 AH,LQ 和 TV. 由 $AHKLQSTVWXYV$-$TUQLPHABDEFGA$ 所围的区域是单连通区域,因而格林定理适用. 沿边界上的积分是

$$\int_{AH}+\int_{HKL}+\int_{LQ}+\int_{QST}+\int_{TV}+\int_{VWXYV}+\int_{VT}+\int_{TUQ}+$$

$$\int_{QL}+\int_{LPH}+\int_{HA}+\int_{ABDEFGA}$$

由于沿着 AH 和 HA,LQ 和 QL,TV 和 VT 上的积分两两

抵消,上式就化为

$$
\begin{aligned}
&\int_{HKL} + \int_{QST} + \int_{VWXYV} + \int_{TUQ} + \int_{LPH} + \int_{ABDEFGA} \\
&= \left(\int_{HKL} + \int_{LPH}\right) + \left(\int_{QST} + \int_{TUQ}\right) + \int_{VWXYV} + \int_{ABDEFGA} \\
&= \int_{HKLPH} + \int_{QSTUQ} + \int_{VWXYV} + \int_{ABDEFGA} \\
&= \int_{C_2} + \int_{C_3} + \int_{C_4} + \int_{C_1} = \int_{C}
\end{aligned}
$$

其中 C 是由 C_1, C_2, C_3 和 C_4 组成的边界,于是

$$\oint_C (M\mathrm{d}x + N\mathrm{d}y) = \iint_R \left(\frac{\partial N}{\partial x} - \frac{\partial M}{\partial y}\right)\mathrm{d}x\mathrm{d}y$$

即为所证.

题 12 证明沿着单连通区域内任何闭曲线 C, $\oint_C (M\mathrm{d}x + N\mathrm{d}y) = 0$ 当且仅当

$$\frac{\partial M}{\partial y} \equiv \frac{\partial N}{\partial x}$$

在区域内处处成立.

证 假定 M 和 N 在 C 所围的区域 R 内处处连续且有连续偏导数,因此可用格林定理. 于是

$$\oint_C (M\mathrm{d}x + N\mathrm{d}y) = \iint_R \left(\frac{\partial N}{\partial x} - \frac{\partial M}{\partial y}\right)\mathrm{d}x\mathrm{d}y$$

假如在 R 内 $\frac{\partial M}{\partial y} \equiv \frac{\partial N}{\partial x}$,则显然有 $\oint_C (M\mathrm{d}x + N\mathrm{d}y) = 0$.

反之,假设对所有曲线 C 有 $\oint_C (M\mathrm{d}x + N\mathrm{d}y) = 0$. 如

果在点P，$\frac{\partial N}{\partial x}-\frac{\partial M}{\partial y}>0$，则由导数的连续性可推出在包含点$P$的某个区域$A$中$\frac{\partial N}{\partial x}-\frac{\partial M}{\partial y}>0$. 设$\Gamma$为$A$的边界，则

$$\oint_{\Gamma}(M\mathrm{d}x+N\mathrm{d}y)=\iint_{A}\left(\frac{\partial N}{\partial x}-\frac{\partial M}{\partial y}\right)\mathrm{d}x\mathrm{d}y>0$$

这与沿任何闭曲线的曲线积分等于零的假设相矛盾. 同样，$\frac{\partial N}{\partial x}-\frac{\partial M}{\partial y}<0$ 的假设也会导致矛盾. 因此在所有点上$\frac{\partial N}{\partial x}-\frac{\partial M}{\partial y}=0$.

注意条件$\frac{\partial M}{\partial y}\equiv\frac{\partial N}{\partial x}$与条件$\nabla\times\boldsymbol{A}=\boldsymbol{0}$是等价的，其中$\boldsymbol{A}=M\boldsymbol{i}+N\boldsymbol{j}$（见题 10 与 11）. 推广到空间曲线的情况见题 31.

题 13 令$\boldsymbol{F}=(-y\boldsymbol{i}+x\boldsymbol{j})/(x^2+y^2)$，

(1) 计算$\nabla\times\boldsymbol{F}$；

(2) 沿任何闭路径计算$\oint\boldsymbol{F}\cdot\mathrm{d}\boldsymbol{r}$，并解释此结果.

解 (1) 在任何不包含(0,0)的区域内

$$\nabla\times\boldsymbol{F}=\begin{vmatrix}\boldsymbol{i} & \boldsymbol{j} & \boldsymbol{k}\\ \frac{\partial}{\partial x} & \frac{\partial}{\partial y} & \frac{\partial}{\partial z}\\ \frac{-y}{x^2+y^2} & \frac{x}{x^2+y^2} & 0\end{vmatrix}\equiv 0$$

(2) $\oint\boldsymbol{F}\cdot\mathrm{d}\boldsymbol{r}=\oint\frac{-y\mathrm{d}x+x\mathrm{d}y}{x^2+y^2}$. 令$x=\rho\cos\varphi$，$y=$

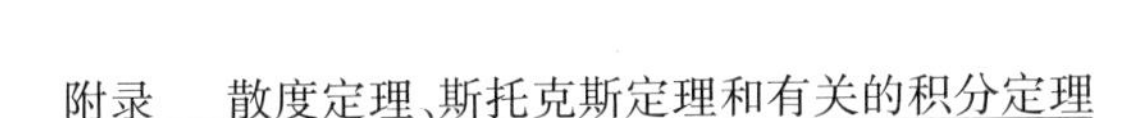

$\rho\sin\varphi$，其中(ρ,φ) 是极坐标，则

$$dx = -\rho\sin\varphi d\varphi + \cos\varphi d\rho$$

$$dy = \rho\cos\varphi d\varphi + \sin\varphi d\rho$$

因此

$$\frac{-y dx + x dy}{x^2 + y^2} = d\varphi = d\left(\arctan\frac{y}{x}\right)$$

对于包含原点在内的一闭曲线 $ABCDA$（图 8(a)），在点 A 处 $\varphi = 0$，而当绕一周后回到点 A 时，$\varphi = 2\pi$，这样，曲线积分等于$\int_0^{2\pi} d\varphi = 2\pi$.

对于不包含原点在内的闭曲线 $PQRSP$（图 8(b)），在点 P 处 $\varphi = \varphi_0$，而绕一周后回到点 P 时仍然 $\varphi = \varphi_0$，这样，曲线积分等于$\int_{\varphi_0}^{\varphi_0} d\varphi = 0$.

因为 $\boldsymbol{F} = M\boldsymbol{i} + N\boldsymbol{j}$，$\nabla\times\boldsymbol{F} \equiv \boldsymbol{0}$ 与$\frac{\partial M}{\partial y} \equiv \frac{\partial N}{\partial x}$是等价的，这些结果似乎与题 12 的结果相矛盾. 但事实上并不存在矛盾，因为 $M = \frac{-y}{x^2 + y^2}$ 和 $N = \frac{x}{x^2 + y^2}$ 在包含 $(0,0)$ 的任何区域内不具有连续的导数，而这个条件在题 12 中是假定满足的.

2. 散度定理

题 14　(1) 用文字叙述散度定理；

(2) 把它写成直角坐标形式.

解　(1) 向量 $\boldsymbol{A}$ 的法向分量沿闭曲面的曲面积分等于 $\boldsymbol{A}$ 的散度在由此曲面所围立体的积分.

(2) 令 $\boldsymbol{A} = A_1\boldsymbol{i} + A_2\boldsymbol{j} + A_3\boldsymbol{k}$，则

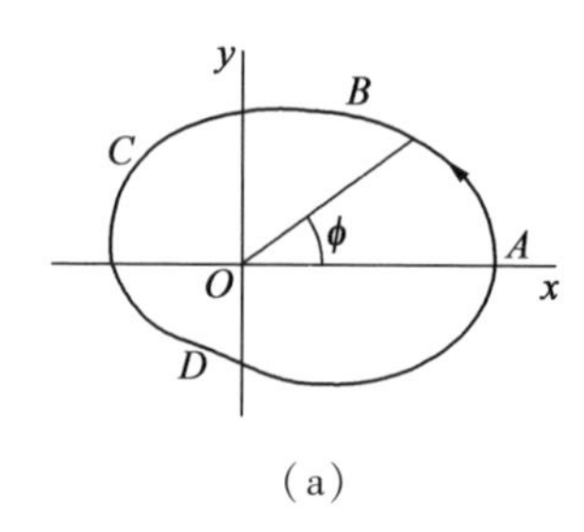

(a)

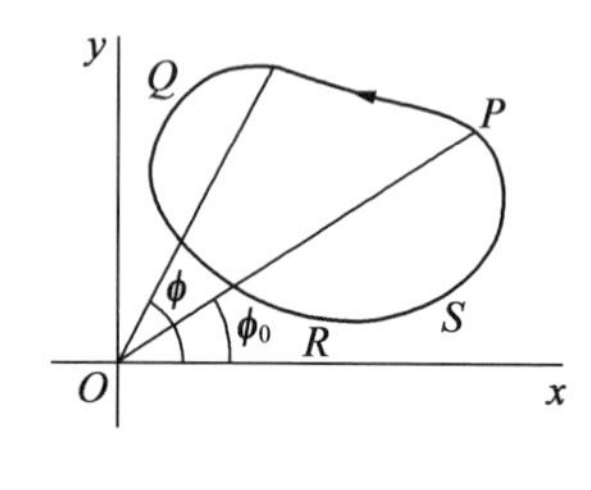

(b)

图 8

$$\operatorname{div}\boldsymbol{A}=\nabla\cdot\boldsymbol{A}=\frac{\partial A_1}{\partial x}+\frac{\partial A_2}{\partial y}+\frac{\partial A_3}{\partial z}$$

S 的单位法向量是 $\boldsymbol{n}=n_1\boldsymbol{i}+n_2\boldsymbol{j}+n_3\boldsymbol{k}$,则

$$n_1=\boldsymbol{n}\cdot\boldsymbol{i}=\cos\alpha$$

$$n_2=\boldsymbol{n}\cdot\boldsymbol{j}=\cos\beta$$

$$n_3=\boldsymbol{n}\cdot\boldsymbol{k}=\cos\gamma$$

其中,α,β,γ 分别为 $\boldsymbol{n}$ 与 x,y,z 轴正向或与 $\boldsymbol{i},\boldsymbol{j},\boldsymbol{k}$ 方向的夹角. $\cos\alpha,\cos\beta,\cos\gamma$ 是 $\boldsymbol{n}$ 的方向余弦. 于是

$$\begin{aligned}\boldsymbol{A}\cdot\boldsymbol{n}&=(A_1\boldsymbol{i}+A_2\boldsymbol{j}+A_3\boldsymbol{k})\cdot(\cos\alpha\boldsymbol{i}+\cos\beta\boldsymbol{j}+\cos\gamma\boldsymbol{k})\\&=A_1\cos\alpha+A_2\cos\beta+A_3\cos\gamma\end{aligned}$$

从而散度定理可写成

$$\iiint_V\left(\frac{\partial A_1}{\partial x}+\frac{\partial A_2}{\partial y}+\frac{\partial A_3}{\partial z}\right)\mathrm{d}x\mathrm{d}y\mathrm{d}z$$

$$=\oiint_S(A_1\cos\alpha+A_2\cos\beta+A_3\cos\gamma)\,\mathrm{d}S$$

题 15　从物理上说明散度定理.

解　令

$$\boldsymbol{A}=\text{流体在任何点的速度 }\boldsymbol{v}$$

从图 9(a) 可知

在 Δt 秒内流过截面 $\mathrm{d}S$ 的流体体积

$=$ 以 $\mathrm{d}S$ 为底，$\boldsymbol{v}\Delta t$ 为斜高的柱体体积

$=(\boldsymbol{v}\Delta t)\cdot\boldsymbol{n}\mathrm{d}S$

$=\boldsymbol{v}\cdot\boldsymbol{n}\mathrm{d}S\mathrm{d}t$

于是

每秒流过截面 $\mathrm{d}S$ 的流体体积 $=\boldsymbol{v}\cdot\boldsymbol{n}\mathrm{d}S$

从图 9(b) 可看出

每秒从闭曲面 S 流出的总体积 $=\iint_S\boldsymbol{v}\cdot\boldsymbol{n}\mathrm{d}S$

从问题 21 可知 $\nabla\cdot\boldsymbol{v}\mathrm{d}V$ 是每秒从体积元素 $\mathrm{d}V$ 流出的流体体积，于是

每秒从 S 中所有体积元素流出的流体总体积

$$=\iiint_V\nabla\cdot\boldsymbol{v}\mathrm{d}V$$

因而

$$\oiint_S\boldsymbol{v}\cdot\boldsymbol{n}\mathrm{d}S=\iiint_V\nabla\cdot\boldsymbol{v}\mathrm{d}V$$

题 16　证明散度定理.

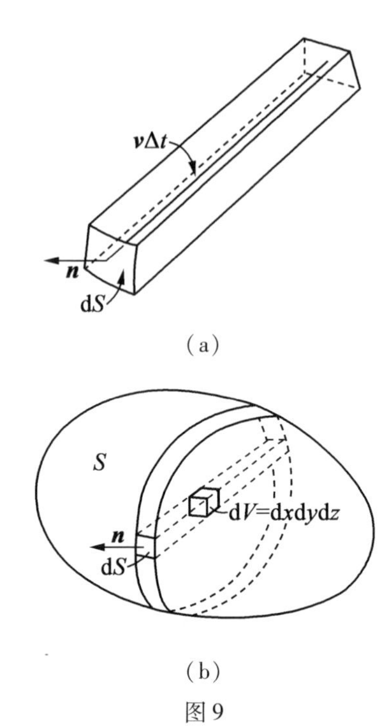

图 9

证 如图 10 所示,假设 S 为这样的闭曲面:任何平行于坐标轴的直线与 S 至多交于两点. 假设曲面 S 上下两部分 S_2 和 S_1 的方程分别为

$$z = f_2(x,y) \text{ 和 } z = f_1(x,y)$$

令 R 表示曲面在 xOy 面上的投影. 考虑

$$\iiint_V \frac{\partial A_3}{\partial z}\mathrm{d}V = \iiint_V \frac{\partial A_3}{\partial z}\mathrm{d}z\mathrm{d}y\mathrm{d}x = \iint_R \left[\int_{z=f_1(x,y)}^{f_2(x,y)} \frac{\partial A_3}{\partial z}\mathrm{d}z\right]\mathrm{d}y\mathrm{d}x$$

$$= \iint_R A_3(x,y,z)\Big|_{z=f_1}^{f_2}\mathrm{d}y\mathrm{d}x$$

$$= \iint_R [A_3(x,y,f_2) - A_3(x,y,f_1)]\mathrm{d}y\mathrm{d}x$$

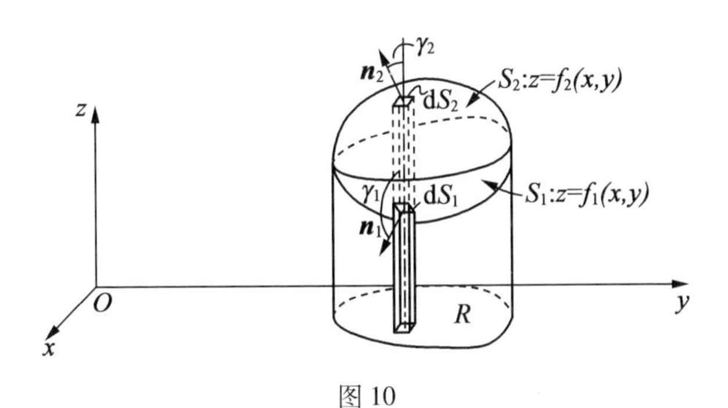

图 10

对于上部分 S_2，因为 S_2 的法向量 $\boldsymbol{n}_2$ 与 $\boldsymbol{k}$ 交成锐角，$\mathrm{d}y\mathrm{d}x = \cos\gamma_2 \mathrm{d}S_2 = \boldsymbol{k}\cdot\boldsymbol{n}_2\mathrm{d}S_2$.

对于下部分 S_1，因为 S_1 的法向量 $\boldsymbol{n}_1$ 与 $\boldsymbol{k}$ 交成钝角，$\mathrm{d}y\mathrm{d}x = -\cos\gamma_1 \mathrm{d}S_1 = -\boldsymbol{k}\cdot\boldsymbol{n}_1\mathrm{d}S_1$.

故

$$\iint_R A_3(x,y,f_2)\,\mathrm{d}y\mathrm{d}x = \iint_{S_2} A_3\boldsymbol{k}\cdot\boldsymbol{n}_2\mathrm{d}S_2$$

$$\iint_R A_3(x,y,f_1)\,\mathrm{d}y\mathrm{d}x = -\iint_{S_1} A_3\boldsymbol{k}\cdot\boldsymbol{n}_1\mathrm{d}S_1$$

及

$$\begin{aligned}&\iint_R A_3(x,y,f_2)\,\mathrm{d}y\mathrm{d}x - \iint_R A_3(x,y,f_1)\,\mathrm{d}y\mathrm{d}x\\ &= \iint_{S_2} A_3\boldsymbol{k}\cdot\boldsymbol{n}_2\mathrm{d}S_2 + \iint_{S_1} A_3\boldsymbol{k}\cdot\boldsymbol{n}_1\mathrm{d}S_1\\ &= \iint_S A_3\boldsymbol{k}\cdot\boldsymbol{n}\mathrm{d}S\end{aligned}$$

因此

$$\iiint_V \frac{\partial A_3}{\partial z}\mathrm{d}V = \oiint_S A_3\boldsymbol{k}\cdot\boldsymbol{n}\mathrm{d}S \tag{1}$$

同样，把 S 投影到其他坐标面上，有

$$\iiint_V \frac{\partial A_1}{\partial x}\mathrm{d}V = \oiint_S A_1 \boldsymbol{i} \cdot \boldsymbol{n}\mathrm{d}S \tag{2}$$

$$\iiint_V \frac{\partial A_2}{\partial y}\mathrm{d}V = \oiint_S A_2 \boldsymbol{j} \cdot \boldsymbol{n}\mathrm{d}S \tag{3}$$

把式(1)(2)(3) 相加，得

$$\iiint_V \left(\frac{\partial A_1}{\partial x} + \frac{\partial A_2}{\partial y} + \frac{\partial A_3}{\partial z}\right)\mathrm{d}V = \iint_S (A_1\boldsymbol{i} + A_2\boldsymbol{j} + A_3\boldsymbol{k}) \cdot \boldsymbol{n}\mathrm{d}S$$

即

$$\iiint_V \nabla\cdot \boldsymbol{A}\mathrm{d}V = \iint_S \boldsymbol{A} \cdot \boldsymbol{n}\mathrm{d}S$$

这个定理可以推广到平行于坐标轴的直线和它们相交多于两点的曲面. 为了证明这一推广，把 S 所围的区域分成若干个边界曲面满足这一条件的子域. 证明过程和平面格林定理的证明过程相似.

题 17 计算 $\oiint_S \boldsymbol{F} \cdot \boldsymbol{n}\mathrm{d}S$，其中 $\boldsymbol{F} = 4xz\boldsymbol{i} - y^2\boldsymbol{j} + yz\boldsymbol{k}$，且 S 为由 $x = 0, x = 1, y = 0, y = 1, z = 0, z = 1$ 所围成的立方体的边界曲面.

解 根据散度定理，所求积分等于

$$\begin{aligned}
\iiint_V \nabla\cdot \boldsymbol{F}\mathrm{d}V &= \iiint_V \left[\frac{\partial}{\partial x}(4xz) + \frac{\partial}{\partial y}(-y^2) + \frac{\partial}{\partial z}(yz)\right]\mathrm{d}V \\
&= \iiint_V (4z - y)\mathrm{d}V \\
&= \int_{x=0}^{1}\int_{y=0}^{1}\int_{z=0}^{1}(4z - y)\mathrm{d}z\mathrm{d}y\mathrm{d}x \\
&= \int_{x=0}^{1}\int_{y=0}^{1}(2z^2 - yz)\Big|_{z=0}^{1}\mathrm{d}y\mathrm{d}x
\end{aligned}$$

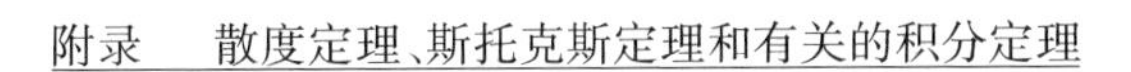

$$= \int_{x=0}^{1}\int_{y=0}^{1}(2-y)\,\mathrm{d}y\mathrm{d}x$$

$$= \frac{3}{2}$$

题 18　设 $\boldsymbol{A} = 4x\boldsymbol{i} - 2y^2\boldsymbol{j} + z^2\boldsymbol{k}$，曲面为由 $x^2 + y^2 = 4$，$z = 0$ 和 $z = 3$ 所围区域的边界，验证散度定理.

证　可得

$$\text{体积分} = \iiint_V \nabla\cdot\boldsymbol{A}\,\mathrm{d}V$$

$$= \iiint_V \left[\frac{\partial}{\partial x}(4x) + \frac{\partial}{\partial y}(-2y^2) + \frac{\partial}{\partial z}(z^2)\right]\mathrm{d}V$$

$$= \iiint_V (4-4y+2z)\,\mathrm{d}V$$

$$= \int_{x=-2}^{2}\int_{y=-\sqrt{4-x^2}}^{\sqrt{4-x^2}}\int_{z=0}^{3}(4-4y+2z)\,\mathrm{d}z\mathrm{d}y\mathrm{d}x$$

$$= 84\pi$$

这个柱体的边界曲面 S 由底 $S_1(z=0)$，顶 $S_2(z=3)$ 和凸面部分 $S_3(x^2+y^2=4)$ 所组成，故

$$\text{曲面积分} = \iint_S \boldsymbol{A}\cdot\boldsymbol{n}\,\mathrm{d}S$$

$$= \iint_{S_1}\boldsymbol{A}\cdot\boldsymbol{n}\,\mathrm{d}S_1 + \iint_{S_2}\boldsymbol{A}\cdot\boldsymbol{n}\,\mathrm{d}S_2 + \iint_{S_3}\boldsymbol{A}\cdot\boldsymbol{n}\,\mathrm{d}S_3$$

在 $S_1(z=0)$ 上

$$\boldsymbol{n} = -\boldsymbol{k},\ \boldsymbol{A} = 4x\boldsymbol{i} - 2y^2\boldsymbol{j},\ \boldsymbol{A}\cdot\boldsymbol{n} = 0$$

因此

$$\iint_{S_1}\boldsymbol{A}\cdot\boldsymbol{n}\,\mathrm{d}S_1 = 0$$

在 $S_2(z=3)$ 上，$\boldsymbol{n}=\boldsymbol{k}$，$\boldsymbol{A}=4x\boldsymbol{i}-2y^2\boldsymbol{j}+9\boldsymbol{k}$ 和 $\boldsymbol{A}\cdot\boldsymbol{n}=9$，且由于 S_2 的面积等于 4π，因此

$$\iint_{S_2}\boldsymbol{A}\cdot\boldsymbol{n}\mathrm{d}S_2=9\iint_{S_2}\mathrm{d}S_2=36\pi$$

在 $S_3(x^2+y^2=4)$ 上，曲面 $x^2+y^2=4$ 的法线具有方向 $\nabla(x^2+y^2)=2x\boldsymbol{i}+2y\boldsymbol{j}$，则单位法向量为

$$\boldsymbol{n}=\frac{2x\boldsymbol{i}+2y\boldsymbol{j}}{\sqrt{4x^2+4y^2}}=\frac{x\boldsymbol{i}+y\boldsymbol{j}}{2}$$

其中由于 $x^2+y^2=4$. 因而

$$\boldsymbol{A}\cdot\boldsymbol{n}=(4x\boldsymbol{i}-2y^2\boldsymbol{j}+z^2\boldsymbol{k})\cdot\left(\frac{x\boldsymbol{i}+y\boldsymbol{j}}{2}\right)=2x^2-y^3$$

由图 11，$x=2\cos\theta$，$y=2\sin\theta$，$\mathrm{d}S_3=2\mathrm{d}\theta\mathrm{d}z$，故

$$\begin{aligned}\iint_{S_2}\boldsymbol{A}\cdot\boldsymbol{n}\mathrm{d}S_3&=\int_{\theta=0}^{2x}\int_{z=0}^{3}[2(2\cos\theta)^2-(2\sin\theta)^3]\cdot 2\mathrm{d}z\mathrm{d}\theta\\&=\int_{\theta=0}^{2\pi}(48\cos^2\theta-48\sin^3\theta)\mathrm{d}\theta\\&=\int_{\theta=0}^{2\pi}48\cos^2\theta\mathrm{d}\theta=48\pi\end{aligned}$$

于是

$$\text{曲面积分}=0+36\pi+48\pi=84\pi$$

与体积分一致，从而验证了散度定理.

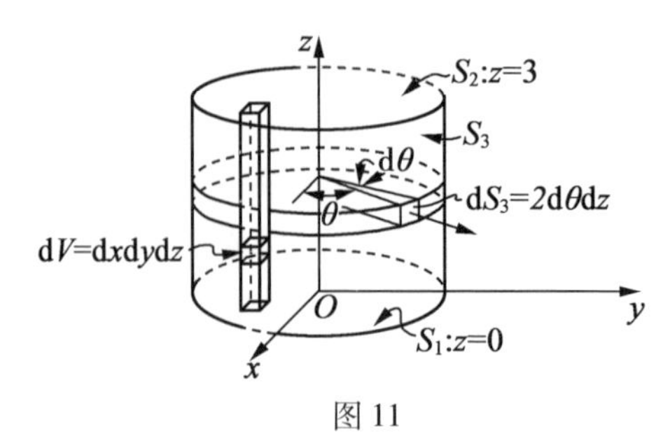

图 11

注意在 S_3 上曲面积分的计算也可以把 S_3 投影到 xz 或 yz 坐标面上来计算.

题 19　设 $\operatorname{div}\boldsymbol{A}$ 表示一向量场 $\boldsymbol{A}$ 在点 P 的散度,证明

$$\operatorname{div}\boldsymbol{A} = \lim_{\Delta V\to 0}\frac{\iint\limits_{\Delta S}\boldsymbol{A}\cdot\boldsymbol{n}\mathrm{d}S}{\Delta V}$$

其中 ΔV 是由曲面 ΔS 所围的体积,而极限是把 ΔV 缩成点 P 取得的.

证　由散度定理

$$\iiint\limits_{\Delta V}\operatorname{div}\boldsymbol{A}\mathrm{d}V = \oint\!\!\!\!\oint\limits_{\Delta S}\boldsymbol{A}\cdot\boldsymbol{n}\mathrm{d}S$$

又由积分中值定理,左边可写成

$$\overline{\operatorname{div}\boldsymbol{A}}\iiint\limits_{V}\mathrm{d}V = \overline{\operatorname{div}\boldsymbol{A}}\Delta V$$

其中 $\overline{\operatorname{div}\boldsymbol{A}}$ 是介于 ΔV 上 $\operatorname{div}\boldsymbol{A}$ 的最大值与最小值之间的某个值. 于是

$$\overline{\operatorname{div}\boldsymbol{A}} = \iint\limits_{\Delta S}\boldsymbol{A}\cdot\boldsymbol{n}\mathrm{d}S/\Delta V$$

使 P 保持在 ΔV 的内部而让 $\Delta V\to 0$ 取极限,$\overline{\operatorname{div}\boldsymbol{A}}$ 趋于 $\operatorname{div}\boldsymbol{A}$ 在点 P 的值,因此

$$\operatorname{div}\boldsymbol{A} = \lim_{\Delta V\to 0}\iint\limits_{\Delta S}\boldsymbol{A}\cdot\boldsymbol{n}\mathrm{d}S/\Delta V$$

这个结果可以作为 $\boldsymbol{A}$ 的散度定义的一个出发点,并由此可推出包括散度定理的证明在内的所有的性质. 从物理上说

$$\oint\!\!\!\!\oint\limits_{\Delta S}\boldsymbol{A}\cdot\boldsymbol{n}\mathrm{d}S/\Delta V$$

表示每单位体积向量 $\boldsymbol{A}$ 从曲面 ΔS 流出的量或净流出量. 假如 div $\boldsymbol{A}$ 在点 P 的邻域内是正的,这意味着从点 P 流出的量是正的,就把点 P 叫作源. 同样,假如 div $\boldsymbol{A}$ 在点 P 的邻域内是负的,这个流出量其实是流入量,就把点 P 叫作汇. 如果在一个区域内没有源或汇,则 div $\boldsymbol{A}=0$,$\boldsymbol{A}$ 就叫作管量场.

题 20 计算 $\oint\!\!\!\oint_S \boldsymbol{r}\cdot\boldsymbol{n}\mathrm{d}S$,其中 S 是一闭曲面.

解 由散度定理

$$\begin{aligned}\iint_S \boldsymbol{r}\cdot\boldsymbol{n}\mathrm{d}S &= \iiint_V \nabla\cdot\boldsymbol{r}\mathrm{d}V\\ &= \iiint_V \left(\frac{\partial}{\partial x}\boldsymbol{i}+\frac{\partial}{\partial y}\boldsymbol{j}+\frac{\partial}{\partial z}\boldsymbol{k}\right)\cdot(x\boldsymbol{i}+y\boldsymbol{j}+z\boldsymbol{k})\mathrm{d}V\\ &= \iiint_V \left(\frac{\partial x}{\partial x}+\frac{\partial y}{\partial y}+\frac{\partial z}{\partial z}\right)\mathrm{d}V\\ &= 3\iiint_V \mathrm{d}V\\ &= 3V\end{aligned}$$

其中 V 是由 S 所围的体积.

题 21 证明

$$\iiint_V(\varphi\,\nabla^2\cdot\psi-\psi\,\nabla^2\varphi)\mathrm{d}V=\oint\!\!\!\oint_S(\varphi\,\nabla\psi-\psi\,\nabla\varphi)\cdot\mathrm{d}\boldsymbol{S}$$

证 在散度定理中,令 $\boldsymbol{A}=\varphi\,\nabla\psi$,则

$$\iiint_V \nabla\cdot(\varphi\,\nabla\psi)\mathrm{d}V=\oint\!\!\!\oint_S(\varphi\,\nabla\psi)\cdot\boldsymbol{n}\mathrm{d}S=\oint\!\!\!\oint_S(\varphi\,\nabla\psi)\cdot\mathrm{d}\boldsymbol{S}$$

但

$$\begin{aligned}\nabla\cdot(\varphi\,\nabla\psi)&=\varphi(\nabla\cdot\nabla\psi)+(\nabla\varphi)\cdot(\nabla\psi)\\ &=\varphi\,\nabla^2\psi+(\nabla\varphi)\cdot(\nabla\psi)\end{aligned}$$

故

$$\iiint_V \nabla\cdot(\varphi\nabla\psi)\mathrm{d}V=\iiint_V[\varphi\nabla^2\psi+(\nabla\varphi)\cdot(\nabla\psi)]\mathrm{d}V$$

即

$$\iiint_V[\varphi\nabla^2\psi+(\nabla\varphi)\cdot(\nabla\psi)]\mathrm{d}V=\oiint_S(\varphi\nabla\psi)\cdot\mathrm{d}\boldsymbol{S} \tag{1}$$

这就证明了格林第一恒等式. 在式(1) 中交换 φ 和 ψ,得

$$\iiint_V[\psi\nabla^2\varphi+(\nabla\psi)\cdot(\nabla\varphi)]\mathrm{d}V=\oiint_S(\psi\nabla\varphi)\cdot\mathrm{d}\boldsymbol{S} \tag{2}$$

从式(1) 减去式(2),得

$$\iiint_V[\varphi\nabla^2\psi-\psi\nabla^2\varphi]\mathrm{d}V=\oiint_S(\varphi\nabla\psi-\psi\nabla\varphi)\cdot\mathrm{d}\boldsymbol{S} \tag{3}$$

这就是格林第二恒等式或叫对称定理. 在证明中假定 φ 和 ψ 是至少有二阶连续导数的位置纯量函数.

题 22　证明 $\iiint_V \nabla\varphi\mathrm{d}V=\oiint_S\varphi\boldsymbol{n}\mathrm{d}S$.

证　在散度定理中,令 $\boldsymbol{A}=\varphi\boldsymbol{C}$,其中 $\boldsymbol{C}$ 是常向量,则

$$\iiint_V \nabla\cdot(\varphi\boldsymbol{C})\mathrm{d}V=\oiint_S\varphi\boldsymbol{C}\cdot\boldsymbol{n}\mathrm{d}S$$

由于

$$\nabla\cdot(\varphi\boldsymbol{C})=(\nabla\varphi)\cdot\boldsymbol{C}=\boldsymbol{C}\cdot\nabla\varphi$$

和

$$\varphi \boldsymbol{C} \cdot \boldsymbol{n} = \boldsymbol{C} \cdot (\varphi \boldsymbol{n})$$

故

$$\iiint_V \boldsymbol{C} \cdot \nabla\varphi \mathrm{d}V = \oint_S \boldsymbol{C} \cdot (\varphi \boldsymbol{n}) \mathrm{d}S$$

将 $\boldsymbol{C}$ 提到积分号外面,得

$$\boldsymbol{C} \cdot \iiint_V \nabla\varphi \mathrm{d}V = \boldsymbol{C} \cdot \iint_S \varphi \boldsymbol{n} \mathrm{d}S$$

又因 $\boldsymbol{C}$ 是任意常向量,故

$$\iiint_V \nabla\varphi \mathrm{d}V = \iint_S \varphi \boldsymbol{n} \mathrm{d}S$$

题 23　证明$\iiint_V \nabla\times \boldsymbol{B} \mathrm{d}V = \iint_S \boldsymbol{n} \times \boldsymbol{B} \mathrm{d}S$.

证　在散度定理中,令 $\boldsymbol{A} = \boldsymbol{B} \times \boldsymbol{C}$,其中 $\boldsymbol{C}$ 是常向量,则

$$\iiint_V \nabla\cdot (\boldsymbol{B} \times \boldsymbol{C}) \mathrm{d}V = \oint_S (\boldsymbol{B} \times \boldsymbol{C}) \cdot n \mathrm{d}S$$

由于

$$\nabla\cdot (\boldsymbol{B} \times \boldsymbol{C}) = \boldsymbol{C} \cdot (\nabla\times \boldsymbol{B})$$

$$(\boldsymbol{B} \times \boldsymbol{C}) \cdot \boldsymbol{n} = \boldsymbol{B} \cdot (\boldsymbol{C} \times \boldsymbol{n}) = (\boldsymbol{C} \times \boldsymbol{n}) \cdot \boldsymbol{B} = \boldsymbol{C} \cdot (\boldsymbol{n} \times \boldsymbol{B})$$

故

$$\iiint_V \boldsymbol{C} \cdot (\nabla\times \boldsymbol{B}) \mathrm{d}V = \oint_S \boldsymbol{C} \cdot (\boldsymbol{n} \times \boldsymbol{B}) \mathrm{d}S$$

将 $\boldsymbol{C}$ 提到积分外面,得

$$\boldsymbol{C} \cdot \iiint_V \nabla\times \boldsymbol{B} \mathrm{d}V = \boldsymbol{C} \cdot \oint_S \boldsymbol{n} \times \boldsymbol{B} \mathrm{d}S$$

又因 $\boldsymbol{C}$ 是任意常向量,故

$$\iiint_V \nabla\times \boldsymbol{B}\mathrm{d}V = \oiint_S \boldsymbol{n}\times \boldsymbol{B}\mathrm{d}S$$

题 24　证明在任意点 P：

(1) $\nabla\varphi = \lim_{\Delta V\to 0}\oiint_{\Delta S}\varphi\boldsymbol{n}\mathrm{d}S/\Delta V$；

(2) $\nabla\times\boldsymbol{A} = \lim_{\Delta V\to 0}\oiint_{\Delta S}\boldsymbol{n}\times\boldsymbol{A}\mathrm{d}S/\Delta V$

其中 ΔV 是由曲面 ΔS 所围的体积,而极限是把 ΔV 缩成点 P 取得的.

证　(1) 从题 22 $\iiint_{\Delta V}\nabla\varphi\mathrm{d}V = \oiint_{\Delta S}\varphi\boldsymbol{n}\mathrm{d}S$,则

$$\iiint_{\Delta V}\nabla\varphi\cdot\boldsymbol{i}\mathrm{d}V = \oiint_{\Delta S}\varphi\boldsymbol{n}\cdot\boldsymbol{i}\mathrm{d}S$$

用题 19 中所用的同样原理,则有

$$\overline{\nabla\varphi\cdot\boldsymbol{i}} = \oiint_{\Delta S}\varphi\boldsymbol{n}\cdot\boldsymbol{i}\mathrm{d}S/\Delta V$$

其中 $\overline{\nabla\varphi\cdot\boldsymbol{i}}$ 是介于 ΔV 上 $\nabla\varphi\cdot\boldsymbol{i}$ 的最大值与最小值之间的某个值. 让 $\Delta V\to 0$ 并使点 P 始终在 ΔV 内而取极限, $\nabla\varphi\cdot\boldsymbol{i}$ 趋于数值

$$\nabla\varphi\cdot\boldsymbol{i} = \lim_{\Delta V\to 0}\oiint_{S}\varphi\boldsymbol{n}\cdot\boldsymbol{i}\mathrm{d}S/\Delta V \tag{1}$$

同理可得

$$\nabla\varphi\cdot\boldsymbol{j} = \lim_{\Delta V\to 0}\oiint_{S}\varphi\boldsymbol{n}\cdot\boldsymbol{j}\mathrm{d}S/\Delta V \tag{2}$$

$$\nabla\varphi\cdot\boldsymbol{k} = \lim_{\Delta V\to 0}\oiint_{S}\varphi\boldsymbol{n}\cdot\boldsymbol{k}\mathrm{d}S/\Delta V \tag{3}$$

将式(1)(2)(3) 分别乘以 $\boldsymbol{i},\boldsymbol{j},\boldsymbol{k}$. 然后相加,利用

$$\nabla\varphi = (\nabla\varphi \cdot \boldsymbol{i})\boldsymbol{i} + (\nabla\varphi \cdot \boldsymbol{j})\boldsymbol{j} + (\nabla\varphi \cdot \boldsymbol{k})\boldsymbol{k}$$

$$\boldsymbol{n} = (\boldsymbol{n} \cdot \boldsymbol{i})\boldsymbol{i} + (\boldsymbol{n} \cdot \boldsymbol{j})\boldsymbol{j} + (\boldsymbol{n} \cdot \boldsymbol{k})\boldsymbol{k}$$

(题 20) 就可得到所要的结果.

(2) 在题 23 中,用 $\boldsymbol{A}$ 代替 $\boldsymbol{B}$,得

$$\iiint_{\Delta V} \nabla\times \boldsymbol{A}\mathrm{d}V = \oiint_{\Delta S}\boldsymbol{n} \times \boldsymbol{A}\mathrm{d}S$$

于是像在(1) 中一样,可以证明

$$(\nabla\times \boldsymbol{A}) \cdot \boldsymbol{i} = \lim_{\Delta V\to 0}\oiint_{\Delta S}(\boldsymbol{n} \times \boldsymbol{A}) \cdot i\mathrm{d}S/\Delta V$$

用 $\boldsymbol{j},\boldsymbol{k}$ 代替 $\boldsymbol{i}$,可得类似结果. 各式分别乘以 $\boldsymbol{i},\boldsymbol{j},\boldsymbol{k}$,然后相加,就得到所要求的结果.

所得结果可以作为梯度和旋度定义的出发点. 利用这些定义,可以将梯度、旋度的概念推广到非直角坐标系.

题 25　证明算子的等价性

$$\nabla\circ \equiv \lim_{\Delta V\to 0}\frac{1}{\Delta V}\oiint_{\Delta S}\mathrm{d}S\ \circ$$

其中 ∘ 号表示点积、叉积或通常的乘积.

证　要证明等价性,在向量场或纯量场中运算的结果就必须和已经证明的结果一致.

假如 ∘ 号是点积,则对于向量 $\boldsymbol{A}$ 有

$$\nabla\circ \boldsymbol{A} = \lim_{\Delta V\to 0}\frac{1}{\Delta V}\oiint_{\Delta S}\mathrm{d}\boldsymbol{S} \circ \boldsymbol{A}$$

即

$$\mathrm{div}\,\boldsymbol{A} = \lim_{\Delta V\to 0}\frac{1}{\Delta V}\oiint_{\Delta S}(\mathrm{d}\boldsymbol{S} \cdot \boldsymbol{A}) = \lim_{\Delta V\to 0}\frac{1}{\Delta V}\oiint_{\Delta S}\boldsymbol{A} \cdot \boldsymbol{n}\mathrm{d}S$$

这已经在题19中证明过.

同样地,假如。号是叉积,则

$$\mathrm{rot}\,\boldsymbol{A} = \nabla\times\boldsymbol{A} = \lim_{\Delta V\to 0}\frac{1}{\Delta V}\oiint_{\Delta S}(\mathrm{d}\boldsymbol{S}\times\boldsymbol{A})$$

$$= \lim_{\Delta V\to 0}\frac{1}{\Delta V}\oiint_{\Delta S}\boldsymbol{n}\times\boldsymbol{A}\mathrm{d}S$$

这已在题24(2)中证明过.

又假如。号是通常的乘积,则对于纯量 φ

$$\nabla\circ\varphi = \lim_{\Delta V\to 0}\frac{1}{\Delta V}\oiint_{\Delta S}\mathrm{d}\boldsymbol{S}\circ\varphi$$

或

$$\nabla\varphi = \lim_{\Delta V\to 0}\frac{1}{\Delta V}\oiint_{\Delta S}\varphi\mathrm{d}\boldsymbol{S}$$

这也已在题24(1)中证明过.

题26　设 S 是一个闭曲面,$\boldsymbol{r}$ 表示从原点 O 到任意点 (x,y,z) 的位置向量. 证明 $\oiint_S\frac{\boldsymbol{n}\cdot\boldsymbol{r}}{r^3}\mathrm{d}S$ 等于:

(1) 零,如果原点 O 位于 S 之外;

(2) 4π,如果原点 O 位于 S 内.

这个结果称为高斯定理.

证　(1) 据散度定理

$$\oiint_S\frac{\boldsymbol{n}\cdot\boldsymbol{r}}{r^3}\mathrm{d}r = \iiint_V\nabla\cdot\left(\frac{\boldsymbol{r}}{r^3}\right)\mathrm{d}V$$

但如果在 V 内 $r\neq 0$,就是说如果原点 O 在 V 之外,因此 O 也就在 S 之外,则

$$\nabla\cdot\left(\frac{\boldsymbol{r}}{r^3}\right) = 0$$

在 V 内处处成立(题 19). 由此

$$\oiint_S \frac{\boldsymbol{n}\cdot\boldsymbol{r}}{r^3}\mathrm{d}S = 0$$

(2) 假如原点 O 在 S 之内,用一个半径为 a 的小球面 s 包围点 O. 令 τ 表示由 S 和 s 所围的区域,则由散度定理得

$$\begin{aligned}\oiint_{S+s} \frac{\boldsymbol{n}\cdot\boldsymbol{r}}{r^3}\mathrm{d}S &= \oiint_S \frac{\boldsymbol{n}\cdot\boldsymbol{r}}{r^3}\mathrm{d}S + \oiint_s \frac{\boldsymbol{n}\cdot\boldsymbol{r}}{r^3}\mathrm{d}S \\ &= \iiint_\tau \nabla\cdot\left(\frac{\boldsymbol{r}}{r^3}\right)\mathrm{d}V \\ &= 0\end{aligned}$$

这是因为在 τ 内 $r \neq 0$. 因此

$$\oiint_S \frac{\boldsymbol{n}\cdot\boldsymbol{r}}{r^3}\mathrm{d}S = -\oiint_s \frac{\boldsymbol{n}\cdot\boldsymbol{r}}{r^3}\mathrm{d}S$$

而在 s 上,$r = a$,$\boldsymbol{n} = -\dfrac{\boldsymbol{r}}{a}$,因此

$$\frac{\boldsymbol{n}\cdot\boldsymbol{r}}{r^3} = \frac{-(\boldsymbol{r}/a)\cdot\boldsymbol{r}}{a^3} = -\frac{\boldsymbol{r}\cdot\boldsymbol{r}}{a^4} = -\frac{a^2}{a^4} = -\frac{1}{a^2}$$

故

$$\begin{aligned}\oiint_S \frac{\boldsymbol{n}\cdot\boldsymbol{r}}{r^3}\mathrm{d}S &= -\oiint_S \frac{\boldsymbol{n}\cdot\boldsymbol{r}}{r^3}\mathrm{d}S = \oiint_S \frac{1}{a^2}\mathrm{d}S \\ &= \frac{1}{a^2}\oiint_S \mathrm{d}S \\ &= \frac{4\pi a^2}{a^2} \\ &= 4\pi\end{aligned}$$

题 27　高斯定理的几何解释(题 26).

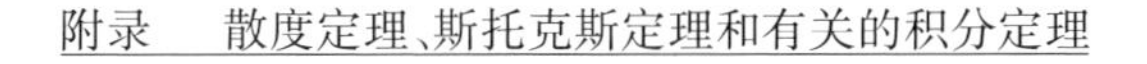

解　令 $\mathrm{d}S$ 表示曲面面积元素,并将 $\mathrm{d}S$ 的边界上所有的点与点 O 连接(图12),由此形成锥面. 令 $\mathrm{d}\Omega$ 表示以点 O 为中心,r 为半径的球面被该锥面所割下的那部分面积. 于是在点 O 由 $\mathrm{d}S$ 所张的立体角定义为 $\mathrm{d}\omega=\dfrac{\mathrm{d}\Omega}{r^2}$,并在数值上等于以点 O 为中心,1 为半径的球面被这锥面所割下的那部分面积,设 $\boldsymbol{n}$ 为 $\mathrm{d}S$ 的正单位法向量,且令 θ 为 $\boldsymbol{n}$ 与 $\boldsymbol{r}$ 的夹角,则 $\cos\theta=\dfrac{\boldsymbol{n}\cdot\boldsymbol{r}}{r}$. 又

$$\mathrm{d}\Omega=\pm\,\mathrm{d}S\cos\theta=\pm\frac{\boldsymbol{n}\cdot\boldsymbol{r}}{r}\mathrm{d}S$$

由此,$\mathrm{d}\omega=\pm\dfrac{\boldsymbol{n}\cdot\boldsymbol{r}}{r^3}\mathrm{d}S$,取 + 号或 − 号依 $\boldsymbol{n}$ 与 $\boldsymbol{r}$ 夹成锐角或钝角而定.

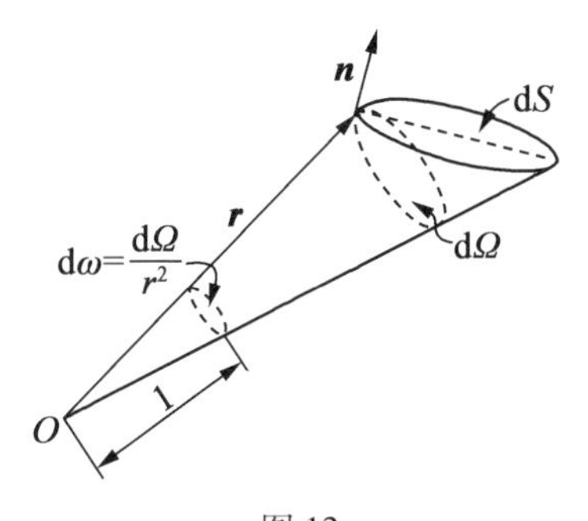

图 12

设 S 为一曲面,如图 13(a) 所示,任何直线与 S 相交不多于两点. 如果点 O 在 S 之外,则位于例如 1 处,$\dfrac{\boldsymbol{n}\cdot\boldsymbol{r}}{r^3}\mathrm{d}S=\mathrm{d}\omega$,而在对应的2 处,$\dfrac{\boldsymbol{n}\cdot\boldsymbol{r}}{r^3}\mathrm{d}S=-\mathrm{d}\omega$. 因为构成立体角的基准值相抵消,故在这两个区域上的积分

等于零. 又因为对于每一个正的基准值就有一个负的,由此得出在整个曲面 S 上的积分$\oiint_S \frac{\boldsymbol{n} \cdot \boldsymbol{r}}{r^3} \mathrm{d}S = 0$.

然而,对于点 O 在 S 内的情况,则位于例如 3 处,$\frac{\boldsymbol{n} \cdot \boldsymbol{r}}{r^3} \mathrm{d}S = \mathrm{d}\omega$,而在 4 处

$$\frac{\boldsymbol{n} \cdot \boldsymbol{r}}{r^3} \mathrm{d}S = \mathrm{d}\omega$$

因此这些基准值不是相消而是相加. 在这种情况下,总立体角等于单位球面的面积 4π. 因此

$$\oiint_S \frac{\boldsymbol{n} \cdot \boldsymbol{r}}{r^3} \mathrm{d}S = 4\pi$$

对于那种一条直线可以与 S 相交多于两点的曲面 S,参考图 13(b),可以得出完全相同的结论. 例如,如果点 O 在 S 之外,那么,以点 O 为顶点的锥面交 S 于偶数处. 由于在点 O 所张的立体角两两抵消,故曲面积分等于零. 但是,如果点 O 在 S 之内,以点 O 为顶点的锥面交 S 于奇数处,由于只有偶数处的值互相抵消,对整个曲面 S 总是有积分值 4π.

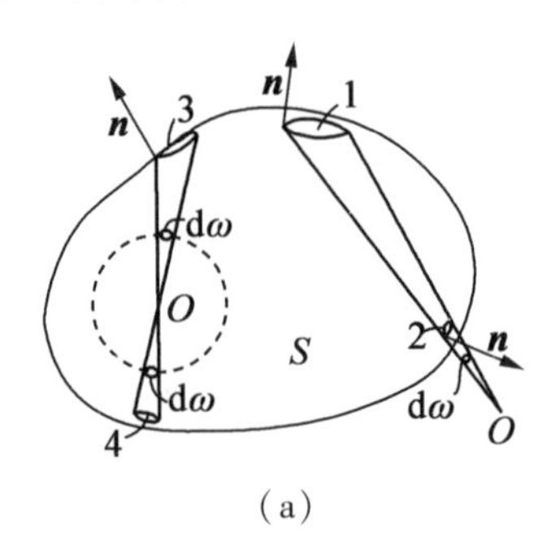

(a)

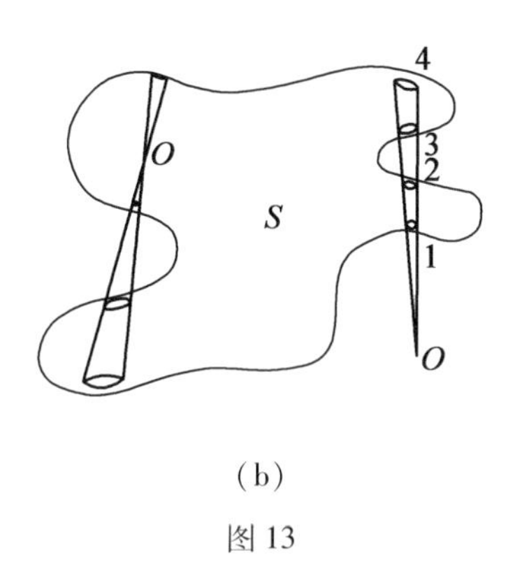

(b)

图 13

题 28　密度为 $\rho(x,y,z,t)$ 的流体以速度 $\boldsymbol{v}(x,y,z,t)$ 运动. 假如没有源和汇,证明

$$\nabla\cdot \boldsymbol{J} + \frac{\partial\rho}{\partial t} = 0,\text{其中 } \boldsymbol{J} = \rho\boldsymbol{v}$$

证　考虑包含流体的一个立体 V 的任意曲面. 在任何时刻在 V 内的流体质量是

$$M = \iiint_V \rho \mathrm{d}V$$

质量对时间的增长率是

$$\frac{\partial M}{\partial t} = \frac{\partial}{\partial t}\iiint_V \rho \mathrm{d}V = \iiint_V \frac{\partial\rho}{\partial t}\mathrm{d}V$$

流体每秒流出 V 的质量是

$$\oiint_S \rho\boldsymbol{v}\cdot\boldsymbol{n}\mathrm{d}S$$

(见题 15). 因此据散度定理,质量对时间的增长率是

$$-\oiint_S \rho\boldsymbol{v}\cdot\boldsymbol{n}\mathrm{d}S = -\iiint_V \nabla\cdot(\rho\boldsymbol{v})\mathrm{d}V$$

于是

$$\iiint_V \frac{\partial\rho}{\partial t}\mathrm{d}V = -\iiint_V \nabla\cdot(\rho\boldsymbol{v})\mathrm{d}V$$

即

$$\iiint_{V'}\left(\nabla\cdot(\rho\boldsymbol{v}) + \frac{\partial\rho}{\partial t}\right)\mathrm{d}V = 0$$

因为 V 是任意的,假定被积式是连续的,根据题12所用的同样理由,它必定等于零. 于是

$$\nabla\cdot\boldsymbol{J} + \frac{\partial\rho}{\partial t} = 0,\text{其中 }\boldsymbol{J} = \rho\boldsymbol{v}$$

这个方程叫作连续性方程. 假如 ρ 是常量,流体是不可压缩的,就有 $\nabla\cdot\boldsymbol{v} = 0$,就是说,$\boldsymbol{v}$ 是管状的.

连续性方程也在电磁理论中提出,其中 ρ 是电荷密度,而 $\boldsymbol{J} = \rho\boldsymbol{v}$ 是电流密度.

题 29 设一固体在任意点 (x,y,z) 处于时刻 t 的温度是 $U(x,y,z,t)$,而假设 χ,ρ 和 C 分别是固体的热传导系数、密度和比热,假定它们都是常量. 证明

$$\frac{\partial U}{\partial t} = k\nabla^2 U,\text{其中 }k = \chi/\rho C$$

证 设 V 是位于该固体内的任意立体,而 S 是它的表面. 经过 S 的总的热流,或单位时间流出 S 的热量是

$$\iint_S(-\chi\nabla U)\cdot\boldsymbol{n}\mathrm{d}S$$

由此,根据散度定理,单位时间进入 S 的热量是

$$\oiint_S (\chi \nabla U) \cdot \boldsymbol{n} \mathrm{d}S = \iiint_V \nabla \cdot (\chi \nabla U) \mathrm{d}V \qquad (1)$$

包含在立体内 V 的热量是

$$\iiint_V C\rho U \mathrm{d}V$$

于是热量对时间的增长率是

$$\frac{\partial}{\partial t} \iiint_V C\rho U \mathrm{d}V = \iiint_V C\rho \frac{\partial U}{\partial t} \mathrm{d}V$$

令(1)(2) 两式的右边相等,得

$$\iiint_V \left[C\rho \frac{\partial U}{\partial t} - \nabla \cdot (\chi \nabla U) \right] \mathrm{d}V = 0$$

因为 V 是任意的,又假定被积式是连续的,因此被积函数必须恒等于零,故

$$C\rho \frac{\partial U}{\partial t} = \nabla \cdot (\chi \nabla U)$$

又假如 χ, C, ρ 是常量,则

$$\frac{\partial U}{\partial t} = \frac{\chi}{C\rho} \nabla \cdot \nabla U = k \nabla^2 U$$

数量 k 叫作扩散系数. 对于稳定状态的热流(就是说 $\frac{\partial U}{\partial t} = 0$ 或 U 与时间无关),这个方程化为拉普拉斯方程

$$\nabla^2 U = 0$$

3. 斯托克斯定理

题 30　(1) 用文字叙述斯托克斯定理;

(2) 把它用直角坐标形式写出.

解 （1）一个向量$\boldsymbol{A}$的切向分量沿一条简单闭曲线C的曲线积分等于$\boldsymbol{A}$的旋度的法向分量在以C为边界的任何曲面S上所做的曲面积分.

（2）像在题 14(2) 中一样

$$\boldsymbol{A} = A_1\boldsymbol{i} + A_2\boldsymbol{j} + A_3\boldsymbol{k}, \boldsymbol{n} = \cos\alpha\boldsymbol{i} + \cos\beta\boldsymbol{j} + \cos\gamma\boldsymbol{k}$$

则

$$\nabla\times\boldsymbol{A} = \begin{vmatrix} \boldsymbol{i} & \boldsymbol{j} & \boldsymbol{k} \\ \dfrac{\partial}{\partial x} & \dfrac{\partial}{\partial y} & \dfrac{\partial}{\partial z} \\ A_1 & A_2 & A_3 \end{vmatrix}$$

$$= \left(\frac{\partial A_3}{\partial y} - \frac{\partial A_2}{\partial z}\right)\boldsymbol{i} + \left(\frac{\partial A_1}{\partial z} - \frac{\partial A_3}{\partial x}\right)\boldsymbol{j} + \left(\frac{\partial A_2}{\partial x} - \frac{\partial A_1}{\partial y}\right)\boldsymbol{k}$$

$$(\nabla\times\boldsymbol{A})\cdot\boldsymbol{n}$$

$$= \left(\frac{\partial A_3}{\partial y} - \frac{\partial A_2}{\partial z}\right)\cos\alpha + \left(\frac{\partial A_1}{\partial z} - \frac{\partial A_3}{\partial x}\right)\cos\beta + \left(\frac{\partial A_2}{\partial x} - \frac{\partial A_1}{\partial y}\right)\cos\gamma$$

$$\boldsymbol{A}\cdot\mathrm{d}\boldsymbol{r} = (A_1\boldsymbol{i} + A_2\boldsymbol{j} + A_3\boldsymbol{k})\cdot(\mathrm{d}x\boldsymbol{i} + \mathrm{d}y\boldsymbol{j} + \mathrm{d}z\boldsymbol{k})$$
$$= A_1\mathrm{d}x + A_2\mathrm{d}y + A_3\mathrm{d}z$$

而斯托克斯定理化为

$$\iint_S\left[\left(\frac{\partial A_3}{\partial y} - \frac{\partial A_2}{\partial z}\right)\cos\alpha + \left(\frac{\partial A_1}{\partial z} - \frac{\partial A_3}{\partial x}\right)\cos\beta + \left(\frac{\partial A_2}{\partial x} - \frac{\partial A_1}{\partial y}\right)\cos\gamma\right]\mathrm{d}S$$

$$= \oint_C A_1\mathrm{d}x + A_2\mathrm{d}y + A_3\mathrm{d}z$$

题 31　证明斯托克斯定理.

证　假设 S 是这样的曲面，它在 xOy，yOz 和 zOx 平面上的投影是由简单闭曲线所围的区域，如在图 14 中指出的那样. 假定 S 有表达式 $z=f(x,y)$ 或 $x=g(y,z)$ 或 $y=h(x,z)$，其中，f,g,h 是单值连续可微函数. 我们要证明

$$\iint_S (\nabla\times\boldsymbol{A})\cdot\boldsymbol{n}\mathrm{d}S=\iint_S[\nabla\times(A_1\boldsymbol{i}+A_2\boldsymbol{j}+A_3\boldsymbol{k})]\cdot\boldsymbol{n}\mathrm{d}S$$

$$=\oint_C \boldsymbol{A}\cdot\mathrm{d}\boldsymbol{r}$$

其中 C 是 S 的边界.

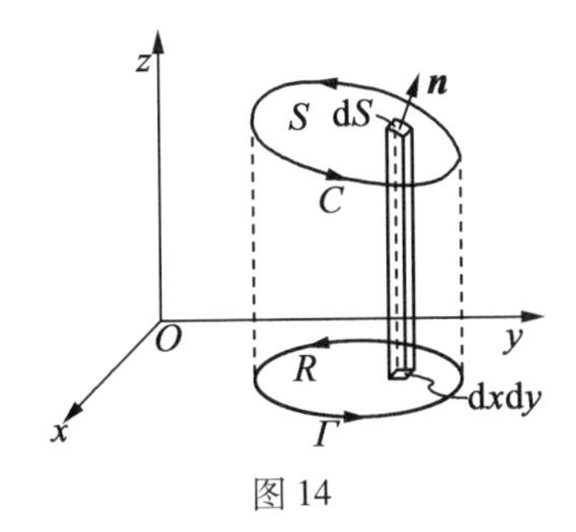

图 14

首先考虑 $\iint_S[\nabla\times(A_1\boldsymbol{i})]\cdot\boldsymbol{n}\mathrm{d}S$. 因为

$$\nabla\times(A_1\boldsymbol{i})=\begin{vmatrix}\boldsymbol{i} & \boldsymbol{j} & \boldsymbol{k}\\ \dfrac{\partial}{\partial x} & \dfrac{\partial}{\partial y} & \dfrac{\partial}{\partial z}\\ A_1 & 0 & 0\end{vmatrix}=\frac{\partial A_1}{\partial z}\boldsymbol{j}-\frac{\partial A_1}{\partial y}\boldsymbol{k}$$

故

$$[\nabla\times(A_1\boldsymbol{i})]\cdot\boldsymbol{n}\mathrm{d}S=\left(\frac{\partial A_1}{\partial z}\boldsymbol{n}\cdot\boldsymbol{j}-\frac{\partial A_1}{\partial y}\boldsymbol{n}\cdot\boldsymbol{k}\right)\mathrm{d}S \quad (1)$$

设 S 的方程为 $z=f(x,y)$，则到 S 上任意点的位置向量是

$$\boldsymbol{r}=x\boldsymbol{i}+y\boldsymbol{j}+z\boldsymbol{k}=x\boldsymbol{i}+y\boldsymbol{j}+f(x,y)\boldsymbol{k}$$

因此

$$\frac{\partial\boldsymbol{r}}{\partial y}=\boldsymbol{j}+\frac{\partial z}{\partial y}\boldsymbol{k}=\boldsymbol{j}+\frac{\partial f}{\partial y}\boldsymbol{k}$$

但 $\frac{\partial\boldsymbol{r}}{\partial y}$ 是与 S 相切的向量(题 25)，因而垂直于 $\boldsymbol{n}$，故

$$\boldsymbol{n}\cdot\frac{\partial\boldsymbol{r}}{\partial y}=\boldsymbol{n}\cdot\boldsymbol{j}+\frac{\partial z}{\partial y}\boldsymbol{n}\cdot\boldsymbol{k}=0 \text{ 或 } \boldsymbol{n}\cdot\boldsymbol{j}=-\frac{\partial z}{\partial y}\boldsymbol{n}\cdot\boldsymbol{k}$$

代入式(1)，即得

$$\left(\frac{\partial A_1}{\partial z}\boldsymbol{n}\cdot\boldsymbol{j}-\frac{\partial A_1}{\partial y}\boldsymbol{n}\cdot\boldsymbol{k}\right)\mathrm{d}S$$

$$=\left(-\frac{\partial A_1}{\partial z}\frac{\partial z}{\partial y}\boldsymbol{n}\cdot\boldsymbol{k}-\frac{\partial A_1}{\partial y}\boldsymbol{n}\cdot\boldsymbol{k}\right)\mathrm{d}S$$

亦即

$$[\nabla\times(A_1\boldsymbol{i})]\cdot\boldsymbol{n}\mathrm{d}S=-\left(\frac{\partial A_1}{\partial y}+\frac{\partial A_1}{\partial z}\frac{\partial z}{\partial y}\right)\boldsymbol{n}\cdot\boldsymbol{k}\mathrm{d}S \quad (2)$$

在 S 上 $A_1(x,y,z)=A_1(x,y,f(x,y))=F(x,y)$，因此

$$\frac{\partial A_1}{\partial y}+\frac{\partial A_1}{\partial z}\frac{\partial z}{\partial y}=\frac{\partial F}{\partial y}$$

式(2) 化为

$$[\nabla\times(A_1\boldsymbol{i})]\cdot\boldsymbol{n}\mathrm{d}S=-\frac{\partial F}{\partial y}\boldsymbol{n}\cdot\boldsymbol{k}\mathrm{d}S=-\frac{\partial F}{\partial y}\mathrm{d}x\mathrm{d}y$$

于是

$$\iint_S[\nabla\times(A_1\boldsymbol{i})]\cdot\boldsymbol{n}\mathrm{d}S=\iint_R-\frac{\partial F}{\partial y}\mathrm{d}x\mathrm{d}y$$

其中 R 是 S 在 xOy 面上的投影. 根据平面格林定理，最后的积分等于 $\oint_\Gamma F\mathrm{d}x$，其中 Γ 是 R 的边界. 因为在 Γ 的每一点 (x,y) 处 F 的值与 A_1 在 C 的点 (x,y,z) 处的值相同，且由于对这两条曲线 $\mathrm{d}x$ 也是相同的. 故必有

$$\oint_\Gamma F\mathrm{d}x=\oint_C A_1\mathrm{d}x$$

或

$$\iint_S[\nabla\times(A_1\boldsymbol{i})]\cdot\boldsymbol{n}\mathrm{d}S=\oint_C A_1\mathrm{d}x$$

同样，投影到其他坐标面上，就有

$$\iint_S[\nabla\times(A_2\boldsymbol{j})]\cdot\boldsymbol{n}\mathrm{d}S=\oint_C A_2\mathrm{d}y$$

$$\iint_S[\nabla\times(A_3\boldsymbol{k})]\cdot\boldsymbol{n}\mathrm{d}S=\oint_C A_3\mathrm{d}z$$

将它们相加后，就得

$$\iint_S(\nabla\times\boldsymbol{A})\cdot\boldsymbol{n}\mathrm{d}S=\oint_C\boldsymbol{A}\cdot\mathrm{d}\boldsymbol{r}$$

这个定理对于不满足上面所加限制的曲面 S 也是成立的. 因为若 S 可以分成以 $C_1,C_2,\cdots,C_k$ 为边界的曲面 $S_1,S_2,\cdots,S_k$，而它们是满足所做的限制的. 那么斯托克斯定理对于各曲面都是成立的. 把这些曲面积

分相加,就得到 S 上总的曲面积分,把在 $C_1, C_2, \cdots, C_k$ 上相应的曲线积分相加,就得到 C 上的曲线积分.

题 32 对 $\boldsymbol{A} = (2x - y)\boldsymbol{i} - yz^2\boldsymbol{j} - y^2z\boldsymbol{k}$ 验证斯托克斯定理,其中 S 是上半球面

$$x^2 + y^2 + z^2 = 1$$

而 C 是它的边界.

证 S 的边界 C 是 xOy 面上以原点为中心、半径为 1 的圆. 令 $x = \cos t, y = \sin t, z = 0, 0 \leqslant t \leqslant 2\pi$ 是 C 的参数方程. 于是

$$\begin{aligned}\oint_C \boldsymbol{A} \cdot \mathrm{d}\boldsymbol{r} &= \oint_C [(2x - y)\mathrm{d}x + yz^2\mathrm{d}y - y^2z\mathrm{d}z] \\ &= \int_0^{2\pi} (2\cos t - \sin t)(-\sin t)\mathrm{d}t \\ &= \pi\end{aligned}$$

而

$$\nabla \times \boldsymbol{A} = \begin{vmatrix} \boldsymbol{i} & \boldsymbol{j} & \boldsymbol{k} \\ \dfrac{\partial}{\partial x} & \dfrac{\partial}{\partial y} & \dfrac{\partial}{\partial z} \\ 2x - y & -yz^2 & -y^2z \end{vmatrix} = \boldsymbol{k}$$

于是

$$\iint_S (\nabla \times \boldsymbol{A}) \cdot \boldsymbol{n}\mathrm{d}S = \iint_S \boldsymbol{k} \cdot \boldsymbol{n}\mathrm{d}S = \iint_R \mathrm{d}x\mathrm{d}y$$

因为 $\boldsymbol{n} \cdot \boldsymbol{k}\mathrm{d}S = \mathrm{d}x\mathrm{d}y$ 且 R 是 S 在 xOy 面上的投影. 最后的积分等于

$$\int_{x=-1}^{1} \int_{y=-\sqrt{1-x^2}}^{\sqrt{1-x^2}} \mathrm{d}y\mathrm{d}x = 4\int_0^1 \int_0^{\sqrt{1-x^2}} \mathrm{d}y\mathrm{d}x$$

$$= 4\int_0^1 \sqrt{1-x^2}\,\mathrm{d}x$$

$$= \pi$$

于是验证了斯托克斯定理.

题 33　证明对每条闭曲线有$\oint_C \boldsymbol{A}\cdot \mathrm{d}\boldsymbol{r} = 0$的充分必要条件是$\nabla\times \boldsymbol{A} \equiv \boldsymbol{0}$恒成立.

证　(充分性)假设$\nabla\times \boldsymbol{A} = \boldsymbol{0}$,则由斯托克斯定理,得

$$\oint_C \boldsymbol{A}\cdot \mathrm{d}\boldsymbol{r} = \iint_S (\nabla\times \boldsymbol{A})\cdot \boldsymbol{n}\mathrm{d}S = 0$$

(必要性)设对每条闭曲线有$\oint_C \boldsymbol{A}\cdot \mathrm{d}\boldsymbol{r} = 0$,而若在某一点$P$,$\nabla\times \boldsymbol{A} \neq \boldsymbol{0}$. 则由假定$\nabla\times \boldsymbol{A}$是连续的,必有一以$P$为内点的区域,在这区域上$\nabla\times \boldsymbol{A} \neq \boldsymbol{0}$. 令$S$为该区域内的一个曲面,它在各点的法向量$\boldsymbol{n}$与$\nabla\times \boldsymbol{A}$方向相同,即$\nabla\times \boldsymbol{A} = \alpha\boldsymbol{n}$,其中$\alpha$是正常数. 设$C$是$S$的边界,则据斯托克斯定理,得

$$\oint_C \boldsymbol{A}\cdot \mathrm{d}\boldsymbol{r} = \iint_S (\nabla\times \boldsymbol{A})\cdot \boldsymbol{n}\mathrm{d}S = \alpha\iint_S \boldsymbol{n}\cdot \boldsymbol{n}\mathrm{d}S > 0$$

它与假设$\oint_C \boldsymbol{A}\cdot \mathrm{d}\boldsymbol{r} = 0$矛盾,这就证明了$\nabla\times \boldsymbol{A} = \boldsymbol{0}$.

由此推出$\nabla\times \boldsymbol{A} = \boldsymbol{0}$也是曲线积分$\int_{P_1}^{P_2} \boldsymbol{A}\cdot \mathrm{d}\boldsymbol{r}$与连接$P_1$和$P_2$两点的路径无关的充分必要条件(见题10和11).

题 34　证明

$$\oint \mathrm{d}\boldsymbol{r} \times \boldsymbol{B} = \iint_S (\boldsymbol{n} \times \nabla) \times \boldsymbol{B} \mathrm{d}S$$

证 在斯托克斯定理中,令$\boldsymbol{A} = \boldsymbol{B} \times \boldsymbol{C}$,其中$\boldsymbol{C}$是常向量,则

$$\oint \mathrm{d}\boldsymbol{r} \cdot (\boldsymbol{B} \times \boldsymbol{C}) = \iint_S [\nabla \times (\boldsymbol{B} \times \boldsymbol{C})] \cdot n \mathrm{d}S$$

$$\oint \boldsymbol{C} \cdot (\mathrm{d}\boldsymbol{r} \times \boldsymbol{B}) = \iint_S [(\boldsymbol{C} \cdot \nabla)\boldsymbol{B} - \boldsymbol{C}(\nabla \cdot \boldsymbol{B})] \cdot \boldsymbol{n} \mathrm{d}S$$

$$\begin{aligned} &\boldsymbol{C} \cdot \oint \mathrm{d}\boldsymbol{r} \times \boldsymbol{B} \\ &= \iint_S [(\boldsymbol{C} \cdot \nabla)\boldsymbol{B}] \cdot \boldsymbol{n} \mathrm{d}S - \iint_S [\boldsymbol{C}(\nabla \cdot \boldsymbol{B})] \cdot \boldsymbol{n} \mathrm{d}S \\ &= \iint_S \boldsymbol{C} \cdot [\nabla \cdot (\boldsymbol{B} \cdot \boldsymbol{n})] \mathrm{d}S - \iint_S \boldsymbol{C} \cdot [\boldsymbol{n}(\nabla \cdot \boldsymbol{B})] \mathrm{d}S \\ &= \boldsymbol{C} \cdot \iint_S [\nabla(\boldsymbol{B} \cdot \boldsymbol{n}) - \boldsymbol{n}(\nabla \cdot \boldsymbol{B})] \mathrm{d}S \\ &= \boldsymbol{C} \cdot \iint_S (\boldsymbol{n} \times \nabla) \times \boldsymbol{B} \mathrm{d}S \end{aligned}$$

因为$\boldsymbol{C}$是任意常向量,故

$$\oint \mathrm{d}\boldsymbol{r} \times \boldsymbol{B} = \iint_S (\boldsymbol{n} \times \nabla) \times \boldsymbol{B} \mathrm{d}S$$

题35 若ΔS是由一简单闭曲线所围的曲面. P是ΔS上而不在C上的任意点,又$\boldsymbol{n}$是ΔS在点P的单位法向量. 证明在点P

$$(\mathrm{rot}\ \boldsymbol{A}) \cdot \boldsymbol{n} = \lim_{\Delta S \to 0} \oint_C \boldsymbol{A} \cdot \mathrm{d}\boldsymbol{r} / \Delta S$$

其中极限是当ΔS缩成点P时取得的.

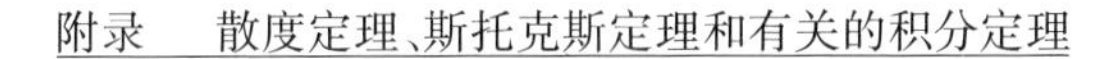

证　据斯托克斯定理

$$\iint\limits_{\Delta S}(\operatorname{rot}\boldsymbol{A})\cdot\boldsymbol{n}\mathrm{d}S=\oint_{C}\boldsymbol{A}\cdot\mathrm{d}\boldsymbol{r}$$

像在题 19 和 24 中那样，用积分中值定理，上式可写成

$$\overline{\operatorname{rot}\boldsymbol{A}\cdot\boldsymbol{n}}=\oint_{C}\boldsymbol{A}\cdot\mathrm{d}\boldsymbol{r}/\Delta S$$

让 $\Delta S\to 0$ 取极限即得所求结果.

这个结果可以作为 $\operatorname{rot}\boldsymbol{A}$ 的定义的出发点（题 36），它对于在非直角坐标系中得到 $\operatorname{rot}\boldsymbol{A}$ 是有用的，因为 $\oint_{C}\boldsymbol{A}\cdot\mathrm{d}\boldsymbol{r}$ 叫作 $\boldsymbol{A}$ 关于 C 的环流，旋度的法向分量在物理上可以解释为单位面积环流的极限. 因此解释了 $\boldsymbol{A}$ 的旋度（$\operatorname{rot}\boldsymbol{A}$）.

题 36　假设 $\operatorname{rot}\boldsymbol{A}$ 是按题 35 中的极限过程定义的，求 $\operatorname{rot}\boldsymbol{A}$ 的 z 方向分量.

解　如图 15 所示，令 $EFGH$ 表示平行 xOy 面以内点 $P(x,y,z)$ 为中心的矩形. 令 A_1 和 A_2 分别为 $\boldsymbol{A}$ 在点 P 沿 x 和 y 轴正向的分量.

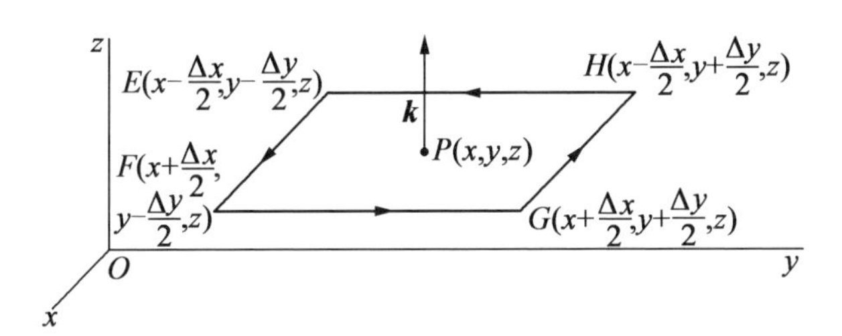

图 15

设 C 是该矩形的边界,则

$$\oint_C \boldsymbol{A} \cdot \mathrm{d}\boldsymbol{r}$$

$$= \int_{EF} \boldsymbol{A} \cdot \mathrm{d}\boldsymbol{r} + \int_{FG} \boldsymbol{A} \cdot \mathrm{d}\boldsymbol{r} + \int_{GH} \boldsymbol{A} \cdot \mathrm{d}\boldsymbol{r} + \int_{HE} \boldsymbol{A} \cdot \mathrm{d}\boldsymbol{r}$$

但略去较 $\Delta x\Delta y$ 高阶的无穷小量,得

$$\int_{EF} \boldsymbol{A} \cdot \mathrm{d}\boldsymbol{r} = \left(A_1 - \frac{1}{2}\frac{\partial A_1}{\partial y}\Delta y\right)\Delta x$$

$$\int_{GH} \boldsymbol{A} \cdot \mathrm{d}\boldsymbol{r} = -\left(A_1 + \frac{1}{2}\frac{\partial A_1}{\partial y}\Delta y\right)\Delta x$$

$$\int_{FG} \boldsymbol{A} \cdot \mathrm{d}\boldsymbol{r} = \left(A_2 + \frac{1}{2}\frac{\partial A_2}{\partial x}\Delta x\right)\Delta y$$

$$\int_{HE} \boldsymbol{A} \cdot \mathrm{d}\boldsymbol{r} = -\left(A_2 - \frac{1}{2}\frac{\partial A_2}{\partial x}\Delta x\right)\Delta y$$

把它们相加,近似地得

$$\oint_C \boldsymbol{A} \cdot \mathrm{d}\boldsymbol{r} = \left(\frac{\partial A_2}{\partial x} - \frac{\partial A_1}{\partial y}\right)\Delta x\Delta y$$

于是,因为 $\Delta S = \Delta x\Delta y$,故

$$\text{rot}\,\boldsymbol{A}\text{ 的 }z\text{ 分量} = \text{rot}\,\boldsymbol{A} \cdot \boldsymbol{k} = \lim_{\Delta S\to 0} \oint_C \boldsymbol{A} \cdot \mathrm{d}\boldsymbol{r}/\Delta S$$

$$= \lim_{\substack{\Delta x\to 0\\ \Delta y\to 0}} \frac{\left(\frac{\partial A_2}{\partial x} - \frac{\partial A_1}{\partial y}\right)\Delta x\Delta y}{\Delta x\Delta y}$$

$$= \frac{\partial A_2}{\partial x} - \frac{\partial A_1}{\partial y}$$

§3 补 充 题

题 37 对$\oint_C (3x^2-8y^2)\,dx+(4y-6xy)\,dy$验证平面格林定理,其中 C 是由:(1)$y=\sqrt{x}$,$y=x^2$;(2)$x=0$,$y=0$,$x+y=1$ 所确定的区域的边界.

题 38 计算$\oint_C (3x+4y)\,dx+(2x-3y)\,dy$,其中 C 是 xOy 平面上以原点为中心、以 2 为半径的圆,取正方向.

题 39 计算曲线积分$\oint_C (x^2+y^2)\,dx+3xy^2\,dy$,$C$ 同前题.

题 40 计算$\oint (x^2-2xy)\,dx+(x^2y+3)\,dy$,沿由 $y^2=8x$ 和 $x=2$ 所确定的区域的边界.

(1) 直接计算;

(2) 利用格林定理.

题 41 计算$\int_{(0,0)}^{(\pi,2)} (6xy-y^2)\,dx+(3x^2-2xy)\,dy$,沿摆线 $x=\theta-\sin\theta$,$y=1-\cos\theta$.

题 42 计算

$$\oint (3x^2+2y)\,dx-(x+3\cos y)\,dy$$

沿以(0,0),(2,0),(3,1)和(1,1)为顶点的平行四边形.

题 43 求由摆线 $x=a(\theta-\sin\theta)$,$y=a(1-\cos\theta)$($a>0$)一拱和 x 轴所围的面积.

题 44 求星形线(内圆摆线)$x^{2/3}+y^{2/3}=a^{2/3}$($a>0$)所围的面积.

提示:参数方程是

$$x=a\cos^3\theta,y=a\sin^3\theta$$

题 45 证明在极坐标系(ρ,φ)中,表达式 $x\mathrm{d}y-y\mathrm{d}x=\rho^2\mathrm{d}\varphi$,并解释

$$\frac{1}{2}\int(x\mathrm{d}y-y\mathrm{d}x)$$

题 46 求四叶玫瑰线 $\rho=3\sin 2\varphi$ 一圈所围的面积.

题 47 求双纽线

$$\rho^2=a^2\cos^2\varphi$$

两圈的面积.

题 48 求笛卡儿叶形线

$$x^3+y^3=3axy\quad(a>0)$$

一圈的面积.(图 16)

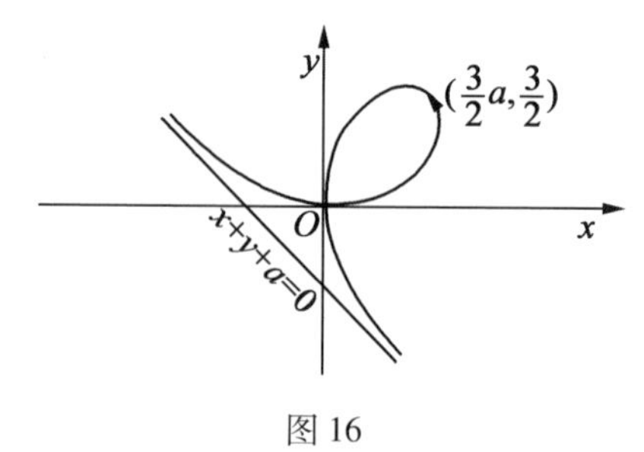

图 16

提示：令 $y = tx$，得出曲线的参数方程，然后利用以下事实

$$\text{面积} = \frac{1}{2}\oint(x\mathrm{d}y - y\mathrm{d}x) = \frac{1}{2}\oint x^2\mathrm{d}\left(\frac{y}{x}\right) = \frac{1}{2}\oint x^2\mathrm{d}t$$

题 49　对 $\oint\limits_C (2x - y^3)\mathrm{d}x - xy\mathrm{d}y$ 验证平面格林定理，其中 C 是由圆 $x^2 + y^2 = 1$ 和 $x^2 + y^2 = 9$ 所围区域的边界.

题 50　沿下列路径计算 $\int_{(1,0)}^{(-1,0)} \frac{-y\mathrm{d}x + x\mathrm{d}y}{x^2 + y^2}$.

(1) 沿直线段从 $(1,0)$ 到 $(1,1)$，然后到 $(-1,1)$，再到 $(-1,0)$；

(2) 沿直线段从 $(1,0)$ 到 $(1,-1)$，然后到 $(-1,-1)$，再到 $(-1,0)$.

证明：虽然 $\frac{\partial M}{\partial y} = \frac{\partial N}{\partial x}$，但曲线积分却依赖于连接 $(1,0)$ 到 $(-1,0)$ 的路径. 并解释之.

题 51　按变换 $x = x(u,v)$，$y = y(u,v)$ 作变量变换从 (x,y) 到 (u,v). 证明由一简单闭曲线 C 所围区域 R 的面积 A 为

$$A = \iint\limits_R \left| J\left(\frac{x,y}{u,v}\right) \right| \mathrm{d}u\mathrm{d}v\text{，其中 } J\left(\frac{x,y}{u,v}\right) \equiv \begin{vmatrix} \frac{\partial x}{\partial u} & \frac{\partial y}{\partial u} \\ \frac{\partial x}{\partial v} & \frac{\partial y}{\partial v} \end{vmatrix}$$

是 x 和 y 对于 u 和 v 的雅可比行列式. 应该做些什么限制？就 u,v 是极坐标的情况证明此结果.

提示：利用结果 $A = \frac{1}{2}\oint(x\mathrm{d}y - y\mathrm{d}x)$，变换到 u,v 坐标系. 然后用格林定理.

题 52 计算$\oiint\limits_S \boldsymbol{F}\cdot\boldsymbol{n}\mathrm{d}S$，其中 $\boldsymbol{F} = 2xy\boldsymbol{i} + yz^2\boldsymbol{j} + xz\boldsymbol{k}$，而 S 是：

(1) 由 $x = 0, y = 0, z = 0, x = 2, y = 1$ 和 $z = 3$ 所围平行六面体的表面；

(2) 由 $x = 0, y = 0, y = 3, z = 0$ 和 $x + 2z = 6$ 所围区域的表面.

题 53 对 $\boldsymbol{A} = 2x^2y\boldsymbol{i} - y^2\boldsymbol{j} + 4xz^2\boldsymbol{k}$ 在第一卦限内由 $y^2 + z^2 = 9$ 和 $x = 2$ 所围的区域上验证散度定理.

题 54 计算$\oiint\limits_S \boldsymbol{r}\cdot\boldsymbol{n}\mathrm{d}S$，其中：(1) S 是中心在 $(0,0,0)$，半径等于 2 的球面；(2) S 是由 $x = -1, y = -1, z = -1, x = 1, y = 1, z = 1$ 所围的立方体的表面；(3) S 是由抛物面 $z = 4 - (x^2 + y^2)$ 与 xOy 平面所围立体的表面.

题 55 设 S 是任何围成体积 V 的闭曲面，而 $\boldsymbol{A} = ax\boldsymbol{i} + by\boldsymbol{j} + cz\boldsymbol{k}$，证明

$$\oiint\limits_S \boldsymbol{A}\cdot\boldsymbol{n}\mathrm{d}S = (a + b + c)V$$

题 56 设 $\boldsymbol{H} = \mathrm{rot}\,\boldsymbol{A}$，证明对任何闭曲面 S，$\oiint\limits_S \boldsymbol{H}\cdot\boldsymbol{n}\mathrm{d}S = 0$.

题 57 设 $\boldsymbol{n}$ 为面积等于 S 的任何闭曲面的单位外

法向量,证明

$$\iiint_V \operatorname{div} \boldsymbol{n} \mathrm{d}V = S$$

题 58　证明$\displaystyle\iiint_V \frac{\mathrm{d}V}{r^2} = \oiint_S \frac{\boldsymbol{r} \cdot \boldsymbol{n}}{r^2} \mathrm{d}S$.

题 59　证明$\displaystyle\oiint_S r^5 \boldsymbol{n} \mathrm{d}S = \iiint_V 5r^3 \boldsymbol{r} \mathrm{d}V$.

题 60　证明对任何闭曲面 S,$\displaystyle\oiint_S \boldsymbol{n} \mathrm{d}S = \boldsymbol{0}$.

题 61　证明格林第二恒等式可写成

$$\iiint_V (\varphi \nabla^2 \psi - \psi \nabla^2 \varphi) \mathrm{d}V = \iint_S \left(\varphi \frac{\mathrm{d}\psi}{\mathrm{d}n} - \psi \frac{\mathrm{d}\varphi}{\mathrm{d}n}\right) \mathrm{d}S$$

题 62　证明对任何闭曲面,$\displaystyle\iint_S \boldsymbol{r} \times \mathrm{d}\boldsymbol{S} = \boldsymbol{0}$.

题 63　对 $\boldsymbol{A} = (y - z + 2)\boldsymbol{i} + (yz + 4)\boldsymbol{j} - xz\boldsymbol{k}$ 验证斯托克斯定理,其中 S 是在 xOy 平面上方的立方体 $x = 0, y = 0, z = 0, x = 2, y = 2, z = 2$ 的表面.

题 64　对 $\boldsymbol{F} = xz\boldsymbol{i} - y\boldsymbol{j} + x^2 y\boldsymbol{k}$ 验证斯托克斯定理,其中 S 是由 $x = 0, y = 0, z = 0, 2x + y + 2z = 8$ 所围的区域而不包含在 xOy 平面中的表面.

题 65　计算$\displaystyle\iint_S (\nabla \times \boldsymbol{A}) \cdot \boldsymbol{n} \mathrm{d}S$,其中 $\boldsymbol{A} = (x^2 + y - 4)\boldsymbol{i} + 3xy\boldsymbol{j} + (2xz + z^2)\boldsymbol{k}$,而 S 是:

(1) 在 xOy 平面上方的半球 $x^2 + y^2 + z^2 = 16$ 的表面;

(2) 在 xOy 平面上方的抛物面 $z = 4 - (x^2 + y^2)$ 的表面.

题 66　设 $\boldsymbol{A}=2yz\boldsymbol{i}-(x+3y-2)\boldsymbol{j}+(x^2+z)\boldsymbol{k}$. 在第一卦限两柱面

$$x^2+y^2=a^2, x^2+z^2=a^2$$

相交部分的表面上计算$\iint\limits_S(\nabla\times\boldsymbol{A})\cdot\boldsymbol{n}\mathrm{d}S$.

题 67　向量 $\boldsymbol{B}$ 恒垂直于一给定的闭曲面 S. 证明 $\iiint\limits_V\mathrm{rot}\ \boldsymbol{B}\mathrm{d}V=0$,其中 V 是由 S 所围的区域

题 68　设$\oint\limits_C\boldsymbol{E}\cdot\mathrm{d}\boldsymbol{r}=-\frac{1}{C}\frac{\partial}{\partial t}\iint\limits_S\boldsymbol{H}\cdot\mathrm{d}\boldsymbol{S}$,其中 S 是由曲线 C 所围的任何曲面,证明

$$\nabla\times\boldsymbol{E}=-\frac{1}{C}\frac{\partial\boldsymbol{H}}{\partial t}$$

题 69　证明$\oint\limits_C\phi\mathrm{d}\boldsymbol{r}=\iint\limits_S\mathrm{d}\boldsymbol{S}\times\nabla\phi$.

题 70　利用已解出的题 25 中的算子等价性在直角坐标系下写出:

(1) $\nabla\phi$;(2) $\nabla\cdot\boldsymbol{A}$;(3) $\nabla\times\boldsymbol{A}$.

题 71　证明

$$\iiint\limits_V\nabla\phi\cdot\boldsymbol{A}\mathrm{d}V=\oiint\limits_S\phi\boldsymbol{A}\cdot\boldsymbol{n}\mathrm{d}S-\iiint\limits_V\phi\,\nabla\cdot\boldsymbol{A}\mathrm{d}V$$

题 72　设 $\boldsymbol{r}$ 为相对于坐标原点 O 的任意点的位置向量. 假设 ϕ 至少有两阶连续导数,令 S 为围成体积 V 的一闭曲面. 令 ϕ_0 表示 ϕ 在点 O 的值. 证明

$$\iint\limits_S\left[\frac{1}{r}\nabla\phi-\phi\,\nabla\left(\frac{1}{r}\right)\right]\cdot\mathrm{d}\boldsymbol{S}=\iiint\limits_V\frac{\nabla^2\phi}{r}\mathrm{d}V+\alpha$$

其中 $\alpha=0$ 或 $4\pi\phi_0$ 依点 O 在 S 之外或之内而定.

题 73　一组电荷(或质量)$q_1, q_2, \cdots, q_n$,相对于点 P 的位置向量各为 $\boldsymbol{r}_1, \boldsymbol{r}_2, \cdots, \boldsymbol{r}_n$,由它们引起的在点 $P(x,y,z)$ 的位势 $\phi(P)$ 是

$$\phi = \sum_{m=1}^{n} \frac{q_m}{r_m}$$

证明高斯定律

$$\oiint_S \boldsymbol{E} \cdot \mathrm{d}S = 4\pi Q$$

其中 $\boldsymbol{E} = -\nabla\phi$ 是电场强度. S 是包围所有电荷的曲面,而 $Q = \sum\limits_{m=1}^{n} q_m$ 是 S 内的总电荷.

题 74　设由曲面 S 所围的区域 V 有密度为 ρ 的连续电荷(或质量)分布,在点 P 的势定义为 $\phi = \iiint\limits_V \frac{\rho \mathrm{d}V}{r}$. 在适当假定下导出下列各式:

(1) $\iint\limits_S \boldsymbol{E} \cdot \mathrm{d}\boldsymbol{S} = 4\pi \iiint\limits_V \rho \mathrm{d}V$,其中 $\boldsymbol{E} = -\nabla\phi$;

(2) 在有电荷的各点 P 处 $\nabla^2\phi = -4\pi\rho$(泊松方程),而在没有电荷处 $\nabla^2\phi = 0$(拉普拉斯方程).

补充题部分答案

题 37　(1) 公共值 $= 3/2$;(2) 公共值 $= 5/3$.

题 38　-8π.

题 39　12π.

题 40　$128/5$.

题 41　$6\pi^2 - 4\pi$.

题 42　-6.

题 43　$3\pi a^2$.

题 44　$3\pi a^2/8$.

题 46　$9\pi/8$.

题 47　a^2.

题 48　$3a^2/2$.

题 49　公共值 $=60\pi$.

题 50　(1) π;(2) $-\pi$.

题 52　(1)30;(2)351/2.

题 53　180.

题 54　(1) 32π;(2)24;(3) 24π.

题 63　公共值 $=-4$.

题 64　公共值 $=32/3$.

题 65　(1) -16π;(2) -4π.

题 66　$-\frac{a^2}{12}(3\pi+8a)$.